钢管混凝土缺陷机理与诊断
——试验、理论和应用

廖飞宇　王静峰　著

中国建筑工业出版社

图书在版编目（CIP）数据

钢管混凝土缺陷机理与诊断：试验、理论和应用/廖飞宇，
王静峰著. —北京：中国建筑工业出版社，2020.6（2022.3重印）
ISBN 978-7-112-25047-9

Ⅰ.①钢… Ⅱ.①廖… ②王… Ⅲ.①钢管混凝土结构-缺
陷-诊断技术 Ⅳ.①TU37

中国版本图书馆 CIP 数据核字（2020）第 072418 号

　　本书针对钢管混凝土内部缺陷的机理与诊断，围绕着"如何检测、影响多大、
怎么加固"三个核心问题，介绍了作者近年来系统开展的相关研究。一方面结合
试验和精细化有限元建模，分析带缺陷构件在不同受荷工况下的工作机理，揭示
脱空缺陷对"组合作用"的影响实质；另一方面提出钢管混凝土内部缺陷的设计
控制理论，提供考虑内部缺陷影响的实用设计方法、脱空率最大限值以及相关检
测技术和加固方法，把研究成果推进到实用化的程度。

　　本书共 6 章，分别是：绪言，钢管混凝土脱空缺陷的检测方法，带缺陷的钢
管混凝土压（拉）弯构件的力学性能，带缺陷的钢管混凝土压（拉）弯构件的滞
回性能，带缺陷的钢管混凝土在复杂受力状态下的力学性能，带缺陷的钢管混凝
土结构加固方法。

　　本书适用于结构工程专业的研究、设计人员使用，也可供大专院校相关专业
师生参考使用。

　　　　　责任编辑：万　李
　　　　　责任校对：李美娜

钢管混凝土缺陷机理与诊断——试验、理论和应用

廖飞宇　　王静峰　著

*

中国建筑工业出版社出版、发行（北京海淀三里河路9号）

各地新华书店、建筑书店经销

北京科地亚盟排版公司制版

北京建筑工业印刷厂印刷

*

开本：787×1092毫米　1/16　印张：23　字数：579千字

2020年7月第一版　　2022年3月第二次印刷

定价：**79.00** 元

ISBN 978-7-112-25047-9

（35811）

前　言

　　钢管混凝土利用钢管和混凝土两种材料在受力过程中的相互作用，即钢管为核心混凝土的约束作用可有效提高混凝土的塑性和韧性，混凝土对外钢管的支撑作用可延缓或避免钢管局部屈曲，从而达到两种材料协同互补、共同工作的有益效果，实现"1＋1＞2"的组合效应，使结构具有承载力高、抗震性能好、经济效果好、施工快速等优势，因此已被较广泛地应用于高层建筑、桥梁、工业厂房、设备构架柱、送变电杆塔、桁架压杆、桩、大跨和空间结构、商业广场、多层办公楼及住宅结构等工程中。

　　然而，实际结构往往是带缺陷工作的（如钢结构的初始缺陷），钢管混凝土结构也不例外。由于施工工艺、服役环境、材料自身特性等因素，钢管混凝土在服役过程中往往存在脱空缺陷，这已经被一些实际工程的检测结果证实。脱空会破坏钢管和混凝土之间的相互作用，一方面削弱了钢管对混凝土的约束作用从而降低了核心混凝土的塑性和韧性性能，另一方面也削弱了混凝土对外钢管的支撑作用从而使钢管过早地局部屈曲而无法充分发挥材料性能，令钢管混凝土构件的承载力、刚度和延性等力学性能指标随之降低，使实际结构存在着安全隐患。目前工程界对脱空缺陷的补救措施（如灌浆补强等）并不能完全消除其不利影响。多年来，脱空问题在许多钢管混凝土工程论证中一直被反复提及，但始终未能系统解决，也导致了一些钢管混凝土方案最终未能实施，或者在设计中不考虑"组合效应"而造成材料浪费，客观上阻碍了钢管混凝土的进一步推广。

　　因此，对于脱空问题需要辩证地看待，既不能忽视其影响，也无需因此否定钢管混凝土的优势。对该问题开展研究的目的是为了更好地完善钢管混凝土学科，并进一步促进钢管混凝土的工程应用。这也决定了研究不能脱离现有钢管混凝土学科的理论基础和设计体系，而应从实际需要出发，既开展系统的理论研究，解决机理性科学问题，也着眼于工程应用，提供实用化的研究成果。总体而言，脱空研究可以归纳为解决三个问题：如何检测、影响多大、怎么加固。这是因为：较精确的脱空检测技术是钢管混凝土工程验收和安全评估的前提；对于一定水平的脱空缺陷，其对钢管混凝土构件力学性能的影响机理和影响程度是提出科学的设计和安全评价方法的基础；而在脱空比较显著的情况下，如何对结构进行加固也是需要解决的实际问题。

　　鉴于上述认识，作者从 2009 年开始从事该方面的研究工作，坚持实事求是的态度和理论联系实际的方法，力求保证研究结果的科学性、系统性和实用性。首先，实际工程中的脱空缺陷多种多样，难以针对所有个案都开展研究，需要对工程问题进行科学提炼，因此作者在充分调研的基础上凝练出具有代表性的两类脱空缺陷；然后，为了获得定量化、体系化的研究成果，作者定义了无量纲的脱空率作为主要参数，其取值范围考虑了实际工程中较为极端的情况，在各章节的研究工作中始终延续相同的脱空率以保证研究结果的系统性；最后，针对"如何检测、影响多大、怎么加固"这三个问题展开系统研究，一方面结合试验和精细化有限元建模，分析带缺陷构件在不同受荷工况下的工作机理，揭示脱空缺陷对"组合作用"的影响实质，另一方面在现有钢管混凝土设计理论的基础上提出钢管混凝土内部缺陷的设计控制理论，并提供考虑缺陷影响的实用设计方法、脱空率最大限值以及相关检测技术和加固方法，把研究成果推进到实用化的程度。基于上述研究工作，对本书的主要章节分述如下：

针对"如何检测"问题，开展基于振动的钢管混凝土脱空缺陷检测方法研究。基于时序分析理论，结合假设检验、Bootstrap 等方法构建用于识别脱空缺陷的损伤指标，并通过试验和理论分析结果来验证识别精度（第 2 章）。

针对"影响多大"问题，开展带缺陷的钢管混凝土构件在一次加载（轴压、纯弯、偏弯、偏拉）、压（拉）弯滞回荷载以及压弯剪和压弯扭复杂受力状态下的力学性能研究，揭示受荷全过程中脱空缺陷对钢管与混凝土之间相互作用的影响机理，提出钢管混凝土内部缺陷的设计控制理论，并提供脱空率最大限值和考虑脱空影响的承载力实用计算方法（第 3、4、5 章）。

针对"怎么加固"问题，开展 CFRP 加固带缺陷的钢管混凝土构件、环口板加固带缺陷的钢管混凝土桁架节点的力学性能研究，考察加固效果并提出相关实用设计公式（第 6 章）。

通过上述系统化的研究，切实解决了钢管混凝土学科中的难题。大多数研究结果经课题组成员们共同努力整理，已系列发表在本领域有影响的一些国际、国内学术期刊和学术会议上。此外，实用化成果也被新出版的福建省工程建设地方标准《钢管混凝土结构技术规程》DBJ/T 13-51—2020 等一些规程和标准采纳，并在一些实际工程中应用。

本书的研究工作先后得到了国家自然科学基金（项目编号：51108084、51578154、51878176）、福建省高校产学合作项目（项目编号：2018H6005）、福建省高校杰出青年科技人才计划（项目编号：JA12090）、福建农林大学国际合作项目（KXGH17009）等的资助，特此致谢！

本书 6.2、6.3.2 节为第二作者王静峰教授撰写，其余部分为第一作者廖飞宇教授撰写。作者感谢课题组的研究生张伟杰、李东升、韩浩、汪深、彭志强、张传钦、袁虹波、谢隆博、张昆昆、李艳飞、张建威等协助本书部分章节的理论分析和试验研究工作。此外，作者的研究工作也一直得到有关工程界和学术界同行们的帮助和支持，在此一并致谢！最后，特别感谢清华大学的韩林海教授，在从事组合结构的研究过程中，一直得到恩师的关注和支持，使我们受益匪浅。

由于作者水平所限，书中难免存在错误之处，敬请读者批评指正，作者将心存感激。

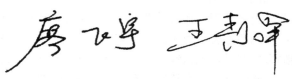

2020 年 2 月 26 日

目 录

第1章 绪 言

1.1 钢管混凝土脱空缺陷的成因和危害

钢管混凝土结构具有承载力高、塑性和韧性好、抗震性能好以及施工方便等优点，能适应现代工程结构向大跨、高耸、重载发展和承受恶劣条件的需要，符合现代施工技术的工业化要求，因而已被较广泛地应用于土木工程中（钟善桐，2006；蔡绍怀，2007；韩林海，2016；陈宝春，2008）。目前，我国高度百米以上的高层建筑中有超过30座采用了钢管混凝土结构；在桥梁结构中，跨径大于50m的钢管混凝土拱桥超过200座，在一些桥梁中还采用了钢管混凝土桁架和钢管混凝土高墩等结构形式。此外，钢管混凝土结构还被广泛应用于地铁站的承重柱、工业厂房柱、送变电杆塔、桁架压杆、桩以及各种支架和栈桥柱等实际工程中。

实际结构构件往往是带缺陷的，如钢结构中的残余应力及初始几何缺陷等。钢管混凝土构件的主要缺陷形式为脱空缺陷，这是因为：钢管混凝土构件的工作实质在于钢管和核心混凝土间的相互作用和协同互补，即构件受荷过程中管内混凝土延缓或避免钢管的局部屈曲，外包钢管的约束作用改善了混凝土的脆性，提高其塑性和韧性性能。而脱空缺陷恰恰导致钢管和混凝土在界面上发生局部或全面分离，从而削弱了两者之间的相互作用，因此对钢管混凝土构件的力学性能将产生显著影响。

脱空缺陷主要有"球冠形脱空缺陷［图1-1-1（a）］"和"环向均匀脱空缺陷［图1-1-1（b）］"两种典型形式，两者的产生原因均有一定客观性。对于水平跨越的钢管混凝土构件（如钢管混凝土拱、桁架等），其施工时通常首先架设空钢管，然后采用泵送顶升的方式浇灌核心混凝土，因此浇灌过程中混凝土易在截面顶部出现气腔、泌水和沉缩而产生"球冠形脱空缺陷"。而对于竖向承载的钢管混凝土构件（如钢管混凝土柱、桥墩等），其在服役寿命周期内受混凝土收缩、徐变特性的影响则会产生"环向脱空缺陷"。特别地，对于钢管混凝土拱桥或钢管混凝土高墩，由于构件直径较大且处于户外服役环境，外钢管和混凝土之间有较大温差而导致两者间的膨胀变形有所差异，因此更易产生脱空缺陷（王伟，2008；涂光亚，2008；饶德军等，2005；童林等，2003；张劲泉和杨元海，2006）。北京交通科学研究院对15省市近70座钢管混凝土拱桥的检测结果表明其大多数存在着脱空缺陷（张劲泉和杨元海，2006）。房屋建筑中钢管混凝土构件存在脱空缺陷的现象也时有发现（傅玉勇和陈志华，2005；刘东平，2001），如郑州铁路局机关综合楼的钢管混凝土柱。此外，目前工程界在发现此类缺陷后的技术补救措施并不能完全消除其影响（涂光亚，2008），如金马河大桥的钢管混凝土主拱肋在灌浆补强后的钻孔检测结果表明其拱顶仍有较为严重的球冠形脱空缺陷（四川省交通厅公路规划勘察设计研究院道桥试验研究所，2009）。

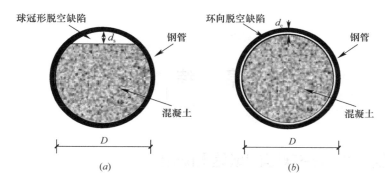

图 1-1-1　钢管混凝土中的脱空缺陷示意图

（a）球冠形脱空缺陷；（b）环向脱空缺陷

众所周知，钢管混凝土构件的力学性能优势源于钢管和混凝土之间的组合作用（Roeder 和 Cameron，1999），而脱空缺陷则使钢管和混凝土在界面上发生分离而破坏两者间的相互作用，一方面削弱了钢管对混凝土的约束作用从而降低了核心混凝土的塑性和韧性性能，另一方面也削弱了混凝土对外钢管的支撑作用从而使钢管过早地局部屈曲而无法充分发挥材料性能，令钢管混凝土构件的承载力、刚度和变形性能等力学性能指标随之降低，也导致了钢管混凝土的力学性能优势不复存在。在实际工程中，由于钢管混凝土构件在承载能力方面的优越性，常作为主要承力构件，然而现有钢管混凝土设计方法并未考虑缺陷的影响，这就使实际结构可能存在着结构的安全隐患，甚至可能引起严重的安全事故。

1.2　钢管混凝土脱空缺陷和加固方法的研究现状

1.2.1　脱空缺陷的检测方法

（1）钢管混凝土的脱空检测技术

长期以来，钢管混凝土的脱空缺陷问题一直是研究界和工程界都十分关注的热点问题。鉴于缺陷的精准检测和识别是研究脱空问题的前提，因此近年来一些研究者对钢管混凝土脱空的检测技术开展了相关研究工作，一些新技术被陆续应用于脱空检测中，如超声波法（董军锋等，2017；Dong 等，2016）、基于热传导理论法、冲击法、导波法、红外热像法、压电陶瓷法等，取得了一定的效果（毛健和潘盛山，2014；高远富等，2014；林焙淳，2016；胡爽，2016；Xu 等，2013）。

目前，实际工程中钢管混凝土的脱空检测可分为有损检测和无损检测，最常见的有损检测法为钻芯取样法，即直接在预先判断可能有脱空的地方开孔取样。随着人们对结构安全性不断追求以及科学技术的发展下，无损检测技术开始不断发展。无损检测是在不对结构造成伤害的前提下，利用声学、光学、电磁学、物理学等的相关技术，结合科学的数学分析方法，对钢管混凝土的内部信息进行研究分析（栾乐乐，2016）。目前常见的钢管混凝土无损检测技术有人工敲击法和超声波检测法（鲁学伟等，2011；徐长武等，2013；Dong 等，2016），如图 1-2-1 所示。不同的检测方法具有不同的优缺点，如钻芯取样法的检测较为直观，但易对结构造成损坏；人工敲击法操作简便，但依赖于经验；超声波法无需对结构本身造成破坏，但同样具有可能发生短路及在钢管和混凝土截面脱开后的超声波传播方向难以明确等局限（林维正等，2003）。

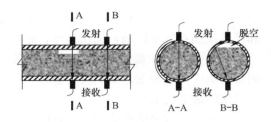

图 1-2-1 超声波检测法

近年来随着新材料陆续涌现，使先进设备和检测技术得以结合，发展出一些较有前景的新检测方法。丁睿等（2004）进行了基于瑞利散射原理的钢管混凝土脱空检测试验，即将光纤布置于被测场，对光纤传播方向上的区域进行脱空检测。试验结果表明，光纤强度衰减随着脱空区域的增加而增加，当开度较大时，光纤强度衰减也更快，原因是光纤传播时在两种不同的介质分隔界面上会发生弯曲导致能量发生损耗，所以可以通过接收到的光强衰减波形得出脱空界面上空间的变化。

Xu 等（2013）将制作的压电陶瓷片预埋入钢管内，压电陶瓷既可以作为驱动器，也可以作为传感器，用电压激励驱动器产生高频应力波，应力波在向外传播过程中遇到结构损伤可能发生波反射和能量损伤，从而传感器接收到的能量相较于产生的能量更弱，将压电陶瓷输出的信号进行小波包总能量及能量谱处理，并定义损伤指标判断钢管混凝土界面是否发生脱空。

胡爽（2016）进行了基于红外热成像法的钢管混凝土密实度缺陷的试验，通过红外热像仪对 6 根构件进行试验研究，结果表明红外热成像能够较好地显示出脱空区域，同时也发现红外热辐射会随着钢管壁厚的增大而减弱并以 10mm 为界限，超过 10mm 则需对构件进行人工加热。

（2）基于振动测试的结构损伤检测

上述检测手段，如超声波法、人工敲击法等都是基于局部的检测方法，即一次检测只能针对某个截面或某个局部区域进行，导致对于大型结构难以在短期内进行全面检测。光纤法、压电陶瓷法均需预埋传感器，难以应用于既有结构检测。热成像法对现场设备要求较高，同时在钢管壁厚较大时还需人工加热，在实际工程中难以推广。因此，有必要发展基于整体的钢管混凝土脱空缺陷检测技术，而基于振动测试的结构损伤检测方法提供了可能的实现途径。该方法是预先在结构面上布置传感器，通过激励获取结构的响应信号，对采集到的信号进行分析处理从而获取到测点的振动特性，通过损伤和无损伤区域振动特性的对比，判断待测区域是否发生脱空。通常基于振动测试结构损伤检测的目标层次可分为 4 个（李炳鑫，2018）：①检测结构中是否发生了损伤；②检测结构损伤的发生位置；③检测结构损伤的严重程度；④对结构的剩余服役寿命进行判断。目前基于振动测试的结构损伤检测方法在传统钢结构和混凝土结构中的应用已经较为成熟。

1）基于振动测试的钢结构损伤检测方法

Wang 等（2010）提出了基于区间分析技术的结构损伤识别方法，研究了测量不确定度和建模误差对辨识的影响。通过一阶泰勒级数展开，利用基于初始解析有限元模型的模型修正，推导出未损伤和损伤结构单元刚度参数的区间界限。用该方法对钢悬臂梁和钢悬臂板进行了损伤识别，结果证明了所提出的区间分析方法的有效性和适用性。

韩东颖和时培明（2011）结合频率和当量损伤系数进行了井架钢结构的损伤识别，结果表明，利用频率变化比和频率平方的变化比可初步确定损伤位置，然后利用频率变化率和当量损伤系数可以确定损伤程度，此方法具有简单易行、识别效率高的优点。

Li 等（2012）提出了一种基于频域动态响应重构的子结构损伤识别方法，通过最小化测量的响应向量和重建的响应向量之间的差异来进行损伤识别。识别算法只需要损伤子结构的实测加速度响应和完整子结构的有限元模型。通过对七层平面钢框架结构的试验分析，验证了该方法的正确性和有效性。

Lee 等（2014）提出了一种基于等效弯曲刚度的神经网络裂纹识别方法。对采用等效弯曲刚度的悬臂钢管进行了数值分析，提取了开裂梁的固有频率和振型，构建多个神经网络，对每个网络进行独立训练，然后，对不同神经网络估计的裂纹位置和尺寸进行判断，取得的结果可满足较好的进度要求。

刘红彪等（2014）进行了一个 5 层钢框架模型的损伤检测试验，以拆除其连接处的角钢视为损伤，采集其时域信号并经过分析处理得到其固有频率，以实测结构的各阶频率比作为损伤识别指标，并比较固有频率和频率比对损伤的敏感度。结果表明：固有频率对结构损伤识别没有规律性，无法采用其判别结构的损伤；而采用频率比在损伤前后的差异更为明显，有同一的规律性，故频率比可检测出钢框架是否存在损伤。

Kwan 等（2015）提出了一种考虑冷弯构件局部损伤模式的损伤检测方法。将基于振动测试的动态特性与有限元模型的动态特性之间的差异设置为误差函数，通过优化技术使误差函数最小化。在对冷弯钢梁结构损伤检测中，可以得到局部损伤的位置和损伤的严重程度。

张宇飞等（2016）进行了不同损伤工况下悬臂梁的随机振动试验，基于相干函数对损伤进行识别，同时也考虑了结构非线性和系统噪声的影响，结果表明，此方法能够有效检测梁结构中的损伤位置及程度。

傅宇光等（2016）探讨了一种检测钢结构疲劳裂纹萌生与拓展的方法，通过对焊接 H 型钢的试验研究其在大尺寸构件上的实际应用效果，结果表明该方法可获得疲劳裂纹的扩展规律及参数，为钢结构的剩余寿命预测提供依据。

Janeliukstis 等（2017）建立了包含磨痕和冲击损伤的简支梁模型，提出了一种基于连续小波变换的一维结构损伤识别方法，利用小波特征图得到不同小波尺度下的变换系数，获取相应区域的峰值并设立阈值，得到相关损伤的位置信息，研究结果表明，该方法能够快速对一维金属梁结构损伤进行损伤检测，且检测结果可靠度较高。

骆勇鹏等（2017）针对实际工程中测量得到数据可能受到建模误差等因素的影响导致损伤误判的问题，提出了结合自助检验法和频响函数的损伤识别方法，以 7 杆平面桁架结构为算例并考虑噪声影响进行分析，结果表明，此方法即使在样本数量较小的情况下，仍可满足一定的损伤识别精度。

王孟鸿等（2017）通过数值算例和试验算例进行了网架结构在瞬态激励下的损伤检测分析，提取结构损伤前后的响应信号，结合频响函数和主成分分析来判断损伤，结果表明，此方法可以较为准确地判断损伤单元的位置。

Tao 等（2018）基于框架结构地震后发生损伤的问题，提出了一种基于结构地震动力响应时频特征分形维数的数据驱动方法。建立了 13 层钢框架三维有限元模型，输入地震波，对其地震后的损伤状况进行分析，结果表明，损伤检测受噪声影响较大，噪声水平的升高导致检测结果变差；对结构是否发生损伤的判断精度较高，但损伤定位的效果不明显。

郭惠勇和王志华（2018）提出了一种基于模态应变能和隶属度的损伤检测方法，以解决测量噪声引起的损伤结果识别不确定问题，结果表明，应变能隶属云方法可以较好地处理测量噪声引起的不确定问题。

Rao 等（2018）采用冲击锤激励对一悬臂梁激励进行模态试验，并结合人工神经网络法进行损伤识别分析，悬臂梁的损伤采用不同深度的纵向裂纹表示，并用分析模态对试验模态进行了验证。研究结果表明，第一阶模态对损伤并不敏感，而损伤的变化在高阶模态中得到较好体现，固有频率随着裂纹深度的增加而减小。结合人工神经网络的损伤识别方法是可行的。

Jia 等（2019）进行了 2 个双层钢框架结构模型试验，其中一个为无损伤状态，另一个分别设置多种损伤，在柱中和梁柱节点处共安装 8 个加速度传感器以获取其加速度信号，并将一种基于敏感度的损伤识别新方法（测量变化法）运用到其中，结果表明，该方法对损伤检测有较好的效果，是一种实用的损伤检测方法。

陈闯等（2019）结合马氏距离累积量和经验模态分解对工字钢模型进行损伤识别，结果表明，在以概率密度函数 95％置信区间的上限值作为阈值情况下，能对损伤进行有效识别。

2）基于振动测试的混凝土结构损伤检测方法

Maeck 等（2000）通过试验确定的钢筋混凝土梁的模态特性，并以频率来实现损伤定性，振型和模态曲率实现损伤定位。

候健等（2007）根据小波变换过程中多分辨率的特点，提出了一种分层小波搜索的方法进行结构损伤的在线监测。将此法应用于混凝土框架结构的损伤识别，结果表明，该方法可以确定损伤位置和损伤发生时刻。

王峰（2009）利用模态应变能理论对混凝土桥梁损伤进行识别，建立桥梁有限元模型，获取结构损伤前后的前五阶模态，通过计算得到各单元损伤指标值，从而判断损伤情况。结果表明：在不同损伤程度和噪声水平影响下，依然能够获得精度较高的结果。

Dawari 等（2013）采用基于模态曲率和模态柔度差的方法对钢筋混凝土梁模型中的蜂窝损伤进行识别和定位，对钢筋混凝土梁的有限元模型进行了特征值分析，提取了不同情况下的特征向量。结果表明，该方法能有效地检测到损伤的存在，并能对单损伤和多损伤情况下的损伤位置进行定位。

刘海滨（2013）采用卷积神经网络法对钢筋混凝土简支梁中的裂缝损伤进行识别，选用敏感性较高的位移方差变化值为损伤指标对神经网络进行训练，将带测工况与训练好的神经网络相匹配，得到损伤状况。结果表明，此方法对裂缝的位置和深度都可以达到一定的识别精度。

Wang 等（2013）在实验室中建立了缩尺板梁组合模型，并制作了可拆卸的剪力连接器用于连接梁和板。然后，进行两阶段试验，包括静态和振动试验。第一阶段是在不同的损伤情况下（在一定的位置上去除不同数量的剪切接头）进行振动试验；第二阶段采用两套液压加载设备进行四点静载荷试验，荷载逐渐增大，直至混凝土板开裂。记录了加载过程以及梁在不同位置的挠度，对混凝土开裂前后进行了振动试验。试验结果表明，板梁的振型变化和相对位移是板梁结构损伤识别的有效参数。

袁春燕和卢俊龙（2014）以引起混凝土各损伤因素之间二元关系为基础，建立其构思模型并提取骨架矩阵，分析给出基本影响因素，结果表明，利用关联矩阵原理可得到混凝土结构损伤状态。

Turker 等（2014）制作了实际建筑 1/2 倍的一层钢筋混凝土建筑模型并建立其有限元模型，布置 10 台单轴加速度计测量结构响应，选择截面惯性矩为模型修正参数，通过考虑转动惯量的变化比对可能发生损伤的构件进行判别，结果表明，基于模型修正的方法对钢筋混凝土结构的损伤识别是有效的。

Wu 等（2015）提出了一种能够检测非线性结构损伤的 AQSSE-UI 技术，用于检测钢筋混凝土框架的迟滞损伤。通过试验数据验证了 AQSSE-UI 技术的性能，并用 1/3 比例的两层钢筋混凝土框架进行了试验研究。试验结果表明，AQSSF-Ul 技术能够有效跟踪结构刚度退化。

刘君等（2016）提出了以固有频率变化率和模态置信度为损伤指标的反向神经网络和概率神经网络的损伤检测方法，并用 11 根不同损伤工况的预应力混凝土梁验证方法的实用性，结果表明，该方法具有很高的损伤识别精度。

阳洋等（2018）基于统计矩理论对 12 层钢筋混凝土框架结构模型在地震作用下的响应信号进行处理，并把阻尼比作为不确定性参数进行结构损伤识别，结合概率密度函数判别损伤。结果表明，在不确定性因素影响下，此方法对钢筋混凝土结构的损伤识别依然可靠。

Iqbal 等（2019）分别建立了带单损伤和多损失工况钢筋的有限元模型，对其模态量进行计算，运用残差法判断损伤位置和程度，并研究了其在噪声影响下的鲁棒性和稳定性。结果表明，残差法能够检测出一维和二维结构中的损伤。

刘才玮等（2019）提出了基于小波神经网络技术的混凝土梁受火损伤程度识别方法，以等效爆火时间为指标。并进行 4 根足尺寸钢筋混凝土简支梁的试验，利用前两阶模态信息构造小波神经网络输入参数，取得较好的损伤识别结果。

3）基于振动测试的钢管混凝土结构检测方法

基于振动测试的方法按照是否考虑误差等因素的影响可分为确定性损伤检测方法和不确定性损伤检测方法。确定性损伤检测方法一般是根据某种损伤指标在结构损伤前后的变动来实现损伤检测的，如固有频率、应变能（Xu，2019）、振型及其衍生指标（刘福林，2013；邱飞力，2016）等。不确定性损伤检测方法考虑了噪声污染等因素对检测结果的影响，结合概率统计方法进行损伤检测，如假设检验理论（刁延松等，2016）和概率可靠度方法（张清华，2006）等。

相比于传统的钢结构和混凝土结构，基于振动测试的检测方法在钢管混凝土结构中还相对少见。韩西等（2012）进行了基于声振法的钢管混凝土脱空检测技术试验，利用力锤对钢管混凝土管壁进行瞬态激励，用声传感器采集的声音信号，对声音的频率、峰值等进行分析，结果表明，钢管混凝土脱空时，频谱图上的振幅远大于未脱空处，信号能量衰减速度更慢。

Pan 等（2013）制作了钢板-混凝土试件以模拟钢管混凝土拱肋脱空并布置了加速度阵

列，通过力锤激励获取加速度响应信号，通过快速傅里叶变化获取频谱图，结果表明，脱空的存在会降低结构频率，脱空区域的信号强度和振动幅度均大于无脱空区域，此外，脱空区域内越靠近边界振动幅度越小。

陈良田（2013）进行了钢管混凝土在局部定量自激励下的脱空缺陷检测研究，其将钢管混凝土中的脱空缺陷等效为四周固结中间无约束的板壳结构，建立了钢板有限元模型并制作了带多种脱空区域的钢管混凝土试件，结果表明，在无脱空区域基本没有振幅的变化，脱空缺陷区域的加速度信号更为显著。

高远富等（2014）进行了基于瞬态冲击法的方钢管混凝土柱脱空检测试验，利用力锤对钢管混凝土柱实施瞬态激励，利用加速度传感器阵列采集由于其表面振动所产生的加速度等信号并作 WVD 和频谱变换，得出以下结论，在脱空处，其平均频率显著高于无脱空处，归一化频谱不杂乱且峰值突出，在 WVD 时频分布图上沿时间轴方向有较为规整的偏平峰，而无脱空处的 WVD 时域分布较为杂乱，原因是有脱空时钢管受混凝土的约束较少，在振动过程中损失的能量较少，所以出现的峰值较大；脱空处的振动也相对自由，因而在 WVD 分布图中出现了规整的偏平峰。

以上对于钢管混凝土脱空缺陷检测中，通常需要布置密集的加速度传感器阵列来采集加速度信号，这就需要数量较多的传感器，而传感器的价格往往较高，使得检测的经济性降低；其次，将钢管混凝土脱空缺陷等效为带脱空的钢板-混凝土结构并不能真实反应实际结构中的脱空状态。再者，现有基于振动测试的钢管混凝土脱空缺陷方法还多限于频谱特征来判断是否脱空，相较于频域分析，时域分析有更为形象和直观的优点，目前还较少见到将时域分析方法应用于钢管混凝土缺陷检测中。此外，值得注意的是现有对钢管混凝土脱空缺陷的研究多将缺陷设置为贯通式脱空，而实际工程中的脱空缺陷往往存在于局部。

1.2.2 带缺陷的钢管混凝土构件的力学性能

脱空缺陷对钢管混凝土力学性能的影响一直是工程界十分关心的问题，因此研究者开展了带缺陷的钢管混凝土构件的试验研究和理论分析，以期得到脱空缺陷对钢管混凝土力学性能指标影响的定量化结果，以及缺陷对构件受荷全过程中工作机理的影响实质。

童林等（2003）的研究结果表明钢管混凝土内外的温度差异会使混凝土发生过度收缩而引起脱空缺陷。

叶跃忠等（2004）进行了 14 根带球冠形脱空的钢管混凝土的轴压力学试验，结果表明脱空的存在使得构件的承载力显著降低。

饶德军等（2005）为了研究脱空产生的原因，将混凝土浇入有机玻璃管中来模拟实际工程的浇筑，结果表明：在实际工程中进行的钢管混凝土浇筑中会有气泡存在并且工程中采用拱顶排浆以及在泵送混凝土都不能实现理想状态下的排气、排浆效果。

纪洪广和张贝贝（2007）为了研究脱空缺陷对于钢管混凝土承载力的影响，对有、无脱空的钢管混凝土短柱进行了数值模拟分析。

杨世聪等（2008）对西南某地区钢管混凝土的拱肋进行检测时发现其存在脱空现象。对带脱空缺陷的钢管混凝土构件的试验研究和有限元分析的结果表明：脱空的存在使得构件的极限承载力降低，脱空值越大构件的极限承载力下降越明显。

涂光亚等（2008）采用了完全脱粘的计算假定，通过有限元法对脱粘的单圆钢管混凝土拱桥进行了极限承载力的计算，计算结果发现：面内的极限承载力并不会因为脱粘的存在使构件在 $L/4$ 集中力、$L/2$ 集中力以及在半跨均布荷载作用下发生明显的改变；但是极限承载力会在使构件在全跨均布荷载作用下有明显的下降，其下降可达到10%左右。

杨冬波（2007）对带脱空缺陷的钢管混凝土拱桥进行有限元模拟，结果表明：满布或一半布置荷载的钢管混凝土拱桥，脱空对其极限承载力有明显的影响。

吴德明等（2009）指出混凝土水化热和混凝土的温度变化是引起钢管混凝土脱空的主要原因。通过分析不同温度场作用下的钢管与混凝土接触面的受拉纵向应力和受拉径向应力，得知日照、温差对钢管与混凝土接触面的应力有较大的影响，由此产生的界面拉应力超过设计粘结强度，因而该温差因素可能导致管内混凝土发生脱空现象。

刘夏平等（2011）完成了12个带脱空缺陷的钢管混凝土柱偏心受压试验，试验参数为脱空率。试验结果表明钢管混凝土偏心受压柱的承载力与脱空率呈负相关，基本呈线性关系。

唐述等（2011）对脱空钢管混凝土偏压构件进行有限元建模，分析结果表明脱空的存在削弱了钢管对混凝土的约束作用，构件的承载力随脱空率的增大而明显降低。

Xue 等（2012）进行了带球冠形脱空缺陷的钢管混凝土轴压和偏压构件试验研究，并建立了相关有限元模型，以脱空弧长比和脱空厚度为参数进行了对比分析，结果表明球冠形脱空的存在降低了构件的极限承载力和刚度。

叶勇等（2015）建立了带环向脱空缺陷的方钢管混凝土短柱有限元模型，通过分析破坏模态、钢管与混凝土的内力分配、荷载-变形曲线以及界面接触应力等，明晰了脱空缺陷对方钢管混凝土轴压短柱的力学性能的影响。结果表明：当混凝土脱空率小于0.1%时，脱空对方钢管混凝土轴压短柱的力学性能影响较小；而当脱空率超过0.4%时，在达到极限承载力前钢管与混凝土并无发生接触，两者分别受力、各自破坏。

叶勇等（2016）建立了用于分析带环向脱空缺陷的圆钢管混凝土构件受剪性能的有限元模型，并以脱空率、剪跨比、截面含钢率、钢材强度以及混凝土强度为参数进行了对比分析，得到钢管混凝土受剪构件的脱空率限值为0.06%。

Han 等（2016）报道了14根带脱空缺陷的钢管混凝土偏压构件的试验研究，在合理地选择了钢材与混凝土的本构模型的基础上，建立了带脱空缺陷的钢管混凝土偏压构件的有限元模型，并对脱空缺陷的影响机理进行了分析，提出了考虑脱空影响的钢管混凝土压弯承载力的简化计算公式。

作者及课题组成员系统的开展了带脱空缺陷的钢管混凝土轴压、纯弯、压弯构件在静力荷载、长期荷载、滞回荷载下的力学性能研究（Liao 等，2011；Liao 等，2013；Liao 等，2020；Liao 和 Li，2012；韩浩等，2017；韩浩等，2016；Liao 等，2017；Han 等，2017；李东升，2014），结果表明：环向脱空可能导致核心混凝土在缺乏钢管约束作用的情况下被压碎从而显著降低构件的极限承载力等各项力学性能指标，球冠形脱空则会部分削弱钢管对混凝土的约束作用，使混凝土截面形成全约束、半约束和无约束三个区域（Liao 等，2011；Liao 等，2013；Liao 等，2020）。在地震反复荷载作用下，缺陷的存在将降低混凝土的塑性性能并使钢管更易发生局部屈曲，从而导致钢管混凝土的延性和耗能能力有所降低，且刚度退化加速（Liao 和 Li，2012；韩浩等，2017；韩浩等，2016；Liao 等，2017；）。此外，还进行了带缺陷的钢管混凝土构件在拉弯、压弯剪、压弯扭复杂受力状态下的抗震性能试验研究和理论分析，在揭示了缺陷对钢管混凝土构件工作机理影响实质的基础上，提出了构件的最大脱空率限值，以及考虑缺陷影响的钢管混凝土构件的承载力实用计算方法。（廖飞宇等，2020；韩浩等，2018；张伟杰等，2019a；张建威等，2019；张伟杰等，2019b；张传钦等，2019；廖飞宇等，2019a；廖飞宇等，2019b；张伟杰等，2019c）研究成果已被应用于一些钢管混凝土实际工程的安全评价和鉴定中，引起了研究界和工程界的关注。

1.2.3 钢管混凝土的加固方法

在钢管混凝土结构的全寿命周期内，由于环境腐蚀、功能改变、结构改造、施工不规范等诸多因素，导致钢管混凝土构件的承载力降低。近年来钢管局部屈曲和锈蚀等造成钢管混凝土结构承载力损失等工程问题也逐步引起工程界和学术界的关注和研究，提出了增大截面法、植筋法和包钢法等加固方法，但是这些方法造成结构自重增大、施工操作复杂和结构耐久性退化等新问题。20 世纪 80 年代，随着碳纤维复合材料（简称 FRP）修复和加固技术的不断研发和应用，为提升钢管混凝土结构性能提供了新的解决方法。采用 FRP 包裹钢管混凝土构件，通过施加环向加固，可以有效提高其承载力和耐久性。目前国内外学者对 FRP 全包裹钢管混凝土构件力学性能进行了一些试验和理论研究。

Xiao 等（2005）进行了 8 根 CFRP 约束圆钢管混凝土短柱在轴压作用下的力学性能试验研究，主要参数为 CFRP 层数、CFRP 包裹钢管方式等。试验结果表明：包裹 CFRP 后，圆钢管混凝土柱的极限承载力显著提高，包裹在 CFRP 和钢管之间的橡胶有助于提高构件的延性。

陶忠等（2005）分别对 6 个 CFRP 约束钢管混凝土短柱和 3 个钢管混凝土短柱对比构件的轴压力学性能进行了试验研究。参数主要有 FRP 层数、截面形式及截面尺寸。结果表明：FRP 可以提高圆钢管混凝土柱的承载力。基于参数分析提出了 FRP 约束圆钢管混凝土柱的轴压承载力计算公式。

王庆利等（2005）对 12 根 CFRP 约束圆钢管混凝土柱进行了偏压试验研究，主要参数为长径比、偏心率。结果表明：CFRP 约束圆钢管混凝土柱的延性优于 FRP 筒内填混凝土构件。

王庆利等（2006）对 16 根 CFRP 约束方钢管混凝土短柱在轴压状态下的力学性能进行研究，主要参数为混凝土强度、CFRP 层数。研究表明：CFRP 有效地延缓了钢管的外凸，可以提高试件的承载力和刚度。

顾威等（2016）分析了 CFRP 约束钢管混凝土柱在轴压作用下的工作机理，结果表明 CFRP 约束钢管混凝土中的钢管和混凝土直接承担轴向荷载，而外层包裹的 CFRP 则发挥径向紧箍作用。在此基础上利用全过程分析法推导了组合柱的极限承载力计算公式。

孙国帅等（2007）的分析结果表明 CFRP 对钢管混凝土柱的增强作用主要体现为：钢管屈服的塑流阶段，CFRP 对核心混凝土具有较好的约束作用，从而使构件的极限承载力、延性等力学性能显著提高。

于峰等（2007）根据弹性理论采用等效换算截面的方法（即根据应变协调和总应力不

变的原则,将钢材的截面换算成混凝土等效面积),将钢管混凝土柱等效为混凝土柱,提出了 FRP 约束钢管混凝土柱的承载力计算公式。

Tao 等(2008)对火灾后的钢管混凝土柱采用碳纤维布进行加固,研究了截面形状及 CFRP 层数对其力学性能的影响。试验结果表明:使用 CFRP 加固后,火灾后钢管混凝土构件的极限强度、弯曲刚度等均有所提高。

Liu 和 Lu(2010)进行了 FRP 加固钢管混凝土柱的轴压试验研究,参数为 FRP 类型和混凝土强度。试验结果表明:加固后的柱承载力显著提高,提高程度与 FRP 层数正相关。

Hu 等(2011)进行了 12 个圆钢管混凝土短柱的轴压试验,主要参数包括径厚比、FRP 层数等。试验结果表明:FRP 加固能够显著提高钢管混凝土短柱(尤其是薄壁柱)的轴压强度和变形能力。FRP 的约束能够有效地延缓钢管的局部屈曲,同时显著增强核心混凝土的强度。

Sundarraja 和 Sivasankar(2012)对 CFRP 加固方钢管混凝土试件进行轴压试验,分析了 CFRP 层数、宽度、间距对其力学性能的影响。结果表明:环向加固方式可以明显提高试件承载力,延缓钢管局部屈曲。

Qin 和 Xiao(2012)进行了 6 根 CFRP 加固钢管混凝土柱的抗震性能试验,研究了 CFRP 对钢管混凝土构件在往复荷载作用下的破坏形态、延性和耗能的影响。

Karimi 等(2013)对 FRP 加固钢管混凝土轴压长柱进行了理论与试验研究,主要参数包括:截面直径、FRP 厚度、FRP 弹性模量、含钢率、长细比。分析结果表明:构件轴压承载力随截面直径、FRP 厚度、FRP 弹性模量、含钢率的增大而提高。同时,提出了 FRP 加固钢管混凝土长柱的轴压承载力简化计算公式。

Fanggi 和 Ozbakkaloglu(2013)对 16 个 AFRP 约束钢管混凝土柱及 6 个 FRP 管约束混凝土柱进行了轴压试验研究,主要参数为:FRP 厚度、钢管截面形状、直径、壁厚以及混凝土强度。结果表明:随着 FRP 管及钢管壁厚的增加,核心混凝土的抗压强度和轴向变形能力均有所提高;圆形截面的 FRP 及钢管对核心混凝土的约束效果优于方形截面;相较于 FRP 管约束混凝土柱,FRP 约束钢管混凝土柱具有更好的变形能力。

Park 等(2013)对 6 根 CFRP 约束方钢管混凝土短柱和 3 根钢管混凝土柱在轴压状态下的力学性能进行了试验研究,主要参数为:CFRP 层数、钢管宽厚比。试验结果表明:使用 CFRP 加固后,柱构件的极限承载力得到大幅提高,CFRP 有效延缓了钢管的局部屈曲。

Yu 等(2014)进行了 7 根 FRP 加固钢管混凝土柱的滞回试验,考察了径厚比及加载路径对试件滞回性能的影响。结果表明:加载路径对构件破坏形态的影响较小,在破坏时构件中部的 CFRP 均发生断裂。

冉江华(2014)进行了 42 根 FRP 加固钢管混凝土短柱的轴压试验,主要参数包括钢的径厚比、混凝土强度和 FRP 强度及种类,结果表明:FRP 可以有效延缓钢管局部屈曲。

Prabhu 等(2015)为研究 CFRP 的加固效果,进行了 21 根 CFRP 加固钢管混凝土的轴压试验,分析了 CFRP 层数、间距对试件承载力、延性及破坏形态的影响。试验结果表明:CFRP 层数的增加及其间距的减小可显著提高构件承载力和变形能力。

卢亦焱等(2016)对 11 根钢管混凝土短柱进行了轴压试验研究,主要参数为钢管壁厚、混凝土强度、FRP 种类和层数。试验和有限元分析结果表明：在 FRP 层数相同时，极限承载力和极限变形均随钢管壁厚增加而增大；在钢管壁厚相同时，构件的极限荷载、刚度和延性随 FRP 层数的增加而增大；而混凝土强度的增大对极限承载力提高幅度有限。

王春宇（2017）进行了 8 根 CFRP 加固圆钢管混凝土柱的偏压试验。试验结果表明：纵向粘贴 CFRP 加固偏压圆钢管柱可以在一定程度上提高其极限承载力；随着 CFRP 层数的增多，柱的承载力相应有所提高；在层数一定的情况下，偏心距越大，CFRP 加固效果越明显。

1.3　本书的目的、主要内容和研究方法

1.3.1　本书的目的

如前所述，钢管混凝土由于能发挥钢管和核心混凝土之间的组合作用，使两种材料达到"协同互补、共同工作"的效果，从而具有承载力高、延性好、抗震性能好等力学性能优势，因此作为主要承力构件被广泛应用于一些重要工程中。然而，由于施工工艺、服役环境、材料自身特性等原因，钢管混凝土在服役过程中往往存在脱空缺陷。脱空会使钢管和混凝土在界面上发生分离而破坏两者间的相互作用，导致构件力学性能指标有所降低，使实际结构可能存在着安全隐患。事实上，多年来在许多钢管混凝土重大工程论证中脱空问题一直被反复提及，但始终未有定量化结论以及系统化研究结果，在客观上导致了一些钢管混凝土方案最终未能实施，也使一些钢管混凝土工程由于担心脱空影响而采用不考虑钢管和混凝土之间组合作用的设计方法，从而导致了巨大浪费。因此，对于脱空问题需要辩证的看待，既不能断然否定其存在，也无需由此否定钢管混凝土的优势。实际上，和钢结构的初始缺陷相似，脱空也可以看作是钢管混凝土的初始缺陷，因而需要在设计中考虑缺陷的影响，同时也需要定量化的研究结果来指导其安全评估。综上所述，研究脱空问题的目的绝不是否定钢管混凝土的优点，更不是为了阻碍钢管混凝土的推广，相反是为了更安全、科学地进行钢管混凝土设计、验收和评估，以期促进钢管混凝土的进一步应用。

对于脱空问题，总体上可以归纳为三个问题需要解决：怎么检测、影响多大、如何加固。首先，较为精确的检测出脱空缺陷是钢管混凝土工程验收和安全评估的基础；接着，对于一定水平的脱空缺陷，其对钢管混凝土构件力学性能的影响机理和影响程度是钢管混凝土设计和安全评估的依据，也是缺陷设计控制理论的基础。最后，在脱空比较显著的情况下，如何对钢管混凝土构件进行加固也是需要解决的实际问题。因此，本书的目的可归纳为以下三点：

（1）探索基于振动的钢管混凝土脱空检测技术，以期对整体钢管混凝土结构中的局部脱空缺陷实现快速、精准识别；

（2）揭示脱空缺陷对钢管混凝土工作机理的影响实质，对其影响程度得出定量化的结论，提出钢管混凝土内部缺陷的设计控制理论，提供脱空率最大限值和考虑缺陷影响的实用设计方法；

（3）研究带缺陷的钢管混凝土构件和节点的加固方法，分析其加固效果，并提供相关设计方法。

1.3.2 主要内容

基于上述目的，本书主要内容如图 1-3-1 所示，概括如下：

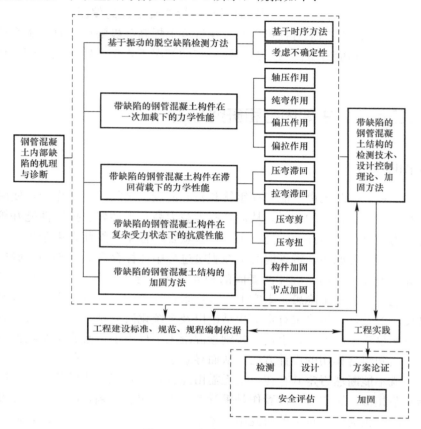

图 1-3-1　本书的研究内容

（1）基于振动的钢管混凝土脱空缺陷检测方法研究。开展基于振动的钢管混凝土脱空缺陷检测试验，采集不同参数下带缺陷构件的加速度信号并对其进行分析。基于时序分析理论，分别构建用于判别脱空范围和脱空类型的识别指标，并基于试验和有限元计算结果比较不同噪声水平下的识别精度。同时，结合假设检验、Bootstrap 等方法对时序分析技术进行改进，以解决实际工程中存在的测量误差、边界条件等不确定性因素的影响以及样本数量不足等问题。

（2）带缺陷的钢管混凝土在单调一次加载（轴压、纯弯、偏弯、偏拉）、压（拉）弯滞回荷载以及压弯剪和压弯扭复杂受力状态下的力学性能研究。通过试验和理论分析相结合的方法，考察脱空缺陷对钢管混凝土构件在上述荷载工况下各项力学性能指标的影响，剖析缺陷对构件受荷全过程中工作机理的影响实质，明晰脱空对钢管和混凝土之间相互作用的影响规律，在此基础上提出不同受荷工况下的最大脱空率限值，以及考虑脱空率影响的承载力实用设计方法，形成钢管混凝土缺陷设计控制理论。

（3）带缺陷的钢管混凝土结构的加固方法研究。开展 CFRP 加固钢管混凝土柱构件、环口板加固带缺陷的钢管混凝土桁架节点的试验研究和理论分析，考察上述方法的加固效果，比较有、无加固试件的破坏模态、承载力、变形性能等各项指标。利用理论模型细致剖析加固构件的全过程工作机理，并开展系统的参数分析，在此基础上提供相关实用设计公式。

上述研究结果可应用在实际钢管混凝土结构的方案论证、设计、检测、安全评价和加固等工程实践中，也为相关工程建设标准、规范、规程的编制和修订提供依据。

1.3.3　研究方法

对于钢管混凝土的内部缺陷问题，不仅需要在理论上得到较透彻的解决，更重要的是为钢管混凝土实际工程应用提供有益成果，取得实用化的效益。因此，作者首先在收集大量工程资料和研究文献的基础上，凝练出两种脱空缺陷，既如图 1-1-1 （a） 和 （b） 所示的球冠形脱空缺陷和环向均匀脱空缺陷，分别存在于水平跨越和竖向承载的钢管混凝土结构。为了获得定量化的结论，作者以脱空值（d_s 或 d_c，图 1-1-1）和截面直径（D）的比值定义了脱空率（χ），并以脱空率为主要参数来考察不同脱空水平下缺陷的影响程度。对于脱空检测方法、带缺陷构件力学性能和脱空加固方法的研究都采用试验和理论分析相结合的手段，首先，开展带缺陷钢管混凝土构件的试验研究，考察脱空缺陷对构件破坏模态、极限承载力、变形性能、延性、耗能等指标的影响，定量分析不同工况下脱空对承载力的影响幅度；接着，在合理考虑材料本构模型和接触模型的基础上，建立带缺陷构件的有限元分析模型，剖析脱空缺陷对钢管和混凝土之间接触应力的影响规律，据此明晰脱空对"组合作用"的影响规律，从理论上深刻揭示脱空缺陷对构件工作机理的影响实质；最后，将上述研究成果进一步推进到实用化的程度，提出以精确分析理论为基础的实用计算方法，包括脱空率最大限值以及考虑脱空率影响的承载力实用计算公式。在此基础上提出钢管混凝土内部缺陷的设计控制理论：对于新建钢管混凝土结构，可以在设计阶段以脱空率限值作为控制指标，利用考虑缺陷影响的实用设计公式对构件的承载力进行相应折减，并在验收阶段以该限值作为控制参数；对于既有钢管混凝土结构，可采用本书提供的方法进行检测，一旦发现有缺陷存在则采用考虑缺陷影响的设计方法对结构进行验算，并据此对结构的安全状态进行评估，决定是否需要加固。

第 2 章 钢管混凝土脱空缺陷的检测方法

2.1 引言

钢管混凝土构件在施工或长期使用过程中往往会存在一定程度的脱空缺陷，而脱空缺陷的存在会削弱钢管和核心混凝土的组合效应，影响结构的使用性能，甚至造成安全隐患。而如何准确识别脱空缺陷是评估其对结构影响程度的前提。目前，实际工程中已有一些针对钢管混凝土脱空的检测技术。不同的检测方法各有不同的优点和缺点，如钻芯取样法的检测较为直观，但易对结构造成损坏；超声波法无需对结构本身造成破坏，但存在可能发生短路及在钢管-混凝土截面脱开后的传播问题等局限；压电陶瓷法则需要预埋压电陶瓷片在内部混凝土中，可能存在成本及陶瓷片的寿命等方面的限制。

基于振动的结构健康监测和损伤鉴定办法是经典的结构检测方法之一，且已在传统钢结构和混凝土结构中得到了大量应用，积累了很多经验，证实了其可靠性。因此本章拟采用基于振动的检测思路来发展可应用在探测钢管混凝土脱空损伤中的实用方法和技术，紧密结合钢管混凝土的动力特性，基于时序分析的思想发展脱空缺陷检测方法，通过新指标分别识别脱空范围和脱空类型。此外，分别用时间序列分析方法与假设检验、Bootstrap 法相结合，提出改进的钢管混凝土脱空缺陷检测方法，以解决实际工程中存在的测量误差、边界条件等各种不确定性因素的影响以及样本数量不足等问题。

2.2 基于振动的钢管混凝土脱空缺陷检测试验

2.2.1 试件设计与制作

共设计 10 根钢管混凝土试件进行脱粘检测试验，其中方钢管混凝土试件和圆钢管混凝土试件各 5 根，其中带球冠形脱空试件各 4 根，均为局部脱空，试件缺陷形式示意如图 2-2-1 所示（骆勇鹏等，2019），其中试件总长 $L=1200mm$，圆钢管混凝土试件直径 $D=150mm$，方钢管混凝土边长 $B=150mm$，局部脱空范围 l_d 均为 800mm，圆钢管混凝土试件脱空值 $d_s=8mm$，方钢管混凝土试件脱空值 $d_t=6mm$。

试件的脱空情况如图 2-2-2 所示，试件的标号为 B0T-B4T 和 C0T-C4T 并按顺序排列，其中，试件 B0T 和 C0T 是作为参考的无脱空试件。B1T、B2T 和 C1T、C2T 只有一处脱空，但位置不同；B3T、B4T 和 C3T、C4T 均有多处脱空，以此模拟实际工程中存在不同数量的局部脱空缺陷情况，试件脱空设置详情见表 2-2-1。

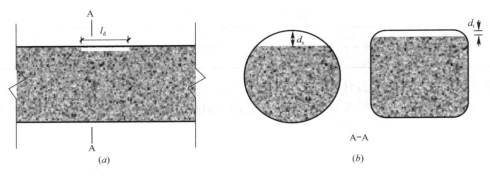

图 2-2-1　钢管混凝土冠形脱空缺陷形式示意图

（a）局部脱空钢管混凝土试件；（b）脱空部位截面

图 2-2-2　钢管混凝土脱空位置

（a）方钢管混凝土试件脱空位置示意；（b）圆钢管混凝土试件脱空位置示意

钢管混凝土试件脱空工况信息表　　　　　　　　　　　　　　　表 2-2-1

脱空类型		脱空发生单元（E_i）
工况 B0T	方钢管混凝土	无脱空 /
工况 B1T		单个脱空 E_9
工况 B2T		单个脱空 E_6
工况 B3T		多个脱空 E_6、E_9
工况 B4T		多个脱空 E_3、E_6、E_9
工况 C0T	圆钢管混凝土	无脱空 /
工况 C1T		单个脱空 E_9
工况 C2T		单个脱空 E_6
工况 C3T		多个脱空 E_6、E_9
工况 C4T		多个脱空 E_3、E_6、E_9

　　采用 3D 打印的方式制作用材为光敏树脂的脱空模具，其密度及弹性模量等参数远小于钢管和核心混凝土，可将其对试件振动特性的影响达到最小，同时其硬度也可保证模具在混凝土浇筑的过程中不被损坏（表 2-2-2）。

光敏树脂材料主要详情表 表 2-2-2

硬度	弹性模量（MPa）	密度（kg/m³）	泊松比
79	2010	$1.03×10^3$	0.41

利用三维设计软件来设计模具，模具为单面开放的空心壳体，以尽可能模拟局部冠形脱空的状态，此外，设计的模具需与对应钢管的壁面相契合以保证在后续安装过程中能够密合，模具设计如图 2-2-3 所示。

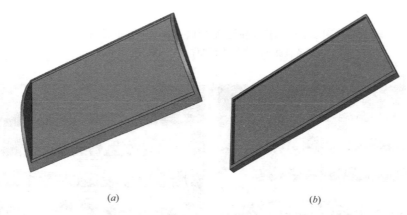

(a)　　　　　　　　　　　(b)

图 2-2-3　钢管混凝土冠形脱空缺陷模具设计

（a）圆钢管混凝土脱空模具设计；（b）方钢管混凝土脱空模具设计

此外，由于模具为内粘式，混凝土浇筑完成时其无法取出，故需在浇筑前将其粘贴在内钢管壁，脱空模具需与钢管契合完好并环其一周施加环氧树脂胶，避免浇筑后产生漏浆。模具及粘贴情况如图 2-2-4 所示。

待脱空模具全部粘贴完成后，在其一端焊上端板以便于浇筑混凝土，混凝土浇筑完成后，脱空缺陷也随之形成；试件养护 28d，打磨浇筑端混凝土并涂抹环氧砂浆后，焊接另一端的端板。

(a)　　　　　　　　　　　(b)

图 2-2-4　钢管混凝土试件脱空制作（一）

（a）圆钢管混凝土模具；（b）方钢管混凝土模具

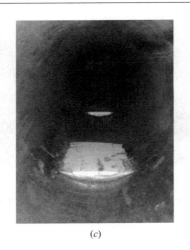

(c)　　　　　　　　　　　　　　(d)

图 2-2-4　钢管混凝土试件脱空制作（二）

(c) 圆钢管混凝土试件模具粘贴；(d) 方钢管混凝土试件模具粘贴

2.2.2　材料性能

（1）钢材

按照规范《金属材料　拉伸试验室温试验方法》GB/T 228.1—2010 规定的测试方法，进行钢材标准拉伸试验得到了外钢管的材性参数，共设计了 3 个材性试件，试件尺寸详情如图 2-2-5 所示，材性试验结果见表 2-2-3，其中 f_y 为屈服强度，f_u 为极限抗拉强度，ν 为泊松比，E_s 为弹性模量。

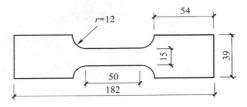

图 2-2-5　4mm 厚钢管平板材性试件
（单位：mm）

钢管混凝土试件脱空工况设置详情表　　　　　　　表 2-2-3

试件编号	f_y(MPa)	f_u(MPa)	ν	E_s(MPa)	延伸率（%）
C1	327.9	469.2	0.317	207000	30.0
C2	338.1	469.2	0.330	207400	30.0
C3	340.7	470.4	0.296	197300	30.0

（2）混凝土

试验中采用自密实混凝土，其中，粗骨料采用再生骨料。其配合比如下：水 190.2kg/m³，中砂 770.8kg/m³，再生骨料 775kg/m³，粉煤灰 170.2kg/m³，水泥 425.9kg/m³，减水剂 6.5kg/m³，养护条件与试件内核心混凝土相同，测得 28d 混凝土立方体抗压强度为 51MPa。

2.2.3　试验仪器与装置

采用江苏东华测试技术股份有限公司生产的产品采集加速度响应信号，试验中主要使用的设备有：DH5922N 型动态信号采集器、3A102 型力锤、1A115E 型加速度传感器及华硕笔记本一台（图 2-2-6）。

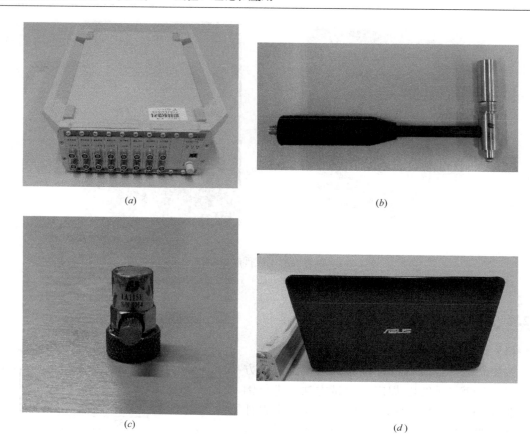

图 2-2-6 主要仪器设备

(a) DH5922N 型动态信号采集器；(b) 3A102 型力锤；(c) 1A115E 型加速度传感器；(d) 华硕笔记本

1A115E 型加速度传感器的主要参数见表 2-2-4。

1A115E 型加速度传感器主要参数表　　　　　　　　　表 2-2-4

指标	数值	指标	数值
灵敏度	~0.5mV/m·s^{-2}	量程范围	10000m·s^{-2}
质量	12g	测量频率范围	1~15000Hz

2.2.4 测量方案

将钢管混凝土试件平放在地上，两端各垫两个橡胶支座。将试件沿纵向均匀划分为 11 个单元，每个单元的上部中点设置测点，如图 2-2-7 所示。采用力锤逐个激励测点，力锤内部的力传感器记录激励时程；在单元 7 和单元 8 之间安置 1 个加速度传感器以记录每个测点受激励后的加速度时程信号；这样就可以获取试件的全长振动信息。含磁力座的加速度传感器质量约为 25g，和单元长度段上的重量相比可以忽略不计。

力锤激励的时间通常为几十毫秒，若不能完整地采集到其激励时程信号，在后续的模态分析中可能会出现严重的偏差，此外，钢管混凝土的刚度较大，为能充分地记录到信号特征，将敲击力和加速度的采集频率设置为 12800Hz。根据加速度的变化情况，将记录时间设置为 1s，以确保能在振动结束之后还能采集。

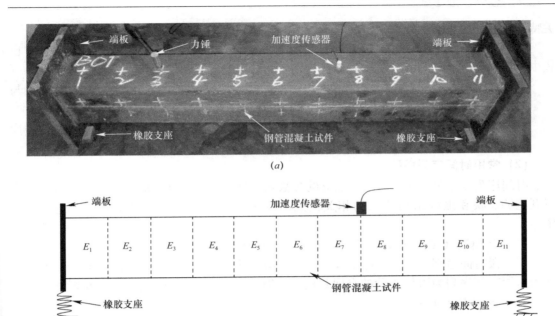

(a)

(b)

图 2-2-7 钢管混凝土振动试验装置图

(a) 试件安装照片；(b) 示意图

2.3 基于时间序列的钢管混凝土脱空缺陷识别方法

2.3.1 方法概述

时间序列分析是概率统计学科中分析动态数据序列统计特性的重要分支之一，其只需对结构系统响应数据建立参数化模型，再利用模型所识别的参数来研析实测数据的统计特性，这样可以避免对荷载概率模型和结构有限元模型的依赖，是土木工程损伤检测中值得重视和研究的新方法（刘毅，2008），近年来在土木工程、航空航天及军事领域中得以应用。本章提出基于时间序列分析的钢管脱空缺陷检测方法，分别根据马氏距离（Mahala Distance，MD）和科氏距离（Cosh Distance，CD）构建钢管混凝土脱空缺陷识别指标来判断钢管混凝土局部冠形脱空缺陷位置，并探讨了两种识别指标的抗噪性能。以数值模拟和带球冠形脱空缺陷的钢管混凝土构件动力试验来验证所提方法的可行性及可靠性。

2.3.2 时间序列基本理论

（1）时间序列基本概念

时间序列是对应时间所发生的有序排列数据，因此，也可认为其是随时间变化的动态数组，它所表征的是动态数据之间的关联性，对其研究可反映出某种现象的发展趋势（易丹辉，2011）。在结构损伤检测中，利用传感器所采集的加速度信号和应变信号是随时间对应变化的动态数据，故也是属于时间序列范畴，作为结构响应信号，表达的是结构的相关特性，其前后也必然存在一定的联系，用时间序列模型可将其表达如下：

$$x_t = f(x_{n-t}, x_{n-t-1}, \cdots) + \alpha_t \tag{2-3-1}$$

式中　$x_i(i=t, n-t, \cdots, 1)$——t 时刻及其之前的结构响应时程信号；

$\qquad f(t)$——拟合 t 时刻之前的时程信号分布函数，可得出结构 t 时刻与之前时刻响应的关系；

$\qquad \alpha_t$——用分布函数拟合之后所产生的误差序列，通常将此误差序列认为是期望为 0，方差为 σ_a^2 的平稳白噪声序列。

（2）常用时间序列模型

时间序列模型是利用系统响应建立的参数化模型，可从用其提取统计特性，进而从中得到能够反映和提取结构特征的相关信息。下面对几种常见的时间序列模型进行简要阐述。

1）AR 模型（Auto-Regressive modal，自回归模型）

若一段时间序列 $\{X\} = \{x_1, x_2, x_3 \cdots x_t\}$ 满足式（2-3-2）模式（Kim 等，2012），则认为这段时间序列为服从 p 阶的自回归模型，简写成 $AR(p)$。表达的是 x_t 与紧随其之前发生 p 个数据点之间的联系。

$$\begin{cases} x_t = \delta_1 x_{t-1} + \delta_2 x_{t-2} + \delta_3 x_{t-3} + \cdots + \delta_p x_{t-p} + \alpha_t \\ \delta_i \neq 0 \\ E(\alpha) = 0, \mathrm{Var}(\alpha) = \sigma_a^2 > 0 \end{cases} \tag{2-3-2}$$

式中　$\delta_i(i=1,2,3\cdots p)$——$AR$ 模型的自回归系数。

同时，为了便于 AR 模型的计算，引入后移算子 B，将 $AR(p)$ 模型形式简化如下：

$$\varphi(B)x_t = \alpha_t \tag{2-3-3}$$

式中　$\varphi(B) = 1 - \varphi_1 B - \varphi_2 B^2 - \varphi_3 B^3 - \cdots - \varphi_p B^p$。

由上可知，AR 模型的意义是：对于给定对应 t 时刻的 x_t，其是 t 时刻前 p 个时刻对应数值的线性估计，由于 AR 模型是线性系统，模型建立的流程也较为简单，且具有计算快速便捷的优点，故而在诸多领域得以应用。本章节任务也主要围绕着 AR 模型对时间序列模型的性质和钢管混凝土脱空缺陷检测方法进行深入探究。

2）MA 模型（Moving Average modal，滑动平均模型）

若一段时间序列 $\{X\} = \{x_1, x_2, x_3 \cdots x_t\}$ 满足式（2-3-4）模式，则认为这段时间序列为服从 p 阶的滑动平均模型，简写成 $MA(p)$。

$$x_t = \alpha_t - \eta_1 \alpha_{t-1} - \eta_2 \alpha_{t-2} - \eta_3 \alpha_{t-3} - \cdots - \eta_p \alpha_{t-p} \tag{2-3-4}$$

式中　$\eta_i(i=1,2,3\cdots p)$——MA 模型的滑动平均系数。

可以将其简化为：

$$x_t = \eta(B)\alpha_t \tag{2-3-5}$$

式中　$\eta(B) = 1 - \eta_1 B - \eta_2 B^2 - \eta_3 B^3 - \cdots - \eta_p B^p$；

$\qquad B$——后移算子。

3）$ARMA$ 模型（Auto-Regressive Moving Average modal，自回归滑动平均模型）

若一段时间序列 $\{X\} = \{x_1, x_2, x_3 \cdots x_t\}$ 满足式（2-3-6）模式，则认为这段时间序列为服从 (p, q) 阶的自回归滑动平均模型，简写成 $ARMA(p, q)$。

$$x_t = \delta_1 x_{t-1} + \delta_2 x_{t-2} + \delta_3 x_{t-3} + \cdots + \delta_p x_{t-p} + \alpha_t - \eta_1 \alpha_{t-1} - \eta_2 \alpha_{t-2} - \eta_3 \alpha_{t-3} - \cdots - \eta_p \alpha_{t-p}$$
$$\tag{2-3-6}$$

式中　$\delta_i(i=1,2,3\cdots p)$ 和 $\eta_i(i=1,2,3\cdots p)$——为 ARMA 模型自回归段（AR）和滑动平
均段（MA）的系数。

可以将其简化为：

$$\varphi(B)x_t = \eta(B)\alpha_t \qquad\qquad (2\text{-}3\text{-}7)$$

式中　$\varphi(B)=1-\varphi_1B-\varphi_2B^2-\varphi_3B^3-\cdots-\varphi_pB^p$；

$\eta(B)=1-\eta_1B-\eta_2B^2-\eta_3B^3-\cdots-\eta_pB^p$；

B——后移算子。

2.3.3　AR 模型的建立

（1）数据的采集、检验和预处理

在建立时间序列模型之前，需要采集结构的响应信号 $\{X\}$，并对此响应信号进行检验和处理，使其达到可以建立一个符合平稳、正态特征的时间序列模型要求。

1）数据采集

现有的大多数传感器采用的都是模拟信号输出的方法，而计算机无法直接处理这些模拟信号，需要我们将模拟信号转换成数字信号后进行处理，将模拟信号转换为数字信号的阶段称作数据采集。在数据采集过程中，选择一个合适的采样频率才能使时域信号幅值的失真程度在可控范围内，确保其能够正确地反映系统自身特征。

采样频率设置不恰当容易导致信号产生混叠现象。根据香农采样定理，采样频率需大于 2 倍所关心的最大频率，如式（2-3-8）所示。若小于 2 倍则容易使原本的高频信号误判为低频信号。

$$f_s > 2f_{max} \qquad\qquad (2\text{-}3\text{-}8)$$

式中　f_s——采样频率；

f_{max}——所关心的最大频率，称作奈奎斯特频率。

但信号带宽内至少有 80% 以上区域仍可能存在信号的混叠，因此，在实际应用中为保证所关心的频带内无混叠现象，常取 $f_s>2.5f_{max}$。

2）数据检验

① 平稳性检验

时间序列分析要求数据样本是平稳的，通常通过均值、方差和自协方差函数来判断时间序列是否平稳，要求如下：

a. 方差与均值需为一常数或在其附近轻微浮动。

b. 自协方差不伴随时间的变化而变化，仅与时间间隔有关。

② 正态检验

正态检验实质上就是检验时间序列是否符合正态随机变量的要求。在实际工程应用中，绝大多数的时间序列均可以满足这一特点，故在此不对数据再做正态检验。

3）数据预处理

数据的预处理主要包括消除趋势项和标准化处理。

① 消除趋势项

实际工程中，由于信号放大器会随着温度的升降发生零点漂移、信号采集点周围环境的干扰以及传感器不稳定的低频性能等原因，在结构中所采集到的加速度信号往往掺杂着

趋势项，而 AR 模型所需输入的是平稳的信号，因此，需要对采集到的加速度信号进行消除趋势项处理。常用的消除趋势项方法主要有：最小二乘法、差分法、低通滤波法和平均斜率法等，本章所采用消除趋势项的方法是最小二乘法（宋叶志，2014）。

② 标准化处理

为了使数据具有可比性，需要消除荷载和环境等因素对结构响应的影响，对采集到的加速度信号进行标准化处理，本文采用的是"zscore"标准化处理方法，如下式所示：

$$\bar{x}(t) = \frac{x(t) - E}{\sigma} \tag{2-3-9}$$

式中　E——数据的期望；

　　　σ——标准差。

（2）参数估计

常见的 AR 模型参数估计方法可分为递推估计法和直接估计法两个类别，直接估计法可以直接根据结构的响应信号及其统计特征推断出 AR 模型参数；递推估计法根据递推的方式和对象可分为实时递推估计法、矩阵递推估计法和参数递推估计法，如图 2-3-1 所示。

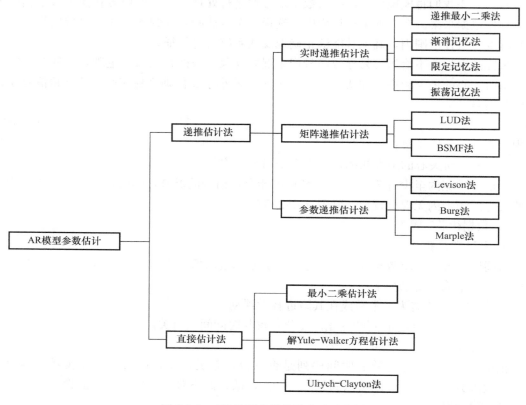

图 2-3-1　AR 模型参数估计方法示意图

其中，直接估计法中的解 Yule-Walker 方程估计法亦称为矩估计法，由于其拥有算法简易、模型在低阶状态下计算量少和无需假设分布的优点，契合钢管混凝土 AR 模型为低阶模型的特征，故本章利用矩估计法对 AR 模型进行参数估计（Alkan 等，2007）。

矩估计的本质为利用样本矩去估计可由未知参数表示的总体矩，从总体矩中求得 AR 模型的参数。

假设 AR 模型的参数 $\zeta_p = (\zeta_1, \zeta_2, \cdots, \zeta_p)^{\mathrm{T}}$，利用 Yule-Walker 方程可以得到如下方程组：

$$\boldsymbol{R}_p \zeta_p = \boldsymbol{r}_p \tag{2-3-10}$$

式中　$\boldsymbol{r}_p = (r_1, r_2, \cdots, r_p)^{\mathrm{T}}$；

$\boldsymbol{R}_p$ 为自协方差矩阵，$R_p = \begin{bmatrix} r_0 & r_1 & L & r_{n-1} \\ r_1 & r_0 & L & r_{n-2} \\ M & M & O & M \\ r_{n-1} & r_{n-2} & L & r_0 \end{bmatrix}$；

因自协方差矩阵 $\boldsymbol{R}_p$ 具有正定性，故式（2-3-10）存在唯一解：

$$\xi_p = R_p^{-1} r_p = \begin{bmatrix} r_0 & r_1 & L & r_{n-1} \\ r_1 & r_0 & L & r_{n-2} \\ M & M & O & M \\ r_{n-1} & r_{n-2} & L & r_0 \end{bmatrix}^{-1} \begin{bmatrix} r_1 \\ r_2 \\ M \\ r_p \end{bmatrix} \tag{2-3-11}$$

利用样本自相关函数 $\hat{I}_p$ 代替 R_p，则参数 ζ_p 亦可通过方程组（2-3-12）求出，称 $\hat{\zeta}_p$ 是 ζ_p 的矩估计。

$$\hat{\xi}_p = \begin{bmatrix} \hat{I}_0 & \hat{I}_1 & L & \hat{I}_{n-1} \\ \hat{I}_1 & \hat{I}_0 & L & \hat{I}_{n-2} \\ M & M & O & M \\ \hat{I}_{n-1} & \hat{I}_{n-2} & L & \hat{I}_0 \end{bmatrix} \tag{2-3-12}$$

(3) 模型定阶

模型定阶对 AR 模型的建立至关重要，模型阶次偏小则不足以反应试件序列的工作特性；模型阶次偏大会影响 AR 模型的运算速度，而且由于参数估计方法自身存在计算误差，后续的损伤识别精度也会受到影响。本章利用 FPE（Final Prediction Error）准则、AIC（Akaike information criterion）准则和 BIC（Bayesian Information Criterion）准则来进行 AR 模型定阶（李文涛等，2010）。

1）FEP 准则

FPE 准则以最终预测误差最小作为判断依据，以一个 AR 模型去拟合一组实测数据，预测效果由拟合结果的好坏来判断确定，则最终预测误差可用式（2-3-13）来表示。

$$FPE(n) = \frac{N+n}{N-n} \hat{\sigma}_\xi^2 \tag{2-3-13}$$

式中　N——数据列的长度；

　　　n——AR 模型的阶数；

　　　$\hat{\sigma}_\xi^2$——模型拟合后得到残差的方差。

在实际应用中，通常是由低到高阶分别建立 AR 模型并计算其对应的 FPE 值，得到 FPE 值为最小值时的阶数 p，由此准则可建立一个最优状态下的 AR 模型。

2）AIC 准则

AIC 准则由赤池弘治于 1973 年提出，是一种由观测信号序列中提取最大信息量来建立最优参数模型的准则，其不仅考虑了模型与观测序列的拟合程度，同时也权衡了模型的复杂度，定义 AIC 准则如下：

$$AIC(n) = N\ln\hat{\sigma}_\varepsilon^2 + 2n \tag{2-3-14}$$

对于给定的序列长度 N，当阶数 n 开始增加时，模型残差 $\hat{\sigma}_\varepsilon^2$ 也会随其递增，此时起主要作用的是模型残差的方差，AIC 值整体呈减小的趋势，当模型的阶数达到值 n_0 时，得到最小值 $AIC(n_0)$；此后，阶数 n 在 AIC 准则中起主要作用，AIC 值随着阶数 n 的增大而递增。在此过程中，使 AIC 值取最小时的阶数 n 是 AR 模型的最优阶数。

3）BIC 准则

BIC 准则实质上是对 AIC 准则的改进，它对 AIC 准则中由于 N 过大而导致权重偏高的阶数 n 进行修正，优化为贝叶斯信息准则，简称为 BIC 准则，其具体表达如式（2-3-15）所示。

$$BIC(n) = N\ln\hat{\sigma}_\varepsilon^2 + n\ln N \tag{2-3-15}$$

与 AIC 准则不同的是，AIC 中最后一项中的 2 调整为 $\ln N$，而当 N 为较大值时，$\ln N$ 将远大于 2，此时阶数 n 对 BIC 值影响程度也将过大，故 BIC 准则适用与阶数较小的 AR 模型。

（4）模型检验

统计模型是对实际数据序列的一种近似，需要对模型拟合后的有效信息是否提取充分进行检验，也即模型的有效性检验；此外，还需对模型参数的稳定性进行检验，根据检验结果决定是否简化模型。

1）模型有效性检验

若一个 AR 模型能够拟合良好，且拟合得到的残差序列为白噪声序列，则说明其能够充分提取观测数据序列中的有效信息；相反，如果拟合得到的残差不是白噪声序列，则说明还有相关信息未提取出来，此时的 AR 模型有效性不足。所以，我们可将模型有效性检验视作白噪声检验。

2）模型稳定性检验

在时序模型建立的过程中，模型参数数值会随着所要分析的数据段长短变化而变化，结构的状态变化也会导致这一情况发生，由此可见，模型参数的稳定性会干扰钢管混凝土脱空缺陷的检测；所以，将模型参数稳定性的检验视为模型稳定性检验。本章利用计算得到一阶时序模型系数来检验模型的稳定性以确定数据的长度，检验的指标为变异系数，其表达式如下（史豪杰，2017）：

$$COV_\alpha = \frac{\sigma_\alpha}{E_\alpha} \tag{2-3-16}$$

式中 σ_α——一阶自回归系数标准差；

E_α——一阶自回归系数均值。

2.3.4 损伤指标的建立

良好的损伤指标应能够准确反应结构的损伤状态。本章通过时间序列分析建立可反应待测数据样本 X_1 与正常状态下的样本 X_0 之间差异的损伤指标，通过损伤指标值判断结构的状态。结合相关研究，提出了两种用以检测钢管混凝土局部冠形脱空缺陷的损伤指标，分别为基于 AR 模型残差的和马氏距离（Ali 等，2018）和科氏距离（Owen 等，2003），并判断两者的优劣。

利用钢管混凝土无脱空状态下的测量样本 X_0 建立 AR 模型得到其残差序列 $\{\alpha_D\}$，将其作为基准参考；用待测状态样本 X_1 同样可建立 AR 模型得到其对应的残差序列 $\{\alpha_t\}$。

马氏距离和科氏距离表达的是两组数据之间的相似程度。对于任意维度相同的两组向量 $P = [p_1, \ p_2, \ \cdots, \ p_n]$，$Q = [q_1, \ q_2, \ \cdots, \ q_n]$，定义它们之间的马氏距离式（2-3-17）和科氏距离式（2-3-18）：

$$MD = \sqrt{\{x_i - y_i\}^{\mathrm{T}} \sum^{-1} \{x_i - y_i\}} \tag{2-3-17}$$

$$CD = \sum_{i=1}^{N} \left[\frac{x_i}{y_i} - \log \frac{x_i}{y_i} + \frac{y_i}{x_i} - \log \frac{y_i}{x_i} - 2 \right] \tag{2-3-18}$$

当上式用以判断结构损伤状态时，P 和 Q 可分别用无损状态下的残差序列 $\{\alpha_D\}$ 和待测状态下的残差序列 $\{\alpha_t\}$ 代入。理想状态下，当待测状态接近于无损状态时，CD 和 MD 值将接近于 0，此时待测状态为无损；反之，CD 和 MD 值将偏离于 0，待测状态有损。

2.3.5 基于时间序列分析的缺陷检测方法流程

基于时间序列分析的钢管混凝土脱空缺陷检测方法流程为（图 2-3-2）：

（1）选定信号采集系统，设定合适的采集参数，获得钢管混凝土在瞬态激励下的加速度响应信号。

（2）将所采集到的加速度信号区分为基准状态和待测状态，分别进行标准化和消除趋势项处理，使其满足平稳和正态的条件。

（3）对处理后的加速度信号分别用解 Yule-Walker 方程法进行参数估计及 FPE 法、AIC 法、BIC 法进行模型定阶，建立 AR 模型。

（4）对 AR 模型进行模型有效性和稳定性检验，确保得到的模型能够反应钢管混凝土的状态特征。

（5）利用所建立的 AR 模型分别提取基准状态和待测状态的前三阶自回归系数，共同构造敏感因子 SI；提取基准状态和待测状态的模型残差，带入到反应两者相似度的 Cosh 距离中得到 CD 值。

（6）分别对 SI 值和 CD 值进行统计评估，判断钢管混凝土的脱空缺陷区域，并比较两者判别效果优劣。

2.3.6 数值算例

（1）有限元模型的建立

① 模型参数设定。本节建立了带缺陷的钢管混凝土梁的有限元分析模型（骆勇鹏等，2019），包括方形和圆形两种截面类型，其中方钢管混凝土边长 $B = 150\mathrm{mm}$，圆钢管混凝土直径 $D = 150\mathrm{mm}$，端板边长 $B = 240\mathrm{mm}$；两者径向长度 $L = 1200\mathrm{mm}$，钢管厚度 $t = 3.75\mathrm{mm}$，端板厚度 $20\mathrm{mm}$；钢管和端板的弹性模量 $E_s = 209\mathrm{GPa}$，密度 $\rho_s = 7.8 \times 10^3 \, \mathrm{kg/m}^3$；混凝土弹性模量 $E_s = 26\mathrm{GPa}$，密度 $\rho_s = 2.5 \times 10^3 \, \mathrm{kg/m}^3$；局部脱空范围 l_d 均为 $800\mathrm{mm}$，圆钢管混凝土试件脱空值 $d_s = 8\mathrm{mm}$，方钢管混凝土试件脱空值 $d_t = 6\mathrm{mm}$。

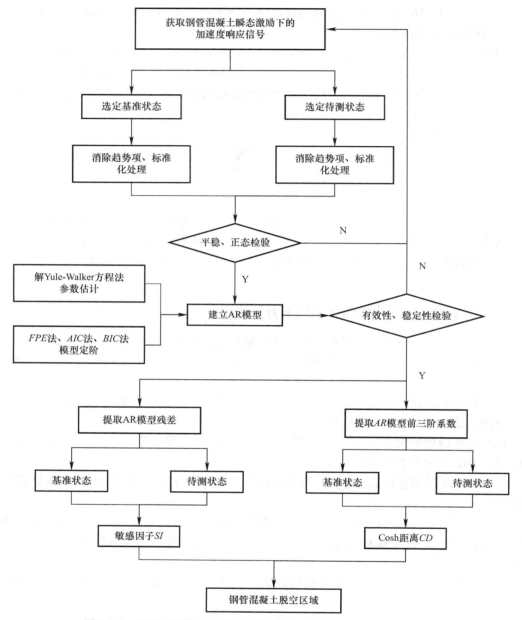

图 2-3-2 基于时间序列分析的钢管混凝土脱空缺陷检测方法流程图

② 模型单元选取。选用八节点减缩积分格式单元（C3D8R）进行三维实体单元模拟，有限元模型如图 2-3-3 所示。将建立的试件模型均匀地划分为 11 段，视每段为 1 个单元，共 11 个单元，划分示意如图 2-3-4 所示。

③ 局部脱空缺陷的建立。利用布尔运算进行核心混凝土缺陷的构造以模拟钢管混凝土的局部冠形脱空，分别建立模具和无脱空试件的模型，用模具实现对无脱空试件的布尔操作，得到相应工况的有限元模型，此外，由于制造的局部脱空缺陷使模型复杂化而导致网格划分产生冲突，采用虚拟拓扑以消除阻碍网格的划分进程。核心混凝土的缺陷如图 2-3-5 所示。

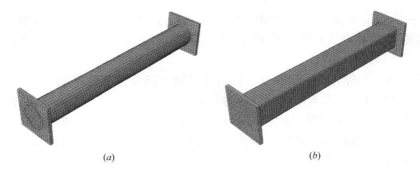

图 2-3-3　钢管混凝土有限元模型

(a) 圆钢管混凝土；(b) 方钢管混凝土

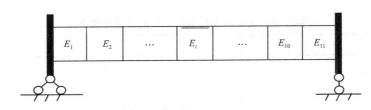

图 2-3-4　钢管混凝土梁单元划分示意图

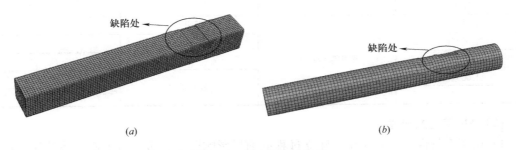

图 2-3-5　核心混凝土缺陷

(a) 方钢管混凝土；(b) 圆钢管混凝土

④ 接触截面模拟。钢管和核心混凝土间的界面接触包括法向接触和切向接触，法向方向采用可在钢管和混凝土间完全传递的"硬"接触，切向方向采用库仑摩擦模型，如图 2-3-6 所示，库仑摩擦模型可传递剪应力直至达到临界值 τ_{crit}，界面之间产生相对滑动。滑动时界面临界剪应力采用图 2-3-7 计算。

$$\tau_{crit} = \mu \cdot p \geqslant \tau_{bond} \tag{2-3-19}$$

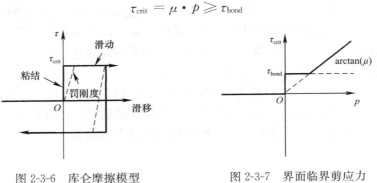

图 2-3-6　库仑摩擦模型　　　　　图 2-3-7　界面临界剪应力

27

其中，μ 为界面摩擦系数。刘威（2005）进行了大量研究，认为 μ 取 0.6 较为合理。端板和钢管之间采用有限元软件中的"Tie"绑定接触，假设两者之间没有相对运动。

⑤ 计算分析。与静力学不同，由于对钢管混凝土试件采集的是动力信号，所以需采用动力分析步进行计算，在有限元软件的动力学分析中，采用中心差分法进行显示动态计算，其不用直接求解切线刚度，不需要进行平衡迭代，计算速度快，时间步长只要取的足够小，收敛效果和精度均可达到良好的效果。计算分析中采用固定的时间增量，将采样频率设定为 25600Hz。

⑥ 工况设定。共模拟了 10 种脱空工况，其中 2 种为基准工况，8 种为待测工况，工况类型以存在的局部脱空单元的个数进行划分，工况设置详情见表 2-3-1。

钢管混凝土有限元模型脱空工况设置详情表

表 2-3-1

脱空类型			脱空发生单元（E_i）
工况 B0		无脱空	/
工况 B1		单个脱空	E_9
工况 B2	方钢管混凝土		E_6
工况 B3		多个脱空	E_6、E_9
工况 B4			E_3、E_6、E_9
工况 C0		无脱空	/
工况 C1		单个脱空	E_9
工况 C2	圆钢管混凝土		E_6
工况 C3		多个脱空	E_6、E_9
工况 C4			E_3、E_6、E_9

（2）AR 模型的建立

1）由于钢管混凝土时序模型建立过程的前后影响因素较多，为了使下述的建模流程能够清晰明了，选取工况 B0 下第 1 单元所采集到的响应信号来阐述模型的模型定阶及参数估计。同时为了模拟自然环境中的随机噪声影响，对响应信号分别加入均值为 0 方差为 2 的高斯白噪声，施加的噪声水平分别为 0.005、0.01、0.02、0.025。其施加噪声水平为 0.005 并标准化处理的前后时程曲线如图 2-3-8 所示。

2）由图 2-3-9 可以看到，FPE 值、AIC 值和 BIC 值均随着 AR 阶数的增大而趋于稳定；在图 2-3-9（a）中，FPE 曲线在 6 阶时达到平稳，因此模型阶数定为 6 阶；在图 2-3-9（b）和图 2-3-9（c）中，AIC 和 BIC 曲线在 15 阶时达到平稳，因此将模型阶数定为 15 阶；由于 AIC 和 BIC 法在实际应用中所定阶数往往偏大，故本章结合用以衡量模型与时间序列匹配程度的匹配率进行定阶，匹配率越大说明模型性能越好。本章分别计算了模型阶数为 1～18 阶时的模型匹配率，结果如图 2-3-10 所示。

由图 2-3-10 可知，当 AR 阶数为 6 时，匹配率曲线已经趋于稳定，此时的匹配率为 99.8%。若取小于 6 的阶数可能使模型拟合度不够而无法通过有效性检验；若取大于 6 的阶数则可能导致过拟合且使运算量增大。因此综合考虑上述因素，本章数值算例所分析的 AR 模型阶数均定为 8 阶。

如前所述，模型的参数估计由解 Yule-Walker 方程估计法求得。

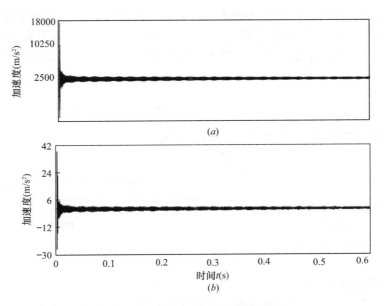

图 2-3-8　工况 B0 第 1 单元时程信号

（a）标准化处理前；（b）标准化处理后

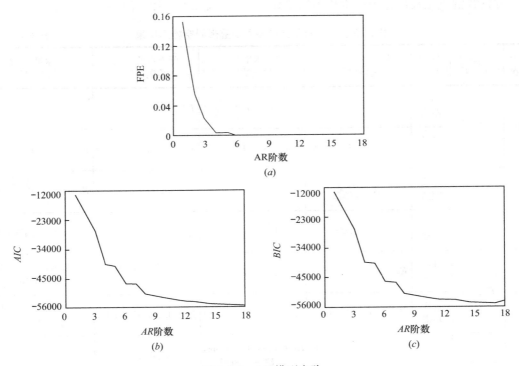

图 2-3-9　AR 模型定阶

（a）FPE 定阶法；（b）AIC 定阶法；（c）BIC 定阶法

3）模型检验

利用变异系数对所建的 AR 模型进行检验，模型检验的目的就是确定所要分析的数据长度。由图 2-3-11 可知，当样本容量为 60 时，变异率趋于稳定，说明前 60 个数据可能已经包含了样本的大多数有效信息，为保证模型系数的稳定性，故选取前 80 个数据进行分析。

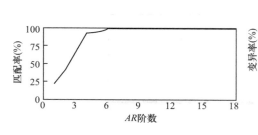

图 2-3-10　模型匹配率-AR 阶数变化曲线

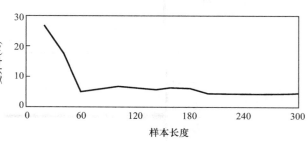

图 2-3-11　模型一阶系数稳定性检验

（3）数值算例分析结果

在 Matlab 平台编程进行算例分析，对科氏距离和马氏距离在不同噪声水平影响下的检测结果进行比较。

1）方钢管混凝土

方钢管混凝土局部冠形脱空检测结果如表 2-3-2 及图 2-3-12～图 2-3-15 所示。

方钢管混凝土有限元模型局部冠形脱空检测结果　　　　表 2-3-2

脱空工况	脱空发生单元（E_i）	损伤识别指标	噪声水平 0.005 检测结果	噪声水平 0.01 检测结果	噪声水平 0.02 检测结果	噪声水平 0.025 检测结果
B1	E_9	马氏距离	$E_9=1.00$	$E_9=1.00$	$E_7=0.42$，$E_9=1.00$	$E_3=0.15$，$E_7=0.40$，$E_9=1.00$
		科氏距离	$E_7=0.42$，$E_9=1.00$	$E_7=0.34$，$E_9=1.00$	$E_7=0.34$，$E_9=1.00$	$E_7=0.39$，$E_9=1.00$
B2	E_6	马氏距离	$E_6=1.00$	$E_6=1.00$	$E_6=1.00$	$E_6=1.00$，$E_9=0.28$
		科氏距离	$E_6=1.00$	$E_6=1.00$，$E_9=0.58$	$E_6=1.00$，$E_9=0.59$	$E_6=1.00$，$E_9=0.56$
B3	E_6、E_9	马氏距离	$E_6=1.00$，$E_9=0.74$	$E_6=0.84$，$E_9=1.00$	$E_2=0.40$，$E_7=0.35$，$E_9=1.00$	$E_3=0.57$，$E_6=1.00$，$E_9=0.50$
		科氏距离	$E_7=1.00$，$E_9=0.42$	$E_7=0.40$，$E_9=1.00$	$E_7=0.40$，$E_9=1.00$	$E_3=1.00$，$E_7=0.43$，$E_9=0.72$
B4	E_3、E_6、E_9	马氏距离	$E_3=0.51$，$E_6=0.48$，$E_9=1.00$	$E_3=0.51$，$E_6=0.48$，$E_9=1.00$	$E_6=1.00$	$E_5=1.00$
		科氏距离	$E_5=0.32$，$E_7=0.89$，$E_9=1.00$	$E_5=0.24$，$E_6=0.15$，$E_6=0.82$，$E_9=1.00$	$E_5=0.59$，$E_6=0.40$，$E_6=0.67$，$E_9=1.00$	$E_5=0.37$，$E_6=0.51$，$E_6=0.60$，$E_9=1.00$

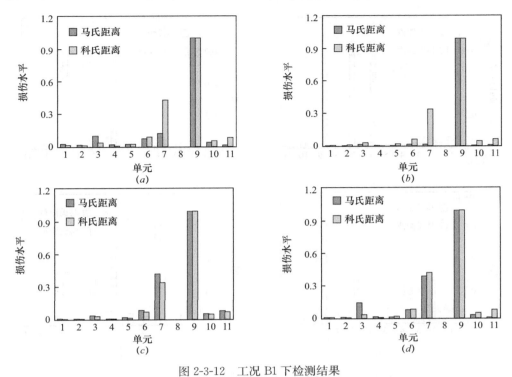

图 2-3-12　工况 B1 下检测结果

（a）噪声水平 0.005；（b）噪声水平 0.005；（c）噪声水平 0.005；（d）噪声水平 0.005

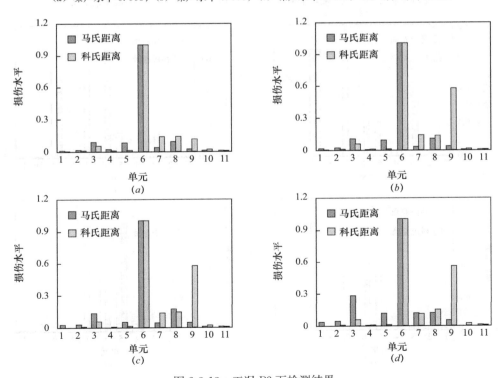

图 2-3-13　工况 B2 下检测结果

（a）噪声水平 0.005；（b）噪声水平 0.005；（c）噪声水平 0.005；（d）噪声水平 0.005

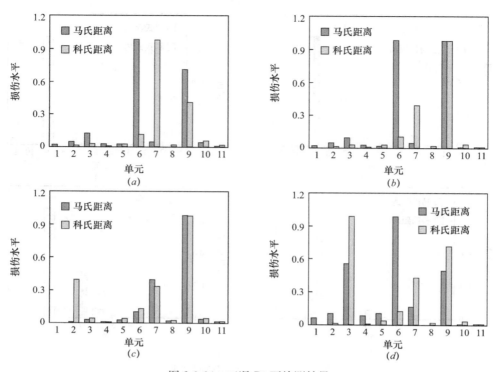

图 2-3-14 工况 B3 下检测结果

（a）噪声水平 0.005；（b）噪声水平 0.005；（c）噪声水平 0.005；（d）噪声水平 0.005

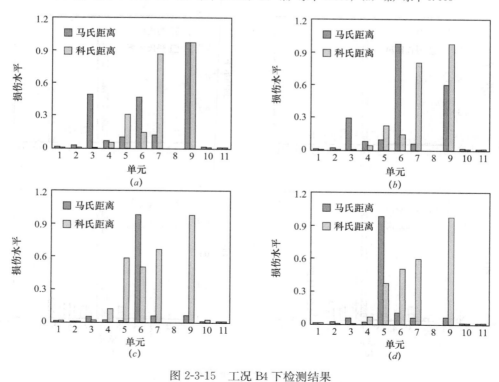

图 2-3-15 工况 B4 下检测结果

（a）噪声水平 0.005；（b）噪声水平 0.005；（c）噪声水平 0.005；（d）噪声水平 0.005

分析图 2-3-12 可知，当冠形脱空只发生在第 9 单元时，在噪声水平为 0.005 及 0.01 的情况下，可以看出，测点 9 计算出来的马氏距离值明显大于其他测点，说明直接用马氏距离可以在 0.005 和 0.01 的较低水平噪声影响下检测局部冠形脱空，在噪声水平达到 0.02 及 0.025 时，马氏距离在第 7 单元上的马氏距离值也异常增大，出现了误判现象；对于科氏距离，在 4 种噪声水平的影响下，测点 7 和测点 9 的计算出来的均明显大于其他测点，在 7 单元处均出现误判。

分析图 2-3-13 可知，当冠形脱空发生在 6 单元时，测点 6 处的马氏距离值在噪声水平为 0.005、0.01 及 0.02 影响下均明显大于其他测点，准确地判断出脱空位置，而在 0.025 噪声水平影响下测点 3 和 6 处马氏距离值异常大于其他测点，故 3 单元出现误判；对于科氏距离，在噪声水平为 0.005 下有良好的表现，在测点 6 处的科氏距离值明显大于其他测点，说明科氏距离在 0.005 噪声水平下可以有效判断脱空位置，而在其他三种噪声水平影响下，除了准确判断出 6 单元的脱空，均在单元 9 处出现误判。

工况 B3 为双处脱空工况，分析图 2-3-14 可知，单元 6 与单元 9 为冠形脱空处，在噪声水平为 0.005 及 0.01 情况下，马氏距离均能明显判别两处脱空，无误判产生，而在噪声水平为 0.02 时，漏判了单元 6 处的脱空，单元 7 处出现误判，在噪声水平为 0.025 时，单元 3 处出现误判；对于科氏距离，在四种噪声水平影响下，9 单元处的脱空均准确判断，6 单元处的脱空则均漏判，在 2、3、7 单元均有误判产生。

工况 B4 有 3 处冠形脱空，分析图 2-3-15 可知，马氏距离在噪声水平为 0.005 和 0.01 情况下，测点 3、6、9 处的马氏距离值大于其他测点，说明存在冠形脱空较多的单元在 0.005 和 0.01 噪声水平下依然可以检测脱空，而但噪声水平为 0.02 时，单元 3 和单元 9 出现漏判，噪声为 0.025 时，3 个单元均漏判，单元 5 产生误判。

在加入随机噪声之后，对方钢管混凝土冠形脱空的判断受到明显影响，科氏距离的检测准确率不高，不多见的有工况 B2 中噪声水平为 0.005 时检测准确的情况，但较于科氏距离，噪声对马氏距离的影响更小，在噪声水平相对较低时，马氏距离能够准确检测出局部冠形脱空位置，但随着噪声水平的升高，可能出现脱空被噪声掩盖而导致的漏判现象以及未设定脱空的单元却被检测出带有脱空的误判现象；此外，工况中所设置的不同个数脱空单元并不影响马氏距离的脱空识别效果，在低噪声水平下马氏距离指标对不同脱空工况均表现出良好的检测性能。

2）圆钢管混凝土

圆钢管混凝土局部冠形脱空检测结果如表 2-3-3 及图 2-3-16～图 2-3-19 所示。

圆钢管混凝土有限元模型局部冠形脱空缺陷检测结果　　　　　　表 2-3-3

脱空工况	脱空发生单元 (E_i)	损伤识别指标	噪声水平 0.005 检测结果	噪声水平 0.01 检测结果	噪声水平 0.02 检测结果	噪声水平 0.025 检测结果
C1	E_9	马氏距离	$E_9=1.00$	$E_3=0.51$、$E_9=1.00$	$E_1=0.58$, $E_3=1.00$ $E_7=0.58$, $E_9=1.00$	$E_3=0.15$, $E_7=0.40$, $E_9=1.00$
		科氏距离	$E_9=1.00$	$E_9=1.00$	$E_7=0.55$, $E_9=0.84$	$E_7=0.0.29$, $E_9=1.00$
C2	E_6	马氏距离	$E_6=1.00$	$E_6=1.00$	$E_6=1.00$, $E_9=0.26$	$E_6=1.00$
		科氏距离	$E_6=1.00$, $E_9=0.53$	$E_6=1.00$, $E_9=0.57$	$E_6=1.00$, $E_9=0.49$	$E_6=1.00$, $E_9=0.58$

续表

脱空工况	脱空发生单元 (E_i)	损伤识别指标	噪声水平 0.005 检测结果	噪声水平 0.01 检测结果	噪声水平 0.02 检测结果	噪声水平 0.025 检测结果
C3	E_6、E_9	马氏距离	$E_6=0.87$，$E_9=1.00$	$E_3=0.47$，$E_4=0.70$ $E_6=1.00$，$E_7=0.36$，$E_9=0.70$	$E_3=0.10$，$E_6=0.75$ $E_7=0.28$，$E_9=0.69$	$E_3=0.53$，$E_6=1.00$ $E_7=0.23$，$E_9=0.75$
		科氏距离	$E_6=0.31$，$E_7=0.53$，$E_9=1.00$	$E_6=0.30$，$E_7=0.57$，$E_9=1.00$	$E_6=0.25$，$E_7=0.43$，$E_9=1.00$	$E_6=0.29$，$E_7=0.49$，$E_9=1.00$
C4	E_3、E_6、E_9	马氏距离			/	
		科氏距离	$E_9=1.00$	$E_9=1.00$	$E_9=1.00$	$E_9=1.00$

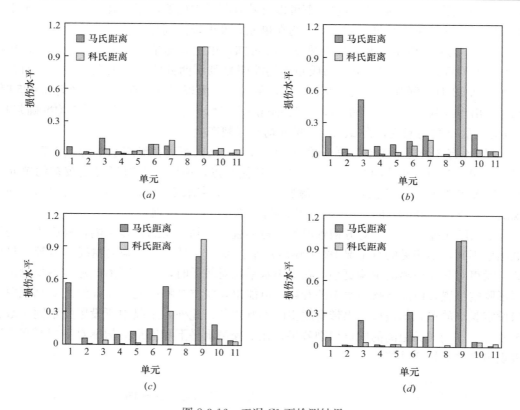

图 2-3-16 工况 C1 下检测结果

(a) 噪声水平 0.005；(b) 噪声水平 0.005；(c) 噪声水平 0.005；(d) 噪声水平 0.005

分析图 2-3-16 可知，当脱空只发生在第 9 单元时，在噪声水平为 0.005 时，测点 9 的马氏距离值明显大于其他测点，准确检测出脱空位置，而在其他三种噪声情况下，马氏距离均存在不同程度的误判；对于科氏距离，在噪声水平为 0.005 和 0.01 时，测点 9 的科氏距离值明显高于其他测点，在噪声水平为 0.02 和 0.025 时，科氏距离在单元 7 处出现误判。

分析图 2-3-17 可知，单元 6 为脱空单元，在噪声水平为 0.005、0.01 及 0.025 下时，测点 6 的马氏距离值均大于其他测点，但在噪声水平为 0.02 时，在单元 6 出现误判；对于科氏距离，在四种噪声水平下均误判单元 9 为脱空。

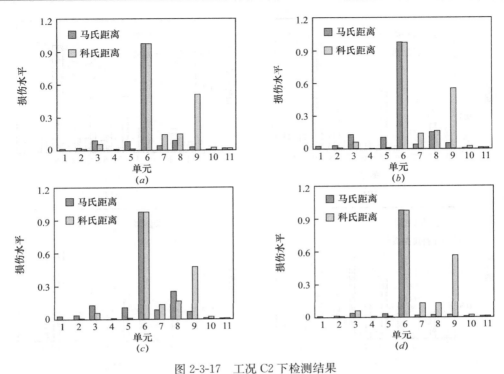

图 2-3-17　工况 C2 下检测结果

(*a*) 噪声水平 0.005；(*b*) 噪声水平 0.005；(*c*) 噪声水平 0.005；(*d*) 噪声水平 0.005

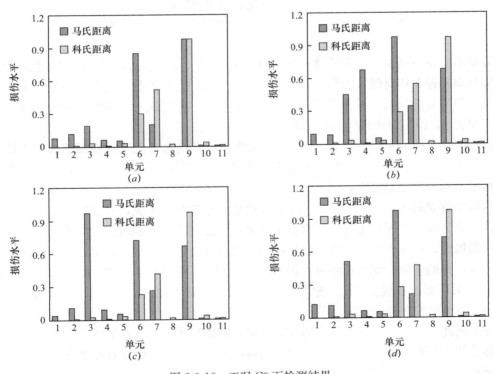

图 2-3-18　工况 C3 下检测结果

(*a*) 噪声水平 0.005；(*b*) 噪声水平 0.005；(*c*) 噪声水平 0.005；(*d*) 噪声水平 0.005

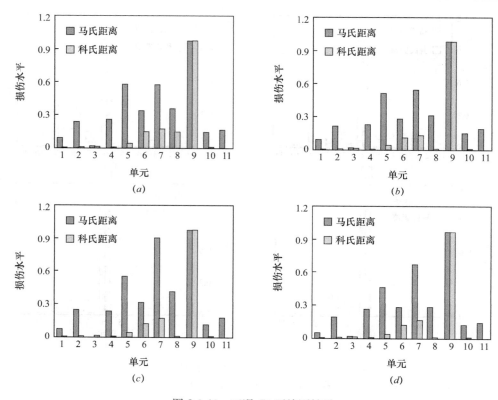

图 2-3-19　工况 C4 下检测结果

（a）噪声水平 0.005；（b）噪声水平 0.005；（c）噪声水平 0.005；（d）噪声水平 0.005

分析图 2-3-18 可知，在噪声水平为 0.005 时，单元 6 和单元 9 的马氏距离值最大，但存在部分单元存在相对较大的值，对脱空的判断造成一定的干扰，随着噪声的增大，部分单元则出现明显的误判；对于科氏距离，在所有噪声水平情况下均判断出为脱空状态的单元 6 及单元 9，但同时也都误判单元 7。

分析图 2-3-19 可知，在工况 C4 下，不同噪声水平均对马氏距离检测结果产生较大影响，显示出一种"紊乱"的结果，易使多个单元造成误判；对于科氏距离，单元 9 在不同噪声水平下均可判定其脱空，但单元 3 和单元 9 产生漏判。

对圆钢管混凝土而言，单脱空工况检测效果好于多脱空工况，马氏距离识别效果接近于科氏距离。对于单脱空工况，一般识别效果会随着噪声水平的增加而变差，但是由于噪声存在随机性，计算机所模拟的随机噪声并不完全符合正态分布，而出现一些噪声大反而检测效果更好的现象，如马氏距离在识别工况 C2 时，噪声水平 0.025 的检测效果好于噪声水平 0.02。对于多脱空工况，整体检测效果不足，其中在工况 C3 中马氏距离在噪声水平 0.005 下能够检测脱空单元。

综上所述，对于方钢管混凝土局部冠形脱空缺陷检测而言，在低噪声水平下，马氏距离能够检测出所有方钢管混凝土的脱空，而科氏距离检测结果则存在误判和漏判现象。而对于圆钢管混凝土局部冠形脱空而言，马氏距离和科氏距离对于圆钢管混凝土的单脱空工况均有良好的识别效果，而多脱空工况的检测效果不佳，特别是受高水平噪声影响的情况下，整体检测效果不理想。总体上可以认为基于时间序列分析的钢管混凝土脱空缺陷检测方法在方钢管混凝土局部脱空缺陷检测的效果好于圆钢管混凝土，马氏距离整体识别效果好于科氏距离。

2.3.7　试验验证

选取综合检测效果更佳的马氏距离指标，以 2.2 节所述的钢管混凝土梁为试验对象，对其脱空状态进行检测研究，验证基于时间序列分析方法在实际钢管混凝土结构检测上的有效性。试验设定工况与 2.2 节所述相同，逐个敲击测点，采集加速度信号并进行时序分析。在进行数据分析之前，按照前述方法对数据进行处理，将模型阶数定为 6 阶，分析样本容量为 100。为探究外界因素可能存在的影响，在数个不同时间段采集加速度信号，每组工况选取 4 组有代表性进行分析，以明晰不确定因素对检测结果的影响程度。

（1）方钢管混凝土

方钢管混凝土局部冠形脱空检测结果如图 2-3-20～图 2-3-23 所示。由图可知，尽管四种工况的脱空单元都能被检测出来，但也存在一些错误的判断，如工况 B1T（c）中对单元 2 的误判，工况 B2T（d）中对单元 7 和单元 8 的误判，工况 B3T（d）中对单元 6 的漏判，工况 B4T（d）中对单元 3 和单元 6 的漏判。

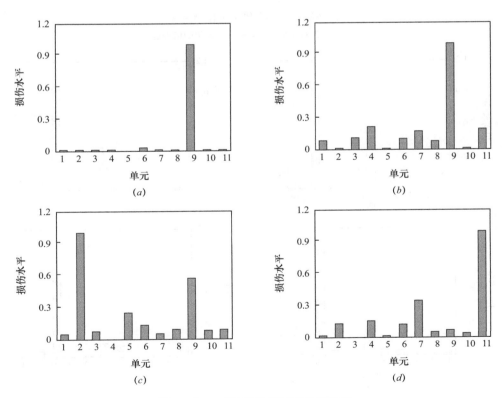

图 2-3-20　工况 B1T 工况下检测结果
（a）、（b）、（c）、（d）为对 4 组随机时间段内采集的信号进行分析的结果

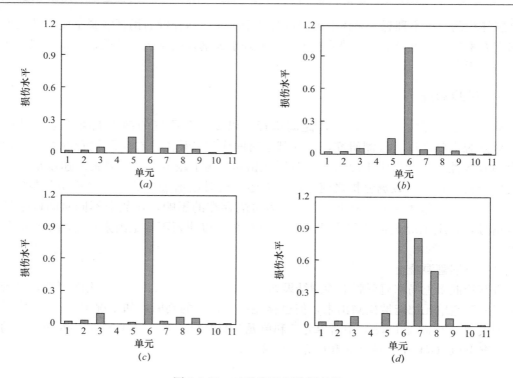

图 2-3-21　工况 B2T 下检测结果

（a）、（b）、（c）、（d）为对 4 组随机时间段内采集的信号进行分析的结果

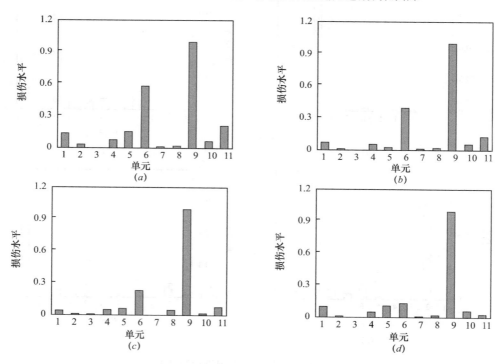

图 2-3-22　工况 B3T 下检测结果

（a）、（b）、（c）、（d）为对 4 组随机时间段内采集的信号进行分析的结果

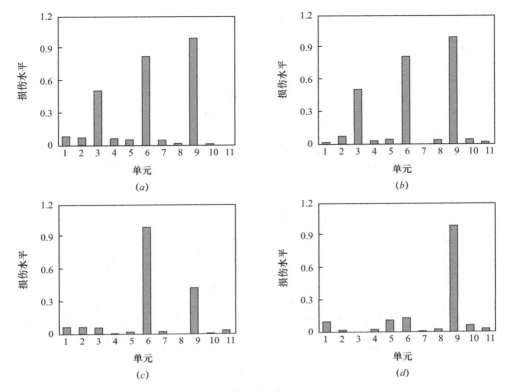

图 2-3-23 工况 B4T 下检测结果

(a)、(b)、(c)、(d) 为对 4 组随机时间段内采集的信号进行分析的结果

(2) 圆钢管混凝土

圆钢管混凝土局部冠形脱空检测结果如图 2-3-24～图 2-3-27 所示。

由图 2-3-24～图 2-3-27 可知，在单脱空工况下，脱空单元能够被检测出来，但也存在误判和漏判的现象，如工况 C1T(c) 中对单元 1 的误判，工况 C1T(d) 中对单元 6 和单元 7 的误判，工况 C2T (c) 中对单元 5 和单元 7 的误判，工况 C2T（d）中对单元 6 的误判及对单元 3 和单元 5 等的误判；在多脱空工况下，脱空单元无法被准确检测，均出现不同程度的误判和漏判。

综上所述，利用马氏距离指标可以检测出方钢管混凝土所有工况，对于圆钢管混凝土，其只能检测出单脱空工况，对于多脱空工况的检测效果不理想；同时，在可以被检测出来的工况中也存在个别误判和漏判的结果，其原因可能是受到噪声污染、数据不全及模态截断等因素的影响。

2.3.8 本节小结

本章首先介绍了基于时间序列分析的钢管混凝土脱空检测方法理论知识，然后采用数值模型研究了在自然环境中不可避免的噪声影响下，科氏距离和马氏距离指标用于检测钢管混凝土的效果，选取检测结果较优的指标进行试验验证。结果表明：在数值模拟研究中，对于方钢管混凝土，马氏距离能在低噪声水平下准确检测出局部冠形脱空位置，随着噪声提高，出现了误判和漏判现象，科氏距离在各种噪声水平下均无法进行准确检测，对

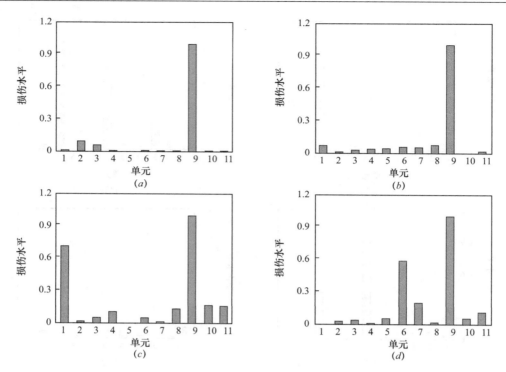

图 2-3-24　工况 C1T 下检测结果

（a）、（b）、（c）、（d）为对 4 组随机时间段内采集的信号进行分析的结果

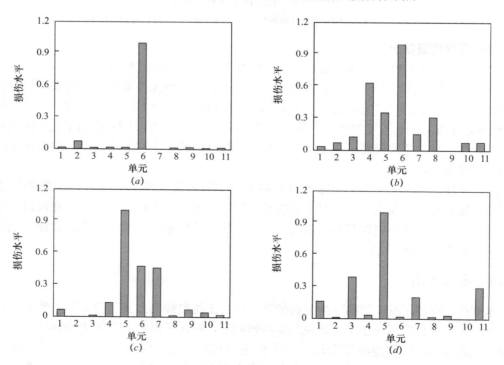

图 2-3-25　工况 C2T 下检测结果

（a）、（b）、（c）、（d）为对 4 组随机时间段内采集的信号进行分析的结果

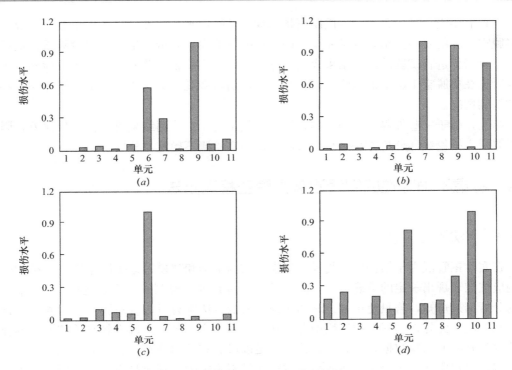

图 2-3-26　工况 C3T 下检测结果

（a）、（b）、（c）、（d）为对 4 组随机时间段内采集的信号进行分析的结果

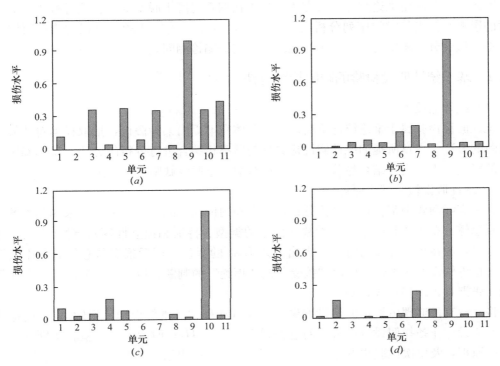

图 2-3-27　工况 C4T 下检测结果

（a）、（b）、（c）、（d）为对 4 组随机时间段内采集的信号进行分析的结果

于圆钢管混凝土，马氏距离和科氏距离指标均在低噪声水平下准确检测出单脱空工况，对于多脱空工况的其检测结果则不完全准确；根据数值模型分析结果，选取检测结果更优的马氏距离指标进行试验验证，结果表明，方钢管混凝土的脱空单元可以被有效检测，圆钢管混凝土在单脱空工况下的检测结果较为准确，而对多脱空工况的检测结果则存在一些误判和漏判情况。

综上，由于一些外界因素的影响，钢管混凝土的脱空检测结果可能会产生误差，因此有必要引入推论统计分析方法进行钢管混凝土脱空检测不确定性分析。

2.4　考虑不确定性的钢管混凝土脱空检测方法

2.4.1　方法概述

在实际钢管混凝土结构中，受噪声污染、数据不全和建模误差等因素影响，结构的动力响应往往表现出一定的不确定性，由此可见，对其进行检测属于不确定性问题，由 2.3 节的分析结果可知，若只使用基于时间序列分析的方法则有可能会对脱空的检测产生误判和漏判问题。此外，实际工程结构中存在获取样本的成本较大及难度较高等问题，导致只能获取到有限的试验数据，而有限的数据不足以形成有效的分布；利用概率统计方法一般需要假设参数服从正态分布，而实际参数往往是不确定的，甚至是未定的，所以，若人为地对有限的试验数据假设分布，可能导致假设与实际情况不符，造成分析结果产生严重误差。因此，本节利用推论统计分析方法以减小在钢管混凝土脱空缺陷检测过程中不确定性因素的影响及提出将时间序列分析与非参数 Bootstrap-t 检验法相结合以解决在有限的数据样本和假设分布未知的情况下钢管混凝土脱空缺陷检测问题。

2.4.2　基于统计假设检验的缺陷检测方法

（1）统计假设检验

统计假设检验属于推论统计范畴，是对总体样本提出某种假设，抽取样本对此假设进行判断的方法。本章所提的统计假设检验是与概率相结合进行分析的方法，将不确定因素造成的影响考虑在内并结合显著性水平对钢管混凝土脱空缺陷进行检测。

1）统计假设检验基本原理

许多实际问题中都存在着总体分布函数未知的情况，或只有其形式而未知其参数。为了推断总体分布中的某些未知的参数（分布的类型、特征和独立性等），对其提出关于总体的假设，如在正态分布的情况中提出方差为 σ_2 的假设。而后根据从总体分布中获取的样本来推论假设的正确性，做出"接受"或"拒绝"的判断，得出此判断的过程称作假设检验（张淑贵，2019；Walker，2019）。

将一没有足够理由否定的假设取做原假设（亦称"基本假设"），记做 H_0，则把将其否定的假设称作备择假设（亦称"对立假设"），记做 H_1；而后，制订检验法则（一般为小概率原理，及单次试验中几乎不能发生的事件），提出适合所提出假设的检验统计量，根据所获取的样本计算检验统计量，观察在既定显著性水平之下的检验统计量是否符合检验法则的要求，这就是统计假设检验的问题。

2）显著性水平的确定

在假设检验分析过程中，判定检验是成立还是无效依据的是"小概率原理"，将这种小概率称为显著性水平，记做 α，即视发生概率小于 α 的事件为不可能发生。显著性水平的选取应视试验复杂程度和结论重要程度而定，如果在试验过程中难以把控的因素较多，对试验的影响程度较大，应提高显著性水平 α；如果试验比较精密，不容许误差，可将显著性水平 α 降低以确保试验结果高精度。本文计算了显著性水平为 0.05 时的结果。

3）假设检验两类错误

假设检验的依据是观测样本，由小概率原理可知，无论是拒绝还是接受原假设，对其正确性都没有完全的把握，换而言之，假设检验无效时可能由两类错误引起，见表 2-4-1。

假设检验的两类错误　　　　　　　　　　　　表 2-4-1

检验结果	实际情况	
	H_0 成立	H_0 无效
拒绝 H_0	犯第 I 类错误（犯错概率 α）	决策正确
接受 H_0	决策正确	犯第 II 类错误（犯错概率 β）

第 I 类错误：原假设 H_0 是真实的，通过假设检验却将其拒绝，称为"弃真错误"，犯这种错误的概率就是显著性水平（犯错概率）α。

第 II 类错误：原假设 H_0 是虚假的，通过假设检验接受了这一假设，称为"取伪错误"，将此种犯错概率记为 β。

通过小概率情况在实际中不可能性原理，假设检验可以否定原假设 H_0。在理想的情况下，α 和 β 值都应尽可能小，但是在样本容量一定的情况下，减小第 I 类错误概率 α，就造成第 II 类错误概率 β 的提高，同样地，减小第 II 类错误概率 β 也会使第 I 类错误概率 α 增加，所以两种犯错不可能同时达到最小状态，可以通过增加样本数量来缓解这一情况，但添加样本会造成时间和成本的上升，对样本增加数量的经济性也难以把握。所以在实际应用中，通常优先控制第 I 类错误概率 α 的发生，将第 II 类错误概率 β 排除在外，将这种检验视作显著性检验，即需要确定显著性水平 α，利用确定的显著性水平 α 和样本量建立检验法则，使得第 I 类错误发生的概率不高于 α。

4）统计分析中的 t 检验

t 检验的应用对象是标准差 σ 未知且内部可能存在异常的总体，常以均值 μ_0 作为基准来检验可疑样本的合理性。通常有如下三种假设检验：

① $H_0: \mu = \mu_0$，$H_1: \mu \neq \mu_0$；

② $H_0: \mu \leq \mu_0$，$H_1: \mu > \mu_0$；

③ $H_0: \mu \geq \mu_0$，$H_1: \mu < \mu_0$。

其中，①称作双边检测，②和③称作单边检测。本章采用②方式对钢管混凝土脱空缺陷检测结果中可能存在的不确定性因素提出假设。

将某个可疑观测值 μ 之外的全部观测值视作一个总体，并假定此总体符合正态分布，同时将可疑观测值 μ 视作样本容量仅有 1 个的特殊总体，若可疑观测值 μ 与其余观测值源于同一个总体，则它们之间的显著性差异应在规定范围内。检验统计量如下式：

$$t = \frac{\mu_0 - \mu}{\sigma^2 \sqrt{N}} \qquad (2\text{-}4\text{-}1)$$

式中 N——总体样本容量。

提出假设②，对于给定的显著性水平 α，通过 t 分布表可查得对应的临界值 $t_\alpha(N-1)$，使得 $P\{t \geqslant t_\alpha(N-1)\}=\alpha$，将计算出的检验统计量 t 与临界值 $t_\alpha(N-1)$ 比较，检验假设 $H_0: \mu \leqslant \mu_0$ 是否成立。

当 $t \leqslant t_\alpha(N-1)$ 时（即结果落入相容域），则原假设 H_0 成立并拒绝备择假设 H_1。

当 $t \geqslant t_\alpha(N-1)$ 时（即结果落入拒绝域），则拒绝原假设 H_0。

(2) 基于假设检验的钢管混凝土脱空缺陷检测方法

为了减少噪声等不确定因素的影响，采用时间序列分析方法与统计假设检验法相结合的钢管混凝土脱空缺陷检测方法。

首先，将钢管混凝土试件和有限元模型划分为数个单元，在不同的时间段采集试件的响应并对模型的响应添加噪声，以此模拟在钢管混凝土检测中的不确定性；通过时间序列分析方法对采集到的信号进行计算，并重复若干次操作，获取钢管混凝土各个单元的检测结果，在这些结果中选出中位数来作为检测基准值，如第 j 个单元的检测基准值为 $\Delta\zeta_j$。

而后，设定待测工况，利用上述方式在不确定性因素影响下计算出各个单元的结果，并重复若干次操作，获取钢管混凝土各个单元的一组检测结果，如第 j 个单元的检测值为 $\Delta\zeta_j'(\Delta\zeta_{j1}' \Delta\zeta_{j2}' \cdots \Delta\zeta_{jN}')$。

以第 j 个单元为例，若一组检测结果中的某个数据值小于此单元的检测基准值为 $\Delta\zeta_j$，则认为这个数据值判定此单元无脱空，反之则认为此单元发生脱空。由此可见，判断钢管混凝土是否发生脱空需要解决的是如下问题：

$$H_0: \Delta\zeta_{jx}' \leqslant \Delta\zeta_j, \quad H_1: \Delta\zeta_{jx}' > \Delta\zeta_j \qquad (2\text{-}4\text{-}2)$$

式中 H_0——钢管混凝土无脱空；

H_1——钢管混凝土发生脱空。

由前面所述可以得到此问题的拒绝域为：

$$t_j = \frac{\Delta\zeta_j - \Delta\zeta_{jx}'}{\sigma^2 \sqrt{N}} \geqslant t_\alpha(N-1) \qquad (2\text{-}4\text{-}3)$$

当计算得到的数据落入拒绝域时则拒绝了原假设，表明此单元发生了脱空，同样地，不在拒绝域时说明此单元无脱空。

由于 t 假设检验是对已有的样本所作出的判断，可能会出现误判现象。由式（2-4-2）可知，如果单元在无脱空的状态下判定为有脱空，导致发生第 I 类错误，即"脱空误判"。因其属于保守评估，一定数量的误判并不会产生不良后果，但误判数量过多可能影响对钢管混凝土整体结构的性能评估，从而可能导致不必要的重复检测以及随之而来的成本提升，甚至使其过早地退役而导致资源的极大浪费。

如果单元在有脱空的状态下判定为无脱空，导致发生第 II 类错误，即"脱空漏判"。误判的概率即为显著性水平 α。在钢管混凝土结构中发生脱空漏判，则原有脱空的结构部件可能会在服役过程中继续积累损伤，当损伤累积到一定限度时，结构可能产生破坏，造成安全事故。由此可见，应视实际情况选择相应的显著性水平和样本数量，确保 t 假设检验方法在钢管混凝土脱空缺陷检测应用中可以行之有效。

(3) 基于 t 假设检验统计分析的钢管混凝土脱空缺陷检测方法流程

1）通过结构动力测试方法，获取钢管混凝土动力响应，结合时间序列分析方法，获

取单元检测基准值 $\Delta\zeta_j$ 以及待测检测值 $\Delta\zeta_j'(\Delta\zeta_{j1}'\Delta\zeta_{j2}'\cdots\Delta\zeta_{jN}')$。

2）提出问题的假设，并假设检测值符合正态分布，通过计算得到各个单元的检验统计量 t_j。

3）通过给定的显著性水平 α 在 t 分布表中找到对应的临界值 $t_\alpha(N-1)$，当检验统计量 t_j 大于临界值 $t_\alpha(N-1)$ 时，说明此单元发生脱空，反之说明此单元无脱空。

4）由统计分析结果得到具备统计意义的钢管混凝土脱空缺陷检测结论，如若对结果持有怀疑意见，可对其重复进行试验，将再得到的结果进行对比分析，得到更为准确的结果（图 2-4-1）。

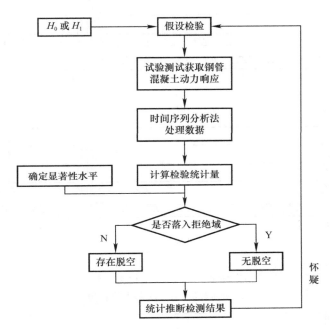

图 2-4-1 基于 t 假设检验统计分析的钢管混凝土脱空缺陷检测方法流程

(4) 算例分析

根据 2.3 节研究结果，基于时间序列分析的钢管混凝土脱空缺陷检测方法不适用于检测圆钢管混凝土的多脱空工况，故对于圆钢管混凝土，只对其单脱空工况进行不确定性分析；此外，脱空的检测在噪声水平较小的情况下结果较好，故本章只选取各工况在噪声水平为 0.02 及 0.025 情况下进行数值算例研究。显著性水平选取 0.05，样本容量分别选取 20 和 40。

1）数值算例

数值模型脱空检测结果如表 2-4-2 及图 2-4-2～图 2-4-7 所示。

钢管混凝土有限元模型局部冠形脱空检测结果   表 2-4-2

m	ε	工况					
		B1	B2	B3	B4	C1	C2
20	0.02	⑨	⑥	⑥⑨	③⑥◇⑨	⑨	⑥
	0.025	⑨	⑥⑦	⑥⑨	③⑤⑥◇⑨	⑨⑪	⑥

续表

m	ε	工况					
		B1	B2	B3	B4	C1	C2
40	0.02	⑨	⑥	⑥⑨	③⑥⑨	⑨	⑥
	0.025	⑨	⑥	⑥⑨	③⑥⑨	⑨	⑥

注：1. 表中 ε 为噪声水平，m 为样本容量。
　　2. "○"表示脱空被正常检测到，"◇"表示发生脱空漏判，"□"表示发生脱空误判。

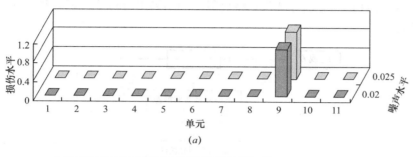

(a)

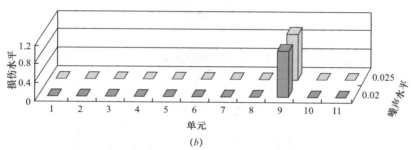

(b)

图 2-4-2　工况 B1 下检测结果
(a) 样本数量 20；(b) 样本数量 40

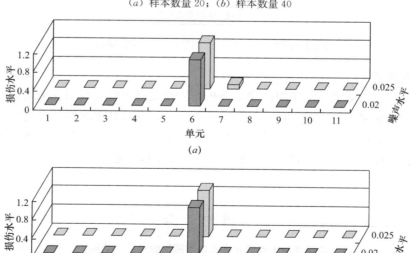

(a)

(b)

图 2-4-3　工况 B2 下检测结果
(a) 样本数量 20；(b) 样本数量 40

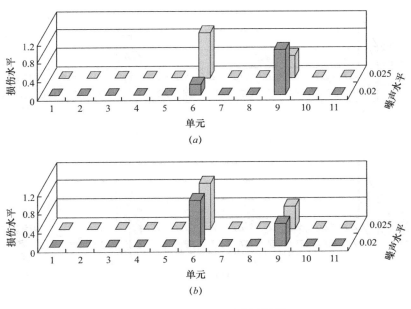

图 2-4-4　工况 B3 下检测结果

(a) 样本数量 20；(b) 样本数量 40

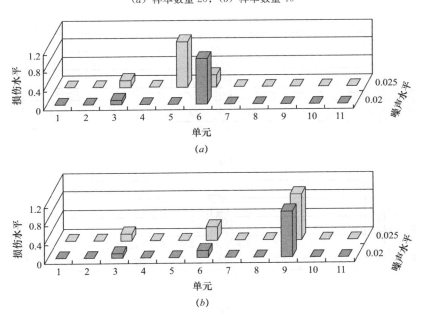

图 2-4-5　工况 B4 下检测结果

(a) 样本数量 20；(b) 样本数量 40

分析表 2-4-2 及图 2-4-2～图 2-4-7，可得到如下结论：

① 在样本容量为 20 的情况下，当噪声水平由 0.025 降至 0.02 时，对冠形脱空缺陷误判的现象总体上在减少。例如：表 2-4-2 中工况 B2、工况 B4 及工况 C1 在样本容量 20、噪声水平 0.025 下，均出现对单元产生误判的现象，而当噪声水平降至 0.02 时，误判现象消失。

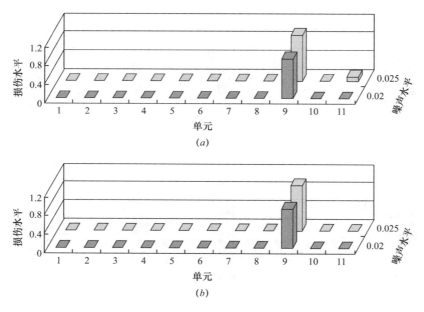

图 2-4-6　工况 C1 下检测结果

(*a*) 样本数量 20；(*b*) 样本数量 40

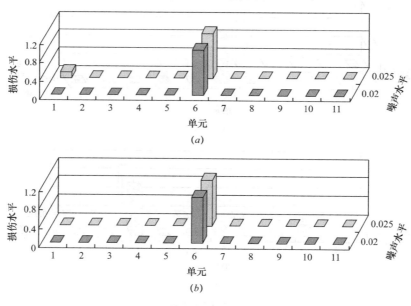

图 2-4-7　工况 B4 下检测结果

(*a*) 样本数量 20；(*b*) 样本数量 40

② 在相同的噪声水平下，当样本容量由 20 提高至 40 时，存在误判和漏判现象消失。例如：表 2-4-2 中工况 B2 在样本容量 20、噪声水平 0.025 下，单元 7 产生误判，当样本容量增至 20 时，误判现象消失；工况 B4 在样本容量 20、噪声水平 0.025 下，单元 5 产生误判且单元 9 产生漏判，当样本容量增至 20 时，误判和漏判现象消失。

③ 相较于 2.3 节基于时间序列分析的方法，尽管本节是在相对较高的噪声水平下进行分析，但通过结合本章基于统计假设检验的方法，使得检测结果有明显改善，提高了检测结果的可靠性。见表 2-3-3，在噪声水平 0.02 下，工况 B1 中的单元 7 及工况 C1 中的单元 1、单元 3 及单元 7 出现误判；在本章的分析结果中，这些误判现象均消失。

2）试验算例

为更好地体现不确定性因素的影响，在多个时间段采集加速度响应信号，试验结果如表 2-4-3 及图 2-4-8～图 2-4-13 所示。

钢管混凝土试件冠形脱空缺陷检测结果　　　　　　　　　表 2-4-3

m	工况					
	B1T	B2T	B3T	B4T	C1T	C2T
20	③⑨	⑥	⑥⑨	③⑥⑨	⑨	⑥
40	⑨	⑥	⑥⑨	③⑥⑨	⑨	⑥

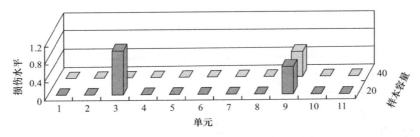

图 2-4-8　工况 B1T 检测结果

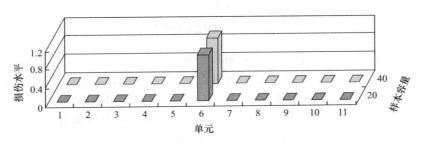

图 2-4-9　工况 B2T 检测结果

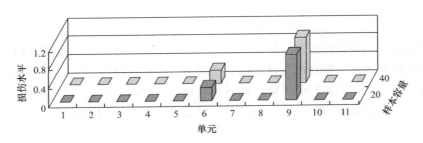

图 2-4-10　工况 B3T 检测结果

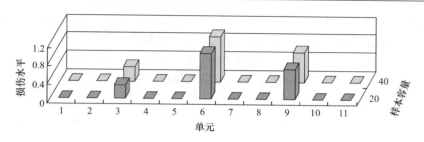

图 2-4-11　工况 B4T 检测结果

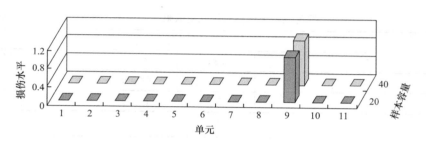

图 2-4-12　工况 C2T 检测结果

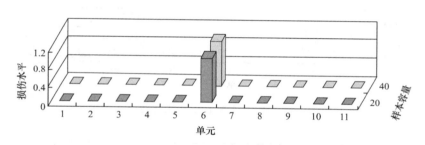

图 2-4-13　工况 C2T 检测结果

分析表 2-4-3 及图 2-4-8～图 2-4-13，可以得到如下结论：

① 当样本容量为 20 时，全部工况中只有工况 B1T 的单元 3 出现误判，而当样本容量增至 40 时，误判现象消失，此时所有工况的局部脱空缺陷均可被准确检测出来。

② 相较于 2.3 节中部分可以被检测出来的脱空缺陷工况也可能存在的误判和漏判现象，本节基于统计假设检验的钢管混凝土脱空缺陷检测方法可将检测结果定性，原有工况中存在的误判和漏判现象均得到不同程度的改善。

（5）小结

引入了推论统计分析方法，将假设检验与时间序列分析方法结合进行钢管混凝土脱空检测，利用有限元模型进行仿真分析，并用试验结果进行验证。结果表明，结合假设检验的时间序列分析方法具有较好检测钢管混凝土局部冠形脱空缺陷能力，一般情况下，噪声水平的提高会增加误判的漏判的可能，此时可以通过增加样本容量来改善这一状况。相较于 2.3 节中部分可以被检测出来的脱空缺陷工况也可能存在误判和漏判现象，本章基于统计假设检验的钢管混凝土脱空缺陷检测方法可将检测结果定性，原有工况中存在的误判和漏判现象均得到不同程度的改善。

2.4.3　基于非参数 Bootstrap-t 检验法的缺陷检测方法

（1）Bootstrap 法基本理论

Bootstrap 法是由 Efron 等（1993）提出的一种虚拟增广样本评估办法，用于解决小样本数量的评估问题（图 2-4-14）。其目的是对原有的试验观测数据进行模拟再抽样来分析不确定性，对数据信息充分利用，利用已有试验观测的统计特性来推断总体分布特性，无需对总体分布进行假设（吕书龙等，2018）。

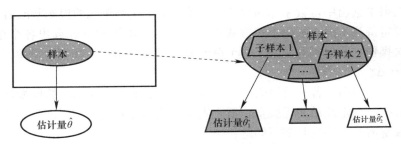

图 2-4-14　Bootstrap 基本思想

Bootstrap 法的基本思想就是利用原有数据样本做有放回并可重复的再抽样（重抽样），重抽样的样本容量与原有数据样本容量一致，重抽样得到的样本就是 Bootstrap 样本，即得到一组对应的统计观测量；重复多次操作，到多组 Bootstrap 样本及统计观测量。通常原数据样本容量不应过小，应以样本量 $n \geqslant 10$ 为宜（黄玮等，2005）。

Bootstrap 法的基本流程如下：

1）原有样本数据 $\boldsymbol{X} = (x_1, x_2, \cdots, x_n)$ 是来自未知分布的有限总体样本，利用其构造原有样本的经验积累分布函数 F_n，其对应统计观测量为 $\theta(\boldsymbol{X}, F)$。

2）独立地从经验积累分布函数 F_n 中有放回地抽取样本容量为 n 的 Bootstrap 样本，表示如下：

$$\boldsymbol{X}_k^* = \{x_{k1}^*, x_{k2}^*, \cdots, x_{kn}^*\}, \quad k = 1, 2, \cdots, N \tag{2-4-4}$$

3）重复地从 F_n 中抽取 N 组 Bootstrap 样本，得到随机抽样集合 $\{\boldsymbol{X}_1^*, \boldsymbol{X}_2^*, \cdots, \boldsymbol{X}_N^*\}$，$N$ 为抽样次数；用 N 组 Bootstrap 样本统计观测量 $\theta(\boldsymbol{X}^*, F^*)$ 的统计分布来近似原统计观测量 $\theta(\boldsymbol{X}, F)$ 分布来进行统计分析。

由此可见，Bootstrap 法无需对未知分布进行假设，只依靠原有样本生成大量统计观测量的统计特征来替代母体特征，故其属于非参数方法（谢益辉等，2008；秦芈晟等，2017），步骤如图 2-4-15 所示。

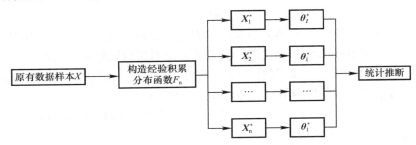

图 2-4-15　Bootstrap 法步骤图

（2）基于 Bootstrap-t 检验法的缺陷检测方法

为了减小钢管混凝土结构中可能存在的试验数据样本不足的影响及概率统计中需要假设分布的局限，采用时间序列分析方法与 Bootstrap-t 检验法相结合的钢管混凝土脱空缺陷检测方法。

首先，将钢管混凝土试件和有限元模型划分为数个单元，在不同时间段采集试件的响应并对模型的响应添加噪声，以此模拟在钢管混凝土检测中的不确定性；通过时间序列分析方法对采集到的信号进行计算，并重复若干次操作，获取钢管混凝土各个单元的检测结果，在这些结果中选出中位数来作为检测基准值，如第 j 个单元的检测基准值为 $\Delta \zeta_j$。

而后，设定待测工况，利用上述方式在不确定性因素影响下计算出各个单元的结果，并重复若干次操作，获取钢管混凝土各个单元的一组检测结果，如第 j 个单元的检测值为 $\Delta \zeta_j' (\Delta \zeta_{j1}' \Delta \zeta_{j2}' \cdots \Delta \zeta_{jN}')$。

以第 j 个单元为例，若一组检测结果中的某个数据值小于此单元的检测基准值为 $\Delta \zeta_j$，则认为这个数据值判定此单元无脱空，反之则认为此单元发生脱空。所以，判断钢管混凝土是否发生脱空需要解决的是如下问题：

$$H_0 : \Delta \zeta_{jx}' \leqslant \Delta \zeta_j, \quad H_1 : \Delta \zeta_{jx}' > \Delta \zeta_j \tag{2-4-5}$$

式中　H_0——钢管混凝土无脱空；

　　　H_1——钢管混凝土发生脱空。

对 Bootstrap 样本构造检验统计量：

$$t_j^* = \frac{(\overline{X_j} - \Delta \zeta_j) \sqrt{n}}{\sigma_j^{*2}} \tag{2-4-6}$$

式中　$\overline{X_j^*}$ 和 σ_j^*——表示 Bootstrap 样本的均值和标准差；

　　　ζ_j——试验数据样本的均值；

　　　n——数据数量。

同样地，将重抽样 N 次得到的 N 组 Bootstrap 样本进行检验统计量的计算，进而得到对应的 N 个检验统计量 t_j^*，按由小至大排序：$t_1^* \leqslant t_2^* \leqslant \cdots \leqslant t_N^*$。

定义与显著性水平相关的未知参数 θ_α，其表示检验统计量 t_i^* 中的一阈值，是用以界定是否发生脱空的临界点。

$$P\{\theta_\alpha > t_j^* (t_1^* \leqslant t_2^* \leqslant \cdots \leqslant t_N^*)\} = \alpha \tag{2-4-7}$$

由式（2-4-7）可知，在给定显著性水平 α 下，即可获知 θ_α 值。

此时，得到拒绝域：

$$t_j = \frac{(\Delta \zeta_j - \Delta \zeta_{jx}') \sqrt{n}}{\sigma^2} \geqslant \theta_\alpha \tag{2-4-8}$$

当所测数据的检验统计量 t_j 落入拒绝域时表明单元发生脱空，反之无脱空。

（3）基于非参数 Bootstrap-t 检验法的钢管混凝土脱空缺陷检测方法流程

1）通过结构动力测试，获取钢管混凝土动力响应，结合时间序列分析方法，获取单元检测基准值 $\Delta \zeta_j$ 以及待测检测值 $\Delta \zeta_j' (\Delta \zeta_{j1}' \Delta \zeta_{j2}' \cdots \Delta \zeta_{jN}')$。

2）对试验样本 $\Delta \zeta_j' (\Delta \zeta_{j1}' \Delta \zeta_{j2}' \cdots \Delta \zeta_{jN}')$ 进行 N 次重抽样得到 N 组 Bootstrap 样本，并计算得到 N 个检验统计量 $t_j^* (t_1^* \leqslant t_2^* \leqslant \cdots \leqslant t_N^*)$。

3）给定显著性水平 α，求得检验统计量阈值 θ_α，确定拒绝域 $t_j \geqslant \theta_\alpha$，当所测数据的检

验统计量 t_j 落入拒绝域时表明单元发生脱空，反之无脱空。

4）由统计分析结果得到具备统计意义的钢管混凝土脱空缺陷检测结论，如若对结果持有怀疑意见，可对其重复进行试验，将再得到的结果进行对比分析，得到更为准确的结果（图 2-4-16）。

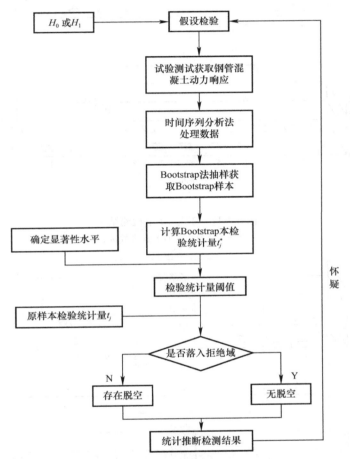

图 2-4-16　基于非参数 Bootstrap-t 检验法的钢管混凝土脱空缺陷检测方法流程

（4）算例分析

本部分所分析的工况与 2.4.2 部分相同，以便与其结果进行对比分析，样本容量分别选取 10 和 20，分析样本容量对不确定性分析结果的影响。

1）数值算例

数值模型脱空主要检测结果如表 2-4-4 及图 2-4-17～图 2-4-22 所示。

钢管混凝土有限元模型局部冠形脱空检测结果　　　　　　　表 2-4-4

m	ε	工况					
		B1	B2	B3	B4	C1	C2
10	0.02	⑨	⑥	⑥⑨	③⑥⑨	③⑨	⑥
	0.025	⑨	⑥⑦	⑥⑨	③⑥◇	③⑨	①⑥
20	0.02	⑨	⑥	⑥⑨	③⑥⑨	⑨	⑥
	0.025	⑨	⑥	⑥⑨	③⑥⑨	⑨	⑥

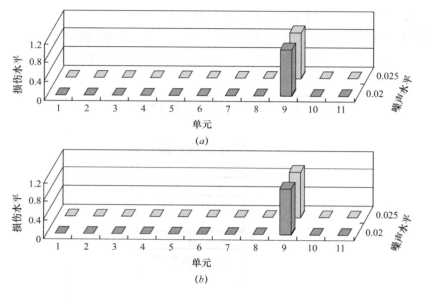

图 2-4-17　工况 B1 下检测结果
(*a*) 样本数量 10；(*b*) 样本数量 20

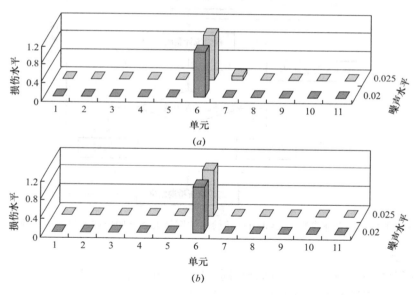

图 2-4-18　工况 B2 下检测结果
(*a*) 样本数量 10；(*b*) 样本数量 20

分析表 2-4-4 及图 2-4-17～图 2-4-22，可得到如下结论：

① 当样本容量为 10 时，噪声水平的降低能使误判的漏判现象减少。例如：如噪声水平为 0.025 时，工况 B2 的单元 7 出现误判、工况 B4 的单元 9 出现漏判及工况 C2 的单元 1 出现误判，当噪声水平降至 0.02 时，这些误判和漏判现象消失。

② 在相同噪声水平影响下，样本容量的升高对检测结果有明显的改善。例如：噪声水平为 0.02 和 0.025 时，工况 C1 在样本容量为 10 下的单元 3 出现误判，当样本增至 20

时误判现象消失；在噪声水平为 0.025、样本容量 10 下，工况 B2 的单元 7 出现误判、工况 B4 的单元 9 出现漏判及工况 C2 的单元 1 出现误判，当样本增至 20 时误判和漏判现象消失。

③ 与 2.4.3 部分的结果相比，在样本容量 20 情况下的检测结果得到较好的改善，原有误判的漏判现象在本章分析中均得以消除。

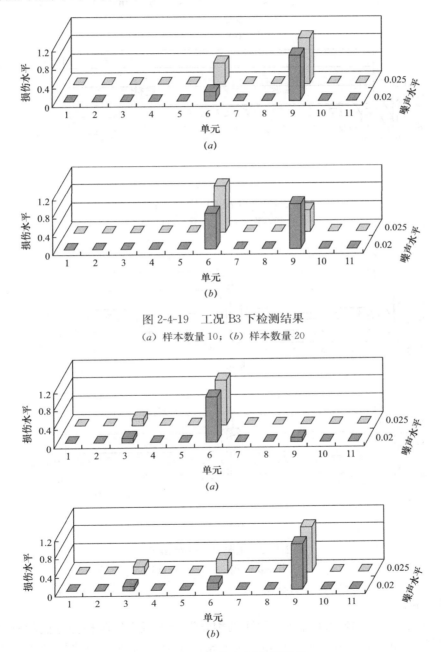

图 2-4-19　工况 B3 下检测结果

(a) 样本数量 10；(b) 样本数量 20

图 2-4-20　工况 B4 下检测结果

(a) 样本数量 10；(b) 样本数量 20

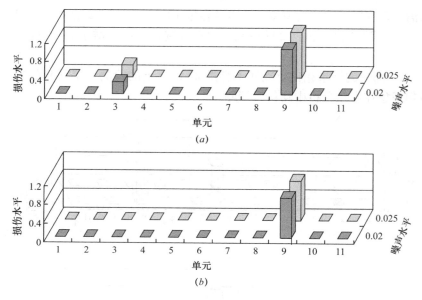

图 2-4-21　工况 C1 下检测结果

（a）样本数量 10；（b）样本数量 20

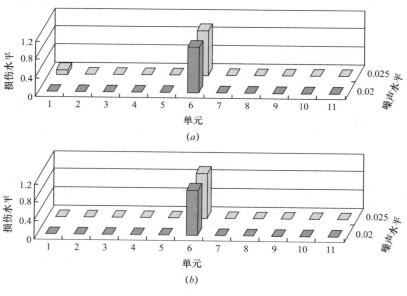

图 2-4-22　工况 B4 下检测结果

（a）样本数量 10；（b）样本数量 20

2）试验验证

为验证基于非参数 Bootstrap-t 检验法的钢管混凝土脱空缺陷检测方法的有效性，对试验结果进行分析，局部冠形脱空缺陷的主要检测结果如表 2-4-5 及图 2-4-23～图 2-4-28 所示。

钢管混凝土有限元模型冠形脱空缺陷检测结果　　　　　　表 2-4-5

m	工况					
	B1T	B2T	B3T	B4T	C1T	C2T
10	⑨	⑥	⑥⑨	③⑥⑨	⑨	⑥
20	⑨	⑥	⑥⑨	③⑥⑨	⑨	⑥

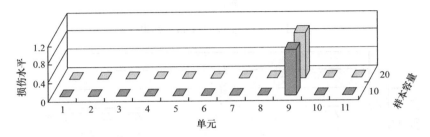

图 2-4-23　工况 B1T 检测结果

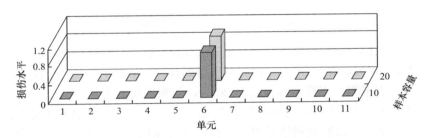

图 2-4-24　工况 B2T 检测结果

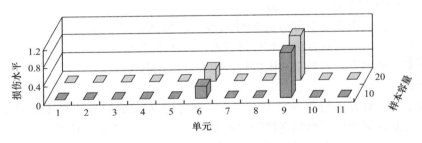

图 2-4-25　工况 B3T 检测结果

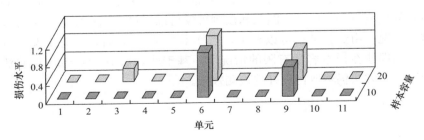

图 2-4-26　工况 B4T 检测结果

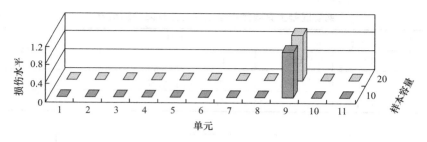

图 2-4-27 工况 C2T 检测结果

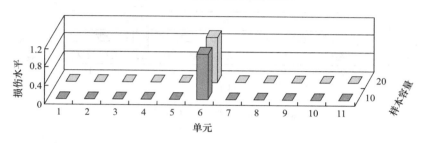

图 2-4-28 工况 C2T 检测结果

分析表 2-4-5 及图 2-4-23～图 2-4-28 可知，试验验证结果与数值算例分析结论基本相符：

① 当样本容量由 10 增至 20 时，检测结果得到改善。表 2-4-5 中工况 B4T 在样本容量为 10 时单元 3 出现漏判，当样本容量增至 20 时，漏判现象消失。

② 在样本容量只有 10 的情况下，全部工况中只有工况 B4T 的单元 3 发生漏判。

③ 与 2.4.3 部分的试验检测结果相比，在样本容量同为 20 的情况下，检测结果得到改善。例如：在样本容量同为 20 下，表 2-4-3 中工况 B1T 的单元 3 出现误判，利用基于非参数 Bootstrap-t 检验法，这一误判现象消失。

综上所述，相较于 2.4.3 部分的统计假设检验方法，基于非参数 Bootstrap-t 检验法的钢管混凝土脱空缺陷检测方法在相同样本容量下可取得更好的检测效果；此外，即便在样本容量不多的情况下，对脱空缺陷的检测也能较好的效果。

（5）小结

将时间序列分析方法与非参数 Bootstrap-t 检验法相结合，在小样本容量下，利用钢管混凝土梁数值算例进行冠形脱空缺陷检测分析，并用试验结果进行验证。结果表明：即便在较高的噪声水平下，也取得了良好的检测效果，且较于 2.4.3 部分的统计假设检验方法，本章基于非参数 Bootstrap-t 检验法的钢管混凝土脱空缺陷检测方法在相同样本容量下可取得更好的检测效果；此外，漏判和误判现象可以通过增加一定数量的样本容量的形式来改善这一状况。由试验结果可以看出，当样本容量为 10 时，只有工况 B4T 的单元 3 发生漏判，说明即使在样本容量有限的情况下，基于非参数 Bootstrap-t 检验法的钢管混凝土脱空缺陷检测方法仍然取得良好的检测效果。

第3章 带缺陷的钢管混凝土压（拉）弯构件的力学性能

3.1 引言

本章进行了带脱空缺陷的钢管混凝土构件在一次短期加载作用（轴压、纯弯、压弯、拉弯）下的试验研究，并建立了带缺陷的钢管混凝土构件的有限元分析模型。利用有限元模型对带缺陷构件进行受荷全过程中的力学性能分析，明晰了脱空缺陷对钢管混凝土工作机理的影响，并在参数分析的基础上提出了最大脱空率限值和考虑缺陷影响的钢管混凝土构件承载力实用计算方法，可为相关设计规范的制订或修订提供依据。

3.2 轴压力学性能

3.2.1 试验研究

(1) 试验概况

为了研究缺陷对钢管混凝土构件静力性能的影响，进行了 14 根带缺陷构件在一次短期加载下的力学性能试验（Liao 等，2011）。试验研究以实际工程为参考，缩尺原则为保证试验构件与实际工程两者的约束效应系数基本相同 $[\xi = f_y \cdot A_s / (f_{ck} \cdot A_c)$，其中 f_y 为外钢管屈服强度，f_{ck} 为内填混凝土抗压强度标准值，A_s 和 A_c 分别为钢管和核心混凝土的截面积]。试件的主要参数为脱空类型和脱空率 χ。定义试件的脱空率为：

$$\chi = \frac{d_s}{D}（球冠形脱空） \tag{3-2-1}$$

$$\chi = \frac{2d_c}{D}（环向脱空） \tag{3-2-2}$$

式中　D——试件钢管的外直径；

　　　d_s——球冠形脱空值；

　　　d_c——环向脱空值。

对于球冠形脱空试件，脱空率（χ）取 2.2%、4.4% 和 6.6%，其对应的脱空值 d_s 分别为 4mm、8mm 和 12mm。对于环向脱空试件，脱空率（χ）取 1.1%、2.2%，其对应的脱空值 d_c 分别为 1mm 和 2mm。除了脱空钢管混凝土构件外，每组还进行相应的无脱空钢管混凝土和空钢管对比构件的试验，同时为了便于试验结果分析和对比，保证试验结果的可靠性，试验的每组参数均试验两个完全相同的试件。需要说明的是：试验选取的脱空率相较于实际工程中的情况是比较大的，目的在于：首先，涵盖实际工程中的极端情况；其次，较大的脱空缺陷在试件制作时容易精确制造，试件参数如表 3-2-1 所示。

对于无脱空的试件，直接从钢管顶端将混凝土灌入。对于球冠形脱空的试件，首先加工一定宽度的钢板，并将其两侧坡口（坡口的目的是保证钢板和钢管内壁紧密接触），然后在混凝土浇筑前将钢板置于管内并临时固定以制造要求的脱空值（d_s），最后待混凝土浇筑后 3 天抽去钢板，从而形成钢管和混凝土之间的脱空。对于环向脱空的试件，在浇灌混凝土前先在钢管内壁上加垫由 1mm 和 2mm 厚铁皮卷制而成的环形铁皮管，铁皮管的制作保证加工精度，使铁皮管的外径正好和钢管内径吻合。在铁皮管的一面均匀涂抹凡士林，另一面刷脱模剂。在混凝土浇筑前将铁皮管放入钢管内，并将其抹凡士林的一面紧贴钢管内壁。待混凝土浇筑后 3d 后抽出铁皮管，形成钢管和混凝土之间的环向均匀脱空。

轴压试件参数表　　　　　　　　　　　　　　　　　　表 3-2-1

序号	试件编号	$D \times L$(mm)	t_s(mm)	χ(%)	$d_c(d_s)$ (mm)	脱空形式
1	ch-1	180×630	3.8	—	—	—
2	ch-2	180×630	3.8	—	—	—
3	cn-1	180×630	3.8	0	0	
4	cn-2	180×630	3.8	0	0	
5	cc1-1	180×630	3.8	1.1%	1	环向
6	cc1-2	180×630	3.8	1.1%	1	环向
7	cc2-1	180×630	3.8	2.2%	2	环向
8	cc2-2	180×630	3.8	2.2%	2	环向
9	cs4-1	180×630	3.8	2.2%	4	球冠
10	cs4-2	180×630	3.8	2.2%	4	球冠
11	cs8-1	180×630	3.8	4.4%	8	球冠
12	cs8-2	180×630	3.8	4.4%	8	球冠
13	cs12-1	180×630	3.8	6.6%	12	球冠
14	cs12-2	180×630	3.8	6.6%	12	球冠

（2）材料性能

为了确定所用钢材的材性，首先将试件所用的钢板加工成每组三个的标准试件，按国家标准《金属材料拉伸试验室温试验方法》GB/T 228.1—2010 的有关规定进行拉伸试验。试验得到钢材的屈服强度 f_y、抗拉强度 f_u 和弹性模量 E_s、泊松比 μ_s 和延伸率分别为：360MPa、448MPa、209565N/mm²、0.29 和 17.7%。

试件的核心混凝土采用自密实混凝土，混凝土的组成材料为：42.5 级普通硅酸盐水泥；Ⅱ级粉煤灰；花岗岩碎石，最大粒径 20mm；中砂；TW-3 早强高效减水剂；普通自来水。每立方米混凝土的材料用量：水泥：粉煤灰：砂：石：水：减水剂＝380kg：170kg：840kg：840kg：165kg：13.6kg。水灰比为 0.3，水胶比为 0.119，砂率为 0.49。试验时，实测混凝土坍落度为 220mm；混凝土拌合后温度为 28℃；平均扩展度为 480mm；L 形仪流距为 600mm；L 形仪流动速度为 12mm/s。

依据《混凝土物理力学性能试验方法标准》GB/T 50081—2019，测得混凝土 28d 立方体抗压强度 f_{cu} 为 61.3MPa，弹性模量 E_c 为 35776N/mm²。进行轴压试验时混凝土立方体抗压强度 f_{cu} 为 64.1MPa。

（3）试验方法

试验装置如图 3-2-1 所示。如图所示为了准确测量试件的变形，在每个试件中截面处钢板中部粘贴沿周长平均布设的纵向及横向共八片电阻应变片，同时在试件弯曲平面内沿柱高四分点处还设置了三个位移计以测定试件的侧向挠度变化，在柱端对称设置两个百分表以测量试件的纵向总变形。

试验采用分级加载制，弹性范围内每级荷载为预计极限荷载的 1/10；当钢管拉区或压区纤维达到屈服点后，每级荷载约为预计极限荷载的 1/15。每级荷载的持荷时间约为 2min，接近破坏时慢速连续加载，直至试件荷载下降到极限承载力的 50％以下或出现明显的破坏现象时停止试验。

（4）试验结果与分析

空钢管试件在加载到峰值荷载附近时，其端部出现轻微鼓屈现象，之后随着荷载迅速下降，试件跨中受压区出

图 3-2-1　轴心受压试验装置
示意图

现了较为明显的凹屈现象，构件最终破坏模态如图 3-2-2 所示。总体上看试件局部破坏的特征较为明显。所有钢管混凝土构件在峰值荷载前均未出现钢管局部屈曲现象，如图 3-2-2 所示。图 3-2-3 为带脱空缺陷的钢管混凝土短柱的典型破坏模态。

图 3-2-2　轴压构件破坏模态

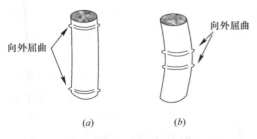

图 3-2-3　脱空钢管混凝土短柱的典型破坏模式
（a）环向脱空；（b）球冠形脱空

无脱空钢管混凝土试件在峰值荷载时其整体侧向挠度较小，无明显破坏现象。当荷载值下降到约 85％峰值荷载时，试件跨中区域出现钢管鼓屈现象。之后随着轴向变形增大，钢管鼓屈更加显著，试件侧向挠度也迅速增大。最终破坏时，试件的侧向挠度和钢管局部屈曲都较为明显。

球冠形脱空试件的破坏过程总体上和无脱空试件较为接近，在峰值荷载时也未有明显破坏现象。而在荷载下降到 85％左右时，试件脱空的一侧（压区）沿试件长度方向出现 2～3 个半波形屈曲。之后随着轴向变形的继续增大，钢管的局部鼓屈现象越发明显，试

件整体挠度也迅速增大。总体上看，随着脱空率的增大，试件最终破坏时其钢管在脱空处的局部屈曲现象越明显。

而环向脱空试件其破坏过程则与无脱空试件有较大差别：环向脱空试件在达到极限承载力时混凝土突然被压碎，发出巨大响声（类似高强混凝土试块压碎时的声音），荷载急剧下降，但并未观察到有钢管局部屈曲现象发生。随后被压碎的混凝土体积膨胀并和钢管内壁接触，试件荷载又开始缓慢回升。在荷载回升过程中，钢管端部出现鼓屈现象，其后又有局部混凝土被压碎的响声出现，试件随之又出现荷载突然下降又缓慢回升的现象，其后期强度并不稳定出现高低起伏现象。环向脱空试件最终破坏时其整体挠度并不大，相比无脱空和球冠形脱空试件表现出更多局部破坏的特征。

试验结束后剖开钢管后的核心混凝土破坏模态如图 3-2-4 所示，可见核心混凝土在钢管局部屈曲的位置被压碎。

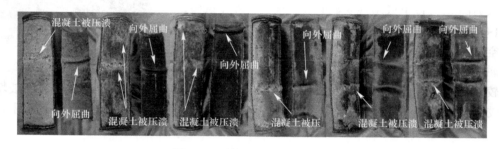

图 3-2-4　核心混凝土破坏模态

总体上看，环向脱空试件的破坏过程和空钢管较为相似，两者的钢管均在端部首先发生鼓屈，并在受压侧出现轻微凹屈。但前者在核心混凝土和钢管内壁发生接触后，混凝土的支撑作用有效地抑制了钢管凹屈的进一步发展，因此试件最终破坏时并未出现钢管显著凹屈的现象。

图 3-2-5 (a) 和 (b) 分别为环向脱空和球冠形脱空缺陷的钢管混凝土短柱的 N-Δ 关系曲线。由图可见，所有构件在达到峰值荷载后均出现下降段。钢管混凝土构件的极限承载力要明显大于相应的空钢管对比构件。无脱空的钢管混凝土构件其下降段较为平缓，表现出较好的延性。总体上看，球冠形脱空构件的荷载-变形曲线形状和无脱空构件较为接近，两者在达到峰值荷载前的轴压刚度均较为接近，而空钢管的刚度则明显小于钢管混凝土构件。随着脱空距离的增大，构件峰值点对应的荷载和位移均下降，曲线在峰值点后的下降段有变陡的趋势。

环向脱空构件的轴向荷载（N）与轴向位移（Δ）关系曲线则和无脱空构件有明显差异。环向脱空构件的荷载-变形关系曲线在达到峰值点后荷载急剧下降，之后由于被压碎的混凝土体积膨胀和钢管内壁发生接触，因而钢管对其产生约束，构件的荷载又开始缓慢回升。荷载回升过程中，构件再次发生局部混凝土被压碎—荷载下降—压碎的混凝土和钢管接触—荷载重新缓慢回升的过程，因此其荷载-变形关系曲线在后期表现出高低起伏的现象。环向脱空值为 1mm 的构件其荷载回升的最大值甚至超过了下降前的峰值荷载，但距无脱空构件的峰值荷载仍有较大差距。和脱空值为 1mm 的构件相比，脱空值为 2mm 的构件其极限承载力稍低，而后期荷载回升速度也更为缓慢。和无脱空构件相比，环向脱空构件不仅极限承载力有明显降低，且峰值点位移也较前者有显著减小，其破坏具有突然性。

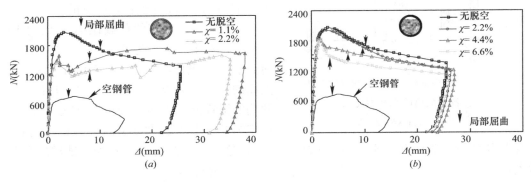

图 3-2-5 轴向荷载（N）-轴向位移（Δ）关系曲线
(a) 球冠形脱空构件；(b) 环向脱空构件

试验表明，带球冠形脱空缺陷的钢管混凝土试件的破坏过程与无脱空缺陷的钢管混凝土柱的破坏过程大致相似。这两种类型的试样都具有较好的延性性能。在峰值点之后，当轴向载荷下降到峰值载荷大约 85% 时，向外的局部弯曲发生在柱的压缩侧。随着轴向位移的增加，局部屈曲效应加强，并且柱的侧向变形也随之增加。而带环向脱空缺陷的钢管混凝土柱的破坏过程与无间隙钢管混凝土柱的破坏过程明显不同。为了更清晰地显示带环向脱空试件的破坏过程，选择了脱空率为 2.2% 构件的轴向荷载（N）与轴向位移（Δ）关系曲线如图 3-2-6 所示。其上标有 A 点、B 点、C 点、D 点和 E 点几个特征点，下面将对其进行描述。带环向脱空缺陷钢管混凝土短柱的 N-Δ 关系曲线可分为五个阶段，即：

1）第一阶段（从 O 点到 A 点）。这一阶段，轴向荷载不断增加，直至达到极限强度（N_e）（A 点）。

2）第二阶段（从 A 点至 B 点）。在点 A 处，可听到混凝土被压碎而产生的碎裂声，然后，轴向荷载突然下降，约为极限荷载的 80%（B 点）。这可能由于外部钢管对核心混凝土缺乏约束，使得具有核心混凝土在无约束的情况下被压碎。

3）第三阶段（从 B 点到 C 点）。随着被压溃混凝土体积的膨胀，混凝土开始与外钢管接触，钢管为其提供约束，这种约束效应能够防止混凝土的进一步破碎，并能提高其塑性。因此，轴向荷载（N）在这个阶段逐渐增加。随着轴向位移的增大，在试件端部出现了象脚形局部屈曲，试样的侧向变形也随之增大。

4）第四阶段（从 C 点到 D 点）。在 C 点，再次听到一声巨响，由于另一处混凝土被压溃，试件的轴向载荷持续下降。从图 3-2-6 中可以看出，具有环向脱空缺陷的钢管混凝土柱，其内部混凝土可能在两个不同的位置（点 A 和点 C）同时被压碎。

5）第五阶段（从 D 点到 E 点）。在这一阶段，随着压碎混凝土与外管的接触，由于外管提供约束作用，使得构件轴向荷载有再次增大的趋势，直至试验结束（E 点）。此时，钢管端部的象脚形屈曲更显著，但在柱中高度也出现了轻微的向外屈曲，这主要是由于混凝土的支撑作用，防止了钢管的向内屈曲。

图 3-2-6 典型试件轴向载荷（N）与轴向位移（Δ）的关系

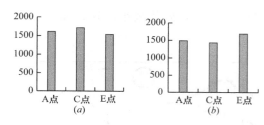

图 3-2-7 带环向脱空缺陷的钢管混凝土
在各特征点的承载力比较

(a) χ=1.1%；(b) χ=2.2%

在图 3-2-7 中比较了点 A、C 和 E 点处的实测荷载。从图中可以看出，对于环向脱空率为 1.1% 的钢管混凝土柱，C 点的荷载要比 A 点高约 6%，而 E 点的荷载比 A 点低约 10% 的载荷。对于脱空率为 2.2% 的试件，C 点的荷载值比 A 点低约 4%，而 E 点的荷载值比 A 点高约 13%。在本文试验中，具有环向脱空缺陷的钢管混凝土短柱的极限强度（N_{ue}）被指定为对应于 N-Δ 曲线上的点 A 的轴向载荷，尽管在点 C 或 E 处的载荷比 N_e 高约 6%~13%，这是因为在点 C 和 E 处，试样的变形非常大，这在实际工程中的钢管混凝土结构构件中是不允许的。

图 3-2-8 对比分析了所有钢管混凝土短柱的极限强度（N_{ue}）。从图中可以看出，虽然环向脱空缺陷和球冠形脱空缺陷都会导致钢管混凝土试件的强度降低，但环向脱空缺陷对钢管混凝土短柱的影响更大，环向脱空缺陷的钢管混凝土试件的承载力比球冠形脱空缺陷小。

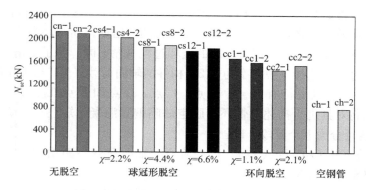

图 3-2-8 钢管混凝土短柱极限承载力对比

钢管中截面的纵向应变（ε_l）和横向应变（ε_t）与荷载之间的关系分别如图 3-2-9 和图 3-2-10 所示，其中 ε_{lc} 和 ε_{tc} 表示钢管混凝土短柱受压侧的纵向和横向应变（根据试样在破坏时的变形形状确定），而 ε_{lt} 和 ε_{tt} 表示钢管混凝土短柱受拉侧的纵向和横向应变。在图中，定义压缩应变为负，而拉伸应变定义为正。

从图 3-2-9（a）可以看出，无脱空缺陷的钢管混凝土试件在达到了极限强度（N_{ue}）时其 ε_{lc} 和 ε_{lt} 均达到了压缩屈服应变（ε_y）。在受荷过程中受拉侧应变 ε_{lt} 方向发生改变并且由于试件整体的屈曲而显著增加。当达到极限强度（N_{ue}）时，ε_{lc} 和 ε_{lt} 分别为 $-9174\mu\varepsilon$ 和 $-1504\mu\varepsilon$。带环向脱空缺陷的钢管混凝土的应变发展与无脱空缺陷的钢管混凝土试件的应变发展有很大不同。在整个加载过程中，带有环向脱空缺陷钢管混凝土构件的 ε_{lt} 始终显示为负值（压缩），反映了试件的整体弯曲变形相对较小。当试件的环向脱空率为 2.2% 时，当达到极限强度时（图 3-2-6 中的 A 点），ε_{lc} 和 ε_{lt} 的大小很接近，只有大约 $-1500\mu\varepsilon$。随着轴向位移的增加，ε_{lc} 和 ε_{lt} 保持压缩状态并持续增大，应变达到 $-12000\mu\varepsilon$ 和 $-5300\mu\varepsilon$（图 3-2-6 中的 B 点），接着在到达图 3-2-6 中 C 点时，应变为 $-32500\mu\varepsilon$ 和

$-13320\mu\varepsilon$，如图 3-2-9（a）所示。在试验结束时，无脱空缺陷试件的为正应变（受拉），值为 $28150\mu\varepsilon$，而环向脱空率为 2.2% 试件的 ε_{lt} 值为 $-12800\mu\varepsilon$（受压状态），表明后者的整体弯曲变形明显小于前者。

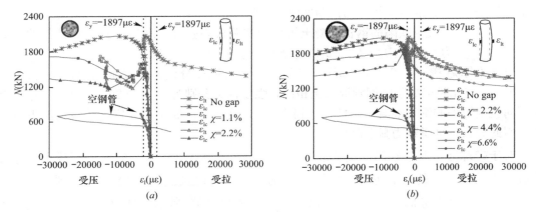

图 3-2-9　轴向荷载（N）与纵向应变（ε_l）关系曲线

（a）球冠形脱空缺陷；（b）环向脱空缺陷

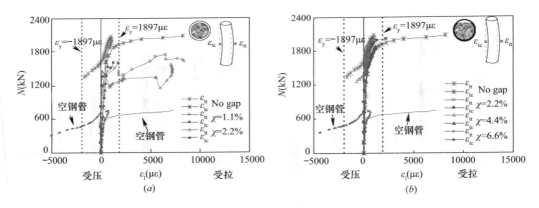

图 3-2-10　轴向荷载（N）与横向应变（ε_t）关系曲线

（a）球冠形脱空缺陷；（b）环向脱空缺陷

从图中还可以发现，带球冠形脱空缺陷的钢管混凝土短柱的 N-ε_l 关系曲线与无脱空缺陷的试件具有相同的发展趋势。随着脱空率 χ 的增大，试样在达到峰值载荷时的 ε_{lc} 相应越低，如图 3-2-9（b）所示。当脱空率 χ 从 2.2% 增加到 6.6% 时，对应于峰值载荷的 ε_{lc} 从 $-6535\mu\varepsilon$ 减小到 $-2893\mu\varepsilon$。

当钢管混凝土短柱处于受压状态时，钢管与核心混凝土之间的相互作用会导致钢管横向变形增大，因此，钢管横向应变可在一定程度上反映约束效应的大小。实测的轴向载荷（N）和钢管横向应变（ε_t）关系曲线如图 3-2-10 所示，从图中可以看出，带球冠形脱空构件的横向应变（ε_{tc} 和 ε_{tt}）发展趋势与无脱空构件基本相同。但构件达到极限荷载时，无脱空构件的钢管横向应变（ε_{lc}）比带缺陷构件更大，表明脱空缺陷的存在会削弱钢管对混凝土的约束效应。

为更直观地分析试件脱空缺陷对试件承载力的影响，定义承载力系数（SI）以量化带缺陷钢管混凝土短柱的极限强度，其计算公式如下：

$$SI = \frac{N_{ue}}{N_{ue-nogap}}$$

(3-2-3)

式中　N_{ue}——钢管混凝土短柱的试验实测极限强度；

$N_{ue-nogap}$——无脱空缺陷的钢管混凝土短柱的实测极限强度。利用上式计算试件的承载力系数（SI），图 3-2-11 中 SI 值为同组中两个试件的平均值。

对于环向脱空率为 1.1% 和 2.2% 的钢管混凝土柱的 SI 分别为 0.77 和 0.71，如图 3-2-11（a）所示，与无脱空缺陷的钢管混凝土相比，强度损失分别为 23% 和 29%。如上所述，存在环向脱空缺陷的钢管混凝土短柱在达到 N_{ue} 时，其核心混凝土在无钢管约束情况下被压碎，因此导致试件承载力显著降低。

对于带球冠形脱空缺陷的钢管混凝土短柱，SI 随脱空率（χ）的增加而减小。球冠形脱空率为 2.2% 的试件承载力系数 SI 为 0.98，而当脱空率（χ）增加到 4.4% 和 6.6% 时，SI 分别降低到 0.89 和 0.86，如图 3-2-11（b）所示。球冠形脱空率（χ）越高，外钢管对核心混凝土的约束效应就相应越小，从而导致钢管混凝土短柱的极限强度随之降低。

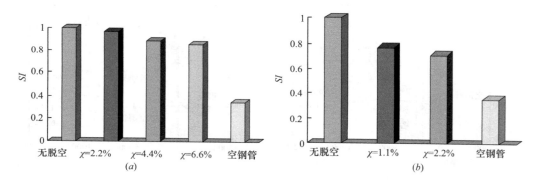

图 3-2-11　脱空率（χ）对承载力系数（SI）的影响
（a）球冠形脱空缺陷；（b）环向脱空缺陷

在相同脱空率 2.2% 的情况下，环向脱空缺陷导致的试件极限强度损失为 29%，而球冠形脱空缺陷引起的强度损失仅为 2%。这表明环向脱空缺陷对钢管混凝土短柱极限强度（N_{ue}）的影响比球冠形脱空缺陷更大。

3.2.2　有限元分析

（1）有限元模型

为分析脱空对钢管混凝土构件在一次短期加载下的工作机理影响，建立了带缺陷构件的有限元模型（Liao 等，2013）。钢管采用 4 节点壳单元来模拟；核心混凝土采用 8 节点实体单元建模，每个节点有三个平动自由度。为获得可靠的有限元分析结果，首先分析网格密度对计算结果收敛性的影响，以确定合适的网格密度。图 3-2-12 为钢管混凝土短柱有限元模型、网格划分以及边界条件示意图。

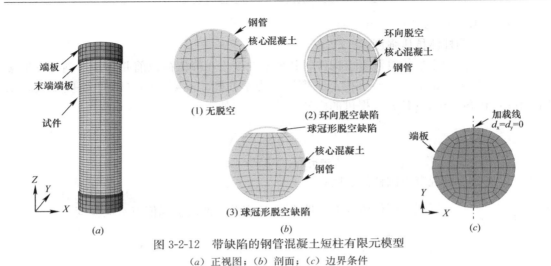

图 3-2-12　带缺陷的钢管混凝土短柱有限元模型
（a）正视图；（b）剖面；（c）边界条件

1）材料模型

钢材采用等向弹塑性模型。这种模型多用于模拟金属材料的弹塑性性能。用连接给定数据点的一系列直线来平滑地逼近金属材料的应力-应变关系。该模型采用任意多个点来逼近实际的材料行为，塑性数据将材料的真实屈服应力定义为真实塑性应变的函数。在屈服面内，钢材为线性弹性材料，屈服面即为材料的弹性区边界。对于其单轴应力-应变关系采用二次塑流模型，如图 3-2-13 所示。

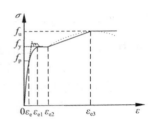

图 3-2-13　钢材的应力-
应变关系模型

混凝土采用塑性损伤模型，相当于线性损伤模型与塑性模型的组合。通过定义损伤系数来描述混凝土内部微裂缝开展导致的受荷影响。假定混凝土材料的两个主要失效机制是拉伸开裂和压缩碎裂，屈服面（或失效面）的演化通过两个硬化变量控制：等效拉伸塑性应变和等效压缩塑性应变，这两个变量分别和拉伸压缩加载下的失效机制相联系。对于无脱空和球冠形脱空的钢管混凝土构件，核心混凝土在受荷过程中受到外钢管的约束，混凝土单轴受压的应变-应变关系模型采用韩林海（2016）提供的模型，其塑性性能主要取决于"约束效应系数 $\xi(=\alpha f_y/f_{ck}$，其中 $\alpha=A_s/A_c$ 为截面含钢率；A_s 和 A_c 分别为钢管和混凝土的横截面面积；f_y 为钢管屈服强度；f_{ck} 为混凝土轴心抗压强度标准值）"，如下式所示：

$$y=\begin{cases} 2x-x^2 & (x\leqslant 1) \\ \dfrac{x}{\beta_0(x-1)^\eta+x} & (x>1) \end{cases} \tag{3-2-4}$$

式中　$x=\dfrac{\varepsilon}{\varepsilon_0}$；

$y=\dfrac{\sigma}{\sigma_0}$；

$\varepsilon_0=\varepsilon_c+800\xi^{0.2}\times 10^{-6}$；

$\eta=2$；

$\beta_0=(2.36\times 10^{-5})^{[0.25+(\xi-0.5)^7]}(f_c')^{0.5}\times 0.5\geqslant 0.12$；

$\sigma_0=f_c'(\mathrm{MPa})$；

$$\varepsilon_c = (1300 + 12.5f_c) \times 10^{-6};$$

f'_c——圆柱体抗压强度。

而对于环向脱空的钢管混凝土构件，其核心混凝土在峰值荷载前并未和外钢管发生接触，因此采用无约束的素混凝土模型来模拟其力学性能。混凝土的单轴应力-应变关系采用 Attard 和 Setunge（1996）提供的模型。其表达式如下：

$$Y = \frac{AX + BX^2}{1 + CX + DX^2} \tag{3-2-5}$$

$$Y = \sigma_c/f'_c, \quad X = \varepsilon_c/\varepsilon_{co}$$

式中　　　f'_c——混凝土圆柱体强度；

$\varepsilon_{co} = \dfrac{4.26f'_c}{E_c \sqrt[4]{f'_c}}$——混凝土圆柱体标准试件应力-应变关系曲线上峰值点对应应变。

当 $0 \leqslant \varepsilon_c \leqslant \varepsilon_{co}$ 时：$A = \dfrac{E_c \varepsilon_{co}}{f'_c}$，$B = \dfrac{(A-1)^2}{0.55} - 1$，$C = A - 2$，$D = B + 1$；

当 $\varepsilon_c > \varepsilon_{co}$ 时：$A = \dfrac{f_{ic}(\varepsilon_{ic} - \varepsilon_{co})^2}{\varepsilon_{ic}\varepsilon_{co}(f'_c - f_{ic})}$，$B = 0$，$C = A - 2$，$D = 1$；

式中　　f_{ic}、ε_{ic}——混凝土应力-应变关系曲线下降段的反弯点对应的应力和应变值：

$f_{ic}/f'_c = 1.41 - 0.17\ln(f'_c)$，　$\varepsilon_{ic}/\varepsilon_{co} = 2.5 - 0.3\ln(f'_c)$。

采用应力-断裂能关系定义混凝土的受拉软化性能（韩林海，2016）。参考沈聚敏等（1993）中提供的混凝土抗拉强度计算公式，开裂应力按下式确定：

$$\sigma_{to} = 0.26 \times (1.25f'_c)^{2/3} \tag{3-2-6}$$

2）接触模拟

钢管与核心混凝土的界面模型由界面法线方向的接触和切线方向的粘结滑移构成。对于无脱空和球冠形脱空的钢管混凝土构件，钢管和核心混凝土法向接触采用硬接触 "Hard" 模型来定义，假设法向接触压应力在钢管和混凝土之间可以完全传递，并允许钢管和核心混凝土在受荷过程中分离。切向接触采用库仑摩擦（Friction）模型，界面可以传递剪应力直到达到临界值 τ_{crit}，界面之间产生相对滑动，滑动过程界面剪应力保持为 τ_{crit} 不变。剪应力临界值 τ_{crit}，与界面接触压力成比例，且不小于平均界面粘结力 τ_{bond}，即

$$\tau_{cirt} = \mu \cdot p \geqslant \tau_{bond} \tag{3-2-7}$$

其中，$\mu = 0.6$ 为界面摩擦系数；τ_{bond} 的表达式如下（韩林海，2016）：

$$\tau_{bond} = 2.314 - 0.0195 \cdot (d/t) \quad (\text{N/mm}^2) \tag{3-2-8}$$

对于环向脱空的钢管混凝土构件也采用硬接触 "Hard" 模型和库仑摩擦（Friction）模型来分别模拟脱空处钢管和混凝土在受力全过程的接触状态，但其参数取值和上述无脱空构件的接触模型略有区别，表现在以下两个方面：

① 对于法向接触，无脱空构件的接触模型允许钢管和混凝土之间出现少量拉应力，以模拟混凝土和钢管之间的黏聚力；而混凝土和钢管脱空处并无此黏聚力，两者一开始是分离的，因此其接触参数设定为钢管和混凝土之间无初始拉应力。这样在初始位置时，钢管和混凝土之间无任何法向应力，而当两者开始接触后则自动地完全传递法向接触压应力。

② 对于切向接触，在无脱空构件的接触模型中，钢管和混凝土在产生滑移前两者的粘结应力根据式（3-2-7）确定。而对于均匀脱空构件，钢管和混凝土在受荷初期并未接触，因此需将两者之间的初始粘结应力设置为零；而在受力过程中钢管和混凝土发生接触

后，两者之间的界面粘结应力则自动根据接触压应力确定，即 $\tau_{shear} = \mu p$（τ_{shear} 为粘结应力，μ 为摩擦系数，p 为接触压应力）。

3）边界条件

为了模拟试验中的边界条件，在试件两端设置了两块刚性板，如图 3-2-12（1）所示。假设刚性板为弹性刚性块，其弹性模量和泊松比分别为 $10^{12}\,\mathrm{N/mm^2}$ 和 0.00001。除围绕 y 轴的旋转外的所有自由度都被约束在底部刚性板的加载线处，而在顶部刚性板处，沿着 z 轴在加载线上施加指定的位移，并且限制 x 和 y 轴平移和围绕 x 轴和 z 轴的旋转。边界条件如图 3-2-12（3）所示。对于短柱，除了顶端的垂直位移外，钢管混凝土柱的两端所有自由度全部都被固定。

（2）有限元模型的验证

采用上述建模方法建立钢管混凝土短柱轴压试验的有限元模型，并将有限元计算结果与试验结果对比。图 3-2-14 给出了典型带脱空缺陷的钢管混凝土短柱有限元计算在受轴向压力情况下破坏模态与试验结果的比较结果。从图中可以看出，带脱空缺陷的钢管柱一般都表现为向外局部屈曲，而在试件上端也出现了整体的侧向挠度。尽管有限元的破坏模式与试验得到的破坏模式在局部屈曲位置上存在微小的差异，但总体上与试验结果吻合较好。

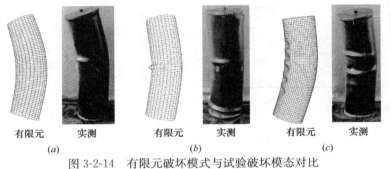

有限元　实测　　有限元　实测　　有限元　实测
　　（a）　　　　　（b）　　　　　（c）
图 3-2-14　有限元破坏模式与试验破坏模态对比
（a）无脱空；（b）环向脱空（1.1%）；（c）球冠形脱空（4.4%）

图 3-2-15 将有限元计算的轴向荷载（N）与轴向变形（Δ）关系曲线与 3.2.1 节实测曲线进行比较，结果表明，有限元与试验实测的 N-Δ 关系曲线吻合较好。将有限元计算的极限强度（N_{uc}）与试验结果（N_{ue}）进行比较，见表 3-2-2。可见，N_{ue}/N_{uc} 的平均值为 0.989，标准差为 0.030，表明有限元计算结果和试验实测结果吻合较好。

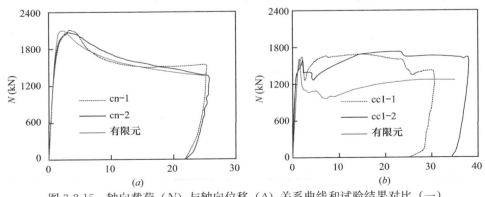

图 3-2-15　轴向载荷（N）与轴向位移（Δ）关系曲线和试验结果对比（一）
（a）无脱空；（b）环向脱空（$\chi=1.1\%$）

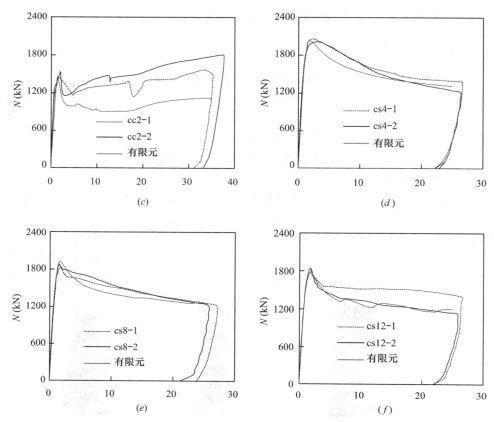

图 3-2-15 轴向载荷（N）与轴向位移（Δ）关系曲线和试验结果对比（二）

（c）环向脱空（$\chi=2.2\%$）；（d）球冠形脱空（$\chi=2.2\%$）；

（e）球冠形脱空（$\chi=4.4\%$）；（f）球冠形脱空（$\chi=6.6\%$）

有限元计算结果与试验结果对比　　　　　　　　　　　　　表 3-2-2

序号	试件编号	试件类型	d_c 或 d_s(mm)	$\chi(\%)$	N_{ue}(kN)	N_{uc}(kN)	N_{ue}/N_{uc}
1	cn-1	无脱空	0	—	2110	2100	1.005
2	cn-2		0	—	2070	2100	0.986
3	cc1-1		1	1.1	1640	1610	1.019
4	cc1-2	环向脱空	1	1.1	1585	1610	0.984
5	cc2-1		2	2.2	1440	1460	0.986
6	cc2-2		2	2.2	1534	1460	1.051
7	cs4-1		4	2.2	2060	2025	1.017
8	cs4-2		4	2.2	2010	2025	0.993
9	cs8-1	球冠形脱空	8	4.4	1833	1939	0.945
10	cs8-2		8	4.4	1878	1939	0.969
11	cs12-1		12	6.6	1780	1888	0.943
12	cs12-2		12	6.6	1830	1888	0.969

　　从试验结果中可以观察到，环向脱空缺陷钢管混凝土柱与球冠形脱空缺陷钢管混凝土柱在破坏模式和荷载-位移关系曲线两方面的性能有很大不同。由于这两种脱空缺陷对钢

管混凝土柱的受力性能有不同的影响，因此在分析中应注意两者的不同。对于环向脱空缺陷的钢管混凝土柱，混凝土与钢管的接触时刻是影响其受力性能的关键因素；对球冠形脱空缺陷而言，其对混凝土横截面各部位约束应力的影响十分重要。

（3）带环向脱空缺陷的钢管混凝土短柱受力性能分析

本文选择的典型钢管混凝土短柱进行性能分析时，其参数与 3.2.1 节试验构件相同。算例柱的截面尺寸为 $D \times t = 180\text{mm} \times 3.8\text{mm}$，混凝土强度 $f_{cu} = 64.1\text{MPa}$，钢筋强度 $f_y = 360\text{MPa}$，计算长度 $L = 540\text{mm}$。

图 3-2-16 对比了环向脱空缺陷（$\chi = 1.1\%$）和无脱空缺陷钢管混凝土的轴压（N）-轴向应变（ε）曲线。图中点 A 和 A′对应峰值荷载，而点 B 对应环向脱空构件峰值点荷载下降后又开始回升的时刻。点 C 和 C′对应轴向应变达到 0.05 的时刻。由图 3-2-16（a）可见，环向脱空试件的轴向荷载在峰值荷载后突然下降，而核心混凝土由于受压膨胀而又和钢管内壁发生接触后轴向荷载开始回升。脱空构件的峰值荷载和钢管与混凝土轴压承载力简单叠加（$A_s f_y + A_c f_c'$）之和稍微低一些。而相比于环向脱空试件，无脱空构件的极限承载力和峰值应变分别提高了 13% 和 100%。这主要是由于环向脱空的存在使核心混凝土在未受钢管约束的情况下被压碎。

图 3-2-16（b）分别给出了钢管（$A_s f_y$）承担的轴力、核心混凝土（$A_c f_c'$）承担的轴力以及钢管和混凝土轴压承载力简单叠加（$A_s f_y + A_c f_c'$）随轴向变形变化曲线。可见脱空对于钢管承担的轴力基本没有影响，而其使混凝土承担的轴力下降了 33%。由此可见环向脱空对于钢管混凝土的影响主要是由于其对混凝土承载力的影响，而这种影响又来自于对约束应力的削弱。

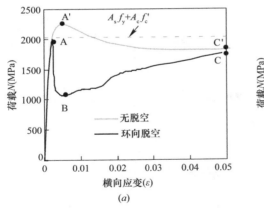
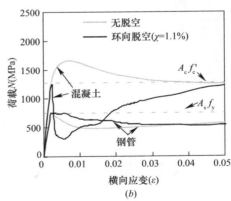

图 3-2-16　带球冠形脱空缺陷构件 N-ε 曲线

（a）钢管混凝土柱；（b）钢管与混凝土承受荷载

1）破坏模态

图 3-2-17 比较了钢管混凝土短柱的典型破坏模态，为了更清楚地显示钢管混凝土柱的变形形状，将其变形放大了 3 倍。带环向脱空缺陷的钢管混凝土短柱的顶部和底部有明显的向外屈曲，而无脱空缺陷的钢管混凝土柱只在中部存在向外鼓曲。混凝土在不同时期的变形形状如图 3-2-17（b）所示，可以看出，对于带缺陷构件在混凝土与外钢管接触前（B点前），混凝土的最大横向变形出现在中高处；混凝土与钢管接触后（B点前），混凝土中

高的横向变形受到钢管的约束，并且混凝土的破坏位置向柱端部移动。在点 C 处，带缺陷构件的混凝土破坏发生在钢管局部屈曲的顶部和底部；而对于无脱空缺陷的钢管混凝土而言，当轴向应变达到 0.05（C'点）时，其核心区混凝土的破坏位置在中部，如图 3-2-17（b）所示。

图 3-2-17（c）给出了混凝土跨中截面处的纵向应力（S33）分布图，当达到极限强度（N_u）时，在同一位置，由于钢管对核心混凝土的约束效应，无脱空缺陷的钢筋混凝土柱其混凝土应力明显大于有脱空缺陷的钢筋混凝土柱。

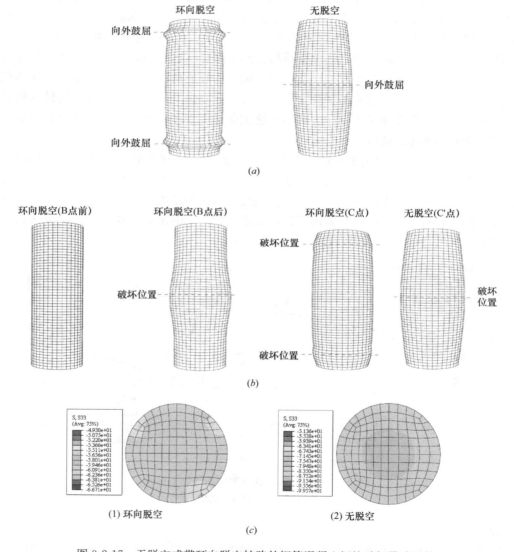

图 3-2-17　无脱空或带环向脱空缺陷的钢管混凝土短柱破坏模式比较

（a）构件整体破坏模态（点 C 和 C'）；（b）核心混凝土破坏模态；（c）峰值荷载下混凝土应力（S33，单位：MPa）

2）接触应力

从以上分析知，钢管对混凝土的约束效应是影响环向脱空缺陷钢管混凝土短柱极限强度和破坏模式的关键因素。因此，分析钢管与混凝土之间的相互作用力发展是明晰其工作机理的关键。图 3-2-18 给出了短柱在中间高度处，其接触应力（p）的发展，图中显示了点 A 和点 B 对应的时刻。在点 A 处，对于环向脱空缺陷钢管混凝凝土柱而言，p 保持为零，表明混凝土在达到峰值荷载（N_{max}）时并未与钢管接触。在 B 点之后，p 开始显著增加，直到轴向应变达到 0.05。在 C 点处，存在脱空缺陷的钢管混凝土柱的应力值略小于不带脱空缺陷的钢管混凝土。随着脱空率（χ）的增大，相互作用发生的时间有延迟的趋势。对于无脱空缺陷的钢管混凝土和脱空率分别为 1.1% 和 2.2% 的钢管混凝土，当轴向应变（ε）分别达到 0.0019、0.0058 和 0.01 时，钢管和混凝土之间产生相互作用。

图 3-2-19 比较了无脱空缺陷钢管混凝土短柱和带环向脱空缺陷的短柱在不同高度（$L/2$、$L/3$ 和 $L/6$）处的 $p\varepsilon$ 曲线，其中 L 为柱的长度。接触应力首先发生在 $L/2$ 上，然后分别在 $L/3$ 和 $L/6$ 处。在钢管与混凝土产生接触应力之后，由于混凝土的横向变形较大，$L/3$ 和 $L/6$ 处的 p 值比 $L/2$ 处显著增大。如图 3-2-20 所示，对于无脱空缺陷的钢管混凝土柱，混凝土的横向变形大致相等，因此，不同高度处混凝土一般在同一时刻与钢管接触（其中 H 是钢管顶端到下端的距离）。然而对于存在环向脱空缺陷的钢管混凝土柱而言，在加载过程中，混凝土往往在接近柱端部的位置与钢管接触，而在整个加载过程中，从 $0.13H/L$ 到柱端部，混凝土与钢管没有产生相互作用。

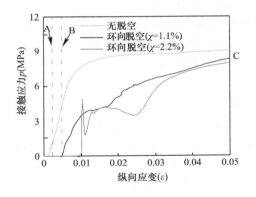

图 3-2-18　$p\varepsilon$ 曲线对比

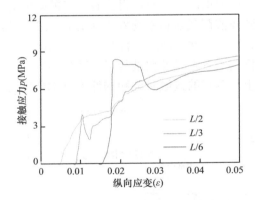

图 3-2-19　构件不同高度处的 $p\varepsilon$ 曲线对比
（环向脱空率 1.1%）

　　钢管的横向应力（σ_{st}）是反映钢管对混凝土约束的另一个重要参数。较高的横向应力（σ_{st}）表示钢管对混凝土提供了更显著的约束。图 3-2-21 为钢管在中高度处的纵向应力（σ_{sl}）和横向应力（σ_{st}），为了便于比较，这两个应力均绘制在坐标轴的正值侧。如图 3-2-21 所示，在峰值荷载（N_u）下，无脱空和环向脱空钢管混凝土构件的钢管纵向应力（σ_{sl}）均达到了钢材的屈服强度（$f_y = 360\text{MPa}$）。在峰值点后，无脱空构件的钢管纵向应力（σ_{sl}）小于带环向脱空构件，这是因为无脱空构件的核心混凝土承担了更多纵向应力。对于钢管横向应力（σ_{st}），环向脱空的存在不仅推迟了 σ_{st} 发展的时间，而且使脱空构件的 σ_{st} 在整个受荷过程中始终低于无脱空构件，表明脱空缺陷的存在减弱了钢管对核心混凝土的约束效应。

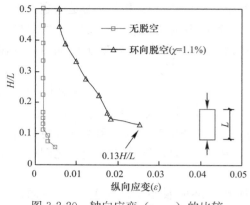

图 3-2-20　轴向应变（$\varepsilon_{contact}$）的比较

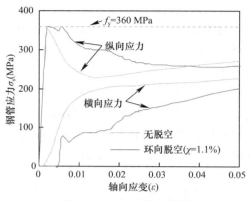

图 3-2-21　σ_s-ε 关系曲线

3）最大脱空率限值

由以上分析可见，环向脱空对于钢管混凝土构件力学性能的影响主要在于其延迟了钢管和混凝土之间的接触时刻，导致混凝土在被压碎时由于两者还未发生接触而使混凝土缺乏钢管的约束，因此大大降低了构件的极限承载力和变形能力。而在一个实际钢管混凝土结构中，由于混凝土收缩等因素而导致了环向脱空存在的必然性。因此十分有必要提出环向脱空率的限值以保证脱空对构件力学性能的影响在可容许范围内，以期保证结构的安全性。而根据以上分析可得：脱空率的限值必须满足两个条件，第一，需要使混凝土在构件达到峰值荷载前和钢管发生接触，从而使其在钢管约束下被压碎而具有预期的强度和塑性；第二，和无缺陷构件相比，带缺陷构件的极限承载力不能有显著降低。有鉴于此，本项目利用有限元模型进行了一系列参数分析，分析脱空率在 0.02% 到 1.1% 的范围内对混凝土与钢管的接触时刻和构件极限承载力的影响。

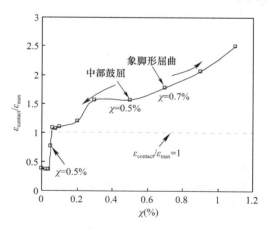

图 3-2-22　环向脱空率对相对横向
应变的影响$\left(\dfrac{\varepsilon_{contact}}{\varepsilon_{max}}\right)$

图 3-2-22 所示为脱空率对接触时刻的影响，其中 $\varepsilon_{contact}$ 和 ε_{max} 分别为发生接触时的构件轴向应变和峰值荷载对应的轴向应变。$\varepsilon_{contact}/\varepsilon_{max}$ 等于 1 意味着构件达到峰值荷载时混凝土恰好和钢管发生接触，$\varepsilon_{contact}/\varepsilon_{max}$ 小于 1 则意味着构件两者在构件达到极限承载力之前发生了接触。由图 3-2-22 可见，混凝土和钢管发生接触的时刻随着脱空率的降低而提前。在脱空率（χ）小于 0.05% 时 $\varepsilon_{contact}/\varepsilon_{max}$ 的值为 0.76，表明这个脱空率下混凝土和钢管将在构件达到峰值荷载前发生接触，而混凝土因此将在受钢管约束情况下被压碎。在参数分析中还发现：在脱空率大于 0.7% 时，构件破坏模态表现为和空钢管相似的钢管两端发生"象脚形鼓屈"；而在脱空率小于 0.5% 时，构件破坏模态表现为和无脱空构件相似的钢管中部发生鼓屈。

为了便于分析，定义了承载力系数 SI：

$$SI = \frac{N_{\text{uc-gap}}}{N_{\text{uc-no gap}}} \tag{3-2-9}$$

式中　$N_{\text{uc-gap}}$——带脱空缺陷的钢管混凝土短柱的计算极限强度；

　　　$N_{\text{uc-no gap}}$——无脱空缺陷的钢管混凝土短柱的计算极限强度。

图 3-2-23 中给出了不同脱空率（χ）的钢管混凝土柱的 SI 值。可见，在脱空率为 0.05% 时承载力系数 SI 为 0.965，表明此时环向脱空引起的承载力损失小于 5%。所以综合以上参数分析结果提出环向脱空率最大容许限值为 0.05%。在这个容许限值内，混凝土和钢管在峰值荷载前发生接触，从而混凝土在钢管约束下被压碎，而构件的承载力损失在 5% 以内。根据韩林海（2016）报道的试验结果，在混凝土 950d 后，圆形钢管混凝土柱直径分别为 200mm 和 1000mm 时，混凝土径向收缩率分别约为 150$\mu\varepsilon$ 和 75$\mu\varepsilon$。因此，钢管混凝土柱

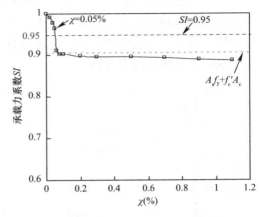

图 3-2-23　脱空率对承载力系数的影响

的环向脱空率（χ）分别为 0.03% 和 0.015%，均低于 0.05% 的限值。故当混凝土配合比适当时，由混凝土收缩引起的环向脱空缺陷对钢管混凝土短柱的强度没有显著影响。

（4）带球冠形脱空缺陷的钢管混凝土短柱受力性能分析

1）破坏模态

图 3-2-24 比较了带球冠形脱空缺陷的钢管混凝土短柱的失效模式与无脱空钢管混凝土柱的失效模式。计算中使用的基本参数与带环向脱空缺陷的钢管混凝土短柱基本相同，在分析中选择三种典型的脱空率（χ），即 2.2%，4.4% 和 6.6%。可见，随着脱空率（χ）增大，钢管在球冠形脱空位置的内凹屈曲越显著，如图 3-2-24 所示。这是由于当 χ 增加时，核心混凝土对外钢管的支撑作用随之降低。

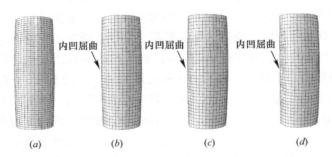

图 3-2-24　带球冠形脱空缺陷的钢管混凝土短柱的典型失效模式

（a）无脱空；（b）$\chi=2.2\%$；（c）$\chi=4.4\%$；（d）$\chi=6.6\%$

2）轴向荷载（N）-纵向应变（ε）关系曲线

图 3-2-25 显示了具有不同球冠形脱空率（χ）的钢管混凝土短柱的轴向荷载（N）-纵向应变（ε）关系曲线，其中钢管和核心混凝土各自承受的轴向载荷如图 3-2-25（b）所示。

可见，和试验结果相似，随着脱空率（χ）的增大构件的极限承载力以及峰值点对应变形有下降趋势，同时曲线的下降段有变陡趋势。有限元计算结果表明，和无脱空构件相比 $\chi=2.2\%$、4.4% 和 6.6% 的球冠形脱空构件其极限承载力分别下降了 3%、7% 和 10%。同时可见，脱空率（χ）的变化对于构件钢管承担的轴力影响很小，而对核心混凝土承担的轴力则影响较为显著。随着脱空率 χ 的增大，不仅混凝土承担的轴力有下降趋势，其达到峰值点时的变形也随之降低。这表明对于球冠形脱空构件，其极限承载力的差异主要是由于混凝土承担的内力差别。

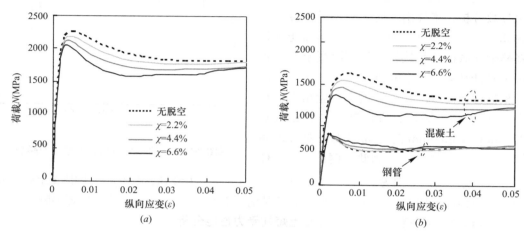

图 3-2-25　球冠脱空缺陷的钢管混凝土短柱 N-ε 曲线的比较
（a）钢管混凝土柱；（b）钢管与混凝土分别承受的荷载

3）接触应力

选择球冠形脱空率（χ）为 4.4% 的典型钢管混凝土短柱分析其混凝土横截面的接触应力（p）。截面约束应力取点位置如图 3-2-26（a），不同点的 p-ε 曲线如图 3-2-26（b）和（c）所示。为了达到与无脱空构件比较的目的，图 3-2-26 中还给出了无脱空钢管混凝土的接触应力。从计算结果可以看出，无脱空缺陷的钢管混凝土的接触应力在整个横截面上均匀分布，而对于具有球冠形脱空缺陷的钢管混凝土短柱，脱空边缘的混凝土（点 1～4）在整个加载过程中始终未与钢管发生接触。5 点位置的约束应力比其他位置显著提高，而从7 点到 11 点的接触应力基本均匀分布。由于靠近脱空位置 7 点到 11 点的接触应力和无脱空构件相比显著降低，而从点 12 到点 20 其约束应力基本相同。由此可见球冠形脱空对约束效应的影响在截面各个区域并不相同，在远离缺陷位置的半圆内，脱空对于约束应力的影响很小，这部分区域内可以仍然认为核心混凝土是受到钢管完全约束的。

从上面的分析可以看出，球冠形脱空缺陷对接触应力的影响沿着混凝土周长变化。因此，在图 3-2-27 中比较了不同区域的平均接触应力（P_{ave}），其中 $p_{avr\text{-}all}$ 表示所有点的平均接触应力（点 1～20），$p_{avr\text{-}upper}$ 表示包括脱空区域的上半圆（点 1～11）点的平均接触应力，$p_{avr\text{-}lower}$ 表示远离脱空区域的下半圆点处的平均接触应力（点 12～20）。可见，带脱空缺陷的钢管混凝土的平均接触应力（$p_{avr\text{-}all}$）小于无脱空缺陷构件的平均接触应力（$p_{avr\text{-}nogap}$），表明脱空缺陷的存在削弱了钢管对混凝土的约束作用。当带缺陷构件达到其极

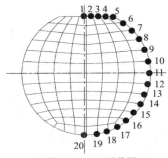

横截面上不同点的位置

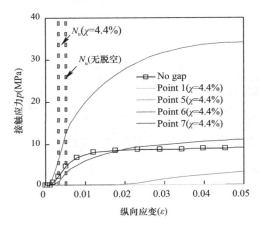
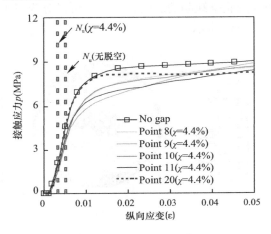

图 3-2-26　球冠形脱空的钢管混凝土短柱接触应力（p）发展（χ＝4.4％）

限荷载（ε＝0.0032）时，$p_{\text{avr-all}}$，$p_{\text{avr-upper}}$ 和 $p_{\text{avr-lower}}$ 的值分别为 1.51MPa、1.27MPa 和 1.8MPa，此时无脱空构件的平均接触应力 $p_{\text{avr-nogap}}$ 值为 2.09MPa。对于无脱空构件，其极限荷载下（ε＝0.0051），$p_{\text{avr-all}}$，$p_{\text{avr-upper}}$，$p_{\text{avr-lower}}$ 和 $p_{\text{avr-nogap}}$ 的值分别为 3.48MPa，2.78MPa，4.33MPa 和 4.65MPa。同时，对于带缺陷构件其包含脱空的半圆区的平均接触应力 $p_{\text{avr-upper}}$ 显著低于远离脱空的半圆区平均接触应力 $p_{\text{avr-lower}}$，同时 $p_{\text{avr-lower}}$ 在相同的轴向应变（ε）下与无脱空构件平均接触应力值 $p_{\text{avr-nogap}}$ 较为接近。

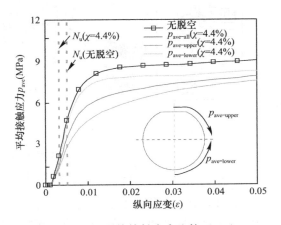

图 3-2-27　平均接触应力比较（p_{ave}）

图 3-2-28 所示为计算得到的峰值荷载时核心混凝土压应力场，同时在图中还标注了此时各位置的约束应力值。可见，无脱空构件其混凝土压应力沿截面环向均匀分布，由于受钢管的约束效应其应力值都大于素混凝土的抗压强度（f_c'＝54MPa），而靠近截面中部区域由于受到的约束效应更强，其压应力值大于边缘区域。而脱空构件其混凝土应力沿截面环向并不均匀分布，靠近脱空处的混凝土应力值基本等于素混凝土的抗压强度，而远离脱空处的混凝土由于受到约束效应而压应力有所提高。对于脱空率为 2.2％的构件，其远离

脱空位置的半圆内区域核心混凝土压应力和无脱空构件基本相同。如图 3-2-28 (b)～(d) 所示。在脱空处附近的区域，S33 的值基本等于混凝土圆柱体强度（f_c＝54MPa），表明此区域混凝土没有受到钢管约束作用，因此该区域可被认为是"无约束"区域。随着距脱空位置的距离增加，脱空缺陷的影响趋于减小，钢管对混凝土的约束作用逐渐提高，使混凝土应力随之增大。在此区域中 S33 的值大于 f_c'，但仍然小于无脱空缺陷钢管混凝土的值，因此该区域混凝土可认为处于"局部受到约束效应"状态。在远离脱空的区域中，混凝土应力（S33）总体上接近于无脱空构件的混凝土应力（S33），脱空缺陷在该区域的影响非常小，因此可以认为该区域混凝土处于"完全约束"状态。基于上述讨论，带球冠形脱空构件受脱空缺陷的影响程度主要可以分为三个区域：无约束区、半约束区和全约束区，如图 3-2-29 所示。

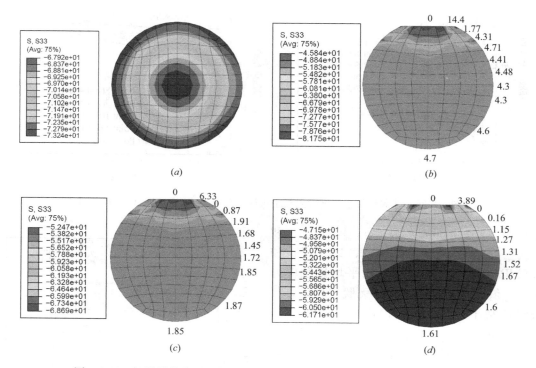

图 3-2-28　极限承载力下混凝土的纵向应力（S33）应力（p，单位：MPa）

(a) 无脱空；(b) χ＝2.2%；(c) χ＝4.4%；(d) χ＝6.6%

此外，在比较图 3-2-28 中所示的混凝土应力（S33）和接触应力（p）之后，还发现脱空率 2.2% 的带缺陷构件的 p 值与无脱空构件非常接近，特别是在远离脱空缺陷的下半圆中，在达到极限荷载时前者的 p 和 S33 基本与后者相同。然而，当 χ 的比例增加到 4.4% 或 6.6% 时，较大的脱空往往会对约束效应产生更显著的影响，从而使钢管混凝土柱更早地达到其极限强度。因此，在这两种情况下，极限强度下的 p 和 S33 都明显低于无脱空缺陷的钢管混凝土的极限强度。同时，脱空率 χ 为 4.4% 或 6.6% 的"无约束"区域明显大于 χ 为 2.2% 的情况，如图 3-2-28 所示。

图 3-2-30 给出了脱空率（χ）对混凝土承担的轴向荷载（N_c）的影响，其中纵坐标取

相对强度 $N_c/(A_c f_c')$ 值。可见，无脱空缺陷的钢管混凝土短柱的 $N_c/(A_c f_c')$ 值为 1.26，表明混凝土强度由于受到钢管约束作用而提高了 26%。$N_c/(A_c f_c')$ 随脱空率（χ）的增加而降低。当 χ 为 2.2% 时，$N_c/(A_c f_c')$ 的值接近但略小于无脱空构件的值。随着 χ 增加至 6.6%，$N_c/(A_c f_c')$ 明显降低至 1.04。

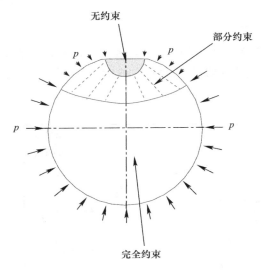

图 3-2-29　球冠形脱空缺陷的钢管混凝土
柱核心混凝土的约束现象

图 3-2-30　脱空率对混凝土承担轴向荷载的影响

3.2.3　实用计算方法

利用有限元模型对带球冠形脱空缺陷的钢管混凝土构件进行参数分析，基本参数条件为：$D=400\text{mm}$，$t=9.3\text{mm}$，$f_y=345\text{MPa}$，$f_{cu}=60\text{MPa}$，$\alpha=0.1$，脱空率（χ）的范围从 1% 到 6%。

图 3-2-31 （a）、（b）和（c）分别为钢材强度（f_y）、混凝土强度（f_{cu}）和含钢率（α）对不同脱空率（χ）的构件承载力系数 SI 的影响。需要说明的是，混凝土强度 $f_{cu}=30\text{MPa}$ 和含钢率 $\alpha=0.2$ 这两组算例由于钢管对混凝土提供了强约束，因此其荷载-位移曲线一直保持上升而无下降段。在此情况下，这两组算例的极限承载力（N_{uc}）采用韩林海（2016）提出的极限应变 $\varepsilon_{cu}(=1300+12.5f_{ck}+(600+33.3f_{ck})\cdot\xi^{0.2})$ 所对应的荷载确定。

从图 3-2-31 中可以看出，随着 χ 的增加，SI 近乎线性地减小。在相同脱空率下，钢材强度（f_y）越高，SI 越小。同样在相同脱空率下，除了两个"无下降段"组外，SI 随着 f_{cu} 的减小或 α 的增加而有所降低。综上，对于钢管混凝土柱在较低的 f_{cu} 或较高的 f_y 和 α 下，脱空缺陷对其极限承载力的影响更加严重。这是由于脱空缺陷主要影响钢管对核心混凝土的约束效应，因此在约束效应强的情况下脱空的影响更为显著。

基于参数分析结果推导了带球冠形脱空试件的轴压承载力计算公式，引入脱空影响系数 k 如下所示：

$$N_{u\_gap}=k\cdot N_{u\_no\,gap} \tag{3-2-10}$$

式中　N_{u_gap}——带缺陷构件的极限承载力；

　　　$N_{u\_no\ gap}$——无缺陷构件的极限承载力。

基于参数分析结果推导出：

$$k = 1 - f(\xi) \cdot \chi \leqslant 1 \tag{3-2-11}$$

式中　$\chi(= d_s/D)$——间隙比；

　　　$f(\xi)$——与约束因子（ξ）相关的函数。

图 3-2-32 显示了约束效应系数 ξ 对不同脱空率 χ 下 SI 值的影响规律。可见，当 ξ 小于 $1.22\sim1.26$ 时，SI 值随着 ξ 的增加而减小，而当 ξ 超过 $1.22\sim1.26$ 时，SI 随着 ξ 的增加而增大，如图 3-2-32 所示。

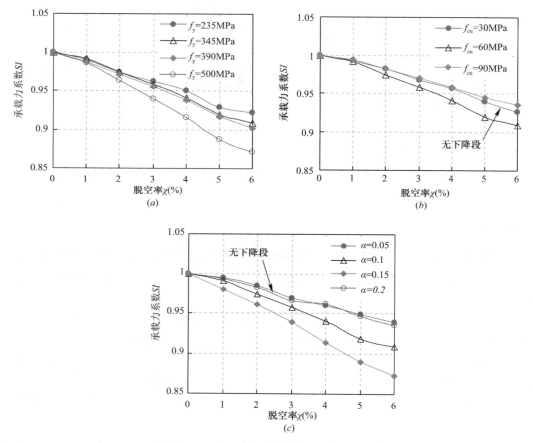

图 3-2-31　不同参数对球冠形脱空钢管混凝土短柱承载力系数（SI）的影响

（a）钢管强度 f_y；（b）混凝土强度 f_{cu}；（c）含钢率 α

因此提出 $f(\xi)$ 表达式如下：

$$f(\xi) = 1.42\xi + 0.44 \quad (\xi \leqslant 1.24) \tag{3-2-12}$$

$$f(\xi) = 4.66 - 1.97\xi \quad (\xi > 1.24) \tag{3-2-13}$$

将式（3-2-8）和式（3-2-9）代入式（3-2-7），可得折减系数 k 为：

$$k = 1 - \chi(1.42\xi + 0.44) \quad (\xi \leqslant 1.24) \tag{3-2-14}$$

$$k = 1 - \chi(4.66 - 1.97\xi) \quad (\xi > 1.24) \tag{3-2-15}$$

上述实用计算公式的适用范围为：$\chi = 1\% \sim 6\%$，$f_y = 235 \sim 500\text{MPa}$，$f_{cu} = 30 \sim 90\text{MPa}$，$\alpha = 0.05 - 0.2$，$0 < \xi < 1.725$。

采用式（3-2-6）计算得到的极限承载力（$k_{formula}$）与有限元结果（k_{FE}）的对比如图 3-2-33 所示。所得到的平均值（$k_{formula}/k_{FE}$）为 0.995，标准差为 0.005。可见，$k_{formula}$ 和 k_{FE} 较为吻合。

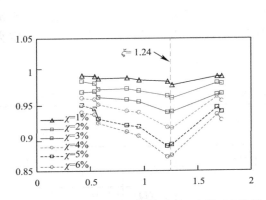

图 3-2-32　ξ 对球冠形脱空钢管混凝土短柱 SI 的影响

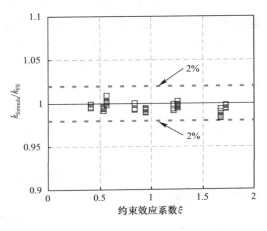

图 3-2-33　$\dfrac{k_{formula}}{k_{FE}}$-$\xi$ 关系曲线

3.2.4　本节小结

本节进行了带缺陷钢管混凝土构件的轴心受压试验研究，主要参数为：脱空类型（球冠形脱空和环向脱空）和脱空率（球冠形脱空：$\chi = 2.2\%$、4.4% 和 6.6%；环向脱空：$\chi = 1.1\%$ 和 2.2%）。通过试验，考察了球冠形脱空和环向脱空对钢管混凝土构件的破坏模态、荷载-变形关系曲线以及钢管应变发展的影响，并分析了不同脱空类型以及不同脱空率下的钢管混凝土承载力和刚度等力学性能指标的变化规律。试验结果表明，球冠形脱空构件的破坏过程总体上和无脱空构件较为接近。环向脱空构件的破坏过程则与无脱空构件有较大差别，其达到极限承载力时混凝土突然被压碎，荷载随之急剧下降，后期随着混凝土和钢管内壁发生接触构件的荷载又缓慢回升。随着脱空率的增大，构件的极限承载力和峰值点位移均降低，荷载-变形曲线的下降段有变陡的趋势，局部破坏特征变得更加明显。球冠形脱空对于钢管混凝土构件的初始弹性抗弯刚度的影响较小，而对于构件割线刚度的影响则较为显著。

在合理确定钢管和核心混凝土的材料模型和接触模型的基础上，建立了钢管混凝土球冠形和环向脱空构件的全过程分析有限元模型。有限元的计算结果得到了试验验证。采用有限元分析模型对于脱空构件的工作机理进行细致剖析，明晰了脱空对钢管和混凝土在受荷过程中相互作用的影响规律。在试验研究和数值分析的基础上，提出了环向脱空构件最大容许脱空率限值为 0.05%，以及带球冠形脱空缺陷的钢管混凝土构件的承载力计算公式。简化公式计算结果和有限元计算结果吻合良好，可为实际工程设计提供参考，也可为相关规范修订提供依据。

3.3 纯弯力学性能

3.3.1 试验研究

（1）试验概况

进行了 7 根带缺陷构件在一次短期荷载加载下的纯弯试验（Liao 等，2011）。试件参数列于表 3-3-1。试验研究以实际工程为参考，为保证试验构件与实际工程两者的约束效应系数基本相同 $[\xi=f_y \cdot A_s/(f_{ck} \cdot A_c)$，其中 f_y 为外钢管屈服强度，f_{ck} 为内填混凝土抗压强度标准值，A_s 和 A_c 分别为钢管和核心混凝土的截面积]。试件的主要参数为脱空类型（球冠形脱空和环向脱空）和脱空率 χ [式（3-2-1）、式（3-2-2）]。

试件参数表　　　表 3-3-1

序号	构件号	脱空类型	$D \times t$ (mm)	$d_c(d_s)$ (mm)	$\chi(\%)$	M_{ue} (kN·m)	SIB	K_{ie} (kN·m²)	FSI_i	K_{se} (kN·m²)	FSI_s
1	bh	○ 空钢管	180×3.8	—	—	21.62	0.42	—	—	—	—
2	bn	◉ 无脱空	180×3.8	0	—	51.02	1.00	2924	1	2127	1
3	bc1	◎ 环向脱空	180×3.8	1	1.1	44.57	0.87	2719	0.93	1957	0.92
4	bc2		180×3.8	2	2.2	33.82	0.66	2632	0.90	1870	0.88
5	bs4	◐ 球冠形脱空	180×3.8	4	2.2	50.20	0.98	2896	0.99	2105	0.99
6	bs8		180×3.8	8	4.4	46.17	0.90	2807	0.96	1978	0.93
7	bs12		180×3.8	12	6.6	43.73	0.86	2670	0.91	1890	0.89

对于球冠形脱空，试件的脱空率（χ）取 2.2%、4.4% 和 6.6%，其对应的脱空值 d_s 分别为 4mm、8mm 和 12mm。对于环向脱空，试件的脱空率（χ）取 1.1%、2.2%，其对应的脱空值 d_c 分别为 1mm 和 2mm。除了脱空钢管混凝土构件外，每组还进行相应的无脱空钢管混凝土和空钢管对比构件的试验，同时为了便于试验结果分析和对比，保证试验结果的可靠性，每组参数下均试验两个完全相同的试件。

图 3-3-1　试验装置图

（2）材料性能

本试验所用材料与 3.2 节为同一批材料，故本节关于材料性能详见 3.2.1 节。

（3）试验方法

试验装置如图 3-3-1 所示。纯弯试验采用四分点加载方式。在刚性梁顶部采用油压千斤顶加载，用压力传感器测定千斤顶所施加的荷载值。在试件的跨中位置处设置了曲率仪，以量测跨中截面在试验过程中曲率的变化。对于球冠状脱空试件，将脱空处置于试件的上侧，使其在加载过程中处于受压的状态。

试验采用分级加载制，弹性范围内每级荷载为预计极限荷载的 1/10；当钢管拉区或压区纤维达到屈服点后，每级荷载约为预计极限荷载的 1/15。每级荷载的持荷时间约为 2min，接近破坏时慢速连续加载，直至试件荷载下降到极限承载力的 50% 以下或出现明显的破坏现象时停止试验。为了准确测量试件的变形，在每个试件中截面的上下及两侧面的纵向和横向各贴一个电阻应变片（共 8 个），并在试件的四分点及支座处共设置了 5 块位移计以测量试件的挠度变化。另外，在试件的跨中位置处还设置了曲率仪，以测试跨中截面在试验过程中曲率的变化。

（4）试验结果与分析

所有试件均发生延性破坏，最终破坏模态如图 3-3-2 所示。可见，空钢管的局部破坏特征较为明显，其破坏现象主要表现为加载点区域严重凹屈而构件整体弯曲挠度不大。钢管混凝土构件的整体弯曲挠度均较为明显。无脱空构件在跨中挠度达到 30mm 后，观察到加载点旁的钢管出现局部鼓屈现象，之后随着跨中挠度不断加大，钢管鼓屈现象越发明显。球冠形脱空 4mm 和 8mm 构件其破坏过程和无脱空构件较为接近，但脱空构件最终破坏时其两个加载点之间的区域出现 3～4 个连续的轻微半波形屈曲。而球冠形脱空 12mm 构件其最终破坏时加载点处出现"下陷"现象，跨中钢管出现轻微凹屈，两个加载点之间的半波形屈曲较脱空 4mm 和 8mm 构件更为明显。均匀脱空构件其最终破坏时加载点处的钢管下陷，加载点旁的钢管鼓屈，同时两个加载点之间的钢管出现连续的半波形屈曲。

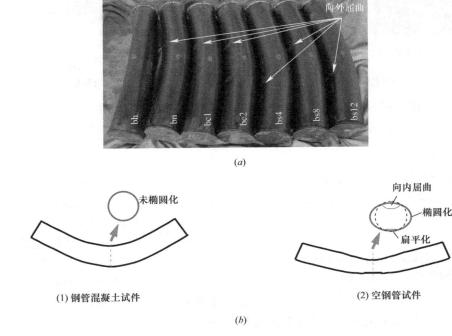

图 3-3-2　纯弯试件的破坏模态

（a）试件最终破坏模态照片；（b）钢管混凝土试件与空钢管试件典型破坏模态示意图

图 3-3-3 为带脱空缺陷的钢管混凝土纯弯构件剖开钢管后核心混凝土的破坏模态，图中标注了受拉区混凝土裂缝宽度。图 3-3-4 为带有环向脱空缺陷和球冠形脱空缺陷的钢管

混凝土纯弯构件核心混凝土的典型破坏模式示意图。可见，球冠形脱空 12mm 构件其受压区混凝土压碎区域主要出现在钢管鼓屈处，而环向脱空 2mm 构件的混凝土压碎区域则分布更为广泛，其两个加载点之间的混凝土均出现碎裂现象。而在受拉区，环向脱空构件的混凝土裂缝数量较少，裂缝宽度较大。相较而言，球冠形脱空构件的混凝土裂缝分布更为均匀，裂缝数量更多，其最大裂缝宽度（6.1mm）远小于环向脱空构件（16.9mm）。这是由于：带球冠形脱空缺陷的钢管混凝土在受拉区其钢管和混凝土界面处的粘结或摩擦作用可以有效防止沿梁截面高度方向上裂缝的发展，而环向脱空缺陷的存在，使混凝土与钢管在加载初期处于分离状态，由于外钢管对混凝土没有约束，导致混凝土裂缝开展明显。

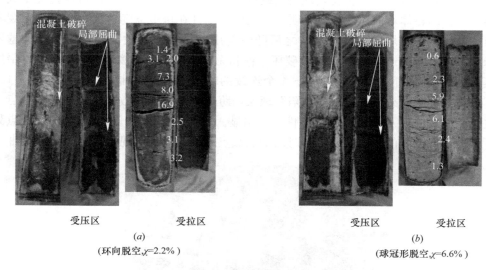

图 3-3-3　钢管混凝土纯弯构件的核心混凝土破坏模态（单位：mm）

（a）bc2；（b）bs12

图 3-3-4　带脱空缺陷的钢管混凝土纯弯构件
的典型破坏模态示意图

（a）带环向脱空缺陷；（b）带球冠形脱空缺陷

图 3-3-5（a）、（b）分别为带有环向脱空缺陷和球冠形脱空缺陷的钢管混凝土梁在不同弯矩（M/M_{ue}）下的侧向挠度曲线，其中 M 为弯矩，M_{ue} 为极限弯矩，定义是为钢管拉区边缘应变达到 $10000\mu\varepsilon$ 时对应的弯矩值（韩林海，2016）。可见，在低弯矩水平（$M/M_{ue}=0.2$）时，环向脱空构件的钢管底部呈向上变形的趋势，这是由于环向脱空缺陷的存在导致钢管在加载初期由于缺乏混凝土支撑作用而出现扁平化和椭圆化的趋势。之后，随着弯矩水平（M/M_{ue}）增大，核心混凝土与外钢管接触，钢管的椭圆化趋势受到核心混凝土的支撑限制，因此其底部开始向下变形。从图 3-3-3 也可看出，在试验过程中，带球冠形脱空缺陷的钢管混凝土梁其变形趋势与正弦半波基本一致，和无脱空构件较为接近。

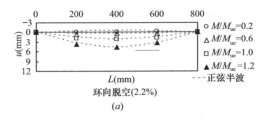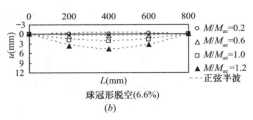

图 3-3-5　钢管混凝土梁的典型侧向挠度曲线

（a）带环向脱空缺陷；（b）带球冠形脱空缺陷

图 3-3-6 给出了跨中截面处实测弯矩（M）-钢管横向应变（ε_t）关系曲线。对于空钢管试件，加载过程中其纵向拉应力发展迅速，在变形过程中钢管截面椭圆化的趋势引起其横向变形增大，因此横向应变表现为受拉状态。对于无脱空钢管混凝土，由于内部混凝土有效的支撑了外钢管，抑制了其截面椭圆化变形，因此在钢管纵向拉伸应变（ε_l）逐渐增大的同时，其横向应变相应的向受压方向发展。带环向脱空缺陷的钢管混凝土梁其横向应变（ε_t）在加载初始阶段向受拉方向发展，趋势与空钢管相同，而随着荷载增大

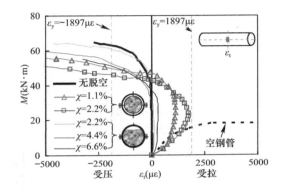

图 3-3-6　钢管混凝土梁的弯矩（M）-横向应变（ε_t）关系曲线

混凝土与外钢管接触后，混凝土能够为外钢管提供有效的支撑作用，因此横向应变则转而向受压方向发展。对于球冠形脱空缺陷的钢管混凝土梁，当脱空率较小（如 $\chi = 2.2\%$）时，其 M-ε_t 曲线发展趋势与无脱空钢管混凝土梁基本相同，而当脱空率较大（如 $\chi = 6.6\%$）时，其横向应变在加载初期向受拉方向发展，最大值约为 $300\mu\varepsilon$，之后随着混凝土对钢管的支撑作用开始产生，横向应变又转而向受压方向发展。

图 3-3-7 给出了钢管混凝土梁的弯矩（M）-跨中挠度（u_m）关系曲线，其中挠度（u_m）向下为正，向上为负。由图 3-3-7 可见，球冠形脱空构件的弯矩（M）-跨中挠度（u_m）关系曲线形状和无脱空构件较为接近，两者在受荷初始阶段的刚度差别较小；而进入弹塑性阶段后，球冠形脱空 4mm 构件的刚度仍然和无脱空构件十分接近，而脱空 8mm 和 12mm 构件的刚度则相比之下有减小的趋势。

环向脱空构件弯矩（M）-跨中挠度（u_m）关系曲线的形状则和空钢管较为相似：构件拉区钢管在受荷前期发生轻微凹屈，因此其跨中挠度初期表现为负值，之后随着荷载增大其跨中挠度又转向正方向发展。达到极限弯矩时，由于受压区混凝土突然被压碎，环向脱空构件都出现了荷载轻微下降后又回升的情况。由图 3-3-7（b）可见，环向脱空构件其弯矩（M）-跨中挠度（u_m）关系曲线的前期刚度和后期发展趋势都和无脱空构件有较为明显的差异。

图 3-3-8 所示为弯矩（M）-曲率（ϕ）关系曲线。可见，球冠形脱空构件的前期抗弯刚度和无脱空构件较为接近，而其后期刚度随着脱空率的增大有降低的趋势。脱空率 $\chi = 6.6\%$ 的构件由于加载点钢管下陷，其局部破坏特征较为显著，因此其最大曲率值较其他球冠形脱空构件明显偏低。环向脱空构件的抗弯刚度则明显小于相应无脱空构件。

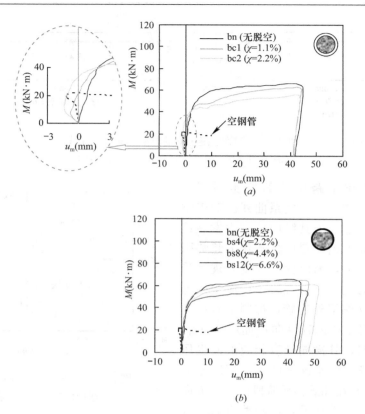

图 3-3-7　钢管混凝土梁试件的弯矩（M）-跨中挠度（u_m）关系曲线
（a）环向脱空缺陷；（b）球冠形脱空缺陷

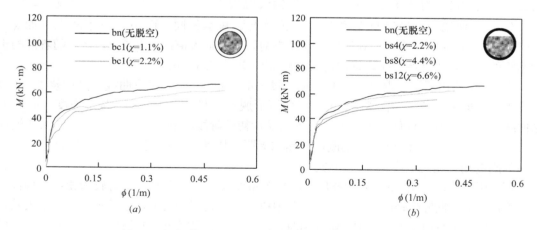

图 3-3-8　钢管混凝土梁的弯矩（M）-曲率（ϕ）关系曲线
（a）环向脱空缺陷；（b）球冠形脱空缺陷

　　图 3-3-9 给出了钢管混凝土试件的跨中钢管纵向应变（ε_l）随弯矩（M）的变化曲线，其中压应变为负，拉应变为正。可见，当钢管拉应变（ε_l）达到 $10000\mu\varepsilon$ 后，钢管混凝土梁的弯矩趋于稳定，因此参考韩林海（2016）定义本节试验的钢管混凝土构件的极限弯矩（M_{ue}）为钢管最大受拉应变达到 $10000\mu\varepsilon$ 时所对应的弯矩，空钢管的极限弯矩则取为其

M-ε_l 曲线上峰值点所对应的弯矩。表 3-3-1 列出了所有试件实测的 M_{ue}。此外，钢管混凝土梁的初始抗弯刚度（k_i）和正常使用阶段抗弯刚度（k_s）分别定义为当弯矩达到极限弯矩（M_{ue}）的 0.2 和 0.6 时对应的抗弯刚度，如图 3-3-10 所示。表 3-3-1 也给出了所有试件实测的抗弯刚度（k_{ie} 和 k_{se}）值。

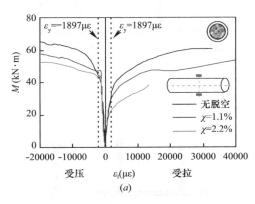 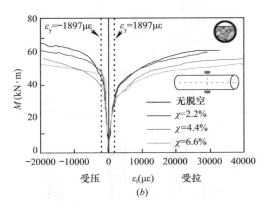

图 3-3-9　钢管混凝土梁试件跨中弯矩（M）与纵向应变（ε_l）关系曲线

(a) 环向脱空缺陷；(b) 球冠形脱空缺陷

为了评估脱空率对钢管混凝土极限弯矩的影响，定义抗弯承载力系数（SI）如下：

$$SI = \frac{M_{ue}}{M_{ue-no\ gap}} \qquad (3-3-1)$$

式中　M_{ue}——实测的极限弯矩；

$M_{ue-no\ gap}$——实测的无脱空构件的极限弯矩。

为了评估脱空率对抗弯刚度的影响，分别定义初始抗弯刚度系数（FSI_i）和正常使用阶段抗弯刚度系数（FSI_s）如下：

$$FSI_i = \frac{K_{ie}}{K_{ie-no\ gap}} \qquad (3-3-2a)$$

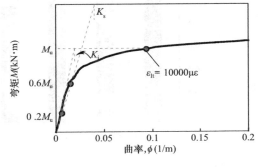

图 3-3-10　抗弯刚度 K_i 和 K_s 的取值示意图

$$FSI_s = \frac{K_{se}}{K_{se-no\ gap}} \qquad (3-3-2b)$$

式中　K_{ie} 和 K_{se}——实测的初始抗弯刚度和正常使用阶段抗弯刚度；

$K_{ie-no\ gap}$ 和 $K_{se-no\ gap}$——为实测的无脱空构件的初始抗弯刚度和正常使用阶段抗弯刚度。

由此确定的 SIB、FSI_i 和 FSI_s 列于表 3-3-1 中。图 3-3-11 和图 3-3-12 分别比较了 SI、FSI_i 和 FSI_s。

从图 3-3-11 可以看出，空钢管的 SI 仅为 0.42，表明通过浇灌混凝土可使构件极限弯矩（M_{ue}）提高两倍以上。在受弯作用下，圆钢管的椭圆化变形会降低其截面模量和截面惯性矩，从而导致抗弯刚度有所降低（Wierzbicki 和 Sinmao，1997）。因此，在钢管中浇灌混凝土不仅混凝土自身对构件抗弯承载力有所贡献，而且还可以对外钢管提供支撑作用而有助于限制钢管截面的椭圆化变形，从而让钢管可以充分发挥塑性，使钢管混凝土的抗弯承载力显著提升。

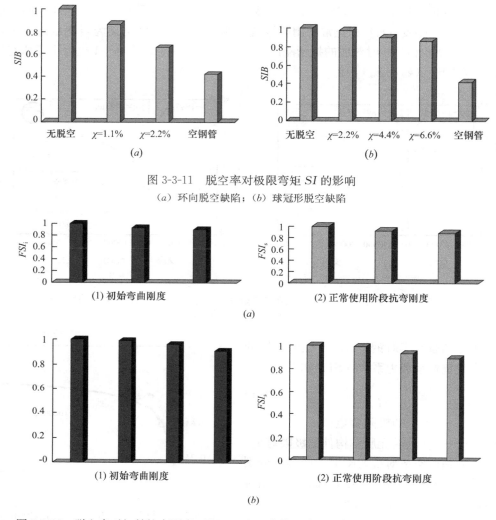

图 3-3-11 脱空率对极限弯矩 SI 的影响

(a) 环向脱空缺陷；(b) 球冠形脱空缺陷

图 3-3-12 脱空率对初始抗弯刚度（FSI_i）和正常使用阶段抗弯抗弯刚度（FSI_s）的影响

(a) 环向脱空缺陷；(b) 球冠形脱空缺陷

带环向脱空缺陷的钢管混凝土梁在脱空率 χ 为 1.1％和 2.2％时，其 SI 值分别为 0.87 和 0.66，与无脱空构件相比，抗弯承载力损失分别为 13％和 34％。这主要是由于环向脱空延迟和削弱了混凝土对外钢管的支撑作用，导致钢管出现椭圆化趋势及过早发生局部屈曲，阻碍了钢材塑性的充分发挥。此外，环向脱空缺陷也同时削弱了受压区钢管对核心混凝土的约束作用，从而导致降低了核心混凝土的强度和塑性。

对于带球冠形脱空缺陷的钢管混凝土梁，随着 χ 从 2.2％增加到 4.4％和 6.6％，SI 从 0.98 下降到 0.9 和 0.86，如图 3-3-11（b）所示。可见，在脱空率较小时球冠形脱空缺陷对构件极限弯矩（M_{ue}）的影响较小，而随着脱空率的增大，脱空会导致混凝土对钢管的支撑作用以及钢管对混凝土的约束作用都有所削弱，因此导致构件极限弯矩下降越发显著。

从表 3-3-1 和图 3-3-12（1）可以看出，对于环向脱空率（χ）为 1.1％的钢管混凝土梁，FSI_i 和 FSI_s 分别为 0.93 和 0.92；对于 χ 为 2.2% 的试件，FSI_i 和 FSI_s 分别为 0.9 和 0.88。对于无脱空缺陷的钢管混凝土梁，核心混凝土可以有效地支撑外钢管抑制其椭圆化变形，同时钢管内壁与混凝土界面的粘结和摩擦力可有效抑制混凝土裂缝沿截面深度方向发展，从而使钢管混凝土梁具有较高的初始抗弯刚度（K_{ie}）和正常使用阶段抗弯刚度（K_{se}）。然而，环向脱空的存在既导致钢管发生椭圆化变形，从而使其截面惯性矩有所减小，同时也破坏了钢管内壁与混凝土界面的粘结力，导致混凝土裂缝发展更为迅速。因此，环向脱空试件的抗弯刚度显著低于相应无脱空试件。

由表 3-3-1 和图 3-3-12（2）可以看出，对于球冠形脱空率（χ）为 2.2%、4.4% 和 6.6% 的钢管混凝土梁，FSI_i 分别为 0.99、0.96 和 0.91，FSI_s 分别为 0.99、0.93 和 0.89。可见，带球冠形脱空缺陷的钢管混凝土梁其抗弯刚度随脱空率 χ 的增大而减小。

总体而言，环向脱空对钢管混凝土抗弯性能的影响比球冠形脱空缺陷更为显著。在脱空率同为 2.2% 时，环向脱空引起的抗弯承载力（M_{ue}）、初始抗弯刚度（K_{ie}）和正常使用阶段抗弯刚度（K_{se}）的损失分别为 34%、10% 和 12%，而球冠形脱空引起的损失则只有 2%、1% 和 1%。

3.3.2　有限元分析

钢管混凝土纯弯构件有限元模型的材料模型、接触模拟、单元类型和网格划分等和模型加载方式和 3.2.2 节相同，在此不再赘述。纯弯构件有限元模型如图 3-3-13（a）所示，在构件的两个四分点处加载同步位移荷载，加载点位于脱空一侧，图中 L_0 为两铰结点之间构件的净长。网格划分如图 3-3-13（b）所示。

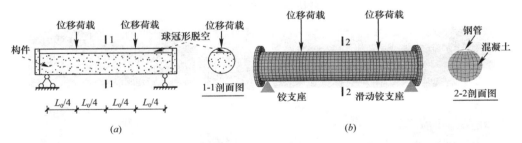

图 3-3-13　模型示意图
（a）加载方式；（b）网格划分

（1）有限元模型的验证

为了验证有限元模型的适用性，有限元计算的弯矩（M）-跨中挠度（u_m）关系曲线与前节所述的试验结果比较如图 3-3-14 所示。可见，计算结果和试验结果总体上吻合较好，验证了本文有限元模型的可靠性。

图 3-3-15 给出了无脱空试件和带球冠形脱空试件的计算与试验破坏模态对比，对于无脱空试件，混凝土的存在延缓了钢管过早产生局部屈曲，使得钢管的塑性性能得到充分发挥；对于带球冠形脱空的试件，试件受压时脱空侧的钢管较早发生局部屈曲，有向内凹陷的现象发生，非脱空侧的破坏模态与无脱空试件相似。

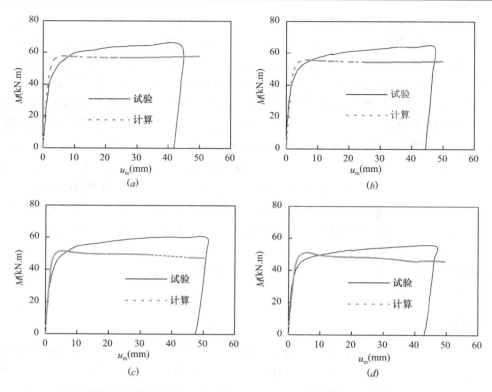

图 3-3-14　计算的弯矩（M）—跨中挠度（u_m）关系曲线与试验结果对比

（a）无脱空试件；（b）球冠形脱空（脱空率 $\chi=2.2\%$）；（c）球冠形脱空（脱空率 $\chi=4.4\%$）；

（d）球冠形脱空（脱空率 $\chi=6.6\%$）

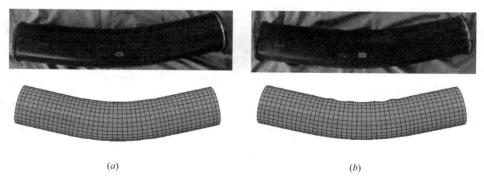

图 3-3-15　计算的破坏模态与试验结果对比

（a）无脱空试件；（b）球冠形脱空（脱空率 $\chi=2.2\%$）

（2）工作机理分析

为更好地了解纯弯荷载作用下带球冠形脱空缺陷钢管混凝土构件的工作机理，选取典型算例对带球冠形脱空构件的工作机理进行分析（韩浩等，2018b），算例参数为：钢管外直径 $D=180\mathrm{mm}$，构件计算长度 $L=1800\mathrm{mm}$，钢管壁厚 $t=4\mathrm{mm}$，球冠形脱空算例脱空率为 0 和 5%，混凝土立方体抗压强度 $f_{cu}=60\mathrm{MPa}$，钢材强度 $f_y=345\mathrm{MPa}$。

图 3-3-16 为带球冠形脱空构件和无脱空构件弯矩（M）-跨中挠度（u_m）关系曲线对

比。由图可知，两构件的弯矩-跨中挠度曲线的弹性阶段基本重合，表明球冠形脱空对构件的弹性抗弯刚度影响较小。此外，两类构件达到极限弯矩时的跨中位移相近，但带球冠形脱空构件的极限弯矩值较无脱空构件降低了约 5.6%。

图 3-3-17 为带球冠形脱空构件和无脱空构件达到极限弯矩（M_u）时中截面混凝土纵向应力对比，由图可知，当达到极限荷载时，带球冠形脱空试件的中和轴较无脱空构件相比较更靠近受压区，表明球冠形脱空会使构件的受拉区面积增大（即混凝土开裂面积增大）。图 3-3-18 为带球冠形脱空构

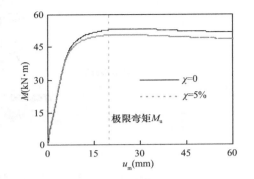

图 3-3-16　脱空对构件弯矩（M）-跨中挠度（u_m）关系曲线的影响

件和无脱空构件达到极限弯矩时混凝土裂缝形态对比，由图可知，带球冠形脱空构件的核心混凝土其受拉区开裂现象较无脱空构件更为严重，开裂区域分布范围更大。

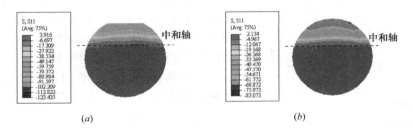

图 3-3-17　达到极限弯矩时中截面混凝土纵向应力对比（单位：MPa）
（a）球冠形脱空；（b）无脱空

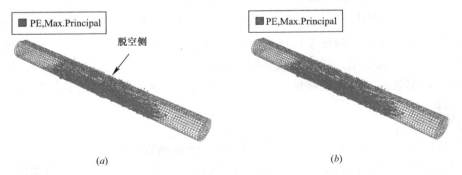

图 3-3-18　达到极限弯矩时混凝土开裂模式对比
（a）球冠形脱空；（b）无脱空

图 3-3-19 为带球冠形脱空和无脱空构件达到极限弯矩（M_u）时钢管纵向应力对比，由图可知，带球冠形脱空构件钢管受拉区应力相比差异较小，中和轴位置与无脱空构件相比有轻微变化（更靠近受压区一些）。另外，带脱空缺陷的试件其钢管受压区（脱空侧）边缘处的压应力较无脱空构件大。这是由于脱空缺陷的存在使混凝土分担的压应力减小，因此导致钢管承担的压应力增大。这种现象可能导致钢管更早发生屈曲，从而减小了钢管的抗弯模量，降低了构件的抗弯承载力。

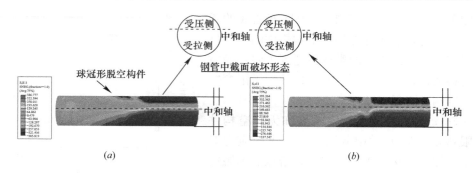

图 3-3-19　达到极限弯矩时钢管纵向应力对比

（a）球冠形脱空；（b）无脱空

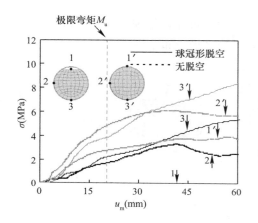

图 3-3-20　达到极限弯矩时中截面
接触应力对比

图 3-3-20 为带球冠形脱空和无脱空构件达到极限弯矩时跨中截面在各特征点处的接触应力对比，分别选取了受压区、中截面、受拉区的混凝土各 1 点作为特征点，选取情况如图中所示。由图可知，带球冠形脱空构件各特征点处的接触应力均比无脱空对应位置的小且降幅明显，表明球冠形脱空构件降低了钢管对混凝土的约束效应。此外，脱空处（1 点）的钢管与混凝土直至加载结束均未发生接触。

综上所述，球冠形脱空对构件的抗弯性能的影响机理为：一方面脱空使构件截面的中和轴向受压区移动，增大了受拉区面积，导致混凝土开裂现象更为严重；另一方面，脱空的存在减小了混凝土受压面积，降低了压区混凝土对构件截面抗弯模量的贡献，也削弱了压区钢管对混凝土的约束作用。同时，脱空的存在还增大了受压区钢管的压应力，使得钢管更早地发生局部屈曲，因此也降低了钢管的抗弯模量，从而使构件的整体抗弯极限承载力有所下降。

（3）参数分析

上述分析结果表明，球冠形脱空缺陷的存在会削弱钢管对核心混凝土的约束作用，因此本节的参数分析选取了和约束效应系数 ξ（$\xi = A_s f_y / A_c f_{ck} = a \cdot f_y / f_{ck}$）有关的参数进行分析。参数选取为：钢管外直径 $D = 180\mathrm{mm}$，构件计算长度 $L = 1800\mathrm{mm}$，含钢率 $a(= A_s / A_c) = 0.05$、0.1、0.15 或 0.2，脱空率 0、1%、2%、3%、4%、5% 或 6%，混凝土立方体抗压强度 $f_{cu} = 30\mathrm{MPa}$、$60\mathrm{MPa}$ 或 $90\mathrm{MPa}$，钢管屈服强度 $f_y = 235\mathrm{MPa}$、$345\mathrm{MPa}$、$390\mathrm{MPa}$ 或 $500\mathrm{MPa}$。参数分析的约束效应系数范围为：$0.387 \sim 1.722$。同时引入脱空构件的承载力系数 SI 为：

$$SI = \frac{M_{u,\,gap}}{M_{u,\,no\,gap}} \qquad (3\text{-}3\text{-}3)$$

式中　$M_{u,\,gap}$——带球冠形脱空构件的极限弯矩；

$M_{u,nogap}$——相应的无脱空构件的极限弯矩。

1）钢材强度

图 3-3-21 为不同脱空率下钢材强度分别为 Q235、Q345、Q390 和 Q500 的带球冠形脱空缺陷的钢管混凝土受弯构件承载力系数（SI）对比。由图可知，随着脱空率的增大，承载力系数逐渐减小，基本呈线性关系，但在相同脱空率下，在本节分析的约束效应系数范围内（图中的约束效应系数分别为 0.546、0.801、0.905、1.161），不同的钢材强度对构件的承载力系数影响较小，表明钢材强度在一定范围内对带脱空的钢管混凝土受弯构件的承载力的影响基本相同，在此范围内考虑脱空影响的承载力降低幅度只与脱空率（χ）有关。

2）混凝土强度

图 3-3-22 为不同脱空率下混凝土强度分别为 C30、C60 和 C90 的带球冠形脱空缺陷的钢管混凝土受弯构件承载力系数（SI）对比。由图可知，随着脱空率的增大，承载力系数（SI）近似呈线性降低。而在相同脱空率下，不同的混凝土强度对构件的承载力系数影响较小。

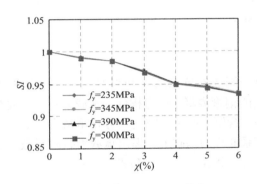

图 3-3-21　钢材强度对承载力
系数（SI）的影响

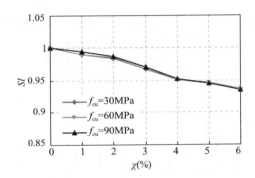

图 3-3-22　混凝土强度对承载力
系数（SI）的影响

3）含钢率

图 3-3-23 为不同脱空率下含钢率分别为 0.05、0.10、0.15 和 0.20 的带球冠形脱空缺陷的钢管混凝土受弯构件承载力系数（SI）对比。由图可知，在相同脱空率的情况下，随着含钢率的增大脱空缺陷对构件的抗弯承载力影响有减小的趋势。这是由于脱空缺陷对构件混凝土的影响程度比钢管更加显著，而含钢率的增大意味着混凝土占构件截面比例的减小，由此脱空对构件整体抗弯承载力的影响相应更小。

基于以上分析，得到如图 3-3-24 所示不同脱空率下，带球冠形脱空缺陷的钢管混凝土受弯构件的承载力系数与约束效应系数的关系曲线。由图可知，该关系曲线分为三段，当约束效应系数在 0.513～1.161 范围内时，相同脱空率下随着约束效应系数的增大，构件的承载力系数（SI）基本保持不变；在此范围之外，随着约束效应系数增大，构件的承载力系数增大。因此可以得到，改变钢材强度与混凝土强度对承载力系数（SI）影响较小，而改变含钢率对承载力系数的影响较为显著。随着含钢率的增大，脱空对构件抗弯承载力的影响程度有减小的趋势。

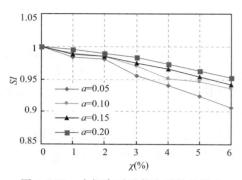

图 3-3-23 含钢率对承载力系数的影响

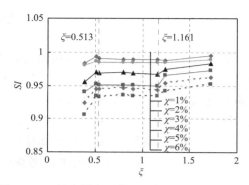

图 3-3-24 约束效应系数对承载力系数 SI 的影响

3.3.3 实用计算方法

基于以上分析，本节引入承载力折减系数 k 用于带球冠形脱空的钢管混凝土受弯构件极限承载力计算公式，如下式所示：

$$M_{\text{u-gap}} = kM_{\text{u-no gap}} \qquad (3\text{-}3\text{-}4)$$

式中 $M_{\text{u-gap}}$——带球冠形脱空构件极限弯矩计算值；

k——承载力折减系数；

$M_{\text{u-no gap}}$——相应无脱空构件极限弯矩。

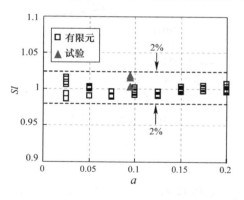

图 3-3-25 简化公式计算结果和实测及有限元计算结果的比较

基于图 3-3-25 参数分析结果，可知带球冠形脱缺陷的钢管混凝土受弯构件的承载力折减主要与脱空率和含钢率有关。因此在分析承载力系数与含钢率关系曲线的基础上，提出承载力折减系数 k 的计算公式，如式（3-3-5）和式（3-3-6）所示：

$$k = 1 - f(a)\chi \leqslant 1 \qquad (3\text{-}3\text{-}5)$$
$$f(a) = 1.77 - 5.44a \qquad (3\text{-}3\text{-}6)$$

式中 χ——脱空率；

a——含钢率。

采用式（3-3-5）和式（3-3-6）对前节所述的试验构件以及本节有限元算例进行计算，结果比较如图 3-3-25 所示。公式计算结果和有限元计算结果的比值 $k_{\text{formula}}/k_{\text{FE}}$ 的平均值为 0.998，方差为 0.002；公式计算结果和试验结果的比值 $k_{\text{formula}}/k_{\text{test}}$ 的平均值为 1.012，方差为 0.0001，表明本节提出的简化计算公式具有良好的预测精度。

3.3.4 本节小结

本节进行了带脱空缺陷的钢管混凝土构件的抗弯试验，结果表明当脱空率（χ）为 1.1％或 2.2％时，环向脱空缺陷使钢管混凝土梁的极限弯矩（M_{u}）降低 13％或 34％，同时使初始抗弯刚度（K_{i}）和正常使用阶段抗弯刚度（K_{s}）均下降约 10％。当脱空率（χ）为 2.2％～6.6％时，球冠形脱空缺陷使钢管混凝土梁的极限弯矩（M_{u}）降低 2％～14％，并使初始抗弯刚度（K_i）和正常使用阶段抗弯刚度（K_s）下降1%～11%。脱空缺陷的存在会导致钢管截面有椭圆化变形的趋势，从而降低钢管的截面抗弯模量，导致钢管混凝土的抗弯刚度和极限弯矩均有所下降。此外，脱空缺陷的存在也会导致受压区钢管对核心混凝土的约束作用有所削弱，从而降低了钢管混凝土的极限弯矩。

在合理考虑了材料本构模型、接触模型以及材料和几何非线性的基础上，本节建立了带脱空缺陷的钢管混凝土受弯构件的有限元模型，计算结果与试验结果总体吻合良好。有限元分析结果表明：球冠形脱空的存在一方面使构件截面的中和轴向受压区移动，增大了受拉区面积，导致混凝土开裂现象更为严重；另一方面也减小了混凝土受压面积，降低了压区混凝土对构件截面抗弯模量的贡献，并使钢管更早地发生局部屈曲，降低了钢管的抗弯模量，从而使构件的整体抗弯极限承载力有所下降。利用有限元模型对影响带缺陷构件的重要参数进行了分析，结果表明：带球冠形脱空缺陷的钢管混凝土受弯构件极限弯矩的受钢材强度和混凝土强度影响较小，而随着含钢率的增大，球冠形脱空对钢管混凝土构件受弯承载力的削弱程度有降低的趋势。在参数分析结果的基础上本节提出了考虑球冠形脱空缺陷影响的钢管混凝土受弯构件的极限承载力简化计算公式，可为实际工程设计和安全评估提供参考。

3.4 压弯力学性能

3.4.1 试验研究

（1）试件设计

为研究脱空缺陷对钢管混凝土压弯力学性能的影响，进行了带缺陷的钢管混凝土构件在压弯作用下的试验研究（Han等，2016）。试验共设计了12个钢管混凝土柱试件和2个用于对比的空钢管，试验参数为脱空类型（环向脱空和球冠形脱空）和脱空率（χ，环向脱空率为1.1%和2.2%；球冠形脱空率为2.2%、4.4%和6.6%）。所有试件的长度（L）、钢管外直径（D）和钢管壁厚（t）均为630mm、180mm和3.8mm，荷载偏心距（e）为27mm，偏心率（e/r，$r=D/2$为构件截面半径）为0.15。

表3-4-1列出了试件参数，其中试件编号根据以下规则指定：1）初始字符h、n、c或s分别代表空钢管、无脱空的钢管混凝土试件、带环向脱空的钢管混凝土试件或带球冠形脱空的钢管混凝土试件；2）随后的数字代表脱空率；3）连字符后的最后一个数字代表同组中参数完全相同的两个试件。例如，试件S4.4-2表示带球冠形脱空的第二个钢管混凝土柱试件，其中脱空率（χ）为4.4%。试件的钢材和混凝土材料性能和3.2.1节轴压试验相同，在此不再赘述。

试件信息和试验结果表　　　　　　　　　　　　　表 3-4-1

No.	试件编号	试件类型	$d_c(d_s)$ (mm)	χ (%)	N_u (kN)	Δ_u (mm)	$u_{m,u}$ (mm)	SI
1	h-1	⭘ 空钢管	—	—	505	7.10	6.34	0.33
2	h-2		—	—	501	6.88	5.26	0.32

续表

No.	试件编号	试件类型	$d_c(d_s)$ (mm)	χ (%)	N_u (kN)	Δ_u (mm)	$u_{m,u}$ (mm)	SI
3	n-1	⬤ 无脱空	0	—	1559	3.74	4.36	1.00
4	n-2		0	—	1544	3.83	5.96	1.00
5	c1.1-1	⬤ 环向脱空	1	1.1	1143	0.88	1.40	0.74
6	c1.1-2		1	1.1	1113	0.76	0.92	0.72
7	c2.2-1		2	2.2	1068	0.66	0.61	0.69
8	c2.2-2		2	2.2	1041	0.99	0.86	0.67
9	s2.2-1	⬤ 球冠形脱空	4	2.2	1412	3.81	5.71	0.91
10	s2.2-2		4	2.2	1462	3.41	4.62	0.94
11	s4.4-1		8	4.4	1285	1.39	2.31	0.83
12	s4.4-2		8	4.4	1226	1.65	2.31	0.79
13	s6.6-1		12	6.6	1233	1.43	1.41	0.79
14	s6.6-2		12	6.6	1222	1.45	1.54	0.79

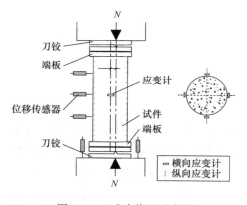

图 3-4-1　试验装置示意图

（2）试验装置和量测手段

试验装置如图 3-4-1 所示，试件上下两端利用刀铰来实现铰接边界条件以及施加偏心荷载。对于带球冠形脱空的钢管混凝土试件，脱空处放置在受压区位置。试验停机条件为荷载降至峰值的 85% 以下或轴向变形达到约 25mm（$L/25$）。试验前在钢管外表面粘贴 8 个应变片，以测量跨中截面的纵向和横向应变，如图 3-4-1 所示。同时，在试件跨中、$L/4$ 和 $3L/4$ 处布置 3 个位移传感器来量测试件不同位置的侧向挠度，另外布置两个位移传感器来测量试件的轴向变形。

（3）破坏模态

所有钢管混凝土构件在峰值荷载前均未观察到明显的局部屈曲现象。总体上看，球冠形脱空构件的破坏模态和无脱空构件相差不大，但前者在脱空侧的钢管局部屈曲较后者显著。相较于脱空 4mm 和 8mm 构件，球冠形脱空 12mm 构件的最终破坏模态表现出更为明显的局部破坏特征。随着脱空率的增大，构件在最终破坏时其钢管在脱空处的局部屈曲现象越发明显。

环向脱空构件在达到峰值荷载时混凝土突然被压碎，发出巨大响声，构件荷载随之急剧下降。随后混凝土膨胀并与钢管接触，构件荷载又开始缓慢回升。在荷载回升过程中，钢管端部首先出现轻微鼓屈现象，之后钢管沿长度方向又出现了几个连续的半波形屈曲。构件破坏时，钢管的鼓屈现象十分明显。

总体而言，对于带缺陷的钢管混凝土构件其在压弯和轴压荷载作用下的破坏模态基本相似，如图 3-4-2 所示。

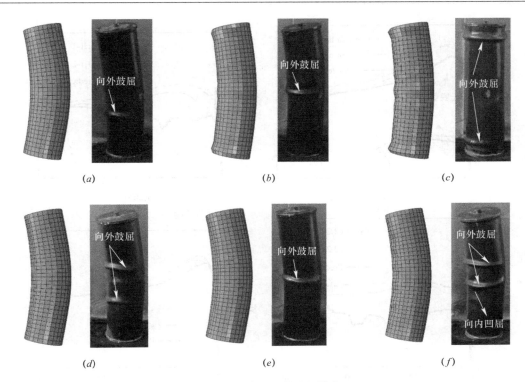

图 3-4-2　偏压试件破坏模态

（a）无脱空（χ＝0）；（b）环向脱空（χ＝1.1%）；（c）球冠形脱空（χ＝2.2%）；（d）球冠形脱空（χ＝2.2%）；
（e）球冠形脱空（χ＝4.4%）；（f）球冠形脱空（χ＝6.6%）

（4）轴向载荷（N)-轴向变形（Δ）关系曲线

所有试验的钢管混凝土柱试件，在脱空与无脱空试件显示出相似的整体失效过程，以及表现出较强的延性。和轴压构件相似，无脱空构件的荷载-位移关系曲线的下降段较为平缓，表现出较好的延性。球冠形脱空构件其荷载-位移曲线的形状和无脱空构件总体上较为接近，而随着脱空距离增大构件的峰值荷载和峰值点对应位移有减小趋势，且曲线下降段有变陡的趋势。而均匀脱空构件的荷载-变形关系曲线形状则和无脱空构件有着显著差异，前者在达到峰值点后荷载急剧下降，之后随着混凝土和钢管内壁发生接触，荷载又开始缓慢回升。和无脱空构件相比，均匀脱空构件不仅承载力有明显降低，且峰值点对应位移也较前者有显著减小，破坏具有突然性。如图 3-4-3 所示。

图 3-4-4 所示为带环向脱空的钢管混凝土偏压试件的典型 N-Δ 曲线，其中在曲线上标记了几个特征点（即 A、B、C、D 和 E 点）。环向脱空缺陷的钢管混凝土柱的 N-Δ 曲线一般分为五个阶段：

第一阶段（O-A）。轴向载荷随着轴向变形的发展而增加，直到在 A 点达到峰值荷载（N_{ue}）；

第二阶段（A-B）。轴向载荷在点 A 处突然下降，下降幅度取决于脱空率（χ）的大小，较大的脱空率（χ）将导致更显著的荷载下降。这是由于核心混凝土在缺乏外钢管约束的情况下被压碎；

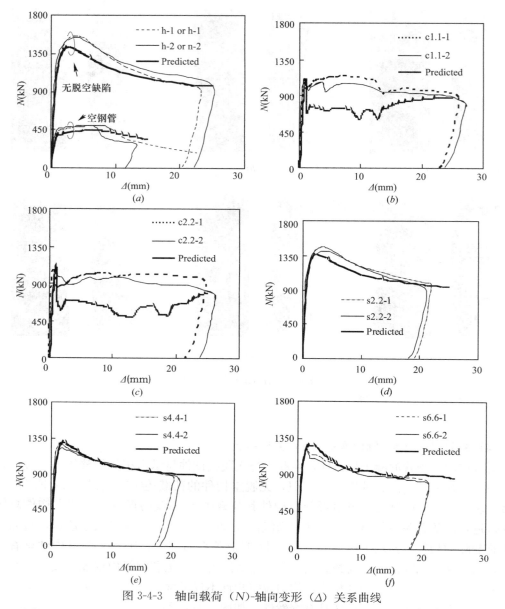

图 3-4-3　轴向载荷（N）-轴向变形（Δ）关系曲线

（a）无脱空（$\chi=0$）；（b）环向脱空（$\chi=1.1\%$）；（c）球冠形脱空（$\chi=2.2\%$）；（d）球冠形脱空（$\chi=2.2\%$）；

（e）球冠形脱空（$\chi=4.4\%$）；（f）球冠形脱空（$\chi=6.6\%$）

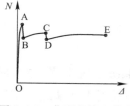

图 3-4-4　典型的轴向载荷
（N）-轴向变形（Δ）关系曲线

第三阶段（B-C）。核心混凝土压碎后发生膨胀而外钢管接触，此时外钢管提供的约束作用有效的抑制了核心混凝土的进一步破坏，提高了混凝土的塑性性能，从而使轴向荷载（N）逐渐回升；

第四阶段（C-D）。在点 C 处，轴向荷载再次下降。这可能是由于试件另一个截面的核心混凝土被压碎导致；

第五阶段（D-E）。被压碎的混凝土和钢管发生接触，外钢管对核心混凝土的约束作用使试件的轴向荷载平缓回升，直到试验加载结束（E 点）。

试件的轴向荷载（N）与横向变形（u_m）曲线如图 3-4-5 所示。可见，N-u_m 曲线与 N-Δ 曲线的形状基本相似。

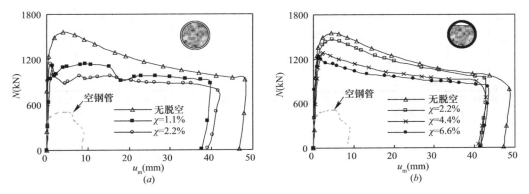

图 3-4-5　轴向载荷（N）与横向变形（u_m）关系的比较
（a）环向脱空；（b）球冠形脱空

所有试件的实测极限强度（N_u）见表 3-4-1，其中 Δ_u 和 $u_{m,u}$ 分别为峰值荷载（N_u）对应的轴向变形和横向挠度；SI 为承载力系数，取值如下：

$$SI = \frac{N_u}{N_{u,nogap}} \qquad (3\text{-}4\text{-}1)$$

式中　N_u——试件实测的极限承载力；

$N_{u,nogap}$——无脱空试件的极限承载力。

由表 3-4-1 可见：球冠形脱空 4mm、8mm 和 12mm（$\chi=2.2\%$、4.4% 和 6.6%）构件其极限承载力较无脱空构件分别下降了 7%、19% 和 21%，而环向脱空 1mm 和 2mm（$\chi=1.1\%$ 和 2.2%）构件则分别下降了 27% 和 32%。随着脱空率（χ）的增大，试件的各项力学性能指标 Δ_u、$u_{m,u}$ 和 SI 均有所降低。这主要是由于脱空缺陷的存在削弱了钢管对核心混凝土的约束作用。相较而言，在脱空率相同的情况下，环向脱空的影响比球冠形脱空更为显著。

（5）应变分析

图 3-4-6 和图 3-4-7 中给出了试件跨中钢管的纵向应变（ε_l）和横向应变（ε_t）随轴向荷载（N）的变化曲线，其中 ε_{lc} 和 ε_{lt} 表示受压侧和受拉侧的纵向应变，ε_{tc} 和 ε_{tt} 分别表示受压侧和受拉侧的横向应变。如图 3-4-6 所示，当达到极限承载力（N_u）时，无脱空试件的钢管纵向应变 ε_{lc} 和 ε_{lt} 均超过钢材屈服应变（$\varepsilon_y=1897\mu\varepsilon$），分别达到 $-10888\mu\varepsilon$ 和 $2519\mu\varepsilon$。对于带球冠形脱空的试件，其应变发展趋势与无脱空试件基本相似，但随着脱空率的增大，峰值荷载对应的钢管应变值有降低的趋势，比如峰值荷载下，脱空率为 4.4% 和 6.6% 的试件其 ε_{lt} 值分别为 $795\mu\varepsilon$ 和 $537\mu\varepsilon$，明显低于 ε_y。对于带环向脱空的试件，其应变发展趋势和无脱空试件有明显不同。环向脱空试件的 N-ε_{lc} 曲线出现荷载突然下降现象，其趋势与相应的 N-Δ 曲线相似。对于环向脱空率为 1.1% 和 2.2% 的试件其 ε_{lt} 分别为 $256\mu\varepsilon$ 和 $606\mu\varepsilon$，明显小于钢材屈服应变（ε_y）。

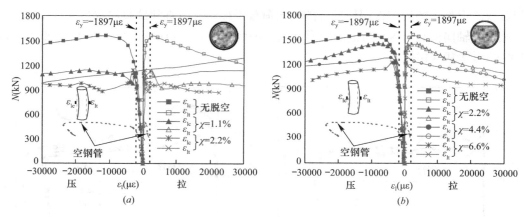

图 3-4-6　轴向荷载（N）-纵向应变（ε_l）关系曲线
（a）环向脱空；（b）球冠形脱空

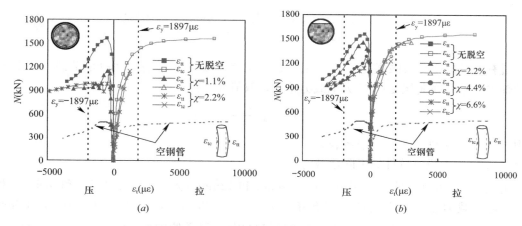

图 3-4-7　轴向荷载（N）-横向应变（ε_t）关系曲线
（a）环向脱空；（b）球冠形脱空

对于钢管混凝土构件，外钢管和混凝土的相互作用会引起钢管横向应变发展。因此，钢管横向应变可以在一定程度上反映钢管对混凝土的约束作用。试件实测的轴向荷载（N）和横向应变（ε_t）关系曲线如图 3-4-7 所示，其中，受压区的横向应变仅绘制到峰值荷载，以避免钢管局部屈曲的影响。当达到峰值载荷（N_u）时，有脱空或无脱空的钢管混凝土试件的 ε_{tt} 均明显小于钢材屈服应变（ε_y）。随着脱空率（χ）的增大，带球冠形脱空试件的 ε_{tc} 和 ε_{tt} 也相应减小。对于环向脱空试件，峰值荷载（N_u）对应的 ε_{tc} 和 ε_{tt} 随着脱空率（χ）的增大而趋于基本不变。这主要是由于：对于环向脱空试件，在达到峰值荷载之前钢管与混凝土之间并无接触，两者之间没有相互作用，因此钢管横向应变和脱空率变化关系不大。

3.4.2　有限元分析

（1）有限元模型的建立

为分析脱空缺陷对钢管混凝土压弯力学性能的影响机理，建立了带缺陷钢管混凝土构件的有限元模型。有限元模型的材料模型、网格划分、接触模型等均已在前文阐述，在此不再赘述。本节有限元模型示意图如图 3-4-8 所示（Han 等，2016），采用三维实体单元（C3D8R）建模的两个刚性端板与钢管端部相连。加载采用位移控制模式。除绕 X 轴旋转和沿 Z 轴平移外，所有自由度都限制在加载刚性板的加载线处，而仅允许在底部刚性板的加载线处绕 X 轴旋转。

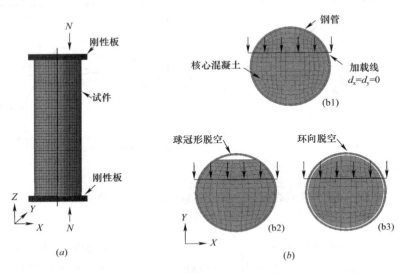

图 3-4-8　有限元模型示意图
（a）正视图；（b）横截面网格划分

（2）有限元模型的验证

有限元模型计算的压弯试件破坏模态和试验结果比较如图 3-4-2 所示。可见，计算结果与试验结果基本相符。环向脱空试件的钢管上观察到了向外鼓屈现象，球冠形脱空试件的钢管则同时存在向外和向内的局部屈曲现象。

计算的试件轴向荷载（N）与轴向变形（Δ）关系曲线比较如图 3-4-3 所示，可见两者吻合较好。计算的试件极限承载力和试验值的比较如图 3-4-9 所示，其中 N_{ue} 和 N_{uc} 分别是为试验值和计算值，N_{uc}/N_{ue} 的平均值为 0.998，标准差为 0.070。

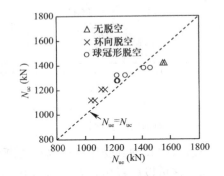

图 3-4-9　有限元模型计算的极限承载力与试验结果比较

（3）带环向脱空缺陷的钢管混凝土柱的工作机理分析

1）接触应力

图 3-4-10 所示为计算的试件截面三个典型位置的接触应力（p）与构件（环向脱空率 $\chi=1.1\%$）平均轴向应变（ε，$=\Delta/L$）的关系曲线，其中点 1、2 和 3 分别为受压区边缘纤维、截面中轴、受拉区边缘纤维的位置。可见，环向脱空构件的 p-ε 曲线与无脱空构件有显著差异。环向脱空构件在点 1（受压区的极限纤维）和点 2（截面中轴）处的接触应力值明显小于无脱空构件。对于无脱空构件，点 2 和点 3 的接触应力在施荷初期就存在，

当轴向应变（ε）达到0.0012时，点1的接触应力开始发展。而对于环向脱空构件，接触应力的产生时间则大大延迟，当轴向应变（ε）分别达到0.0315、0.0017和0.0016时，点1、2和3处的接触应力才开始产生。这反映了环向脱空缺陷的存在延迟了构件截面各个位置的钢管与混凝土之间的接触时刻。

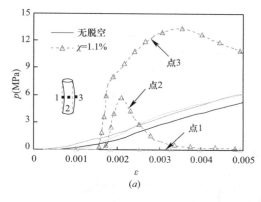 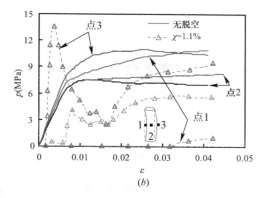

图 3-4-10　接触应力（p）与轴向应变（ε）的关系曲线
（a）初期；（b）后期

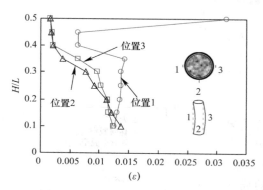

图 3-4-11　钢管和混凝土发生接触时
的轴向应变比较（环向脱空）

图 3-4-11 所示为环向脱空构件在不同高度处钢管与核心混凝土之间产生接触应力时所对应的轴向应变（ε），其中 h 是构件长度。可见，核心混凝土与外钢管在靠近试件端部的位置其接触时刻较迟。

2）截面应力分布

图 3-4-12 所示为构件达到峰值荷载时截面的纵向应力分布，其中钢管的压应力为负，拉应力为正。可见，环向脱空构件的纵向应力分布与无脱空构件有显著差异。对于钢管和核心混凝土的压应力分布，环向脱空构件的压应力值从中和轴到受压区边缘呈逐渐增大的趋势，而无脱空构件则在受压区中部的应力值较高。这可以解释为，在达到峰值荷载（N_u）之前，环向脱空构件中的核心混凝土与外钢管处于分离状态，混凝土并未受到钢管约束作用，而对于无脱空构件其受压区中部的混凝土由于受到外钢管的约束，因此表现出更高的应力值。

3）环向脱空率限值

为了便于实际工程中对带环向脱空缺陷的钢管混凝土结构构件进行安全评估，有必要提供环向脱空率限值。图 3-4-13 所示为不同脱空率对带环向脱空的钢管混凝土构件压弯相关曲线（$N/N_{u,nogap}$-$M/M_{u,nogap}$，其中 N_{nogap} 和 $M_{u,nogap}$ 为无脱空构件轴压承载力和抗弯承载力）的影响。可见，当脱空率（χ）为 0.05% 时，由于脱空而导致的构件压弯承载力下降幅度在 5% 以内。因此，建议取脱空率 χ＝0.05% 作为钢管混凝土压弯构件的环向脱空率限值。

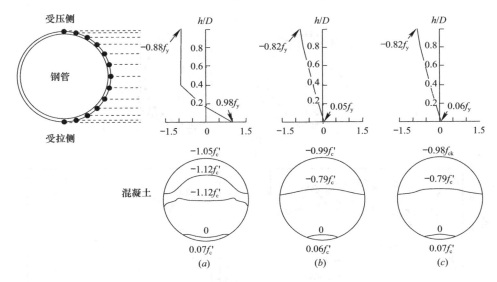

图 3-4-12　峰值荷载下构件的截面纵向应力分布

(a) 无脱空；(b) χ=1.1%；(c) χ=2.2%

（4）带球冠形脱空的钢管混凝土柱的工作机理分析

1）接触应力

利用有限元模型对球冠形脱空率 4.4% 的典型带缺陷构件进行分析。图 3-4-14 所示为混凝土横截面上不同位置的接触应力（p）与轴向应变（ε）关系曲线，其中取点位置如图 3-4-14（a）所示。可见，对于带球冠形脱空的钢管混凝土构件，在轴向应变（ε）达到 0.033 之前，脱空缺陷边缘处（点 1～4）的混凝土和钢管并未发生接触。而 5 点由于位于截面转角处，因此存在明显的应力集中现象，其最大值接近 25MPa。对于受压区的点 6～10，

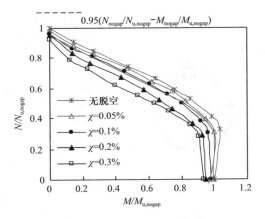

图 3-4-13　脱空率对压弯相关曲线
（$N/N_{u,nogap}$-$M/M_{u,nogap}$）的影响

带缺陷构件的接触应力从加载初期就开始出现，但在相同轴向应变下均小于无脱空构件同样位置下的接触应力。点 11～17 由于距离脱空位置较远，因此在该区域内脱空对接触应力的影响相对较小。

2）应力分布

计算得到的构件达到极限承载力（N_u）时钢管与混凝土的纵向应力（S33）分布如图 3-4-15 所示，其中压应力为负，拉应力为正。可见，球冠形脱空构件的应力分布与无脱空构件基本相似，中性轴位于 0.2D 附近。随着脱空率的增大，钢管拉区边缘纤维的拉应力有所增大，而压区边缘纤维的压应力则有所降低。相反，由于缺乏约束，靠近脱空处的核心混凝土应力值比受压区中部要小得多。

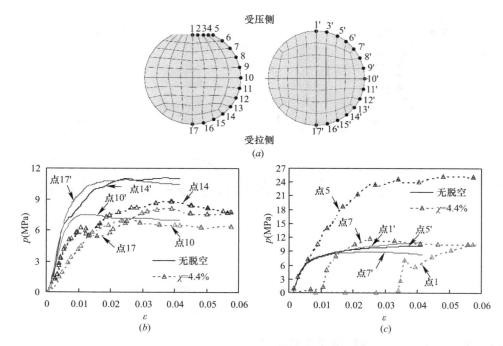

图 3-4-14 接触应力（p）与轴向应变（ε）的关系

（a）特征点示意图；（b）下半部分；（c）上半部分

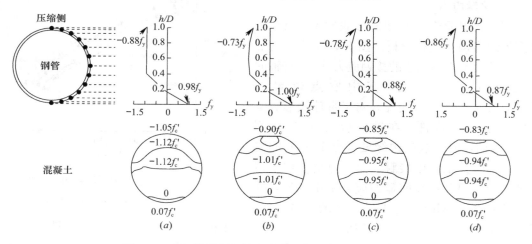

图 3-4-15 钢管混凝土柱在峰值荷载下的纵向应力分布

（a）无脱空；（b）$\chi=2.2\%$；（c）$\chi=4.4\%$；（d）$\chi=6.6\%$

3）参数分析

利用有限元模型对带球冠形脱空的钢管混凝土压弯构件进行了参数分析。算例参数为：$D=400\text{mm}$；$L=1200\text{mm}$；$t=9.3\text{mm}$；$f_y=235\sim500\text{MPa}$；$f_{cu}=30\sim90\text{MPa}$；$\alpha=A_s/A_c=0.05\sim0.2$；脱空率 $\chi\leqslant6\%$。

图 3-4-16 所示为脱空率（χ）、混凝土强度（f_{cu}）、钢材强度（f_y）和含钢率（α）对带球冠形脱空的钢管混凝土构件 $N/N_{u,\text{nogap}}$ 与 M/M_u 相关曲线的影响规律。可见，变化脱

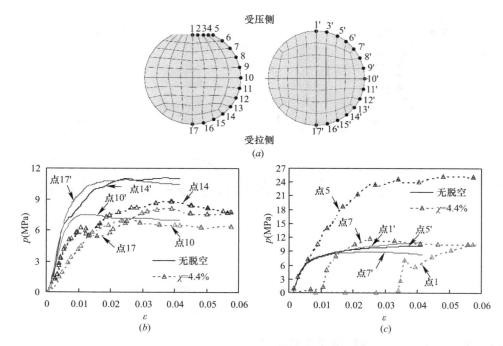

图 3-4-14 接触应力（p）与轴向应变（ε）的关系

（a）特征点示意图；（b）下半部分；（c）上半部分

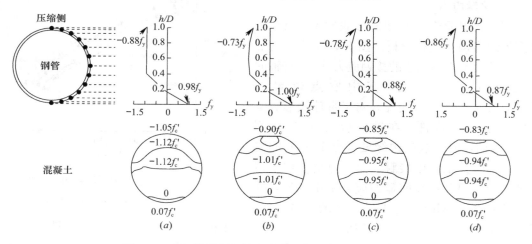

图 3-4-15 钢管混凝土柱在峰值荷载下的纵向应力分布

（a）无脱空；（b）$\chi=2.2\%$；（c）$\chi=4.4\%$；（d）$\chi=6.6\%$

3）参数分析

利用有限元模型对带球冠形脱空的钢管混凝土压弯构件进行了参数分析。算例参数为：$D=400\text{mm}$；$L=1200\text{mm}$；$t=9.3\text{mm}$；$f_y=235\sim500\text{MPa}$；$f_{cu}=30\sim90\text{MPa}$；$\alpha=A_s/A_c=0.05\sim0.2$；脱空率 $\chi\leqslant6\%$。

图 3-4-16 所示为脱空率（χ）、混凝土强度（f_{cu}）、钢材强度（f_y）和含钢率（α）对带球冠形脱空的钢管混凝土构件 $N/N_{u,\text{nogap}}$ 与 M/M_u 相关曲线的影响规律。可见，变化脱

空率对 $N/N_{u,nogap}$-M/M_u 相关曲线的形状没有显著影响，但构件的极限承载力随着 χ 的增加而降低。当脱空率（χ）相同时，脱空所导致的承载力损失随着混凝土强度提高而有所降低，同时随着钢材强度或含钢率的增大而更加显著。这是因为 f_{cu} 降低、f_y 或 α 提高均会提高钢管混凝土的约束效应系数（$\xi=f_yA_s/f_{ck}A_c$），而脱空对约束效应系数大的构件其影响更为显著。

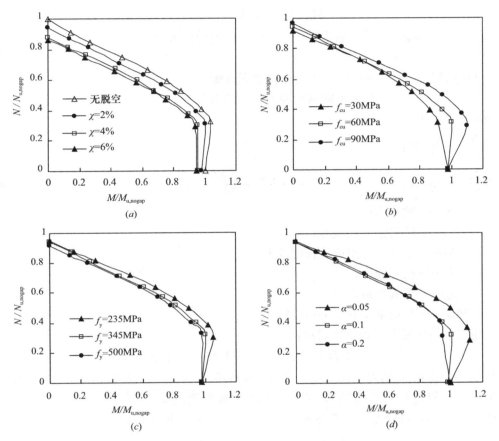

图 3-4-16　不同参数对球冠形脱空构件的压弯相关曲线（$N/N_{u,nogap}$-$M/M_{u,nogap}$）的影响

(a) $\chi=0\sim6\%$（$\xi=0.841$）；(b) $f_{cu}=30\sim90$MPa（$\chi=2\%$）；(c) $f_y=235\sim500$MPa（$\chi=2\%$）；(d) $\alpha=0.05\sim0.2$（$\chi=2\%$）

3.4.3　实用计算方法

美国规范 AISC（2010）、欧洲规范 EC4（2004）和福建省地方标准 DBJ/T 13-51—2010（2010）中均给出钢管混凝土构件的压弯承载力计算公式：

AISC（2010）：

当 $\dfrac{P_r}{P_c}\geqslant0.2$ 时：
$$\frac{P_r}{P_c}+\frac{8}{9}\times\frac{M_r}{M_c}\leqslant1.0 \tag{3-4-2}$$

当 $\dfrac{P_r}{P_c}\leqslant0.2$ 时：
$$\frac{P_r}{2P_c}+\frac{M_r}{M_c}\leqslant1.0 \tag{3-4-3}$$

式中　　P_r——轴力；

$\quad\quad\quad P_c$——轴压强度承载力；

$\quad\quad\quad M_r$——弯矩；

$\quad\quad\quad M_c$——抗弯承载力。

EC4（2004）：

$$\frac{M_{Ed}}{M_{pl,N,Rd}} = \frac{M_{Ed}}{\mu_d M_{pl,Rd}} < \alpha_M \tag{3-4-4}$$

式中　　　　　　M_{Ed}——最大端弯矩或柱长度范围内的最大弯矩；

$\quad\quad\quad\quad M_{pl,Rd}$——塑性极限弯矩；

$M_{pl,N,Rd}(=\mu_d M_{pl,Rd})$——考虑法向力的塑性极限弯矩；

$\quad\quad\quad\quad\quad \alpha_M$——考虑不同钢材种类影响的系数。

DBJ/T 13-51—2010（2010）：

当 $\dfrac{N}{N_u} \geqslant 2\eta_0$ 时：$\quad\quad\quad\quad \dfrac{N}{N_u} + \dfrac{a\beta_m M}{M_u} \leqslant 1.0 \tag{3-4-5}$

当 $\dfrac{N}{N_u} < 2\eta_0$ 时：$\quad\quad\quad -\dfrac{bN^2}{N_u^2} - \dfrac{cN}{N_u} + \dfrac{\beta_m M}{M_u} \leqslant 1.0 \tag{3-4-6}$

式中　　　　N——轴压力；

$\quad\quad\quad N_u$——轴向强度承载力；

$\quad\quad\quad M$——最大端弯矩或柱长度范围内最大弯矩；

$\quad\quad\quad M_u$——抗弯强度；

$\quad\quad\quad \beta_m$——等效弯矩系数；

a、b、c 和 d——与约束系数相关的系数。

上述三个简化模型可用下式表示：

$$\delta_1 f(N, N_u) + \delta_2 f(M, M_u) \leqslant 1.0 \tag{3-4-7}$$

其中，δ_1 和 δ_2 分别为计算公式中与轴向荷载项 $f(N, N_u)$ 和弯矩项 $f(M, M_u)$ 相关的系数。δ_1 和 δ_2 的值可能随 N/N_u 的不同水平而变化。

在式（3-4-8）基础上引入考虑脱空缺陷影响的承载力折减系数（k）：

$$\delta_1 f(N, N_u) + \delta_2 f(M, M_u) \leqslant k \tag{3-4-8}$$

参数分析结果表明，脱空率（χ）和约束效应系数（ξ）是影响带球冠形脱空缺陷的钢管混凝土压弯承载力的两个重要因素。不同荷载偏心率下（$0.05 \leqslant e/r \leqslant 1.0$），脱空率（$\chi$）对承载力系数 $SI(\chi)$ 的影响如图 3-4-17 所示，可见 $SI(\chi)$ 随 χ 的增大而基本呈线性下降的趋势，当脱空率达到 6％时，$SI(\chi)$ 降低达 0.90 以下。不同荷载偏心率下约束效应系数（ξ）对 $SI(\xi)$ 的影响如图 3-4-18 所示。可见，当 ξ 在参数范围内变化时，$SI(\xi)$ 基本保持在 0.95 左右。

据上述分析结果可知，约束效应系数（ξ）的变化对带缺陷的钢管混凝土压弯承载力系数 SI 影响不大，而脱空率（χ）是影响强度折减系数（k）的主要参数。因此通过对计算数据的回归，可得到 k 的表达式：

$$k = 1 - 2.06\chi \tag{3-4-9}$$

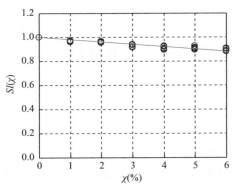 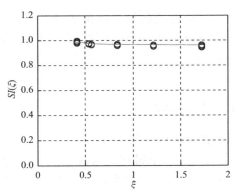

图 3-4-17　承载力系数 $SI(\chi)$ 与　　　　图 3-4-18　承载力系数 $SI(\xi)$ 与约束效应
脱空率 χ 的关系曲线　　　　　　　　　系数 ξ 的关系曲线

将式（3-4-10）代入式（3-4-9）中，即可得到带球冠形脱空的钢管混凝土压弯承载力。式（3-4-10）的适用范围为：$\chi \leqslant 6\%$，$f_y = 235 - 500\text{MPa}$，$f_{cu} = 30 \sim 90\text{MPa}$，$\alpha = 0.05 \sim 0.2$，$0.419 < \xi \leqslant 1.724$。

3.4.4　本节小结

本节进行了带缺陷钢管混凝土构件的偏心受压试验研究，主要参数为：脱空类型（球冠形脱空和均匀脱空）和脱空率（球冠形脱空：$\chi = 2.2\%$、4.4% 和 6.6%；环向脱空：$\chi = 1.1\%$ 和 2.2%）。通过试验，考察了球冠形脱空和环向脱空对钢管混凝土偏压构件的破坏模态、荷载-变形关系曲线以及钢管应变发展的影响。试验结果表明，脱空缺陷对钢管混凝土在偏心受压作用下的影响和轴心受压相似。相较而言，环向脱空对偏压构件的破坏过程、荷载-位移关系曲线、极限承载力等的影响较球冠形脱空更为显著。当脱空率为 1.1% 和 2.2% 时，环向脱空缺陷的存在使构件的偏压承载力分别降低了 27% 和 32%；当脱空率为 $2.2\% \sim 6.6\%$ 时，球冠形脱空的存在使构件的偏压承载力降低了 $7\% \sim 21\%$。

建立了带缺陷的钢管混凝土构件在偏压作用下的有限元分析模型，对脱空构件的工作机理进行了细致剖析，提出了钢管混凝土压弯构件的最大容许环向脱空率限值为 0.05%，以及带球冠形脱空缺陷的钢管混凝土构件的压弯承载力简化计算公式。可为实际工程设计提供参考，也可为相关规范修订提供依据。

3.5　拉弯力学性能

如图 3-5-1 所示的钢管混凝土桁架下弦杆在使用荷载作用下处于受拉状态，而一旦在服役期间遭遇地震或其他偶然荷载则可能处于拉、弯耦合作用状态。而对于此类水平跨越的钢管混凝土结构（拱或桁架），其经常采用先架设钢管再泵送混凝土的方式施工，因此在施工过程中混凝土在截面顶部易出现气腔、泌水和沉缩等现象，从而导致球冠形脱空的存在。Han等（2011）、Li 等（2014，2015）对钢管混凝

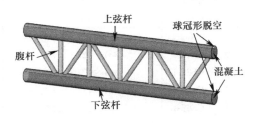

图 3-5-1　钢管混凝土桁架梁示意图

土轴拉和偏拉性能的研究结果表明：混凝土对外钢管的支撑作用有利于提高钢管强度，从而使构件抗拉承载力有所提高。但是，如果存在脱空缺陷则上述组合作用是否仍然有效还尚不明确，因此有必要对带缺陷的钢管混凝土在拉和弯耦合作用下的力学性能展开研究。

3.5.1 试验研究

（1）试件的设计与制作

共设计了 16 个带球冠形脱空的钢管混凝土试件和 8 个无脱空对比试件，每组参数下均试验两个相同的试件，以期消除试验误差带来的影响（廖飞宇等，2020）。试件的具体参数见表 3-5-1，其中，L 为试件长度，D 为截面外直径，t 为钢管壁厚，e 为偏心距，$e/r(r$ 为截面半径）为偏心率，$\chi(=d/D$，d 为脱空值）为试件脱空率，N_{ut} 实测的试件承载力，取同组两个试件的平均值。试验的主要参数为脱空率（$\chi=0$、2.2%、6.6%）和偏心率（$e/r=0$、0.5、1.0、1.5），其中脱空率的范围基本涵盖了工程中的极端情况。

试件参数和试验结果表　　　　　　　　　表 3-5-1

序号	试件编号	$L{\times}D{\times}t$ (mm×mm×mm)	e (mm)	e/r	χ (%)	N_{ut} (kN)	M_u (kN·m)	SI
1	CN00-1	381×127×2.87	0	0	0	491.8	—	
2	CN00-2	381×127×2.87	0	0	0	501.7	—	1
3	CS20-1	381×127×2.87	0	0	2.2	495.6	—	
4	CS20-2	381×127×2.87	0	0	2.2	491.7	—	0.994
5	CS60-1	381×127×2.87	0	0	6.6	481.2	—	
6	CS60-2	381×127×2.87	0	0	6.6	479.7	—	0.967
7	CN01-1	381×127×2.87	32	0.5	0	337.2	10.95	
8	CN01-2	381×127×2.87	32	0.5	0	347.0		1
9	CS21-1	381×127×2.87	32	0.5	2.2	332.8	10.61	
10	CS21-2	381×127×2.87	32	0.5	2.2	330.4		0.969
11	CS61-1	381×127×2.87	32	0.5	6.6	323.2	10.19	
12	CS61-2	381×127×2.87	32	0.5	6.6	321.9		0.943
13	CN02-1	381×127×2.87	64	1.0	0	245.6	15.50	
14	CN02-2	381×127×2.87	64	1.0	0	238.9		1
15	CS22-1	381×127×2.87	64	1.0	2.2	235.6	14.95	
16	CS22-2	381×127×2.87	64	1.0	2.2	231.5		0.964
17	CS62-1	381×127×2.87	64	1.0	6.6	229.3	14.55	
18	CS62-2	381×127×2.87	64	1.0	6.6	225.5		0.939
19	CN02-1	381×127×2.87	96	1.5	0	180.0	17.35	
20	CN02-2	381×127×2.87	96	1.5	0	181.5		1
21	CS22-1	381×127×2.87	96	1.5	2.2	170.0	16.63	
22	CS22-2	381×127×2.87	96	1.5	2.2	175.5		0.959
23	CS62-1	381×127×2.87	96	1.5	6.6	164.8	16.14	
24	CS62-2	381×127×2.87	96	1.5	6.6	171.4		0.930

考虑到近年来不锈钢在土木工程中应用愈加广泛，因此采用结构中常用的 304L 级不锈钢无缝管来制作试件钢管。首先，在专业的钢结构加工厂中将不锈钢管切割成指定长度，然后将钢管与端板焊接。为了防止试件在受拉过程中焊缝撕裂，采取两种措施：其一，在上下端板与钢管连接处分别设置四个加劲肋，以增大焊缝的连接面积；其二，在上下端板均铣出与钢管直径相同深度为 3mm 的凹槽，以增大端板与不锈钢管的焊缝面积。为了精确地制造球冠形脱空缺陷，根据不同脱空率加工不锈钢模具，并在其表面涂抹脱模剂，在混凝土浇筑前将模具置于钢管中并临时固定，然后在混凝土初凝后抽出不锈钢模具以形成球冠形脱空。

试验装置如图 3-5-2 所示，试件上下端板尺寸均为 390mm×330mm×30mm，两端端板分别设有 6 个 ϕ30 螺栓孔，200t 伺服液压拉力机通过球铰和螺栓与试件进行连接，以保证施加的拉力始终和试件端板垂直。试验的加载制度为：在钢管屈服前，采用荷载控制的分级加载，每级荷载约为极限荷载的 1/10；钢管屈服后采用位移控制的连续加载，加载速率为 0.01mm/s。在试件钢管应变超过 $40000\mu\varepsilon$，或观察到焊缝开裂的现象即停止加载。在试件上、下端板中间安装了 4 个位移计（LVDT）以量测试件变形，同时在钢管表面粘贴电阻应变片以记录应变发展情况。需

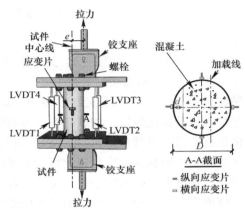

图 3-5-2 偏拉试验装置示意图

要说明的是：以往研究表明脱空主要对钢管混凝土的受压性能影响显著，因此在本文的试验中将试件的脱空缺陷置于受压一侧。

(2) 材料性能

不锈钢的材料性能由拉伸试验得到，按照《金属材料 拉伸试验 第 1 部分：室温试验方法》GB/T 228.1—2010 规定的方法每组设计三个标准试件。拉伸试验得到的不锈钢各项材性指标见表 3-5-2。其中，$\sigma_{0.2}$ 为不锈钢名义屈服强度，即残余应变为 0.2% 对应的应力，σ_u 为极限抗拉强度；E_s 和 μ_s 分别为不锈钢的弹性模量和泊松比；δ 为不锈钢材伸长率；n 为应变硬化指数。

钢材材性试验结果 表 3-5-2

$\sigma_{0.2}$(MPa)	σ_u(MPa)	E_s(N/mm^2)	μ_s	δ(%)	n
383.9	756.7	195200	0.268	52.4	3.13

试件的混凝土质量配合比为 42.5 普通硅酸盐水泥：水：中砂：玄武岩碎石：二级粉煤灰：TW-PS 减水剂＝1：0.71：2.88：3.84：0.67：0.17。试验时测得混凝土立方体试块抗压强度 f_{cu} 为 44.1MPa，坍落度和水平扩展度分别为 240mm 和 550mm。

(3) 试验结果及分析

所有试件均表现出很好的变形性能。试验结束后剖开钢管观察核心混凝土的破坏形态，如图 3-5-3 所示。图 3-5-3 为偏心率（e/r）为 1 时，脱空率 $\chi=0$、$\chi=2.2\%$、$\chi=6.6\%$ 的试件混凝土受拉区裂缝形态。可见，和无脱空试件相比，脱空缺陷的存在会导致混凝土拉区裂缝数量增多且裂缝宽度增大。

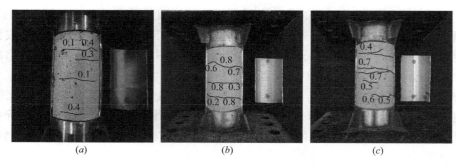

图 3-5-3 破坏模态对比（单位：mm）

(a) $\chi=0$；(b) $\chi=2.2\%$；(c) $\chi=6.6\%$

(4) 拉力（N)-位移（Δ）关系曲线

图 3-5-4 所示为实测的拉力（N)-轴向位移（Δ）关系曲线，其中拉力由试验机记录，轴向位移取 4 个 LVDT 实测位移的平均值。由图可见，试件曲线均经历了弹性阶段、弹塑性阶段和强化阶段。加载初期，力和轴向位移关系基本为线性发展，在钢管开始屈服后曲线逐渐进入了弹塑性阶段，呈现出较为明显的非线性特征，在钢管截面完全屈服后，由于不锈钢材料显著的应变强化特性以及钢和核心混凝土之间的相互作用，试件拉力（N)-轴向位移（Δ）关系曲线在加载后期表现出一定的强化特征，并无观察到有下降段出现。总体而言，脱空对于试件拉力（N)-轴向位移（Δ）关系曲线形状的影响并不显著。但是，脱空缺陷的存在会降低曲线的弹塑性刚度和后期承载力。随着偏心率的增大，试件的承载力随之减小，且脱空的影响有趋于显著的趋势。由于试件的荷载-变形曲线无下降段存在，因此参考 Li 等（2014）取钢管纵向拉应变达到 $10000\mu\varepsilon$ 时对应的拉力作为试件的极限承载力 N_u，各试件承载力列于表 3-5-1 中。

(5) 弯矩（M)-转角（θ）关系曲线

图 3-5-5 所示为偏拉试件的弯矩（M)-转角（θ）关系曲线，其中弯矩（M）和转角（θ）计算方法如式（3-5-1）、式（3-5-2）所示。

$$M = N \cdot e \qquad (3\text{-}5\text{-}1)$$

$$\theta = (\theta_1 + \theta_2)/2 \qquad (3\text{-}5\text{-}2)$$

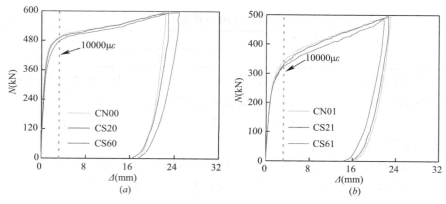

图 3-5-4 拉力（N)-位移（Δ）关系曲线（一）

(a) $e/r=0$；(b) $e/r=0.5$

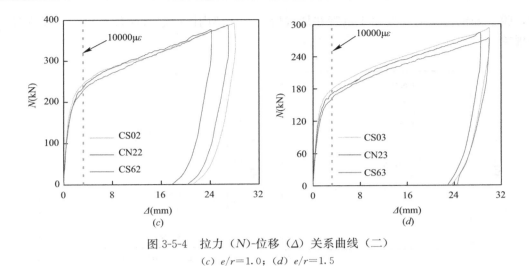

图 3-5-4　拉力（N）-位移（Δ）关系曲线（二）

（c）$e/r=1.0$；（d）$e/r=1.5$

式中　M——弯矩；

　　　N——实测的拉力；

　　　e——偏心距；

　　　θ——转角平均值，$\theta_1[=(\Delta_1-\Delta_2)/H_1]$ 和 $\theta_2[=(\Delta_3-\Delta_4)/H_2]$ 分别为试件两侧转角，Δ_1、Δ_2、Δ_3、Δ_4 分别为四个 LVDT 所测的位移，H_1 和 H_2 分别为加载两侧 LVDT1、LVDT2 和 LVDT3、LVDT4 的间距。由图可见，试件 M-θ 曲线同样可分为弹性阶段、弹塑性阶段和强化阶段。随着偏心率的增大，试件的极限弯矩有增大的趋势。在偏心率相同的情况下，随着脱空率的增大，试件的抗弯刚度和极限弯矩均有所降低。

（6）拉力（N）-横纵向应变（ε）关系曲线

图 3-5-6（a）所示为轴拉试件跨中截面脱空处的横向应变（ε_t）和纵向应变（ε_l）与拉力（N）的关系曲线。其中，纵向应变受拉取为正值，横向应变受压取为负值。可见，在轴拉作用下各试件纵向应变发展的差别并不明显，而横向应变则随着脱空率的增大而有所增大。Han 等（2011）的研究指出：钢管混凝土在受拉作用下其核心混凝土对极限承载力并无直接贡献，但混凝土对钢管的支撑作用限制了钢管横向压应变的发展，并使钢管处于双向受力状态，从而提高了试件的轴拉承载能力。而脱空缺陷的存在则使该位置的钢管缺乏核心混凝土的支撑作用，因此如图 3-5-6（a）所示，试件钢管的横向压应变发展更为迅速和充分。

图 3-5-6（b）所示为典型偏拉试件（$e/r=1.5$）的拉力（N）-受拉区纵向应变（ε_l）关系曲线。可见，脱空对试件拉区应变发展的影响并不显著，各试件受拉纵向应变的发展趋势基本相同。图 3-5-6（c）所示为拉力（N）-脱空处（压区）横向应变（ε_t）关系曲线比较。由于本试验构件的脱空缺陷位于压区，因此在偏心受拉荷载下脱空处的纵向应变呈受拉发展，相应的横向应变则向受压方向发展。由图可见，无脱空构件由于核心混凝土和钢管之间的相互作用使得混凝土对外钢管能提供有效支撑，因此压区钢管横向应变得到了较为充分的发展。而脱空的存在削弱了两者之间的局部相互作用，因此脱空处的横向应变发展较小，且随着脱空率的增大，横向应变有更加减小的趋势。当脱空率达到 6.6%

时，脱空处钢管横向应变由于钢管在加载后期有局部内凹的趋势而甚至出现了反向发展的现象。

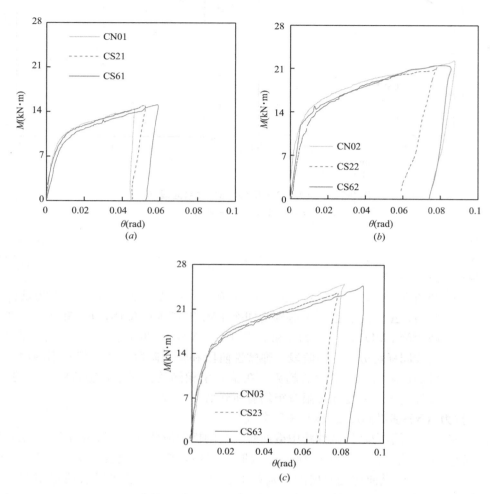

图 3-5-5 弯矩（M）-转角（θ）关系曲线

（a）$e/r=0$；（b）$e/r=1.0$；（c）$e/r=1.5$

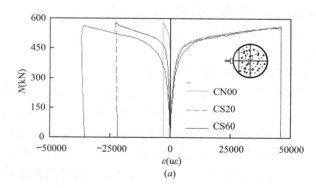

图 3-5-6 典型拉力（N）-应变（ε）关系曲线（一）

（a）$e/r=0$

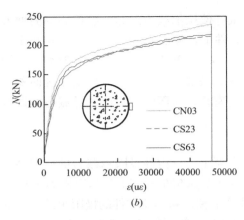
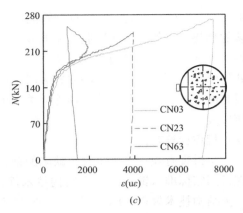

图 3-5-6 典型拉力（N）-应变（ε）关系曲线（二）

(b) $e/r=1.0$；(c) $e/r=1.5$

（7）试件承载力比较

为了定量化比较脱空缺陷对于试件拉弯极限承载力的影响，定义承载力系数（SI）如式（3-5-3）所示：

$$SI = N_{u,gap}/N_{u,nogap}$$

（3-5-3）

式中　$N_{u,gap}$——带脱空缺陷的不锈钢管混凝土试件抗拉承载力；

　　　$N_{u,nogap}$——同组对比的无脱空试件的抗拉承载力。

图 3-5-7 所示为各试件极限抗拉承载力和承载力系数（SI）比较，其中承载力和 SI 值均取同组两个相同试件的平均值。同时，所有试件的实测 SI 值均列于表 3-5-1 中。由图 3-5-7（a）可见，试件在偏拉荷载作用下其极限抗拉承载力随偏心率的增大而降低。而在相同偏心率下，试件承载力随脱空率的增大而减小。如前述分析，脱空率增大会削弱核心混凝土对钢管的局部支撑作用，从而降低钢管的承载能力，因此导致试件极限承载力随之下降。

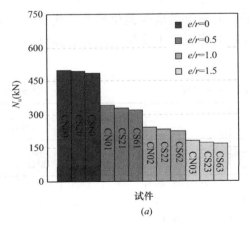
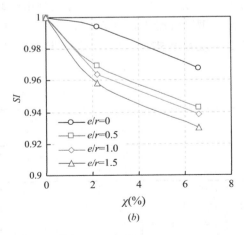

图 3-5-7 试件承载力（N_u）和承载力系数（SI）比较

（a）承载力比较；（b）承载力系数比较

由图 3-5-7（b）可见，脱空对钢管混凝土试件偏拉承载力的影响随偏心率的增大有更加显著的趋势。比如，在相同脱空率 6.6% 的条件下，偏心率为 0、0.5、1.0 和 1.5 时脱空导致的承载力下降幅度分别为 3.3%、5.7%、6.1% 和 7.0%。这是由于本试验构件的脱空处均位于受压区，而在偏心率较大时试件达到极限承载力时其截面受压区面积相应较大，因此试件承载能力和其受压性能的关系更为密切，从而脱空对试件承载力的影响程度也就相应较大。

（8）规程计算对比

为了探讨现有规程计算带脱空缺陷的钢管混凝土受拉构件极限承载力的适用性，分别采用现行国家标准《钢管混凝土结构技术规范》GB 50936—2014 和福建省地方标准《钢管混凝土结构技术规程》DBJ/T 13-51-2010 计算了轴拉和偏拉试件的极限承载力；同时采用欧洲规范 EC4（2004）和美国规范 AISC（2010）计算了轴拉试件的极限承载力。此外，Li 等（2015）也提出了钢管混凝土的拉弯承载力相关方程：

$$\frac{N}{N_{ut}} + \frac{M}{M_u} \leqslant 1 \tag{3-5-4}$$

式中 $N_{ut} = (1.1 - 0.4\chi)f_y A_s$——钢管混凝土的轴拉承载力；

M_u——钢管混凝土的受弯承载力。

上述四本规范和式（3-5-4）的计算结果与试验结果的比较列于表 3-5-3 和图 3-5-8 中。可见，采用四本规程计算本文试件的轴拉承载力均偏于保守。对于现行国家标准《钢管混凝土结构技术规范》GB 50936—2014 和福建省地方标准《钢管混凝土结构技术规程》DBJ/T 13-51—2010，试验值和计算值比值（$N_{test}/N_{prediction}$）的平均值为 1.04，方差为 0.013，而欧洲规范 EC4 和美国规范 AISC 的计算结果则相对偏于安全，其平均值分别为 1.14 和 1.26。Li 等（2015）的计算结果较为吻合，$N_{test}/N_{prediction}$ 的平均值为 1.05，方差为 0.004。对于偏拉试件，规程《钢管混凝土结构技术规程》DBJ/T 13-51—2010 和 Li 等（2015）的计算值相较于轴拉试件更加偏于保守，现行国家标准《钢管混凝土结构技术规范》GB 50936—2014 的计算结果则和试验结果相比最为接近，其 $N_{test}/N_{prediction}$ 平均值为 1.16，方差为 0.039。这可能是由于现有规程以及 Li 等（2015）提供的方法均只针对普通钢管混凝土，并未考虑不锈钢材料受拉时显著的应变强化现象。此外，还可以看到上述规程和式（3-5-4）计算带脱空缺陷的钢管混凝土受拉承载力也都可满足安全要求。

规范计算值与试验结果比较　　　　　　　　表 3-5-3

组别	试件编号	N_{test} (kN)	GB 50936—2014(2014)		DBJ/T 13-51—2010(2010)		EC4 (2014)		AISC (2010)		Li 等 (2015)	
			N_{GB} (kN)	N_{test}/N_{GB}	N_{DBJ} (kN)	N_{test}/N_{DBJ}	N_{EC4} (kN)	N_{test}/N_{EC4}	N_{AISC} (kN)	N_{test}/N_{AISC}	N_{Li} (kN)	N_{test}/N_{Li}
轴拉	CN00	496.7	472.6	1.05	472.6	1.05	430	1.16	388	1.28	472.6	1.05
	CS20	493.7	472.6	1.04	472.6	1.04	430	1.15	388	1.27	468.8	1.05
	CS60	480.5	472.6	1.02	472.6	1.02	430	1.12	388	1.24	461.3	1.04
平均值（u）			1.04		1.04		1.14		1.26		1.05	
方差（σ）			0.013		0.013		0.017		0.017		0.004	

续表

组别	试件编号	N_{test} (kN)	GB 50936—2014(2014)		DBJ/T 13-51—2010(2010)		EC4 (2014)		AISC (2010)		Li 等 (2015)	
			N_{GB} (kN)	N_{test}/N_{GB}	N_{DBJ} (kN)	N_{test}/N_{DBJ}	N_{EC4} (kN)	N_{test}/N_{EC4}	N_{AISC} (kN)	N_{test}/N_{AISC}	N_{Li} (kN)	N_{test}/N_{Li}
偏拉	CN01	342.1	280.6	1.22	272.1	1.26	—	—	—	—	270.8	1.26
	CS21	331.6	280.6	1.18	272.1	1.22	—	—	—	—	270.8	1.22
	CS61	322.5	280.6	1.15	272.1	1.19	—	—	—	—	270.8	1.19
	CN02	242.3	199.5	1.21	191.0	1.27	—	—	—	—	189.8	1.28
	CS22	233.5	199.5	1.17	191.0	1.22	—	—	—	—	189.8	1.23
	CS62	227.4	199.5	1.14	191.0	1.19	—	—	—	—	189.8	1.20
	CN03	180.8	154.8	1.17	147.2	1.23	—	—	—	—	146.1	1.24
	CS23	173.2	154.8	1.12	147.2	1.18	—	—	—	—	146.1	1.19
	CS63	168.1	154.8	1.09	147.2	1.14	—	—	—	—	146.1	1.15
平均值 (u)			1.16		1.20		—		—		1.21	
方差 (σ)			0.039		0.038		—		—		0.038	

3.5.2　有限元分析

（1）有限元模型的建立和验证

为进一步分析脱空缺陷对钢管混凝土拉弯力学性能的影响机理，本书建立了带缺陷的钢管混凝土构件的非线性有限元模型（廖飞宇等，2020）。不锈钢管采用等向弹塑性模型，其中单轴应力-应变关系采用 Rasmussen（2003）提供的模型。核心混凝土采用塑性损伤模型，单轴受压应力—应变关系采用韩林海（2016）提供的模型，其塑性性能主要取决于"约束效应系数"$\xi(=\alpha \cdot f_y/f_{ck}$，其中 $\alpha=A_s/A_c$ 为截面含钢

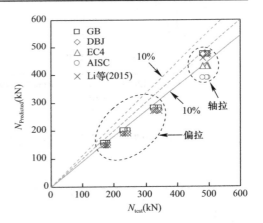

图 3-5-8　规程计算结果与试验值比较

率；A_s 和 A_c 分别为钢管和混凝土的横截面面积；f_y 为钢管屈服强度；f_{ck} 为混凝土轴心抗压强度标准值）。混凝土受拉性能采用沈聚敏等（1993）提出的单轴受拉应力-应变关系模型来模拟。

模型中的不锈钢管采用 4 节点减缩积分格式的壳单元（S4R），核心混凝土、端板和加劲肋采用 8 节点减缩积分格式的三维实体单元（C3D8R）。采用钢管和核心混凝土法向接触采用硬接触"Hard"模型来定义，假设法向接触压应力在钢管和混凝土之间可以完全传递，并允许钢管和核心混凝土在受荷过程中分离。切向接触采用库仑摩擦（Friction）模型，不锈钢管与混凝土界面摩擦系数取 0.2。网格划分和边界条件如图 3-5-9 所示，构件两端分别与参考点耦合，下侧参考点限制 x、y、z 方向的平动自由度和 y、z 的转动自由度，上侧参考点限制 x、y 方向的平动自由度和 y、z 的转动自由度。

为了验证有限元模型，采用上述模型计算了本书试验构件，图 3-5-10 所示为典型试件的有限元模拟和试验实测的拉力（N）-轴向应变（ε）关系曲线比较，可见两者吻合较好。

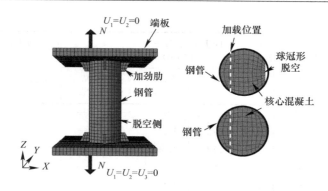

图 3-5-9　有限元模型示意图

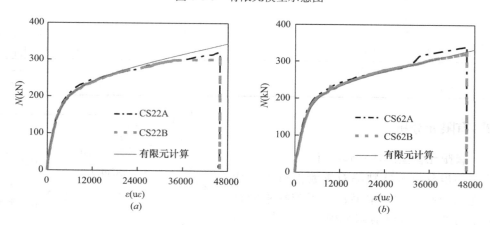

图 3-5-10　有限元计算的拉力（N）-轴向应变（ε）关系曲线和试验结果比较

（a）CS22；（b）CS62

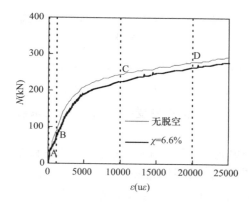

图 3-5-11　典型试件拉力（N）-
应变（ε）关系曲线

（2）脱空影响机理分析

图 3-5-11 所示为有限元模型计算的典型钢管混凝土偏拉构件（$e/r=1.0$；$\chi=0$、6.6%）的拉力（N）-轴向应变（ε）全过程关系曲线。为了便于分析，在曲线上取了 4 个特征点：A 点对应混凝土开裂时刻，B 点对应钢管拉区最外侧边缘达到屈服，C 点对应构件达到极限承载力（钢管最大拉应变达到 $10000\mu\varepsilon$）；D 点对应钢管拉应变达到 $20000\mu\varepsilon$。可见，在混凝土开裂前构件 N-ε 曲线呈线性发展，脱空缺陷对其弹性刚度基本没有影响。混凝土开裂后，构件刚度有轻微降低，原本由混凝土承担的拉力转移到钢管上，导致钢管

拉应力迅速增加，构件所承受的拉力也随之稳步上升直至钢管拉区最外侧边缘达到屈服（B 点）。在 AB 阶段，带缺陷构件的刚度较无脱空构件有较为明显的降低。此后，构件进入弹塑性阶段，可以观察到随着荷载增大，脱空对构件弹塑性刚度的影响愈发显著。这主要是由于脱空缺陷的存在削弱了钢管和混凝土之间的相互作用，导致钢管在局部缺乏混凝

土支撑作用的情况下其截面塑性发展的更为迅速。在达到极限承载力（C 点）后，N-ε 曲线进入强化阶段，荷载保持稳步上升的同时其变形发展迅速。在这个阶段（CD 段），由脱空导致的构件承载能力下降幅度基本保持不变。

为了分析脱空对构件受荷全过程中钢管与混凝土之间相互作用的影响规律，采用有限元模型计算了构件截面特征点的接触应力（p）-轴向应变（ε）全过程关系曲线，如图 3-5-12 所示，其中特征点的位置如图 3-5-12（a）所示。

由图 3-5-12（c）可见，脱空缺陷的存在延迟了构件受拉侧（4 点）和中和轴（3 点）位置钢管与混凝土的接触时刻，并导致中和轴（3 点）的接触应力在受荷初期，以及受拉侧（4 点）的接触应力在受荷后期均有明显降低。对于受压区，脱空处混凝土中点（1 点）在受荷全过程中均未与钢管发生接触。在 2 点位置，由于脱空的存在使得混凝土截面形状在此处产生突变，因此其接触应力较无脱空构件有明显增大。综合以上分析可见，脱空缺陷的存在总体上减小了混凝土与外钢管之间的接触应力值，并使两者之间的接触时刻有所延迟。

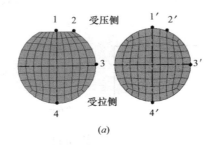

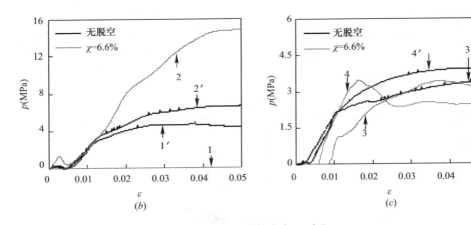

图 3-5-12　接触应力 p 对比

（a）取点示意图；（b）受压区；（c）中和轴和受拉区

3.5.3　实用计算方法

为了分析各重要参数对带脱空缺陷的钢管混凝土拉弯承载力的影响，利用有限元模型进行了参数分析，基本算例条件为：钢管直径 $D=140$mm；构件长度 $L=420$mm；脱空率 $\chi=3\%$；混凝土强度 $f_{cu}=60$MPa；钢材强度 $f_y=345$MPa；含钢率 $\alpha=0.1$；偏心率 $e/r=$

0.5，其中各参数范围为 $\chi = 0 \sim 8\%$；$f_{cu} = 30 \sim 90\text{MPa}$；$f_y = 235 \sim 500\text{MPa}$；$\alpha = 0.05 \sim 0.2$；$e/r = 0 \sim 2.0$。图 3-5-13 所示为计算所得的不同参数对 $N/N_{u,nogap}$—$M/M_{u,nogap}$ 关系曲线的影响，其中 $N_{u,nogap}$ 和 $M_{u,nogap}$ 分别为无脱空构件的轴拉承载力和抗弯承载力。可见，不同参数下 $N/N_{u,nogap}$ 和 $M/M_{u,nogap}$ 关系曲线形状基本相同。

由图 3-5-13（a）可见，在其他条件相同的情况下，随着脱空率（χ）的增大 $N/N_{u,nogap}$-$M/M_{u,nogap}$ 相关曲线包围的面积逐渐减小，表明脱空对构件承载力的不利影响逐渐增大。

由图 3-5-13（b）、（c）、（d）可见，在脱空率相同（$\chi = 3\%$）的情况下，随着混凝土强度（f_{cu}）的降低，或者钢管屈服强度（f_y）和截面含钢率（α）的提高，脱空对钢管混凝土构件拉弯承载力的不利影响有趋于显著的趋势。这是由于，降低 f_{cu} 或者提高 f_y 和 α 都会使钢管混凝土构件的约束效应系数 $\xi (= \alpha \cdot f_y / f_{ck})$ 有所提高。而脱空对钢管混凝土构件的主要影响机理就在于其会削弱钢管和混凝土之间的相互作用（即钢管对混凝土的约束作用，以及混凝土对钢管的支撑作用），因此脱空对约束效应系数大的构件其影响程度也更显著。

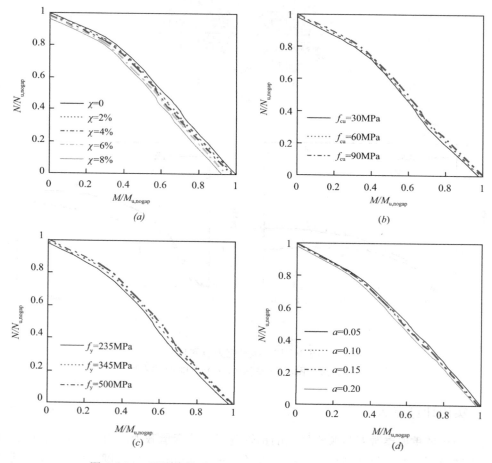

图 3-5-13　不同参数对 $N/N_{u,nogap}$-$M/M_{u,nogap}$ 相关曲线的影响

（a）$\chi = 0 \sim 6\%$；（b）$f_{cu} = 30 \sim 60\text{MPa}$；（$c$）$f_y = 235 \sim 500\text{MPa}$；（$d$）$\alpha = 0 \sim 2$

由书中上文规程计算比较结果可知，采用现有钢管混凝土规程计算本文试验参数范围内的带脱空缺陷的钢管混凝土偏拉承载力仍能满足安全要求，但是对于某些重要工程需要较大安全储备的情况下，或结构服役期间可能遭受极端不利荷载的情况时，仍需考虑脱空缺陷的不利影响以期保证结构的安全性。因此，本文基于参数分析结果回归了考虑缺陷影响的钢管混凝土拉弯承载力折减系数 k：

$$\frac{N}{N_{\text{ut}}} + \frac{M}{M_\text{u}} \leqslant k \tag{3-5-5}$$

式中　$k(<1)$——和脱空率 χ 有关的折减系数。

由书中前文参数分析结果可知脱空率（χ）和约束效应系数（ξ）是可能影响带缺陷构件承载力的两个重要参数。图 3-5-14 所示为不同偏心率（$0 \leqslant e/r \leqslant 2.0$）下承载力系数 $SI(\chi)$ 随脱空率（χ）的变化趋势，可见 $SI(\chi)$ 随着脱空率的增大而基本呈线性减小的趋势。当 χ 为 6% 时，$SI(\chi)$ 最大下降约 7.3%，当 χ 为 8% 时，$SI(\chi)$ 最大下降约 8.3%。

图 3-5-15 所示为不同偏心率（$0 \leqslant e/r \leqslant 2.0$）下承载力系数 $SI(\xi)$ 随约束效应系数（ξ）的变化，可见改变 ξ 对带缺陷构件承载力的影响趋势并不显著，因此对承载力折减系数（k）进行关于脱空率（χ）的回归得到：

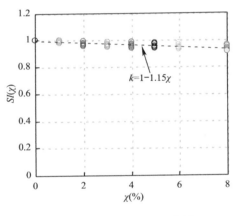

图 3-5-14　$SI(\chi)$-χ 关系曲线

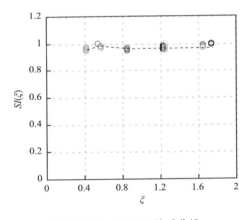

图 3-5-15　$SI(\xi)$-ξ 关系曲线

$$k = 1 - 1.15\chi \tag{3-5-6}$$

式（3-5-6）的适用范围为：$\chi \leqslant 8\%$；$f_{\text{cu}} = 30 \sim 90\text{MPa}$；$f_\text{y} = 235 \sim 500\text{MPa}$；$\alpha = 0.05 \sim 0.2$。

采用式（3-5-6）计算了本书的试验结果，计算值和试验值比值的平均值为 0.992，标准差为 0.018，可见简化公式计算值与试验结果吻合较好。

3.5.4　本节小结

1）本节完成了 24 个不锈钢管混凝土构件在偏心受拉作用下的试验研究，结果表明：脱空缺陷的存在会导致混凝土拉区裂缝数量增多且裂缝宽度增大，并削弱核心混凝土对钢管的支撑作用从而降低构件的承载能力。脱空对钢管混凝土试件偏拉承载力的影响随偏心率的增大有更加显著的趋势，在本节试验参数范围内，脱空引起的受拉承载力最大降幅为

7.0%。

2）建立了带缺陷的钢管混凝土拉弯构件的有限元分析模型，并采用试验结果对其验证。理论分析结果表明：脱空缺陷的存在会减小混凝土与外钢管之间的接触应力值，并使两者之间的接触时刻有所延迟。在构件进入弹塑性阶段后，脱空对其刚度的影响愈发显著，在强化阶段，由脱空导致的构件承载能力下降幅度基本保持不变。

3）随着脱空率增大，脱空对钢管混凝土构件拉弯承载力的不利影响趋于显著，在脱空率一定的情况下，随着混凝土强度的降低，或者钢管屈服强度和截面含钢率的提高，脱空对钢管混凝土构件拉弯承载力的不利影响有趋于显著的趋势。

4）在参数分析的基础上，提出了考虑缺陷影响的钢管混凝土拉弯承载力实用计算公式，公式计算结果和试验结果吻合较好。

第4章 带缺陷的钢管混凝土压（拉）弯构件的滞回性能

4.1 引言

本章采用试验研究和数值模拟相结合的方法研究了带脱空缺陷的钢管混凝土构件的滞回性能，考察了缺陷对钢管混凝土的破坏模态、承载力、刚度退化、延性和耗能等抗震性能指标的影响，并分析了缺陷对钢管混凝土构件在压（拉）弯滞回荷载作用下力学性能的影响机理。

4.2 压弯滞回性能

4.2.1 试验研究

（1）试验概况

进行了 24 根圆形钢管混凝土构件在恒定轴压力和往复水平荷载作用下的滞回性能试验研究（Liao 等，2020）。试验参数主要包括脱空类型（环向脱空和球冠形脱空）、脱空率（χ）、轴压比（$n=N_0/N_u$，N_0 为作用在试件上的恒定轴心压力，N_u 为采用 3.2.2 节有限元模型计算的轴压承载力）和含钢率（$\alpha=A_s/A_c$，A_s 和 A_c 分别是钢管和核心混凝土的横截面面积）。对于环向脱空缺陷，脱空率（χ）取值为 1.1％ 和 2.2％；对于球冠形脱空缺陷，脱空率取值为 2.2％、4.4％ 和 6.6％；轴压比（n）取值为 0.3 和 0.6；试件长度均为 1500mm；截面外径（D）均为 165mm；试件其他的详细信息见表 4-2-1。表中试件编号的第一个字母 C 代表钢管混凝土试件；第二个字母 C 代表环形脱空缺陷，S 代表球冠形脱空缺陷，N 代表无缺陷；第一个数字代表钢管厚度，第二个数字代表脱空率，第三个数字代表轴压比，最后一个字母 a 代表第一根试件，b 代表第二根试件。例如：CN3-0-3a 表示第一根无脱空的钢管混凝土试件，钢管壁厚为 3mm（对应的含钢率 α 为 0.077），轴压比为 0.3。

滞回试验构件参数表 表 4-2-1

序号	试件编号	试件类型	$d_c(d_s)$ (mm)	χ (%)	t (mm)	α	n	N_0 (kN)	P_{ue} (kN)	μ	SI	DI
1	CN3-0-3a		—	0	3	0.077	0.3	402.2	92.5	5.02	1.000	1.000
2	CN3-0-3b		—	0	3	0.077	0.3	402.2	93.1			
3	CN3-0-6a	无脱空	—	0	3	0.077	0.6	804.4	92.3	3.57	1.000	1.000
4	CN3-0-6b		—	0	3	0.077	0.6	804.4	87.6			
5	CN4-0-3a		—	0	4	0.105	0.3	426.8	113.1	6.23	1.000	1.000
6	CN4-0-3b		—	0	4	0.105	0.3	426.8	116.3			

序号	试件编号	试件类型	$d_c(d_s)$ (mm)	χ (%)	t (mm)	α	n	N_0 (kN)	P_{ue} (kN)	μ	SI	DI
7	CC3-1-3a		1	1.1	3	0.077	0.3	355.5	86.3	4.82	0.907	0.961
8	CC3-1-3b		1	1.1	3	0.077	0.3	355.5	82.1			
9	CC3-1-6a		1	1.1	3	0.077	0.6	711.0	75.6	3.15	0.840	0.882
10	CC3-1-6b	环向脱空	1	1.1	3	0.077	0.6	711.0	75.5			
11	CC4-1-3a		1	1.1	4	0.105	0.3	363.8	96.2	5.79	0.855	0.930
12	CC4-1-3b		1	1.1	4	0.105	0.3	363.8	99.9			
13	CC3-2-6a		2	2.2	3	0.077	0.6	688.8	70.3	2.98	0.796	0.836
14	CC3-2-6b		2	2.2	3	0.077	0.6	688.8	72.3			
15	CS3-2-6a		4	2.2	3	0.077	0.6	801.0	83.5	3.49	0.906	0.975
16	CS3-2-6b		4	2.2	3	0.077	0.6	801.0	79.5			
17	CS3-4-6a		8	4.4	3	0.077	0.6	777.9	77.7	2.92	0.869	0.838
18	CS3-4-6b		8	4.4	3	0.077	0.6	777.9	78.7			
19	CS3-6-3a	球冠形脱空	12	6.6	3	0.077	0.6	372.3	87.5	4.86	0.928	0.968
20	CS3-6-3b		12	6.6	3	0.077	0.6	372.3	84.7			
21	CS3-6-6a		12	6.6	3	0.077	0.6	714.9	77.1	2.94	0.849	0.823
22	CS3-6-6b		12	6.6	3	0.077	0.6	714.9	75.6			
23	CS4-6-3a		12	6.6	4	0.105	0.3	377.1	108.7	5.79	0.917	0.929
24	CS4-6-3b		12	6.6	4	0.105	0.3	377.1	101.7			

试件所用的钢管为冷弯钢管，名义厚度分别为 3mm 和 4mm，对应的实测厚度为 2.84mm 和 3.77mm。钢材的强度由标准拉伸试验测定，三个标准试件取材于试验所用的不同厚度钢材，并进行拉伸试验，测得名义厚度为 3mm 钢材的弹性模量（E_s）、屈服强度（f_y）和抗拉极限强度（f_u）分别为 $2.08\times10^5 \text{N/mm}^2$，276.1MPa 和 378.0MPa；名义厚度为 4mm 钢材的弹性模量（E_s），屈服强度（f_y）和抗拉极限强度（f_u）分别为 $1.98\times10^5 \text{N/mm}^2$，260.2MPa 和 362.3MPa。

核心混凝土采用自密实混凝土，混凝土的组成材料为：42.5 水泥（420kg/m³）；粉煤灰（130kg/m³）；水（125.2kg/m³）；中砂（792kg/m³）；玄武岩碎石（842kg/m³）；TW-PS 聚羧酸减水剂（8.56kg/m³）。3 个立方体试块与试件核心混凝土同时浇筑而成，且在同条件下养护，试验时，测定平均立方体抗压强度（f_{cu}）和弹性模量（E_c）分别为 71MPa 和 37047N/mm²。

试件制作时，首先按要求的长度加工空钢管，保证钢管两端平整，并仔细去除钢管中的铁锈和油污。对应每个试件加工两个板厚 16mm 的圆钢板作为试件的端板。为了精确地制造脱空缺陷，制作了表面光滑的特殊模具并临时固定在钢管内，之后浇筑自密实核心混凝土，待混凝土初凝（48～72h）后用机械千斤顶小心地将模具从构件中抽出，以形成脱空缺陷。在试验之前，通过游标卡尺量测了核心混凝土边缘与钢管内表面的距离，作为试件脱空缺陷尺寸，且该脱空尺寸沿试件的长度是均匀的，因模具是垂直放置且表面光滑。后续因核心混凝土收缩使得试件末端截面不平整，为保证核心混凝土和外钢管共同受力，采用高强环氧砂浆抹平补强后，焊接上另一端板。

（2）试验装置和试验方法

试验装置如图 4-2-1 所示，与 Liao 等（2017）文中的装置相似。试件水平放置，两端为铰接，轴压力由放置在试件端部的 1000kN 千斤顶施加，通过控制与其相连的油泵来保持试验全过程中轴压力的恒定。

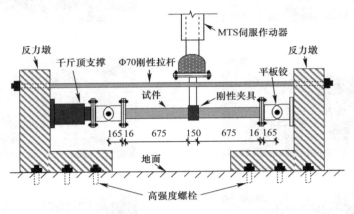

图 4-2-1　滞回性能试验装置示意图

横向往复荷载由 MTS 作动器施加，且通过一刚性夹具相连于试件跨中位置，如图 4-2-1 所示。刚性夹具有两个独立的半圆环组成，且圆环的内径与试件的外径相匹配，通过 8 个对穿高强度螺栓使得该夹具固定于试件指定位置。试验过程中为避免试样发生面外失稳，且允许其在平面内自由运动，设置了两个侧向支撑装置。

横向往复荷载按照基于 ATC-24 code（1992）和 Varma 等（2002）建议的荷载-位移双控制方法施加，在试件达到屈服强度前采用荷载分级控制加载，分别按 $0.25P_u$、$0.5P_u$、$0.7P_u$ 进行加载，其中 P_u 为采用有限元计算的承载力；试件达到屈服强度（Δ_y）后，采用位移控制加载，按 $1\Delta_y$、$1.5\Delta_y$、$2.0\Delta_y$、$3.0\Delta_y$、$5.0\Delta_y$、$7.0\Delta_y$、$8.0\Delta_y$ 进行加载，其中 Δ_y 为试件的屈服位移，由 $0.7P_{max}$ 来确定：$\Delta_y = 0.7P_{max}/K_{sec}$，$K_{sec}$ 为荷载达到 $0.7P_{max}$ 时荷载-变形曲线的割线刚度。由荷载控制加载时，每级荷载循环 2 圈，当位移控制加载时，前 3 级荷载（$1\Delta_y$、$1.5\Delta_y$、$2.0\Delta_y$）均循环 3 圈，其余分别循环 2 圈。

（3）试验结果与分析

对于无脱空试件：当加载至 $3\sim5\Delta_y$ 时，如图 4-2-2（a）所示，试件在夹具附近的受压区开始出现局部的微小鼓曲变形；随着横向荷载的继续增大，试件的鼓曲变形向两侧加速发展，横向位移为 $5\sim7\Delta_y$ 时，如图 4-2-2（b）所示，形成完整的环向鼓曲。总体而言，脱空缺陷试件较无脱空试件夹具附近局部屈曲的出现时间提早。对于环向脱空试件：当加载至 $1.5\sim2\Delta_y$ 时，如图 4-2-2（c）所示，在夹具附近的钢管即出现微小鼓曲变形，当加载至 $3\sim5\Delta_y$ 时，如图 4-2-2（d）所示，即形成完整的环向鼓曲。对于球冠形脱空试件：当加载至 $2\sim3\Delta_y$ 时，如图 4-2-2（e）所示，夹具附近出现局部鼓曲，之后，由于缺乏核心混凝土的有效支撑，夹具附近脱空一侧钢管有扁平的趋势，这一现象亦可在纯弯试验中观察到，当加载至 $3\sim5\Delta_y$ 时，如图 4-2-2（f）所示，夹具两侧的钢管鼓曲明显扩展，同时扁平区域出现内凹屈曲变形；随着加载的继续，夹具附近的鼓曲变形逐渐沿环向贯通，扁平区域出现波浪形的屈曲模态。

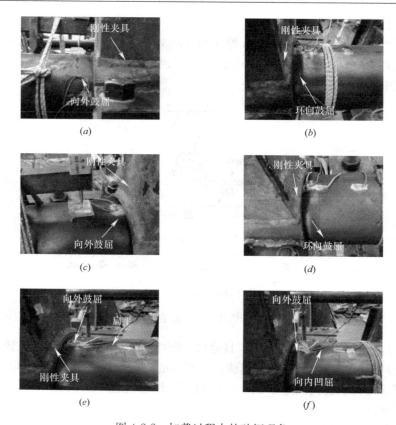

图 4-2-2 加载过程中的破坏现象

(a) 3～5Δ$_y$（无脱空）；(b) 5～7Δ$_y$（无脱空）；(c) 1.5～2Δ$_y$（环向脱空）；(d) 3～5Δ$_y$（环向脱空）；

(e) 2～3Δ$_y$（球冠形脱空）；(f) 3～5Δ$_y$（球冠形脱空）

　　典型试件核心混凝土的破坏模态如图 4-2-3 所示。可见，无论脱空与否，在外钢管环向鼓屈处的混凝土均被压碎，但由于缺陷试件的核心混凝土受到外钢管的约束作用被削弱，其核心混凝土的破坏程度明显较无脱空试件更为显著。

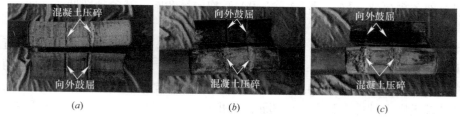

图 4-2-3 核心混凝土破坏形态

(a) 无脱空试件；(b) 环向脱空试件；(c) 球冠形脱空试件

　　本次试验实测的 6 个无脱空试件、8 个带环向脱空缺陷试件和 10 带球冠形脱空缺陷试件的横向荷载（P）-跨中横向位移（Δ）滞回曲线如图 4-2-4 所示，可见，所有试件的 P-Δ 滞回曲线的图形均较饱满，没有明显的捏缩现象。无论脱空与否，轴压比的增大均使得试件的滞回关系曲线饱满度降低，往复荷载作用下的耗能能力减弱。含钢率（α）的增大有助于提高试件的耗能能力。

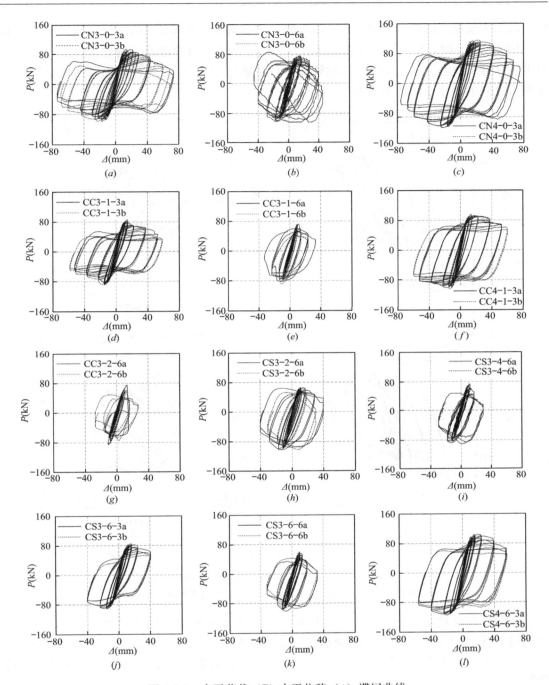

图 4-2-4　水平荷载（P）-水平位移（Δ）滞回曲线

（a）CN3-0-3；（b）CN3-0-6；（c）CN4-0-3；（d）CC3-1-3；（e）CC3-1-6；（f）CC4-1-3；（g）CC3-2-6；（h）CS3-2-6；（i）CS3-4-6；（j）CS3-6-3；（k）CS3-6-6；（l）CS4-6-3

图 4-2-5 比较了脱空对试件 P-Δ 滞回曲线的影响，可见，无论是环向脱空还是球冠形脱空均对试件的滞回关系曲线有不利影响，表现为滞回曲线饱满度的降低。随着脱空率（χ）的增加，滞回环所包围的面积相应的减小，表明试件的耗能能力减弱，此外，轴压比

（n）的增大使脱空的影响更为显著，因为脱空缺陷主要影响混凝土的受压性能。在脱空率（χ）同为 2.2% 时，环向脱空相较于球冠形脱空对试件滞回性能的影响更为显著，这主要是由于球冠形脱空缺陷是局部削弱钢管和核心混凝土之间的组合作用，而环形脱空缺陷则使两者之间的相互作用基本消失。

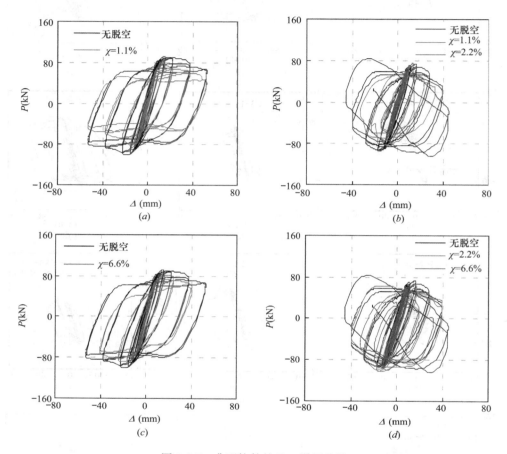

图 4-2-5 典型构件的 P-Δ 滞回曲线

（a）环向脱空的影响（$n=0.3$）；（b）环向脱空的影响（$n=0.6$）；
（c）球冠形脱空的影响（$n=0.3$）；（d）球冠形脱空的影响（$n=0.6$）

试件的实测 P-Δ 关系骨架曲线对比如图 4-2-6 所示，所有试件实测极限承载力（P_{ue}）分别列于表 4-2-1 中，可见，脱空对试件极限承载力和延性均有影响。随着脱空率（χ）的增大，试件的极限承载力有所降低，同时峰值荷载后的下降段更为陡峭，反映了延性的降低。

为了便于分析脱空对试件极限承载力的影响，定义承载力系数（SI）如下：

$$SI = \frac{P_{ue}}{P_{ue-无脱空}} \qquad (4-2-1)$$

式中　P_{ue}——试件实测的横向极限承载力；

$P_{ue-无脱空}$——对应试验参数相同的无脱空试件实测的横向极限承载力。

承载力系数（SI）列于表 4-2-1 中，图 4-2-7 比较各个试件的承载力系数值。

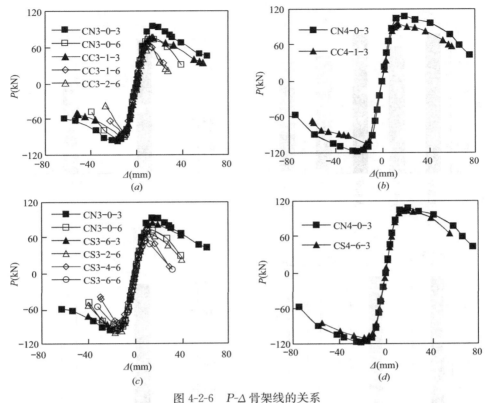

图 4-2-6　P-Δ 骨架线的关系

（a）环向脱空（$\alpha=0.077$）；（b）环向脱空（$\alpha=0.105$）；
（c）球冠形脱空（$\alpha=0.077$）；（d）球冠形脱空（$\alpha=0.105$）

由图 4-2-7 可知：脱空的存在会降低试件的极限承载力，这主要是由于脱空不仅使核心混凝土的面积减小，同时也削弱了钢管和混凝土之间的组合作用。在试验参数范围内，脱空率（χ）由 1.1% 增大至 2.2%，带环形脱空缺陷试件的承载力较相应的无脱空对比试件分别降低了 9.3% 和 20.4%；脱空率（χ）由 2.2% 增大至 6.6%，带球冠形脱空缺陷试件的承载力较相应的无脱空对比试件分别降低了 7.3% 和 15.1%。

随着轴压比（n）的增大，脱空对承载力系数（SI）的影响更加显著。例如，脱空率（χ）为 1.1% 时，当轴压比（n）由 0.3 增至 0.6 时，环形脱空缺陷试件承载力较无脱空对比试件分别降低了 9.3% 和 16.0%；脱空率（χ）为 6.6% 时，当轴压比（n）由 0.3 增至 0.6 时，球冠形脱空缺陷试件承载力较无脱空对比试件分别降低了 7.2% 和 15.1%。这主要是由于脱空对核心混凝土的受压性能影响显著，在大轴压比的情况下混凝土受压程度高，因此构件承载力受脱空的影响更为显著。

随着含钢率（α）的增大，脱空对试件承载力系数（SI）的影响趋于显著。其他参数相同时，含钢率（α）由 0.077 增至 0.105 时，带环形脱空缺陷的试件和无脱空试件相比，承载力降幅由 9.3% 提升至 14.5%；当带球冠形脱空缺陷的试件和无脱空对比试件相比，承载力降幅由 7.2% 提升至 8.3%。这主要是由于：含钢率高的试件其钢管对混凝土的约束作用强，而脱空对钢管混凝土的主要影响恰恰在于这种约束作用，因而含钢率高的构件其受脱空影响更为显著。

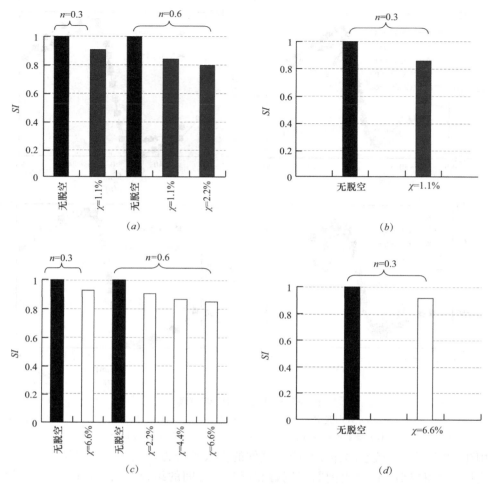

图 4-2-7　承载力系数 SI 的比较

（a）环向脱空（$\alpha=0.077$）；（b）环向脱空（$\alpha=0.105$）；（c）球冠形脱空（$\alpha=0.077$）；（d）球冠形脱空（$\alpha=0.105$）

　　此外，环向脱空缺陷对钢管混凝土在压弯滞回作用下的承载力影响较球冠形脱空更大，这和静力荷载作用下的情况相同。

　　对试件的延性系数（μ）定义如下（Han 和 Yang，2005）：

$$\mu = \frac{\Delta_u}{\Delta_y} \tag{4-2-2}$$

式中　Δ_y——试件实测的屈服位移，参考 Han 和 Yang（2005）建议的方法确定屈服位移值；

　　　　Δ_u——横向荷载下降至峰值荷载 0.85 时对应的位移，各个试件的延性系数取值为其在滞回荷载作用下的正向和负向的平均值。

　　为考察脱空对试件延性的影响，定义了相对延性系数（DI）：

$$DI = \frac{\mu}{\mu_{无脱空}} \tag{4-2-3}$$

式中　μ——各个试件实测的延性值；

　　　$\mu_{无脱空}$——对应的无脱空对比试件的延性系数，各个试件的延性值（μ）和相对延性系数（DI）列与表 4-2-1 中，DI 值的比较如图 4-2-8 所示。

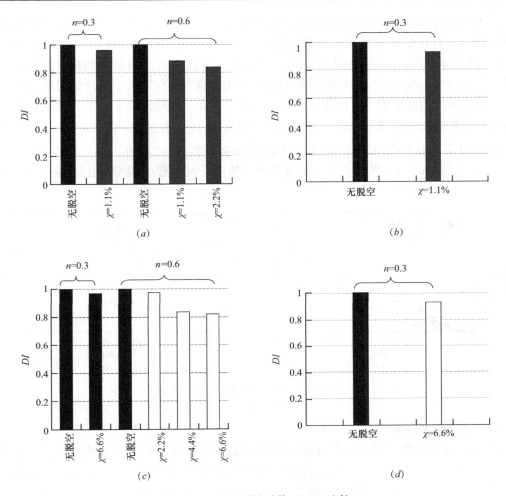

图 4-2-8　相对延性系数（*DI*）比较

（*a*）环向脱空（*α*=0.077）；（*b*）环向脱空（*α*=0.105）；（*c*）球冠形脱空（*α*=0.077）；（*d*）球冠形脱空（*α*=0.105）

　　由图 4-2-8 可知，带脱空缺陷试件的相对延性系数（*DI*）均小于 1.0，表明脱空的存在对试件在滞回荷载作用下的延性有不利影响，这主要是由于脱空的存在不仅削弱了钢管对混凝土的约束作用，也削弱了混凝土对钢管的支撑作用，从而导致构件在峰值荷载后其承载能力下降更为迅速。由表 4-2-1 可见，脱空率（*χ*）由 1.1% 增至 2.2% 时，环形脱空试件的相对延性系数（*DI*）分别降低了 3.9% 和 16.4%。由图 4-2-8（*a*）和（*b*）可见，轴压比（*n*）和含钢率（*α*）的增大使得环形脱空对试件延性的不利影响有所加剧。

　　由图 4-2-8（*c*）和（*d*）可知，对于球冠形脱空而言，在轴压比（*n*）为 0.60，脱空率（*χ*）为 2.2%、4.4% 和 6.6% 的带缺陷试件较无脱空试件的延性系数（*μ*）分别下降了 2.5%、16.2% 和 17.7%，而脱空率（*χ*）同样为 6.6% 的球冠形脱空试件在轴压比（*n*）为 0.30 时，较相应的无脱空对比构件其延性系数（*μ*）仅下降了 3.2%。当含钢率（*α*）由 0.077 提升至 0.105 时，球冠形脱空试件延性系数的折减由 3.2% 增至 7.1%。可见，球冠形脱空随着轴压比（*n*）和含钢率（*α*）的增大其对试件延性的不利影响有所加剧。

　　在地震荷载作用下构件的耗能是评估构件抗震性能的重要指标。构件所能吸收的能量越多，说明该构件在地震荷载作用下的安全性越高。在滞回试验研究中，P-Δ 滞回曲线中滞回环所包围的面积可用来评估构件的耗能。图 4-2-9 为试件累计耗能 E-相对横向位移（Δ/Δ_y）的关系曲线，可见，在起始阶段，脱空对试件耗能的影响并不明显，但随着横向位移的继续增大，脱空对试件耗能的影响趋明显化。脱空不仅降低了试件的耗能（E），而且也限制了试件的变形能力，致使试件最大耗能（E_{max}）也随之降低。总体而言，环形脱空对试件耗能的影响较球冠形脱空更加显著。脱空率（χ）为 1.1％和 2.2％，脱空类型为环形脱空缺陷的试件较无脱空对比试件耗能分别降低了 42％和 53％；脱空率（χ）为 2.2％、4.4％和 6.6％，脱空类型为球冠形脱空缺陷的试件较无脱空对比试件耗能分别降低了 7％、41％和 42％。

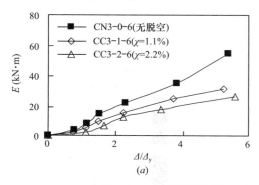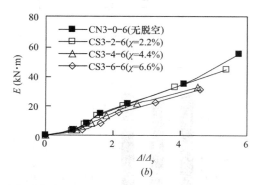

图 4-2-9　试件累积耗能（E）-相对水平位移（Δ/Δ_y）曲线关系

（a）环向脱空；（b）球冠形脱空

（4）试验结果小结

1）无论是环形脱空缺陷还是球冠形脱空缺陷，均对圆钢管混凝土试件在滞回荷载作用下的力学性能有不利影响。脱空的存在会导致更显著的钢管局部屈曲和混凝土碎裂，也会降低试件滞回曲线的饱满程度。轴压比的增大加剧了脱空对试件滞回性能的不利影响。

2）环形脱空和球冠形脱空的存在，使得圆钢管混凝土试件在恒定轴压力和往复横向荷载作用下的极限承载力有所降低。随着轴压比或者含钢率的增大，脱空引起的试件承载力降低幅度有所增大。相较而言，环向脱空缺陷较球冠形脱空缺陷对试件滞回性能的影响更加显著。

3）脱空的存在可使得试件的延性和耗能能力降低，增大轴压比或者提高含钢率加剧了脱空对试件延性的不利影响。

4.2.2　有限元分析

（1）有限元模型的建立

1）钢材本构关系模型

钢材采用双线性随动强化模型来模拟循环荷载作用下钢材的力学行为，并考虑了钢材的包辛格效应，弹性阶段的弹性模量 E_s 为 206000MPa，泊松比为 0.3，强化模量取 $0.01E_s$。

2）混凝土本构关系模型

混凝土采用塑性损伤模型，并且将损伤因子引入该模型，对混凝土弹性刚度矩阵加以修改，模拟其因损伤累积而导致卸载刚度降低的行为。

模型采用单轴受压应力-应变关系描述核心混凝土的受压性能，并且考虑了钢管对混凝土的约束效应，采用由韩林海提出的公式计算得出的应力-应变关系用于混凝土本构模型；采用沈聚敏提出的单轴受拉应力-应变关系模拟混凝土受拉性能。

采用滕志明等简化后的"焦点法模型"计算，用于修改混凝土弹性刚度矩阵的损伤因子（d），模型示意如图 4-2-10 所示，具体加、卸载准则详见韩林海（2016）。对于受拉（压）损伤因子 $d_{t(c)}$ 由"焦点法"公式计算得到：

$$d_{t(c)} = 1 - \frac{(\sigma_{t(c)} + n_{t(c)}\sigma_{t0(c0)})}{E_{0t(0c)}(n_{t(c)}\sigma_{t0(c0)}/E_{0t(0c)} + \varepsilon_{t(c)})} \tag{4-2-4}$$

式中　$\sigma_{t(c)}$——拉（压）应力；

$\quad\quad\varepsilon_{t(c)}$——拉（压）应变；

$\quad\quad\sigma_{t0(tc)}$——混凝土受拉（压）峰值应力；

$\quad\quad E_{0t(0c)}$——混凝土初始受拉（压）弹性模量。

损伤因子 $d_{t(c)}$ 恒大于 0。

3）单元类型

钢管采用四节点完全积分格式的壳单元（S4），在壳单元厚度方向采用 9 个积分点的 Simpson 积分来满足一定的计算精度。混凝土、刚性夹具和端板采用对位移的求解较为精确的八节点减缩积分格式的三维实体单元（C3D8R），而且本文所建模型存在弯曲荷载，对这种单元类型的分析精度不会受到较大的影响。

4）接触模型

钢管和混凝土的接触主要由界面法线方向的硬接触和切线方向的粘结滑移构成。法线方向的接触采用"硬接触"，即垂直于接触面的压力可以完全传递，而当两个面分开时，两者将不存在相互作用。界面切向力采用库仑摩擦模型，剪力由界面传递，当剪应力达到临界值时，界面之间产生相对滑动并且之后的剪力保持临界值不变。钢管与混凝土界面摩擦系数取为 0.6。

在构件两端各添加一个刚度非常大的端板以防止施加外荷载时，混凝土因局部受压过大而引起破坏。钢管、混凝土与端板的接触分别采用耦合约束和绑定接触。在两个端板外各建一个耦合点（RP_1 点和 RP_2 点），分别和相应端板耦合，如图 4-2-11 所示。

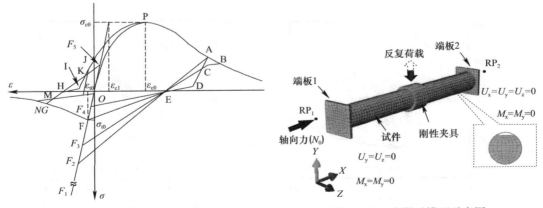

图 4-2-10　"焦点法"模型示意图　　　　　　图 4-2-11　有限元模型示意图

5）加载方式

模型加载步分三个子步完成。在第一子步中先施加恒定轴力 N_0（$N_0 = nN_u$，n 为轴压比，N_u 为计算得到的钢管混凝土构件轴向极限承载力）于图 4-2-11 中的 RP$_1$ 点；在第二子步中施加侧向循环荷载（荷载值 $0.25P_c$、$0.5P_c$、$0.75P_c$，P_c 为横向极限承载力）；在第三子步中采用 $1\Delta_y$、$1.5\Delta_y$、$2\Delta_y$、$3\Delta_y$、$5\Delta_y$、$7\Delta_y$、$8\Delta_y$ 进行循环加载（$\Delta_y = P_c/K_{sec}$，Δ_y 为屈服位移，K_{sec} 为荷载达到 $0.7P_c$ 时荷载-变形曲线的割线刚度）；循环荷载循环次数与 4.2.1 带缺陷钢管混凝土压弯构件的滞回性能试验加载次数一致。

（2）模型验证

为了验证本文上述方法建立的有限元模型的可靠性，计算了 4.2.1 报道的试验试件。试件参数：钢管外径 $D = 165\text{mm}$，试件长度 $L = 1500\text{mm}$，混凝土极限抗压强度 $f_{cu} = 71\text{MPa}$，钢材屈服强度 $f_y = 276\text{MPa}$，钢管壁厚 $t = 3\text{mm}$ 或 4mm，脱空率 $\chi = 2.2\%$、4.4% 或 6.6%（$\chi = d/D$，d 为脱空距离，D 为截面直径）、轴压比 $n = 0.3$ 或 0.6。图 4-2-12 所示为有限元模型计算的典型试件（CN3-0-3 和 CS3-6-3）最终破坏模态和试验结果比较，可见两者总体上吻合良好。对于无脱空试件（CN3-0-3），混凝土的存在延缓了钢管过早产生局部屈曲变形，使得钢管的性能得到充分发挥，两者协同工作使钢管混凝土试件具有良好的塑性；对于带球冠形脱空的试件（CS3-6-3），试件受压时脱空侧的钢管较早发生局部屈曲，有向内凹陷的现象发生，非脱空侧的破坏模态与无脱空试件相似。

图 4-2-13 是计算得到的 $P\text{-}\Delta$ 滞回关系曲线与试验结果比较。由图 4-2-13 知，计算结果和试验结果总体上吻合较好，验证了有限元模型的可靠性。

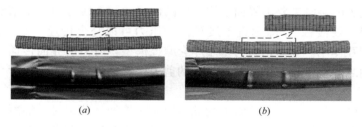

图 4-2-12　有限元计算的典型构件破坏模态和试验结果比较

（a）CN3-0-3（$t = 3\text{mm}$，$\chi = 0$，$n = 0.3$）；（b）CS3-6-3（$t = 3\text{mm}$，$\chi = 6.6\%$，$n = 0.3$）

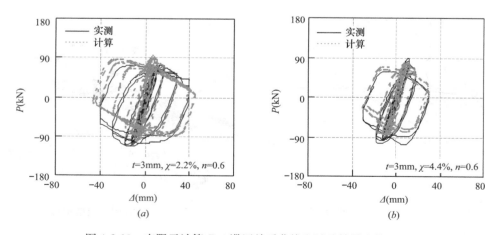

图 4-2-13　有限元计算 $P\text{-}\Delta$ 滞回关系曲线和试验结果比较（一）

（a）CS3-2-6（$t = 3\text{mm}$，$\chi = 2.2\%$，$n = 0.6$）；（b）CS3-4-6（$t = 3\text{mm}$，$\chi = 4.4\%$，$n = 0.6$）

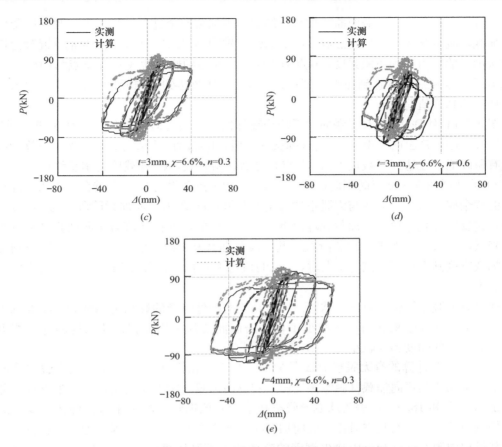

图 4-2-13　有限元计算 P-Δ 滞回关系曲线和试验结果比较（二）

（c）CS3-6-3（$t=3$mm，$\chi=6.6\%$，$n=0.3$）；（d）CS3-6-6（$t=3$mm，$\chi=6.6\%$，$n=0.6$）；

（e）CS4-6-3（$t=4$mm，$\chi=6.6\%$，$n=0.3$）

（3）工作机理分析

1）滞回特性全过程分析

为更好地了解反复荷载作用下带球冠形脱空缺陷钢管混凝土压弯构件的工作机理，选取典型算例对带球冠形脱空构件的滞回特性进行全过程工作机理分析（韩浩等，2018a）。典型算例参数为：钢管外径 $D=400$mm，试件长度 $L=4000$mm，钢管壁厚 $t=10$mm，球冠形脱空算例脱空率为 $\chi=4\%$，混凝土材性：立方体抗压强度 $f_{cu}=60$MPa；圆柱体抗压强度 $f_c=51$MPa；抗拉强度 $f_t=4.15$MPa，钢材强度 $f_y=345$MPa，轴压比 $n=0.4$。

图 4-2-14 为上述典型算例计算的 P-Δ 滞回关系曲线，在图中带球冠形脱空算例曲线上标

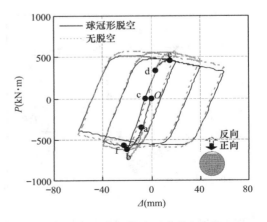

图 4-2-14　典型带球冠形脱空构件
算例的 P-Δ 滞回曲线

注系列特征点用于描述其滞回曲线加载—卸载—再加载的全过程特征，规定脱空侧受压为正向加载，脱空侧受拉为反向加载。O点为恒定轴力N_0加载完成；a点为钢管混凝土构件钢管所承受的应力达到屈服强度；b点为正向加载时达到峰值荷载P_{ue}；c点为卸载至P为0；d点反向加载后钢管达到屈服强度；e点为反向加载达到反向峰值荷载；f点为第二次正向加载达到峰值荷载。

图4-2-14中Oa段为P-Δ滞回关系曲线线性段，表明此时构件处于弹性阶段。到达a点时钢管屈服，P-Δ曲线由ab段进入弹塑性阶段，b点时的峰值荷载值与无脱空算例曲线相比有所降低；在达到荷载最大值（b点）之后开始卸载，bc卸载段基本呈线性，曲线斜率与Oa段基本相同；c点时侧向荷载卸载至0，但c点并没有和O点重合，表明试件存在一定的残余应变，残余应变与无脱空构件基本相同；cd段为反向加载阶段，与Oa段基本平行；在反向加载过程中，加载到峰值点e点时，峰值点的荷载值与正向加载峰值点相比明显降低，ef段为再次进入卸载阶段，此阶段的曲线和be段接近平行，表明卸载刚度和初始加载刚度基本接近；到达f点时，f点的值比b点低，构件损伤累积会降低构件的侧向承载力。

通过有无脱空算例的对比，球冠形脱空缺陷对构件性能的影响可归纳为：①降低了正向和反向的侧向极限承载力；②减少了构件滞回曲线的包络面积，使构件的耗能能力降低；③对构件的刚度影响较小。

图4-2-15为计算的有无脱空P-Δ骨架曲线比较。由图4-2-15可见球冠形脱空算例与无脱空算例相比其正向加载（脱空侧受压）和反向加载（脱空侧受拉）的极限承载力分别降低了13.8％和18.9％，表明球冠形脱空缺陷会降低钢管混凝土压弯构件在反复荷载作用下的侧向承载力。而脱空对正、反向加载时影响程度不相同的原因可能在于：首先，正向加载过程中脱空处混凝土由缺少钢管的有效约束而受压损伤较为严重，因此在荷载由压转拉时混凝土开裂区域更为严重；其次，脱空处的跨中钢管在受压时发生的扁平化趋势或内凹屈曲在反向受拉时并未消失，导致了受拉区最外层钢管和中和轴之间的距离减小，如图4-2-16所示，因此降低了钢管的抗弯模量，从而随之降低了试件的反向抗弯承载力。

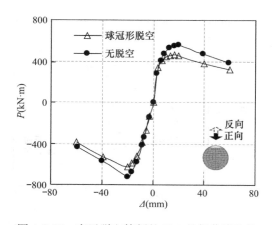

图4-2-15 有无脱空算例的P-Δ骨架曲线比较

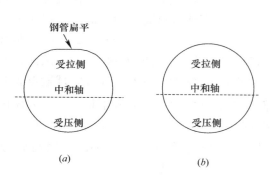

图4-2-16 反向加载峰值点（e点）时钢管变形
（a）球冠形脱空；（b）无脱空

2）工作机理分析

已有的研究表明，钢管混凝土压弯构件的 P-Δ 关系骨架曲线与构件在单调作用下的 P-Δ 关系曲线基本吻合（韩林海，2016）。为更细致地分析带球冠形脱空缺陷钢管混凝土压弯构件在受荷全过程中各部件的应力发展等微观状态，明晰构件的工作机理，以下选取单调作用下的典型算例结果进行全过程机理分析。

图 4-2-17 所示为有限元模型计算得到的单调作用下典型算例的 P-Δ 关系曲线，在曲线上选取以下四个典型特征点：$1(1^*)$ 点时构件受拉区混凝土开裂；$2(2^*)$ 点时钢管达到屈服强度；$3(3^*)$ 点时试件达到峰值荷载；$4(4^*)$ 点时荷载下降到 85% 极限荷载，即达到破坏荷载。

由图 4-2-17 可知：球冠形脱空和无脱空的算例计算得到的 P-Δ 曲线弹性段基本相近，表明球冠形脱空对构件的弹性段影响较小；1 点和 1^* 点在图中基本重合，表明带球冠形脱空和无脱空的压弯构件算例受拉区混凝土开裂时刻相近。2 点与 2^* 点相比更靠近于坐标原点，表明由于球冠形脱空的存在，钢管承担了更多的侧向力，使钢管过早屈服。当两算例侧向荷载达到峰值时（3 点与 3^* 点），对应的侧向位移基本相同；球冠形脱空算例相比于无脱空算例的极限荷载值 P_u 降低了 10.7%，表明球冠形脱空的存在降低了构件的极限侧向承载力。两算例在相近时刻达到破坏荷载（4 点与 4^* 点），球冠形脱空算例的破坏荷载值与无脱空算例相比降低了 7.1%。

图 4-2-18 和图 4-2-19 分别为带球冠形脱空和无脱空构件跨中截面混凝土各特征点纵向应力分布云图。由图 4-2-18 和图 4-2-19 可知，随着侧向荷载的增大，球冠形脱空和无脱空算例的混凝土开裂面积增大，中和轴均向受压区移动。由图 4-2-18 与图 4-2-19 比较可知：1 点和 1^* 点（混凝土开裂）时球冠形脱空算例和无脱空算例的混凝土受拉区应力大小和分布情况基本相同，但在受压区球冠形脱空的存在导致侧向压力由脱空边缘向混凝土内部传递，形成两个对称扇形应力区，而无脱空构件侧向压力则由加载点向下均匀传递。2 点时混凝土应力云图与 2^* 点相比，球冠形脱空算例其脱空处混凝土由于缺少钢

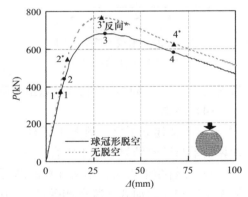

图 4-2-17　典型 P-Δ 曲线

管的有效约束而导致受压区混凝土应力较无脱空算例小。而在 3 点和 3^* 点时，两个算例的混凝土受压区应力均超过了 f_c，表明钢管对混凝土的约束作用提高了混凝土抗压强度，此时球冠形脱空算例的截面中和轴与无脱空算例相比更靠近受压区，表明球冠形脱空的存在会使构件混凝土的开裂面积增大。在达到破坏荷载时，和 4 点相比 4^* 点的中和轴位置变化较小。

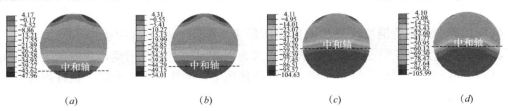

图 4-2-18　球冠形脱空构件跨中截面核心混凝土纵向应力分布（单位：MPa）

(a) 1 点；(b) 2 点；(c) 3 点；(d) 4 点

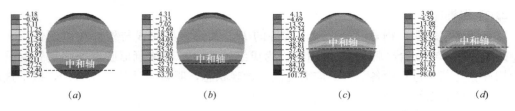

图 4-2-19　无脱空构件跨中截面核心混凝土纵向应力分布（单位：MPa）

(a) 1^* 点；(b) 2^* 点；(c) 3^* 点；(d) 4^* 点

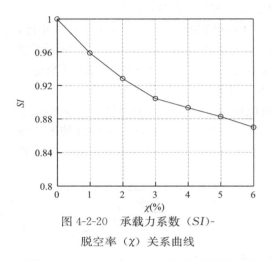

图 4-2-20　承载力系数（SI）-
脱空率（χ）关系曲线

3）承载力系数分析

现引入承载力系数 $SI(=P_{u,gap}/P_{u,nogap}$，其中，$P_{u,gap}$ 为带球冠形脱空构件极限抗侧承载力，$P_{u,nogap}$ 为无脱空构件极限抗侧承载力）用以分析脱空率对单调作用下钢管混凝土压弯构件侧向承载力的影响。

图 4-2-20 为单调作用下钢管混凝土压弯构件承载力系数（SI）-脱空率（χ）关系曲线，由图可知，在本文的分析参数范围内，钢管混凝土压弯构件的抗侧承载力系数随着脱空率的增大而减小，且降低程度明显；当脱空率小于 3% 时，承载力系数与脱空率基本呈线性关系；当脱空率大于 3% 时，承载力系数虽有降低，但降低幅度趋于平缓。

（4）小结

1）本文建立了反复荷载下带球冠形脱空缺陷的钢管混凝土压弯构件的有限元模型，计算结果与试验结果总体上吻合良好。

2）分析结果表明：本文计算的球冠形脱空算例与无脱空算例相比其正向加载（脱空侧受压）和反向加载（脱空侧受拉）的极限承载力分别降低了 13.8% 和 18.9%，同时脱空的存在还使构件的耗能能力降低。

3）和无脱空构件相比，带球冠形脱空构件在峰值荷载时的截面中和轴更靠近受压区，表明脱空的存在增大了构件混凝土的开裂面积。钢管混凝土压弯构件的抗侧承载力随脱空率的增大而减小。

4.3　拉弯滞回性能

实际工程中的钢管混凝土结构一般受压居多，但在一些工程中也有承受拉荷载的情况，如雅沪高速公路干海子大桥主梁截面形式为钢管混凝土组合桁梁，其桁梁下弦杆由钢管及其核心混凝土共同承受轴拉作用。在地震作用下，钢管混凝土桁梁下弦杆则可能承受拉弯耦合作用。

（1）试件的设计及制作

进行了 6 个钢管混凝土拉弯试件的滞回性能试验研究（张伟杰等，2019b），包括 2 个无脱空缺陷的圆钢管混凝土柱试件和 4 个带球冠形脱空缺陷的圆钢管混凝土柱试件，试件的横截面外直径（D）均为 133mm，钢管壁厚（t）均为 4mm，长度（L）均为 900mm。试验参数包括脱空率（$\chi=0.0\%$、2.2% 和 6.6%）和轴拉比（$n=0.30$ 和 0.50），见表 4-3-1。其中 χ（d_s/D，d_s 为球冠形脱空值）为脱空率；n（N_0/N_u，其中 N_0 为施加在试件上的恒定轴拉力，N_u 为采用后文有限元模型计算的轴拉承载力）为轴拉比；P_u 为试件的侧向承载力。

试件参数及试验结果表　　　　　　　　　　　　　　　表 4-3-1

试件编号	脱空率 χ(%)	N_0(kN)	轴压比 n	侧向承载力 P_u(kN)	承载力系数 SI
CN-0-3a CN-0-3b	0.0	160.4	0.30	80.7	1.00
CS-2-3a CS-2-3b	2.2	160.4	0.30	79.0	0.98
CS-6-3a CS-6-3b	6.6	160.4	0.30	76.9	0.95
CN-0-5a CN-0-5b	0.0	251.2	0.50	80.0	1.00
CS-2-5a CS-2-5b	2.2	251.2	0.50	70.5	0.88
CS-6-5a CS-6-5b	6.6	251.2	0.50	69.6	0.87

注：编号字母"CN"和"CS"分别代表无脱空缺陷的钢管混凝土试件和带球冠形脱空缺陷的钢管混凝土试件，"-"后第一个数字代表脱空率（数字 0 代表无脱空，数字 2 代表脱空率 2.2%，数字 6 代表脱空率 6.6%）最后一个数字代表轴拉比（数字 3 代表轴拉比 0.30，数字 5 代表轴拉比 0.50），a 和 b 表示同组完全相同的两个试件。

为精确制造球冠形脱空缺陷，加工了厚度为 3mm，长度为 1100mm 的侧边均有坡口的不锈钢条作为模具，在浇筑混凝土时，将涂有专用脱模剂的不锈钢条临时固定于焊有下端板的钢管中，待混凝土初凝后抽出模具从而形成"球冠形脱空缺陷"，无脱空对比试件则正常进行混凝土浇筑，待至养护时间后两者焊接上端板。

通过拉伸试验测得外钢管的屈服强度（f_y）、极限抗拉强度（f_u）、弹性模量（E_s）、泊松比（u_s）和延伸率（δ）分别为 330MPa，490MPa，2.0×10^5N/mm²，0.278 和 30.0%。核心混凝土采用自密实混凝土，混凝土材料选用：P.O42.5 水泥；Ⅱ级粉煤灰；中砂；花岗岩碎石，最大粒径为 20mm；TW-PS 聚羧酸减水剂和普通自然水，其质量配合比为：水泥 263.67kg，粉煤灰 175.82kg，砂 759.94kg，石 759.94kg，水 187.23kg，减水剂 4.70kg。实测混凝土强度由与试件同时浇筑同条件养护下的 3 个边长为 150mm 的立方体试块测得。试验时，实测其平均抗压强度 f_{cu} 为 40.3MPa，弹性模量 E_c 为 2.80×10^4N/mm²，泊松比 u_c 为 0.2。坍落度为 240mm，水平扩展度为 550~590mm。

（2）加载方法和量测方案

滞回试验装置如图 4-3-1 所示，试件水平放置，两端铰接，受到恒定轴拉力及跨中往复侧向荷载耦合作用。轴拉力由与试件同一水平线上放置的 500kN 拉力千斤顶施加在与试件端板相连的平板铰上，从而试件外钢管受到轴向拉力而产生颈缩，并将轴向拉力传递至核心混凝土，试验全过程保持轴拉力恒定。通过对穿螺栓将刚性夹具的上侧与下侧固定在试件的跨中部位，并将 MTS 的作动器头通过螺栓固定在特制的刚性夹具上侧，以此来施加侧向荷载。

试验的加载过程包括试件端部轴向拉力和试件跨中侧向荷载的施加。轴向荷载：1）试件端部轴向预加载，根据刚性夹具两侧的纵向应变数据，调整试件位置达到几何对中要求；2）分三级将轴向拉力加载至预定值 N_0 并在试验全程中保持恒定。侧向荷载采用荷载-位移双控制方法施加，加载制度如图 4-3-2 所示：1）在试件达到屈服强度前采用荷载分级控制加载，分别按 $0.25P_{max}$，$0.5P_{max}$，$0.7P_{max}$ 进行加载，每级荷载往复 2 周，其中 P_{max} 为采用有限元方法预估的承载力；2）试件达到屈服荷载后，采用位移控制加载，按 $1\Delta_y$，$1.5\Delta_y$，$2.0\Delta_y$，$3.0\Delta_y$，$5.0\Delta_y$，$7.0\Delta_y$，$8.0\Delta_y$ 进行加载，每级荷载同样往复 2 周（其中 Δ_y 为试件的屈服位移，由 $0.7P_{max}$ 来确定：$\Delta_y = 0.7P_{max}/K_{sec}$，$K_{sec}$ 为荷载达到 $0.7P_{max}$ 时荷载-变形曲线的割线刚度）。试验停机条件为：侧向荷载下降超过了其峰值荷载的 15%、侧向位移达到 $8.0\Delta_y$ 以上，或试件发生明显的破坏（钢管撕裂等）。

图 4-3-1　试验装置

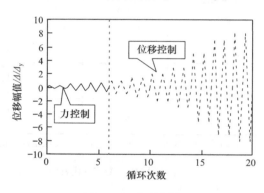

图 4-3-2　加载制度

试验全程量测的主要内容：试件跨中加载点的侧向荷载；试件两端轴向位移和左右四分点、跨中及支座侧向位移；刚性夹具两侧 50mm 处横截面的纵向和环向应变。

（3）试验结果与分析

1）试验现象和破坏模态

试件在施加轴向拉荷载初期，相同轴拉比（$n=0.50$）的带缺陷试件（$\chi=6.6\%$）其两端轴向位移较无脱空的试件大；在施加跨中侧向荷载时，无论是试件脱空与否，加载至（3~5）Δ_y 时，刚性夹具两侧出现轻微鼓屈，5~7Δ_y 时鼓屈愈发明显，且向环向贯穿。值得注意的是：缺陷试件脱空侧因缺乏核心混凝土的有效支撑，刚性夹具夹持段更加扁平。

典型试件的破坏模态如图 4-3-3 所示。在轴拉比 n 为 0.30 时，随着脱空率的增大，钢管跨中位置的局部凹陷程度有所加剧。轴拉比为 0.50 的无脱空试件其钢管跨中区域的受拉侧观察到撕裂现象，而对于 n 为 0.50 的带缺陷试件而言，其外钢管撕裂程度更为显著，乃至在试验停机时试件发生了整体断裂现象。图 4-3-4 为典型试件核心混凝土破坏形态，可见：相同轴拉比（$n=0.30$）的带缺陷试件其跨中区域夹持段核心混凝土的裂缝较无脱空试件更加密集，且有出现混凝土轻微压碎的现象。无论脱空与否，轴拉比由 0.30 增至 0.50 时，核心混凝土局部压碎现象都有更加明显的趋势。

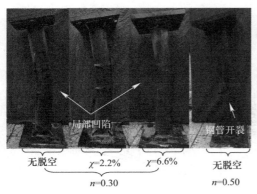

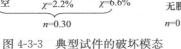

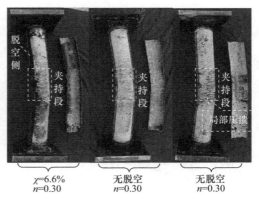

图 4-3-3　典型试件的破坏模态

图 4-3-4　典型试件核心混凝土破坏形态

2）侧向荷载-侧向位移关系曲线

侧向荷载（P）-跨中侧向位移（Δ）滞回关系曲线如图 4-3-5 所示，可见试件的滞回曲线均较为饱满，耗能能力良好，未见明显的"捏缩"现象，曲线的卸载刚度与弹性刚度基本一致。总体而言脱空缺陷对试件滞回曲线的形状影响不大，直至加载后期，试件的荷载仍然保持着上升趋势。

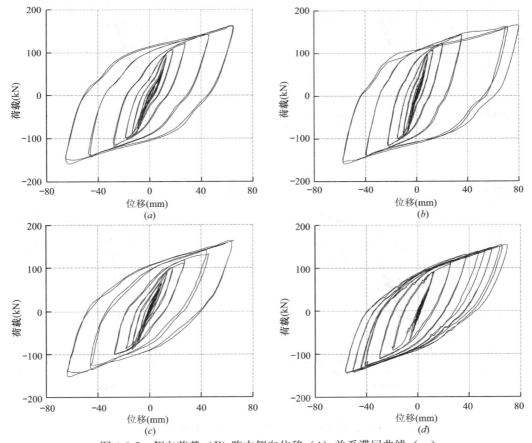

图 4-3-5　侧向荷载（P）-跨中侧向位移（Δ）关系滞回曲线（一）

（a）、（b）CN-0-3（无脱空，n＝0.30）；（c）、（d）CS-2-3（χ＝2.2%，n＝0.30）

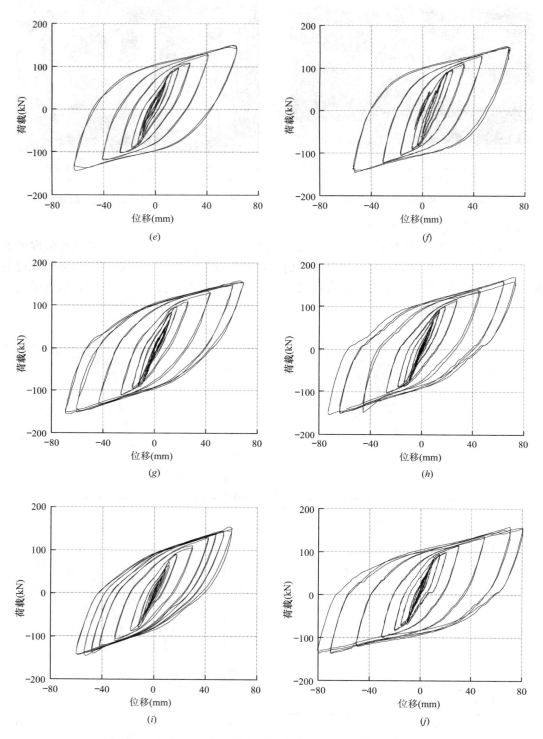

图 4-3-5　侧向荷载（P）-跨中侧向位移（Δ）关系滞回曲线（二）

（e）、（f）CS-6-3（$\chi=6.6\%$，$n=0.30$）；（g）、（h）CN-0-5（无脱空，$n=0.50$）；

（i）、（j）CS-2-5（$\chi=2.2\%$，$n=0.50$）

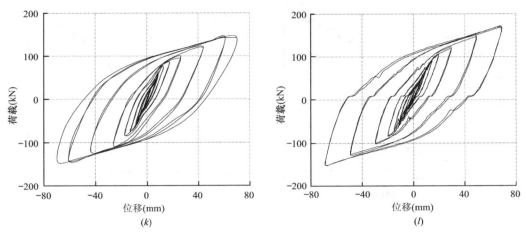

图 4-3-5　侧向荷载（P)-跨中侧向位移（Δ）关系滞回曲线（三）

(k)、(l) CS-6-5（χ＝6.6％，n＝0.50）

图 4-3-6 所示为脱空率（χ）和轴拉比（n）对试件 P-Δ 滞回曲线的骨架线的影响，无论脱空与否，试件的骨架线均经历了弹性段、弹塑性阶段和强化段 3 个阶段。由图 4-3-6（a）和图 4-3-6（b）可知：从正反两个方向综合来看，脱空率（χ）为 2.2％的试件的初始刚度与无脱空试件的基本相等，但其强化段的刚度要小于无脱空试件，而 χ 为 6.6％的试件无论是初始刚度还是强化段的刚度，正反两方向看，均小于无脱空试件，这主要是由于随着脱空率的增大，核心混凝土对外钢管的支撑作用愈加被削弱。从图 4-3-6（c-e）可以看出，无论试件脱空与否，轴拉比（n＝0.30～0.50）对相同脱空率试件的初始刚度影响并不明显，即使对强化段刚度的影响也十分有限，这主要是由于相同 χ 的试件在恒定轴向拉应力和拉弯滞回荷载的作用下，外钢管承担了大部分拉荷载作用。

3）试件承载力

由于本文试验构件的侧向荷载（P)-侧向位移（Δ）关系曲线没有下降段，参考尧国皇（2006），取试件跨中位置外钢管脱空侧纵向应变分别达到±$10000\mu\varepsilon$ 时的荷载平均值为拉弯试件承载力。图 4-3-7 为各试件承载力的比较，可见两种轴拉比（n＝0.30/0.50）下，

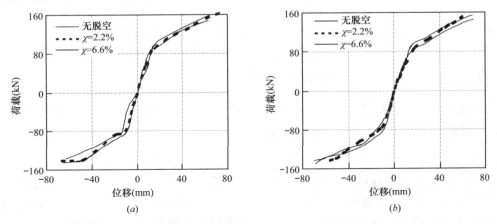

图 4-3-6　侧向荷载（P)-跨中位移（Δ）关系骨架线比较（一）

(a) 脱空率（n＝0.30）；(b) 脱空率（n＝0.50）

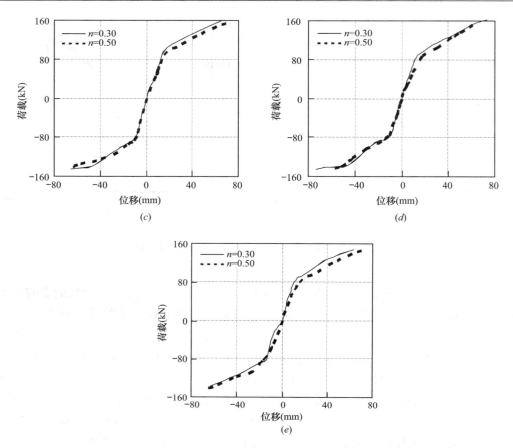

图 4-3-6　侧向荷载（P）-跨中位移（Δ）关系骨架线比较（二）

(c）轴拉比（无脱空）；(d）轴拉比（χ＝2.2％）；(e）轴拉比（χ＝6.6％）

试件的承载力随着脱空率的增大而降低，n 由 0.30 增至 0.50 时，使得试件承载力随着脱空率增大而降低的趋势更加明显；对于无脱空试件，轴压比的增大对其承载力的影响并不明显，对于带缺陷的试件的而言，试件承载力则随着轴压比的增大而有所降低。

为定量描述脱空缺陷对试件拉弯承载力的影响，定义承载力系数 SI：

$$SI = P_{\text{ue,脱空}} / P_{\text{ue,无脱空}} \qquad (4\text{-}3\text{-}1)$$

式中　$P_{\text{ue,脱空}}$，$P_{\text{ue,无脱空}}$——带缺陷试件和无脱空试件的承载力。

图 4-3-8 给出了轴拉比（n）分别为 0.30 和 0.50 时，脱空率（χ）对试件承载力系数 SI 的影响。由图 4-3-8 可知：在 n 为 0.30 时，χ 为 2.2％的试件的承载力系数（SI）与无脱空试件相比，降低了 2％，χ 增大至 6.6％时，SI 降低了 5％；在 n 为 0.50 时，χ 为 2.2％的试件的承载力系数（SI）与无脱空试件相比，降低了 12％，χ 增大至 6.6％时，SI 降低了 13％。随着脱空率的增大，核心混凝土对外钢管的支撑作用也随之减弱，导致两者之间的组合作用有所削弱，从而使钢管的承载能力降低，因此试件的承载力也随之下降。而在大轴拉比的情况下，钢管中的拉应力更大，因此受脱空缺陷的影响也更

加显著。由此可见，在实际工程中应对大轴拉比下的钢管混凝土脱空现象更加引起重视。

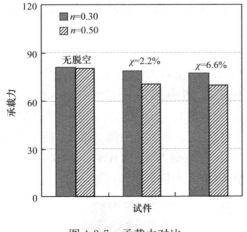

图 4-3-7　承载力对比

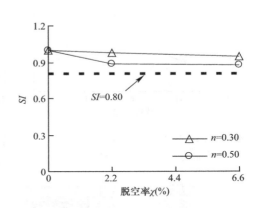

图 4-3-8　脱空率对承载力系数（SI）的影响

（4）有限元分析

本节建立了带脱空缺陷的钢管混凝土构件在拉弯作用下的有限元分析模型。模型的建立方法和 4.2.2 节所述的压弯构件的有限元模型基本相同，在此不再赘述。图 4-3-9 所示为构件的截面网格划分示意图。图 4-3-10 所示为有限元模型计算的本章试验构件荷载-位移关系滞回曲线和试验结果比较，可见两者总体上吻合良好。

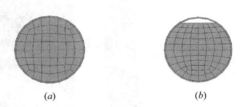

图 4-3-9　模型网格划分示意图
（a）无脱空试件；（b）球冠形脱空试件

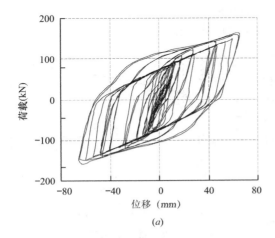

(a)

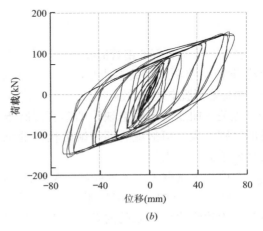

(b)

图 4-3-10　有限元模型计算的本章试件荷载-位移关系滞回曲线和试验结果比较
（a）CN5-0-4；（b）CS5-6-4

图 4-3-11 所示为计算的典型算例（试验构件 CS5-6-4　$L=900\mathrm{mm}$、$D=133\mathrm{mm}$、$t=$

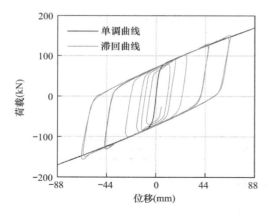

图 4-3-11　典型构件荷载-位移滞回
关系曲线与单调加载曲线对比

4mm、$\chi=6\%$、$f_y=330$MPa、$f_{cu}=40.3$MPa、$n=0.5$) 的 P-Δ 滞回曲线的骨架线与单调曲线的比较，可见两者基本重合，表明反复加载对带缺陷的钢管混凝土的荷载-位移曲线影响较小。

利用上述有限元模型对带球冠形脱空缺陷的钢管混凝土拉弯构件全过程工作机理进行分析，算例参数为：$L=4000$mm、$D=800$mm、$\alpha=0.1$、$\chi=4.4\%$、$f_y=345$MPa、$f_{cu}=60$MPa、$n=0.4$。图 4-3-12 所示为计算的构件最终破坏模态比较（无脱空构件和脱空率 6.6%构件）。

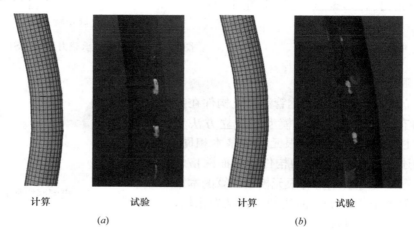

计算	试验		计算	试验
	(a)			(b)

图 4-3-12　典型构件破坏模态图
(a) 无脱空构件；(b) 脱空率 6.6%的球冠形脱空构件

图 4-3-13 为计算的钢管混凝土拉弯构件侧向荷载-钢管应变全过程关系曲线，从图中可以看出，带球冠形脱空缺陷的钢管混凝土的荷载-位移全过程关系曲线与无脱空缺陷的钢管混凝土构件的区别不大，但加载后期带缺陷构件的承载力略低于无脱空构件。

在曲线上选取了 4 个特征点（A 点、B 点、C 点、D 点），其中 A 点对应于混凝土开裂，B 点为钢管达到比例极限的时刻，C 点为极限承载力的取值点，即外管拉应变达到 $10000\mu\varepsilon$；

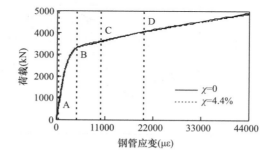

图 4-3-13　典型的拉弯构件荷载-
变形滞回骨架曲线

D 点对应为钢管拉应变达到 $20000\mu\varepsilon$ 的时刻。以下详细分析这四个特征点对应的混凝土和钢管的应力场分布。

图 4-3-14 所示为各特征点 A、B、C 和 D 点处跨中截面混凝土纵向应力 S11 分布情

况。在加载过程中，核心混凝土截面随着荷载增大其受拉区逐渐增大，中和轴不断上移。在加载初期，脱空缺陷的存在对混凝土纵向应力分布的影响很小，之后随着荷载的增大，球冠形脱空构件的核心混凝土应力分布规律和无脱空构件略有区别。

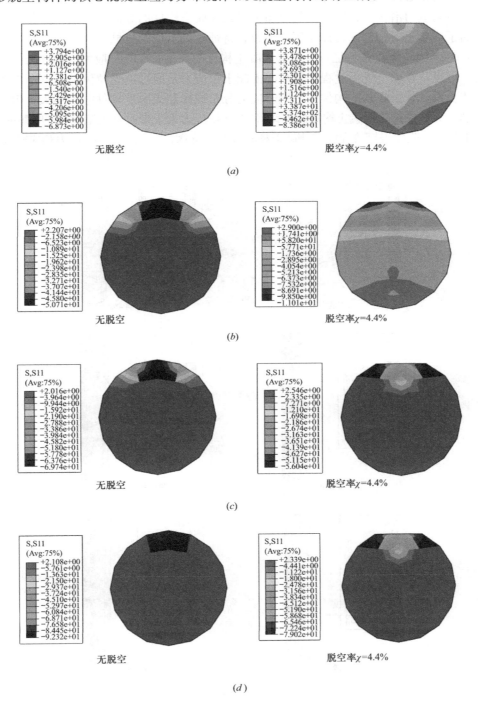

图 4-3-14　带脱空缺陷与无脱空试件核心混凝土跨中截面纵向应力 S11 云图比较

(a) A 点；(b) B 点；(c) C 点；(d) D 点

　　图 4-3-15 为拉弯段各特征点处混凝土的纵向应力沿构件长度方向的分布情况。可见，在整个受力过程中，核心混凝土拉应力是通过由受拉侧两端逐渐向中部转移。总体上看，带脱空构件的核心混凝土应力分布规律和无脱空构件差别不大，但在四个特征点脱空构件的混凝土纵向应力沿构件长度方向的分布情况比无脱空构件的数值要小一些，脱空缺陷的存在削弱了混凝土对钢管的支撑作用，导致各特征时刻出现的更早。

　　图 4-3-16 为拉弯段各特征点处钢管混凝土构件的外钢管 Mises 应力沿构件长度方向分布情况。可见，在整个受力过程中，核心混凝土拉应力是通过由受拉侧端部逐渐向中部转移。总体上看，带脱空缺陷构件的外钢管应力分布规律和无脱空构件差别不大，但在数值上有区别，无脱空钢管混凝土构件的外钢管的 Mise 应力大于带脱空缺陷构件的 Mises 应力，这是由于脱空缺陷使得钢管在脱空侧缺乏核心混凝土支撑，因此其 Mises 应力相应较大。

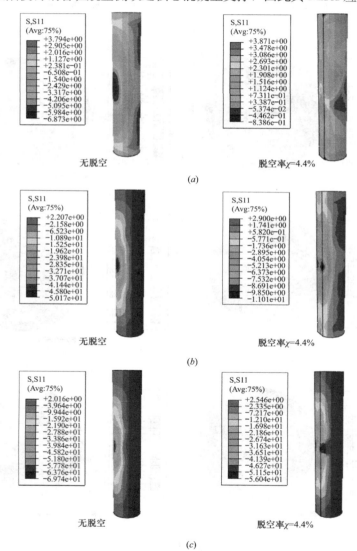

图 4-3-15　带脱空缺陷与无脱空试件核心混凝土 S11 纵向应力沿构件长度方向的分布比较（一）

(*a*) A 点；(*b*) B 点；(*c*) C 点

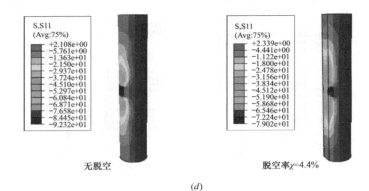

(d)

图 4-3-15 带脱空缺陷与无脱空试件核心混凝土 S11 纵向应力沿构件长度方向的分布比较（二）

（d）D 点

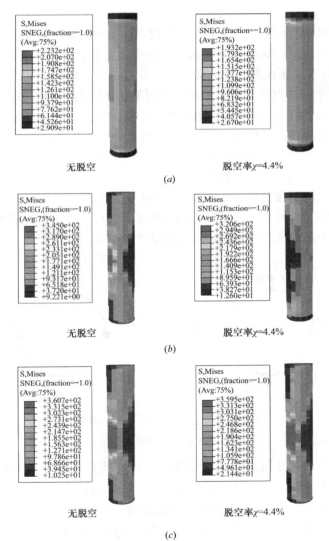

(c)

图 4-3-16 带脱空缺陷与无脱空构件的外钢管 Mises 应力沿构件长度方向分布情况比较（一）

（a）A 点；（b）B 点；（c）C 点

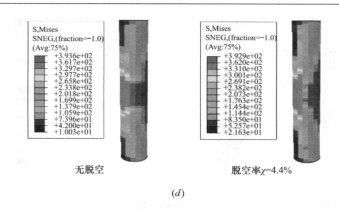

无脱空   脱空率χ=4.4%

(d)

图 4-3-16　带脱空缺陷与无脱空构件的外钢管 Mises 应力沿构件长度方向分布情况比较（二）

(d) D 点

为了分析脱空对钢管和混凝土之间相互作用力的影响机理，跨中混凝土截面上选取了三个特征点作为分析对象，如图 4-3-17 所示。其中 1 点处于受拉区最外侧位置，2 点处于中截面位置，3 点处于受压区最外侧位置（对于球冠形脱空构件正好为脱空区域的中点）。图 4-3-18 给出了三个特征点处混凝土和钢管之间的接触应力（p）的比较。可见，在受拉区（1 点），随着脱空率（χ）的增大，钢管和混凝土之间相互作用力增大，钢管与混凝土之间的接触应力有所提高。在中截面（2 点），截面处于受压区，混凝土在受荷过程中进入非线性状态后的体积膨胀使钢管对其约束应力增大，因此脱空率的增大对接触应力的影响越显著。随着脱空率的增大，接触应力变大。在受压区中点（3 点）处，对于带缺陷构件其钢管和混凝土之间的接触应力始终为 0，表明钢管和混凝土在受荷过程中始终没有发生接触。可见，脱空对构件受压区钢管与混凝土之间的相互作用力有较为显著的影响，其削弱了钢管与混凝土之间的组合作用，从而使试件的承载力有所降低。

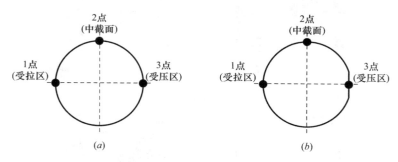

图 4-3-17 接触应力（p）的取点位置

(a) 无脱空；(b) 球冠形脱空

利用有限元模型对带球冠形脱空缺陷的钢管拉弯构件进行参数分析，典型算例参数为：L＝4000mm、D＝800mm、α_s＝0.1、χ＝4.4%、C60 混凝土、Q345 钢材、n＝0.4。

图 4-3-19 所示为脱空率对荷载-位移曲线的影响，可见脱空率对钢管混凝土拉弯构件力学性能的影响并不显著。这是由于脱空主要影响钢管对核心混凝土的约束作用，其影响主要表现于构件的受压性能，而在受拉为主的情况下脱空对构件力学性能的影响有限。

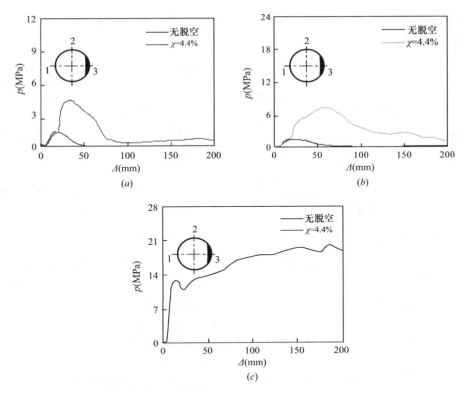

图 4-3-18　接触应力（p）-位移（Δ）关系曲线

(a) 1 点（受拉区）；(b) 2 点（中截面）；(c) 3 点（受压区）

图 4-3-20 所示为轴拉比对荷载-位移曲线的影响，可见轴拉比的变化对试件前期刚度影响很小，但在试件加载后期，随着轴拉比的增大，试件的承载力随之明显降低。

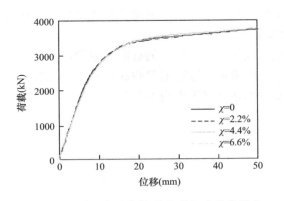

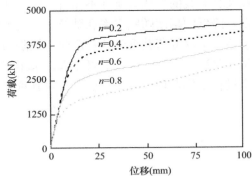

图 4-3-19　脱空率对荷载-位移骨架曲线的影响　　图 4-3-20　轴拉比对荷载-位移骨架曲线的影响

图 4-3-21 所示为混凝土强度对荷载-位移骨架曲线的影响。由图可见，变化混凝土的强度对于钢管混凝土拉弯试件的荷载-位移曲线的影响很小，这主要是由于在拉弯受荷状态下钢管承担了大部分拉力，而混凝土对构件承载能力的贡献相对较小。

图 4-3-22 所示为钢管强度对荷载-位移骨架曲线的影响，可见钢管屈服强度对构件弹

性刚度与荷载-位移曲线形状的影响并不显著。随着钢管屈服强度的提高，构件的极限承载力随之有所提高。

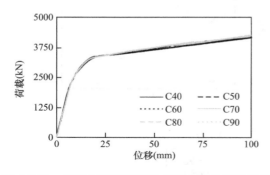

图 4-3-21　混凝土强度对荷载-位移骨架曲线的影响

图 4-3-22　钢材强度对荷载-位移骨架曲线的影响

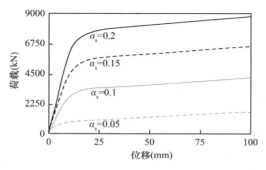

图 4-3-23　含钢率对荷载-位移骨架曲线的影响

图 4-3-23 所示为含钢率对荷载-位移骨架曲线的影响。可见，随着含钢率的提高，构件的刚度和极限承载力都有所提高。这是由于钢管对核心混凝土的约束效应随着含钢率的增大而有所提高。

（5）小结

完成了 4 个带球冠形脱空缺陷的钢管混凝土试件和 2 个无脱空对比试件在恒定轴拉力和往复弯矩荷载耦合作用下的滞回性能试验研究。试验结果表明：带球冠形脱空缺陷的钢管混凝土拉弯试件其外钢管因缺乏核心混凝土的有效支撑，夹具两侧外钢管屈曲程度明显，跨中核心混凝土裂缝更加密集。球冠形脱空缺陷对钢管混凝土拉弯试件的滞回关系曲线及骨架线的形状影响并不显著。脱空缺陷的存在会导致钢管混凝土拉弯试件的承载力降低，降低的幅度随脱空率和轴拉比的增大而增大。

建立了反复荷载下带球冠形脱空缺陷的钢管混凝土拉弯构件的有限元模型，并利用试验结果验证了有限元模型的可靠性。采用有限元模型对带球冠形脱空缺陷的钢管混凝土构件全过程工作机理进行了分析，并对其重要影响因素开展了系列参数分析。

第5章 带缺陷的钢管混凝土在
复杂受力状态下的力学性能

5.1 引言

在实际工程中的钢管混凝土构件在地震作用下将承受压弯剪、压弯扭复杂受力状态。比如钢管混凝土桁架梁中的下弦杆在地震作用下将承受往复拉弯荷载作用，高层和超高层建筑中的钢管混凝土偏心受压柱在地震产生的层间剪力作用下处于压弯剪复杂受力状态，当钢管混凝土被用作建筑物的框架角柱、高速公路的曲线形桥和斜交桥的桥墩、海上采油平台的立柱、停机场的定向塔及螺旋楼梯的中心柱等情况时，其在地震作用下除受轴向压力和弯矩外，尚有扭矩的共同作用，处于压弯扭复杂受力状态。在压弯剪或压弯扭复杂受力状态下钢管和混凝土除了正应力还将产生剪力与扭矩共同引起的剪应力，因此外荷载在钢管和混凝土之间的分配以及两者之间的相互作用力都将发生显著改变。由于脱空问题的实质在于其对钢管和混凝土之间组合作用的影响，所以预期带缺陷的钢管混凝土构件在复杂受力状态下的工作机理将比仅受压弯荷载的情况更为复杂。此外，在压弯剪、压弯扭复杂受力状态下脱空缺陷对构件的承载力、刚度、延性和耗能能力等抗震性能指标的影响规律也尚不明确。

因此有必要对带脱空缺陷的钢管混凝土构件在压弯剪、压弯扭复杂受力状态下的力学性能进行试验研究和理论分析，并提供考虑缺陷影响的钢管混凝土构件在复杂受力状态下的抗震设计方法，为更安全、合理地设计钢管混凝土结构提供参考，也为相关设计规范的制订或修订提供依据，并为进一步完善钢管混凝土学科提供有益补充。

需要说明的是：由于球冠形脱空缺陷仅出现在水平跨越的钢管混凝土构件中，而环向脱空缺陷仅出现在竖向承载的钢管混凝土构件中，因此本节的研究拟根据不同类型的构件在地震下承受不同的荷载组合来选择具体研究对象。首先，以承受轴心受压的钢管混凝土构件（如框架结构中的钢管混凝土中柱）在地震作用下产生弯矩和剪力的情况为典型工程背景，研究带环向脱空缺陷的钢管混凝土构件在恒定轴压力和往复剪力与弯矩耦合作用下的滞回性能。考察环向脱空缺陷对钢管混凝土压弯剪构件的破坏模态、剪力—侧向位移滞回关系曲线、剪切应变、极限承载力、刚度退化、延性和耗能等抗震性能指标的影响。然后，以轴心受压的钢管混凝土构件，如钢管混凝土桁架梁上弦杆以及弯桥中的钢管混凝土高墩，在地震作用下产生弯矩和扭矩的情况为典型工程背景，考察带球冠形脱空缺陷和带环向脱空缺陷的钢管混凝土构件在恒定轴压力和按比例施加的往复弯矩与扭矩耦合作用下的滞回性能。

5.2 带环向脱空缺陷的钢管混凝土构件在压弯剪复合作用下的力学性能

5.2.1 压弯剪单调作用下的力学性能

（1）试件的设计及制作

试验设计了 14 个钢管混凝土柱试件，包括 12 个带缺陷的圆钢管混凝土柱试件和 2 个无脱空缺陷的圆钢管混凝土柱试件，试件的截面形式如图 5-2-1 所示，脱空类型为环向脱空（张伟杰等，2019c）。试件的横截面外直径（D）均为 133mm，钢管壁厚（t）均为 4mm。定义试件的环向脱空率（χ）为：

$$\chi = 2d_c/D \tag{5-2-1}$$

其中，d_c 为环向脱空值，如图 5-2-1（a）所示。表 5-2-1 给出了试件的详细信息，其中，L 为试件长度，$m[=M/(V \cdot h_0)]$，其中 M 和 V 为截面弯矩和剪力，h_0 为构件截面有效高度] 为剪跨比，n 为轴压比（$n=N_0/N_u$，N_0 为作用在试件上的恒定轴心压力，N_u 为采用有限元模型计算的轴压承载力），V_a 为试验实测的抗剪承载力；V_{ac} 为有限元计算的抗剪承载力。试验参数为：脱空率 χ（0、1.1％和 2.2％）、剪跨比 m（0.75、1 和 1.25）。

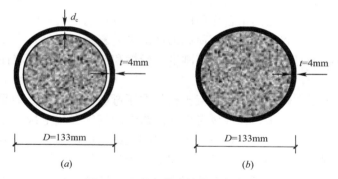

图 5-2-1 压弯剪试件截面示意图
（a）环向脱空缺陷；（b）无脱空缺陷

对于带缺陷的试件，为了精确地制造环向脱空缺陷，采用精细加工的不锈钢管作为制造缺陷的模具并在其表面涂抹专用脱模剂，在混凝土浇筑前将模具置于钢管内并临时固定以获得设计的脱空值，待混凝土初凝后用专用设备小心地抽去模具从而形成环向脱空缺陷。对于无脱空的钢管混凝土试件则正常进行混凝土浇筑。无论是环向脱空缺陷的还是无脱空的钢管混凝土试件，在进行混凝土浇筑时，混凝土浇筑高度均高于钢管上表面，7d 后，将混凝土表面的浮浆磨平并用高强环氧砂浆补强，然后焊接上端板。

（2）材料性能

按照《金属材料 拉伸试验 第 1 部分：室温试验方法》GB/T 228.1—2010 进行钢材材性试验。实测钢材的屈服强度（f_y）为 362.6MPa、极限抗拉强度（f_u）为 507.5MPa、弹性模量（E_s）为 204000N/mm²、泊松比（u_s）为 0.284、延伸率（δ）为 29.9％。核心混凝土采用自密实混凝土，组成混凝土的材料为：炼石牌 PO42.5 普通硅酸盐水泥、II 级粉煤灰、玄武岩碎石、河砂、TW-PS 聚羧减水剂和普通自来水。每立方米混凝土的材料用量：水：砂：水泥：粉煤灰：石：减水剂＝187.25kg：759.94kg：263.67kg：175.82kg：1013.26kg：4.40kg。水胶比为 0.43，砂率为 0.43。混凝土立方体的强度由 150mm×150mm×150mm 的立方体试块测得，试块与试件在同等条件下养护。依据《混凝土物理力学性能试验方法标准》GB/T 50081—2019 测试的混凝土力学性能：28d 时立方体抗压强度 f_{cu} 为 36.8MPa，试验时立方体抗压强度 f_{cu} 为 40.7MPa，弹性模量（E_c）为 28294N/mm²、泊松比（u_c）为 0.2、坍落度为 264mm、扩展度为 560mm。试验参数及试验结果见表 5-2-1。

试件参数及试验结果　　　　　　　　　　　　　　　　表 5-2-1

编号	L(mm)	脱空率 χ(%)	剪跨比 m	轴压比 n	N_0(kN)	V_{ue}(kN)	V_{uc}(kN)	$\dfrac{V_{ue}}{V_{uc}}$
CN2-0-a	692	0.0	1	0.30	236.87	261.91	271.85	0.95
CN2-0-b	692	0.0	1	0.30	236.87	254.98	271.85	
CC2-1-a	692	1.1	1	0.30	208.16	202.67	199.08	1.01
CC2-1-b	692	1.1	1	0.30	208.16	199.87	199.08	
CC2-2-a	692	2.2	1	0.30	201.40	196.21	197.41	0.99
CC2-2-b	692	2.2	1	0.30	201.40	196.39	197.41	
CC1-1-a	559	1.1	0.75	0.30	208.16	272.14	269.03	1.00
CC1-1-b	559	1.1	0.75	0.30	208.16	265.30	269.03	
CC3-1-a	825	1.1	1.25	0.30	208.16	162.63	157.43	1.03
CC3-1-b	825	1.1	1.25	0.30	208.16	160.66	157.43	
CC1-2-a	559	2.2	0.75	0.30	208.16	242.60	260.44	0.93
CC1-2-b	559	2.2	0.75	0.30	208.16	243.63	260.44	
CC3-2-a	825	2.2	1.25	0.30	208.16	158.58	154.57	1.00
CC3-2-b	825	2.2	1.25	0.30	208.16	149.53	154.57	

注：试件编号中第一个字母：C 代表钢管混凝土试件；第二个字母 C 代表环向脱空缺陷，N 代表无脱空缺陷；第一个数字代表剪跨比（数字 1 代表剪跨比 0.75，数字 2 代表剪跨比 1，数字 3 代表剪跨比 1.25），第二个数字代表脱空率（数字 0 代表无脱空，数字 1 代表脱空率 1.1%，数字 2 代表脱空率 2.2%），最后一个字母 a 代表相同参数试件的第一个试件，b 代表第二个试件。

(3) 加载方法和量测方案

试验装置如图 5-2-2 所示，试件水平放置，两端固接，轴向力由一水平放置的 1000kN 的千斤顶施加，保持试件两端轴向力恒定。横向荷载由位于跨中位置的 1000kN 的油压千斤顶通过加载刚性块施加。加载刚性块的宽度为 150mm。

图 5-2-2　试验装置

试验分级加载方案：先施加轴向荷载，分三级将轴向压力加载至预定值 N_0 并在试验过程中保持恒定；施加横向荷载，约每 30kN 一级，每级持荷 2min，超过预估最大横向荷载值 60% 之后，每级减小为约 20kN；当临近最大预估荷载时，采用慢速连续加载直至试件破坏（试件破坏标准：①试件焊缝断裂；②承载力下降到极限荷载的 85% 以下）。

试验中主要量测的内容有：试件中部加载点的横向荷载及其变形，试件两端支座处位移，试件端板转角，刚性加载块两侧钢管表面的纵向应变、横向应变及沿钢管对角线处的应变。

（4）试验结果及分析

1）试验现象和破坏模态

试件在加载的初期，整体处于弹性工作阶段，变形不大；随着跨中横向荷载的继续增大，试件进入弹塑性阶段，变形逐渐显增大，此后变形随着荷载的不断增加而增大，钢管应变则迅速增长。以剪跨比（m）为 1；脱空率（χ）为 1.1% 的试件 CC2-1-b 为例，随着荷载增大，试件与加载刚性块的连接处钢管出现轻微的鼓凸，加载后期此处钢管鼓屈愈加显著。同时，可见观察到试件两端端板处钢管下部出现微小鼓曲，试件的整体变形随着横向荷载的不断增加而继续增大，到试验结束时试件的破坏模态为受压侧凹陷，且加载刚性块两端钢管鼓曲明显。对于剪跨比（m）为 1 的试件，脱空的存在使得钢管和加载刚性块连接处两侧钢管的鼓凸现象更早发生，且鼓曲程度加剧。

由图 5-2-3 可知，带脱空缺陷试件的钢管局部凹陷程度较无脱空试件更为显著，且凹陷程度随脱空率的增大愈加明显。同时，带缺陷试件的端部钢管下侧鼓屈程度也较无脱空试件更为明显。

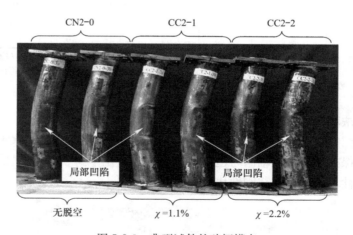

图 5-2-3 典型试件的破坏模态

2）横向荷载（P）-跨中侧向位移（Δ）关系曲线

图 5-2-4 给出了试件的横向荷载（P）-跨中侧向位移（Δ）关系曲线。可见，钢管混凝土的在压弯剪复合受力下的整体变形能力较好，具有良好的延性。无论是无脱空的还是带脱空的试件，其 P-Δ 曲线均可分为三个阶段：弹性阶段、弹塑性阶段和强化阶段。总体而言，剪跨比（m）为 1，脱空率（χ）为 1.1% 和 2.2% 的带缺陷试件相对于相同剪跨比的无脱空试件承载力有所降低；对于带环向脱空缺陷的试件而言，随着剪跨比的增大，试件

的承载力呈下降趋势。

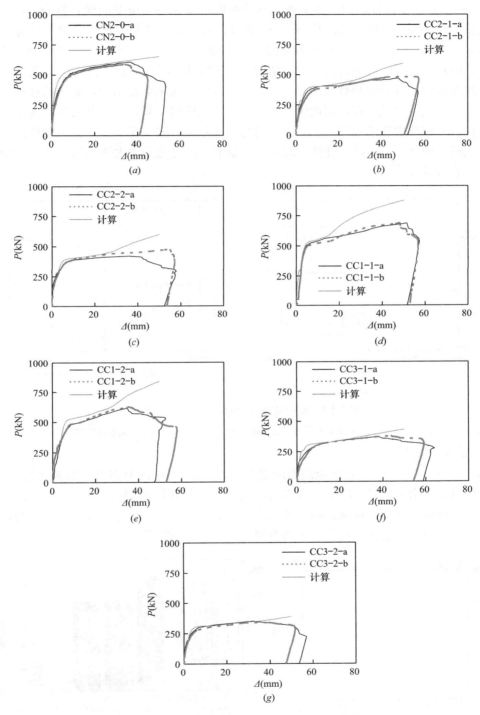

图 5-2-4　横向荷载（P）-跨中位移（Δ）曲线

(a) CN2-0(m=1　χ=0.0%)；(b) CC2-1(m=1　χ=1.1%)；(c) CC2-2(m=1　χ=2.2%)；(d) CC1-1(m=0.75　χ=1.1%)；

(e) CC1-2(m=0.75　χ=2.2%)；(f) CC3-1(m=1.25　χ=1.1%)；(g) CC3-2(m=1.25　χ=2.2%)

3）荷载—应变曲线

图 5-2-5 给出了试件跨中截面实测的钢管纵向应变和环向应变曲线，其中，ε_{sl} 代表纵向应变值，ε_{st} 代表环向应变值。从图 5-2-5 中可以看出，无论是带环向脱空的还是无脱空的试件，环向应变的发展速度较纵向应变快，先达到钢管屈服应变（ε_{sy}）。由图 5-2-5（a）可以看出：剪跨比相同的情况下，脱空率 2.2% 的试件其环向应变比无脱空试件发展速度快，在横向荷载较小时已进入屈服阶段。这主要是由于，脱空的存在使钢管缺乏核心混凝土的有效支撑，因此钢管承受了较大的横向荷载，促使其变形快速增长。因脱空试件的整体弯曲变形要较无脱空试件的弯曲变形大，同一荷载下，脱空试件的纵向变形要更大些。由图 5-2-5（b）可见：同一脱空率下，剪跨比的增大使钢管的环向应变和纵向应变的发展速度增快。

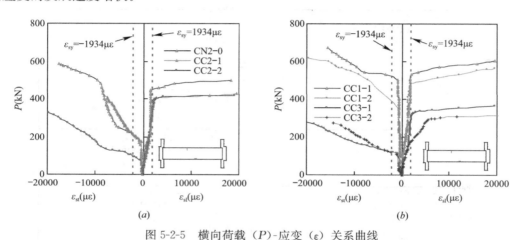

图 5-2-5　横向荷载（P）-应变（ε）关系曲线

（a）脱空率（χ）对 P-ε 关系曲线的影响；（b）剪跨比（m）对 P-ε 关系曲线的影响

4）试件承载力

参考方小丹等（2010）抗剪承载力的定义，以图 5-2-6 中的 B 点对应的横向荷载的 1/2 为试件抗剪承载力 $V_{ue}(V=P/2)$，B 点为弹塑性段和强化段的交点。图 5-2-7 给出了各个试件的实测抗剪承载力，可见：同一脱空率下，试件的抗剪承载力，随着剪跨比的增大而减小，同一剪跨比下，试件的承载力随着脱空率的增大而降低。

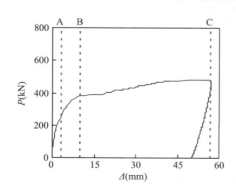

图 5-2-6　典型试件横向荷载
（P）-跨中位移（Δ）曲线

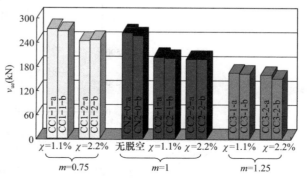

图 5-2-7　试件抗剪承载力的比较

式（5-2-2）中，$V_{ue,脱空}$，$V_{ue,无脱空}$ 分别为剪跨比为 1.0 时脱空试件和无脱空试件的抗剪承载力。

式（5-2-3）中，$V_{ue,m}$ 为剪跨比为 0.75 时各脱空试件的抗剪承载力，$V_{ue,3}$ 为剪跨比为 0.75 时各个脱空试件的抗剪承载力。

为定量描述脱空率和剪跨比对试件抗剪承载力的影响，定义承载力系数 SI_1 和 SI_2 如下：

$$SI_1 = V_{ue,脱空}/V_{ue,无脱空} \qquad (5\text{-}2\text{-}2)$$

$$SI_2 = V_{ue,m}/V_{ue,3} \qquad (5\text{-}2\text{-}3)$$

图 5-2-8（a）给出了剪跨比为 1.0 时，脱空率对抗剪承载力系数 SI_1 的影响。可见：脱空率（χ）为 1.1％试件的抗剪承载力与无脱空试件相比降低了 22％；脱空率增大到 2.2％时，其抗剪承载力降低了 24％。图 5-2-8（b）给出了带环向脱空缺陷的试件分别在脱空率为 1.1％和 2.2％时，剪跨比对各脱空试件抗剪承载力系数 SI_2 的影响。可见对于带缺陷的钢管混凝土构件，在脱空率相同的情况下，随着剪跨比的增大其承载力有降低的趋势。

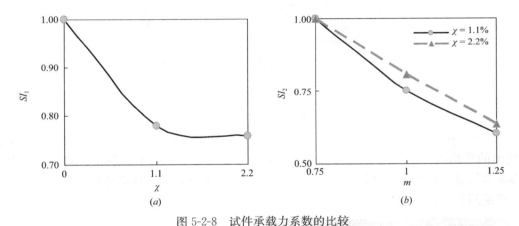

图 5-2-8　试件承载力系数的比较

（a）脱空率（χ）对抗剪承载力系数 SI_1 的影响；（b）剪跨比（m）对抗剪承载力系数 SI_2 的影响

（5）有限元模型和验证

建立了带缺陷的钢管混凝土构件在压弯剪复合作用下的有限元模型：钢管采用在厚度方向为 9 点 Simpson 积分的四节点缩减积分格式的壳单元（S4R），核心混凝土和两端盖板均采用八节点缩减积分格式的三维实体单元建模（C3D8R），构件两端的端板设定为刚性材料，在计算时弹性模量和泊松比分别为 1×10^{12} MPa 和 1×10^{-6}。采用结构化网格划分技术和合理的网格划分密度，以保障有限元模型的精细化。

钢材和混凝土的材料本构模型，以及钢管与混凝土的接触模型和 3.2.2 节所述相同。有限元模型的两端采用固接方式，即参考点和端板连接后，两端边界条件采用固定连接；并且首先在构件左侧加载端耦合点（RP1）施加轴向力，然后再向耦合点（RP3）施加竖向位移。由于模型处于复杂受力状态，所以在有限元计算时采用的是分步加载方式；第一步以施加集中力的加载方式对构件施加轴向力，第二步在保持第一步轴向力的基础上，采用竖向位移加载方式来建立有限元模型。荷载均在非固定边界单元节点上施加。有限元模型示意如图 5-2-9 所示，截面网格划分如图 5-2-10 所示。

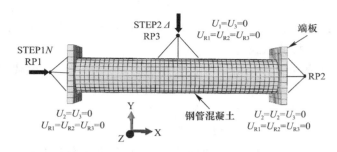

图 5-2-9　有限元模型示意图

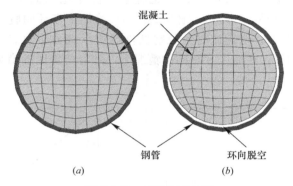

图 5-2-10　截面网格划分

（a）无脱空构件；（b）脱空构件

　　表 5-2-1 和图 5-2-4 给出了有限元的计算结果和试验结果比较。由表 5-2-1 可知：V_{ue}/V_{uc} 比值的平均值为 0.99，方差为 0.03。由图 5-2-4 可见，有限元计算的横向荷载—跨中位移曲线与试验曲线吻合良好。图 5-2-11 给出了有限元模拟的试件破坏模态与试验结果比较，可见两者总体上较为吻合。

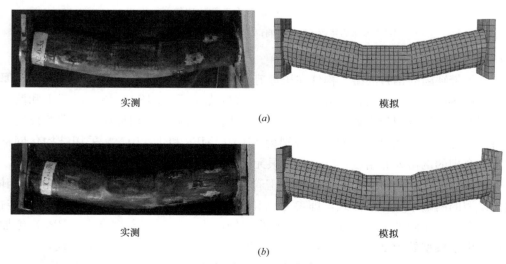

图 5-2-11　破坏模态的计算与试验的结果对比（一）

（a）CN2-0-3a(无脱空，$m=1$)；（b）CC2-1-3b($\chi=1.1\%$，$m=1$)

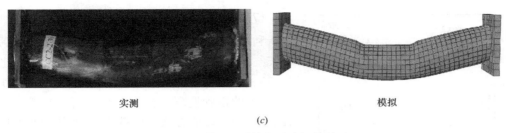

实测　　　　　　　　　　　模拟

(c)

图 5-2-11　破坏模态的计算与试验的结果对比（二）

(c) CC2-2-3b($\chi=2.2\%$，$m=1$)

（6）接触应力分析

为更好地了解压弯剪复合作用下带环向脱空缺陷的钢管混凝土构件外钢管和核心混凝土的相互作用，选取典型算例进行分析，典型算例参数：钢管直径 $D=400mm$，含钢率（α）为 0.05，剪跨比（m）为 2，轴压比（n）为 0.3，混凝土脱空率（χ）为 0～2%，混凝土立方体抗压强度 $f_{cu}=60MPa$，钢材强度 $f_y=345MPa$。

图 5-2-12 给出了脱空率在 0～2% 典型构件外钢管和核心混凝土接触应力与跨中位移关系图，可见：无论受压侧、中截面还是受拉侧随着脱空率（χ）的增大钢管与混凝土之间的接触应力降低，尤其是当 χ 大于 0.05% 时更为明显；特别是中截面的核心混凝土和外钢管的接触力在 χ 大于 0.05%，始终为 0，表明两者始终未接触。

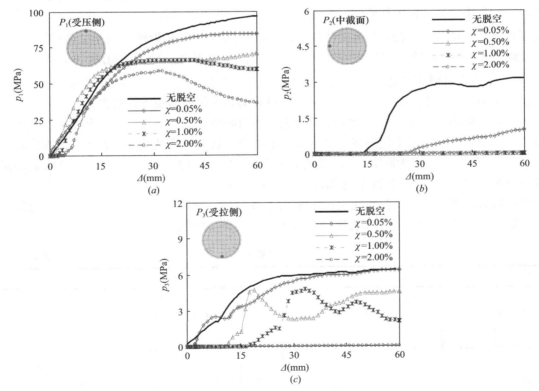

图 5-2-12　接触应力-跨中位移关系曲线

（a）受压侧；（b）中截面；（c）受拉侧

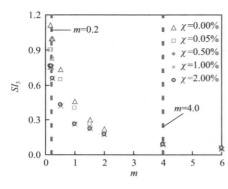

图 5-2-13　承载力系数
（SI_3）-剪跨比（m）关系曲线

（7）界限剪跨比

利用有限元模型，对不同脱空率 χ（0%、0.05%、0.5%、1.0% 和 2.0%）、不同剪跨比 m（0.15、0.2、0.25、0.5、1.0、1.5、2.0、4.0 和 6.0）下的钢管混凝土构件进行分析，参考赵同峰（2011）中的取值方法，取截面高度中心处剪应变（γ）达到 $10000\mu\varepsilon$ 对应的剪应力作为极限剪应力（τ_u），剪跨比（m）为 0.2 时对应的极限剪应力为 τ_{max}，定义极限剪应力系数 $SI_3 = \tau_u/\tau_{max}$。图 5-2-13 给出了 SI_3-m 的关系曲线，可见：当 m 小于 0.2 时，SI_3 随着 m 的增大，降低幅度很大，当 m 大于 4 时，降低幅度非常有限。因此，对于带环向脱空缺陷的钢管混凝土构件其在压弯剪复合作用下可以得到：$m \leqslant 0.2$ 时，发生剪切破坏；$0.2 < m < 4.0$ 时，发生弯剪破坏；$m \geqslant 4.0$ 时，发生弯曲破坏。

5.2.2　压弯剪滞回作用下的力学性能

（1）试件设计与材料性能

试验进行了 24 根带环向脱空缺陷的钢管混凝土试件在压弯剪复合受力作用下滞回性能研究，其中包括 8 根无缺陷的对比试件。表 5-2-2 列出了试件的详细设计情况，其中 D 为钢管混凝土试件的外径，L 为试件长度，t 为钢管的壁厚，χ 为环向脱空试件的脱空率，n 为轴压比（$n = N_0/N_u$，N_0 为施加在试件上的恒定轴压力；N_u 为轴心受压时的极限承载力）。试件设计时所考虑的参数是：脱空率 χ（0、1.1%、2.2%）、轴压比 n（0.3、0.6）和剪跨比 λ（0.75、1、1.25）。表中第一个字母 C 表示为钢管混凝土试件的简称，第二个 N 代表无脱空缺陷的简称，第二个字母 C 代表为环向脱空缺陷的简称。第一个数字表示为剪跨比（其中第一个字母 1 代表剪跨比为 0.75、数字 2 代表剪跨比为 1，数字 3 代表剪跨比为 1.25），第二个数字为脱空率（0 代表无脱空，1 代表环向脱空率为 1.1%，2 代表环向脱空率为 2.2%），第三个数字为轴压比（3 代表轴压比为 0.3，数字 6 代表轴压比为 0.6），最后一个字母 a 或者 b 代表同组相同参数的两个试件。例如 CC3-1-6a 表示为第一根剪跨比为 1.25、轴压比 0.6 和脱空率为 1.1% 的环向钢管混凝土试件。

试件信息表　　　　　　　　　　　　　　　　　　　　表 5-2-2

编号	D(mm)	t(mm)	L(mm)	χ(%)	λ	n	N_0(kN)	f_y(MPa)	f_{cu}(MPa)
CN2-0-6a	133	4	692	0	1	0.6	478.8	362.5	38
CN2-0-6b	133	4	692	0	1	0.6	478.8	362.5	38
CN2-0-3a	133	4	692	0	1	0.3	239.4	362.5	38
CN2-0-3b	133	4	692	0	1	0.3	239.4	362.5	38
CN1-0-6a	133	4	559	0	0.75	0.6	483.6	362.5	38
CN1-0-6b	133	4	559	0	0.75	0.6	483.6	362.5	38
CN3-0-6a	133	4	825	0	1.25	0.6	471.0	362.5	38
CN3-0-6b	133	4	825	0	1.25	0.6	471.0	362.5	38

编号	D(mm)	t(mm)	L(mm)	χ(%)	λ	n	N_0(kN)	f_y(MPa)	f_{cu}(MPa)
CC2-1-6a	133	4	692	1.1	1	0.6	398.4	362.5	38
CC2-1-6b	133	4	692	1.1	1	0.6	398.4	362.5	38
CC2-1-3a	133	4	692	1.1	1	0.3	199.2	362.5	38
CC2-1-3b	133	4	692	1.1	1	0.3	199.2	362.5	38
CC1-1-6a	133	4	559	1.1	0.75	0.6	408.6	362.5	38
CC1-1-6b	133	4	559	1.1	0.75	0.6	408.6	362.5	38
CC3-1-6a	133	4	825	1.1	1.25	0.6	389.4	362.5	38
CC3-1-6b	133	4	825	1.1	1.25	0.6	389.4	362.5	38
CC2-2-6a	133	4	692	2.2	1	0.6	392.4	362.5	38
CC2-2-6b	133	4	692	2.2	1	0.6	392.4	362.5	38
CC2-2-3a	133	4	692	2.2	1	0.3	196.2	362.5	38
CC2-2-3b	133	4	692	2.2	1	0.3	196.2	362.5	38
CC1-2-6a	133	4	559	2.2	0.75	0.6	401.4	362.5	38
CC1-2-6b	133	4	559	2.2	0.75	0.6	401.4	362.5	38
CC3-2-6a	133	4	825	2.2	1.25	0.6	388.2	362.5	38
CC3-2-6b	133	4	825	2.2	1.25	0.6	388.2	362.5	38

　　试件的具体加工尺寸如图 5-2-14（a）所示。钢管采用 Q235 的无缝钢管。加工试件钢管和端板时，保证钢管在端板的中部，同时螺栓孔和反力墩的螺栓孔一致，在试验时保证每个螺栓都能和反力墩的螺栓相连。试件端板的厚度为 25mm，对于带环向脱空缺陷的试件在底部端板内侧焊接 4 根直径为 10 的栓钉，以固定未与钢管接触的核心混凝土。试件端板的加工示意图如图 5-2-14（b）所示。

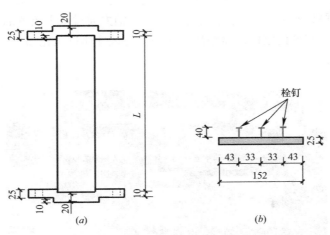

图 5-2-14　试件示意图（单位：mm）

（a）试件尺寸；（b）端板栓钉示意图

　　试件钢管均采用 Q235 无缝钢管。钢管材性试验依据《金属材料　拉伸试验　第 1 部分：室温试验方法》GB/T 228.1—2010 进行，实测的钢材屈服强度、抗拉强度、弹性模量等力学指标见表 5-2-3。

编号	t(mm)	f_y(MPa)	f_u(MPa)	E(MPa)	δ(%)
试件 1	4.15	366.89	512.36	199000	28.9
试件 2	4.25	359.10	503.83	200000	30.0
试件 3	4.56	361.76	506.14	213000	31.0
均值	4.32	362.58	507.45	204000	29.9

钢材材性试验结果　表 5-2-3

试件浇筑混凝土时，对于无脱空缺陷的试件，先把空钢管的一端与一号端板焊接好，将焊好端板的一端放在下部，在开口的位置浇灌混凝土。对于脱空的钢管混凝土试件浇筑前放入加工好的环形铁皮管使其紧贴钢管内壁（对于脱空率为 1.1%、2.2% 的试件，铁皮的厚度分别为 0.75mm、1.5mm），并在铁皮管两面均用凡士林涂抹均匀，然后再浇入混凝土。待混凝土初凝后利用千斤顶抽出铁皮管。试件在自然条件下养护 28d 后，焊上另一端板。试件混凝土的配合比和材料性能分别列于表 5-2-4 和表 5-2-5。

混凝土配合比（kg/m³）　表 5-2-4

混凝土类型	水	砂	水泥	粉煤灰	石子	减水剂
C40	187.25	759.94	263.67	175.82	1013.26	4.40

混凝土力学性能指标　表 5-2-5

设计强度	坍落度 (mm)	扩展度 (mm)	28d 立方体抗压强度 f_{cu}(MPa)	试验时立方体抗压强度 f_{cu}(MPa)	弹性模量 (MPa)
C40	264	520-580	36.8	38.3	28293.8

（2）试验装置与试验方法

试验装置如图 5-2-15 和图 5-2-16 所示，试件水平放置，试件的边界条件为两端固结，试件通过 M22 的高强螺栓与反力墩连接端直接相连。轴力通过水平放置的 1000kN 油压千斤顶施。侧向荷载由 MTS 伺服作动器施加，作动器与试件通过预先加工好的刚性夹具连接，夹具宽度为 150mm。

图 5-2-15　试验装置照片

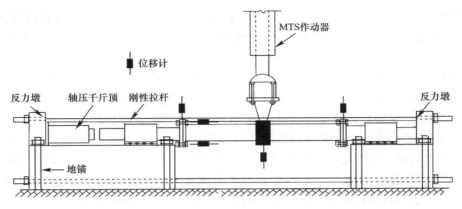

图 5-2-16　加载装置示意图

　　试验的加载制度为力控和位移控双控制方法：在试件的弹性段采用力控的方法，按照 $0.25P$、$0.5P$、$0.7P$ 共三级加载制度进行，力控加载级均为每级加载两圈。接着，采用位移控加载：首先加载 $1\Delta_y$、$1.5\Delta_y$、$2\Delta_y$ 三级，每级加载三圈，接着加载 $3\Delta_y$、$5\Delta_y$、$6\Delta_y$、$7\Delta_y$、$8\Delta_y$，每级加载两圈。Δ_y 为试件的屈服位移，其中 Δ_y 为试验前利用有限元模型计算所得的屈服位移，当外钢管出现开裂或者加载超过 $8\Delta_y$ 时，加载停止。

　　试验中量测的数据内容包括侧向荷载-侧向位移关系曲线、钢管应变等。位移计和应变花的布置方案如图 5-2-17 所示。

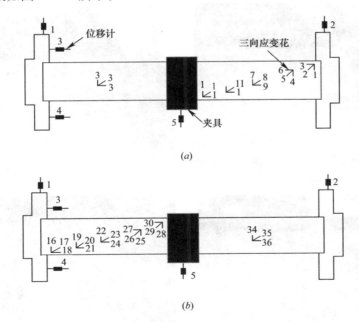

图 5-2-17　位移和应变量测示意图
(a) 正面；(b) 反面

（3）试验结果

　　当处于力控加载时，试件的荷载-位移曲线处于弹性段，试件没有明显的鼓屈变形。加载到位移力控时，随着横向加载位移的增加，首先在夹具两边钢管的上下两面开始出现微小的鼓屈。接着鼓屈从试件的上下两面向中间发展，在夹具两侧的钢管形成环向鼓屈，此时试件端板的上部和下部也逐渐出现轻微的环状鼓屈，最终试件在夹具两边和两端端板处出现环向鼓屈的破坏模态。

试件在加载过程中的破坏现象如图 5-2-18 所示。对于无脱空试件，如图 5-2-18（a）、(c)、(e) 所示，当加载至 $2\Delta_y \sim 3\Delta_y$ 时，试件在夹具两边钢管的受压区开始出现微小的鼓屈；在 $3\Delta_y \sim 5\Delta_y$ 时夹具旁边形成明显的环向鼓屈，此时接近端板两端的位置出现轻微的鼓屈。加载到 $5\Delta_y \sim 6\Delta_y$ 时，夹具两旁的环向鼓屈加大，形成明显的环向鼓屈，端板处的环向鼓屈更加明显。对于带环向脱空缺陷的试件相对于无脱空的试件其出现鼓屈的时间提前，如图 5-2-18（b）、(d)、(f) 所示，带缺陷试件在加载到 $1.5\Delta_y \sim 2\Delta_y$ 时出现微小鼓屈，在 $2\Delta_y \sim 3\Delta_y$ 时夹具周围形成较为明显的环向鼓屈，此时接近端板两端的位置出现轻微的鼓屈。加载到 $3\Delta_y \sim 5\Delta_y$ 时，夹具旁的环向鼓屈加大，端板处的鼓屈形成明显的环向鼓屈。

带环向脱空缺陷的试件和无脱空试件均在整个加载过程中均伴随有混凝土被压碎的声音。所有的试件整体破坏模态如图 5-2-19 所示。可见，试件的破坏模态均为在夹具的两侧和跨中截面产生环向鼓屈，带环向脱空缺陷的钢管混凝土试件其出现鼓屈的时间较无脱空试件更早，最终鼓屈程度也更加明显，特别是在试件端部区域，带缺陷试件的钢管鼓屈现象较无脱空试件尤为显著。

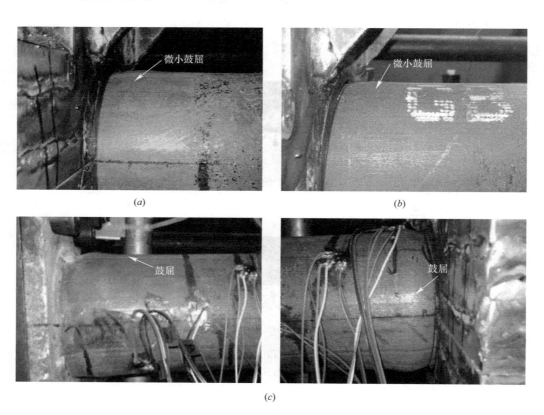

图 5-2-18　加载过程中试件的破坏现象（一）

（a）无脱空试件加载到 $1\Delta_y \sim 2\Delta_y$；（b）环向脱空试件加载到 $1\Delta_y \sim 1.5\Delta_y$；（c）无脱空试件加载到 $2\Delta_y \sim 3\Delta_y$

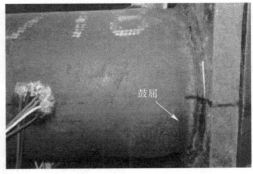

(d)

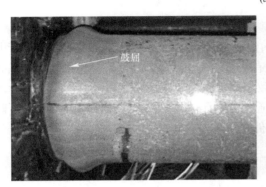

(e)

(f)

图 5-2-18　加载过程中试件的破坏现象（二）

(d) 环向脱空试件加载到 $1.5\Delta_y \sim 3\Delta_y$；(e) 无脱空试件加载到 $5\Delta_y \sim 6\Delta_y$；(f) 环向脱空试件加载到 $3\Delta_y \sim 5\Delta_y$

(a)

图 5-2-19　试件最终破坏模态（一）

(a) 剪跨比 $\lambda = 1$

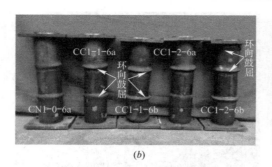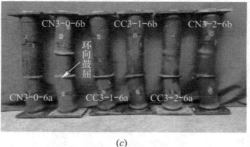

图 5-2-19　试件最终破坏模态（二）

（b）剪跨比 $\lambda=0.75$，轴压比 $n=0.6$；（c）剪跨比 $\lambda=1.25$，轴压比 $n=0.6$

（4）侧向荷载-侧向位移滞回曲线

图 5-2-20 给出了实测的侧向荷载（P）-侧向位移（Δ）滞回关系曲线。可见，所有钢管混凝土试件的荷载-位移滞回曲线均较为饱满，没有明显的捏缩现象，滞回环呈梭形状，在屈服前试件处于弹性阶段，加载刚度和卸载刚度大致相同，试件屈服后强化段的刚度小于弹性段刚度，试件的残余变形逐渐增大，荷载上升逐渐变缓，所有试件的滞回曲线均没有出现下降段。需要说明的是由于试验失误，CN1-0-6b 试件并无测得数据。

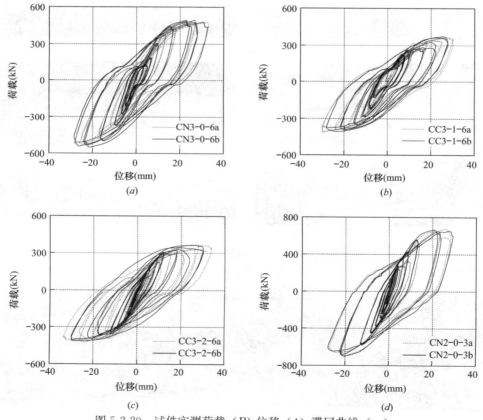

图 5-2-20　试件实测荷载（P）-位移（Δ）滞回曲线（一）

（a）无脱空，$\lambda=1.25$，$n=0.6$；（b）$\chi=1.1\%$，$\lambda=1.25$，$n=0.6$；

（c）$\chi=2.2\%$，$\lambda=1.25$，$n=0.6$；（d）无脱空，$\lambda=1$，$n=0.3$

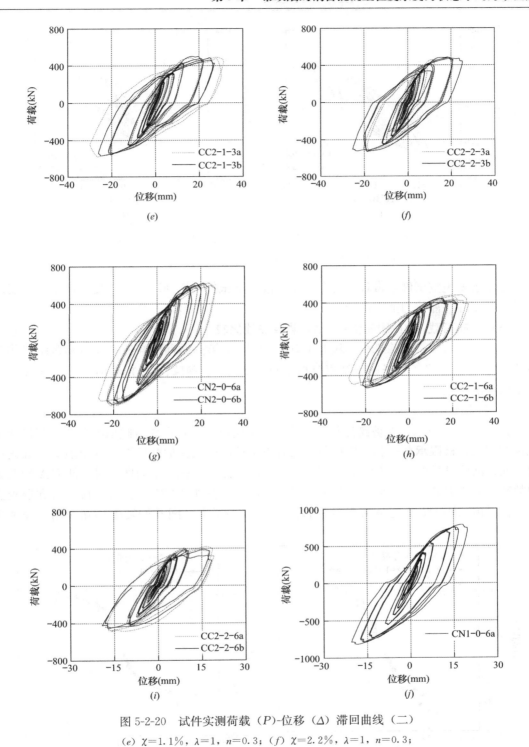

图 5-2-20　试件实测荷载（P）-位移（Δ）滞回曲线（二）

（e）$\chi=1.1\%$，$\lambda=1$，$n=0.3$；（f）$\chi=2.2\%$，$\lambda=1$，$n=0.3$；

（g）无脱空，$\lambda=1$，$n=0.6$；（h）$\chi=1.1\%$，$\lambda=1$，$n=0.6$；

（i）$\chi=2.2\%$，$\lambda=1$，$n=0.6$；（j）无脱空，$\lambda=0.75$，$n=0.6$

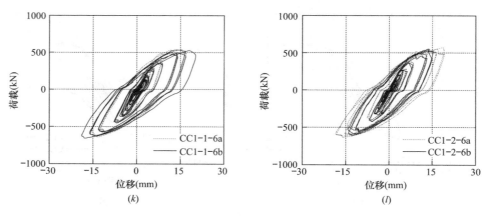

图 5-2-20　试件实测荷载（P）-位移（Δ）滞回曲线（三）

（k）$\chi=1.1\%$，$\lambda=0.75$，$n=0.6$；（l）$\chi=0.6$，$\lambda=0.75$，$n=0.6$

　　相较于无脱空试件，带环向脱空的钢管混凝土试件其滞回环饱满程度有所下降，反映了脱空对试件耗能能力的不利影响。

（5）侧向荷载（P）-侧向位移（Δ）骨架曲线比较

　　参考《建筑抗震试验规程》JGJ/T 101—2015 取第一循环的峰值点连接的包络线作为荷载-位移骨架曲线。基于试验结果分析了脱空率（χ）、剪跨比（λ）和轴压比（n）对 P-Δ 骨架曲线的影响。

　　1）脱空率

　　如图 5-2-21 所示，在剪跨比与轴压比相同的情况下，环向脱空缺陷的存在显著降低了试件的刚度、极限承载力和后期荷载。无脱空试件的荷载在加载后期呈现出显著的强化现象，而带缺陷试件的荷载在加载后期则较为平缓。此外，脱空率的增大对试件 P-Δ 骨架曲线的影响并不显著。对于无脱空的钢管混凝土试件，在加载初期的弹性阶段钢管和混凝土共同提供侧向刚度，在进入弹塑性阶段后钢管和混凝土之间开始发生相互作用，表现在

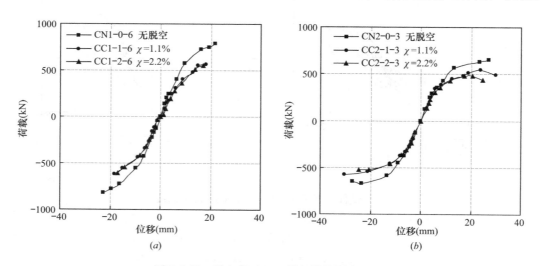

图 5-2-21　脱空率对 P-Δ 骨架线的影响（一）

（a）剪跨比 $\lambda=0.75$，轴压比 $n=0.6$；（b）剪跨比 $\lambda=1$，轴压比 $n=0.3$

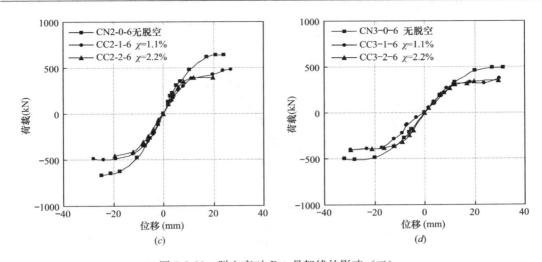

图 5-2-21　脱空率对 P-Δ 骨架线的影响（二）

(c) 剪跨比 $\lambda=1$，轴压比 $n=0.6$；(d) 剪跨比 $\lambda=1.25$，轴压比 $n=0.6$

钢管对受压区混凝土提供约束作用，混凝土对外钢管提供支撑作用，因此钢管混凝土试件表现出较高的刚度和承载能力，直到加载后期荷载-位移关系曲线仍然表现出显著的强化特征，而对于带环向脱空缺陷的钢管混凝土试件，由于缺陷的存在，在弹性阶段只有钢管提供侧向刚度，核心混凝土并未参与受力，也未能为钢管提供支撑作用，从而导致钢管提早进入屈服状态，随着试件侧向变形增大，在钢管和混凝土发生局部接触之后，两者开始部分共同受力，因此试件的荷载-位移关系曲线在加载后期保持平缓阶段。

2）剪跨比

图 5-2-22 为剪跨比对荷载-位移骨架线的影响。可见在轴压比、脱空率相同时，随着剪跨比的增大，试件的承载力、弹性刚度和弹塑性刚度均随着剪跨比的增加而有所降低，而极限位移则随剪跨比增大而增大。这是由于剪跨比增大使试件表现出更多弯曲破坏的特征，而相较于剪切破坏，弯曲破坏下试件的承载力降低而变形能力提高。

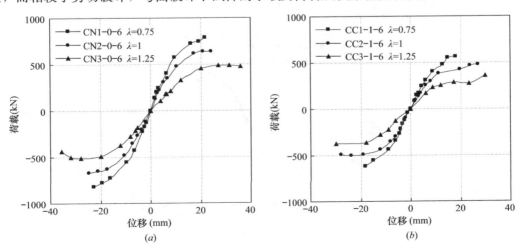

图 5-2-22　剪跨比对荷载（P）-位移（Δ）骨架线的影响（一）

(a) 脱空率 $\chi=0$，轴压比 $n=0.6$；(b) 脱空率 $\chi=1.1\%$，轴压比 $n=0.6$

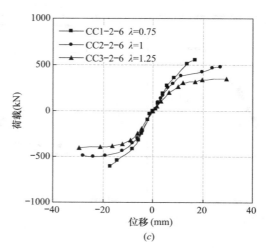

图 5-2-22 剪跨比对荷载（P）-位移（Δ）骨架线的影响（二）

（c）脱空率 $\chi=2.2\%$，轴压比 0.6

3）轴压比

图 5-2-23 为轴压比对试件荷载-位移骨架线的影响。可见，对于无脱空试件，随着轴

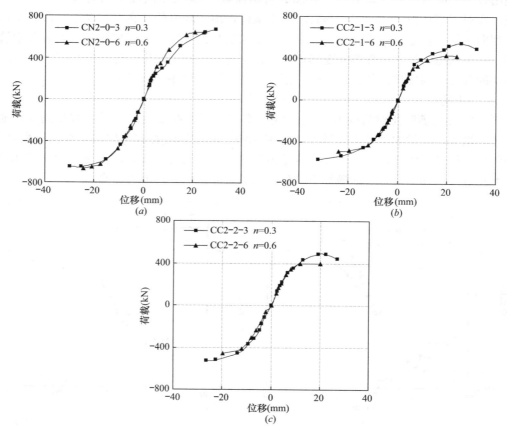

图 5-2-23 轴压比对荷载（P）-位移（Δ）骨架线的影响

（a）剪跨比 $\lambda=1$，无脱空；（b）剪跨比 $\lambda=1$，脱空率 $\chi=1.1\%$；（c）剪跨比 $\lambda=1$，脱空率 $\chi=2.2\%$

压比的增大试件的刚度和承载力都有所提高。而对环向脱空试件，则试件的承载力、刚度和变形能力均随轴压比增大而降低。

（6）承载力分析

图 5-2-24 所示为试件典型的荷载（P）-位移（Δ）骨架线，由于试件荷载-位移曲线无下降段，因此参考方小丹等（2010）中的方法，取 A、A' 点对应的横向荷载的 1/2 作为正、负向加载时的抗剪承载力 V_a（$V_a = P_a/2$），其中 A、A' 点为弹性段延线与强化段的交点；B、B' 点所对应的承载力作为正、负向加载时的极限承载力 V_u（$V_u = P_u/2$），其中 B、B' 点为弹性段 OA、OA' 与强化段 CD、C'D' 的交点。采用上述方法确定的各试件抗剪承载力 V_a 和极限承载力 V_u 见表 5-2-6。

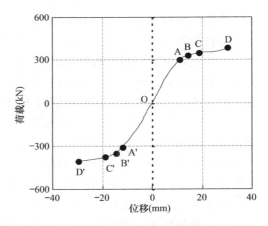

图 5-2-24　典型试件荷载
（P）-位移（Δ）曲线

抗剪承载力（V_a）和极限承载力（V_u）试验结果　　　　表 5-2-6

加载方向	试件编号	V_a (kN)	V_u (kN)	V_a (kN) 均值	试件编号	V_a (kN)	V_u (kN)	V_a (kN) 均值
正向	CN3-0-6a	177.8	218.9	177.3	CN1-0-6a	264.7	372.6	264.5
负向		−181.6	−224.7			−264.3	−392.0	
正向	CN3-0-6b	164.7	239.0		CN1-0-6b	—	—	
负向		−185.2	−248.0			—	—	
正向	CC3-1-6a	162.6	188.3	149.7	CC1-1-6a	190.1	262.6	202.9
负向		−149.2	−204.5			−215.7	−292.9	
正向	CC3-1-6b	138.2	180.0		CC1-1-6b	197.1	275.2	
负向		−148.7	−188.6			−212.4	−310.6	
正向	CC3-2-6a	137.6	181.3	145.5	CC1-2-6a	191.9	288.2	194.8
负向		−157.4	−212.8			−197.7	−274.7	
正向	CC3-2-6b	141.2	176.6		CC1-2-6b	196.4	288.2	
负向		−145.8	−199.6			−237.8	−279.9	
正向	CN2-0-6a	217.5	291.0	225.5	CN2-0-3a	171.2	335.8	214.8
负向		−225.9	−322.9			−225.6	−327.3	
正向	CN2-0-6b	224.4	297.5		CN2-0-3b	222.5	324.4	
负向		−234.0	−315.2			−239.9	−323.4	
正向	CC2-1-6a	186.0	239.7	184.8	CC2-1-3a	191.7	244.8	191.9
负向		−157.6	−239.1			−187.7	−287.4	
正向	CC2-1-6b	191.2	215.4		CC2-1-3b	184.2	241.1	
负向		−204.4	247.7			−203.8	−280.2	
正向	CC2-2-6a	183.6	186.9	182.9	CC2-2-3a	183.7	239.5	187.5
负向		−190.1	−218.0			−188.3	−246.1	
正向	CC2-2-6b	168.9	197.0		CC2-2-3b	177.7	215.0	
负向		−189.1	−222.5			−200.2	−245.2	

由图 5-2-24 可知，试件的荷载-位移曲线可大致分为三个阶段：

弹性阶段（OA、OA'）：该阶段荷载和位移为线性关系，A、A'点为钢材进入弹塑性阶段的起点，随后钢材屈服进入第二阶段（弹塑性阶段）。对于无脱空试件，在该阶段混凝土和钢管共同作用；对于带环向脱空缺陷的试件，跨中的钢管和混凝土尚未接触或者接触应力较小，因此剪力大部分由钢管承担。

弹塑性阶段（AC、AC'）：在该阶段荷载-位移曲线平缓上升，对于无脱空试件，此时钢材进入弹塑性阶段，并开始出现轻微鼓屈。随着荷载增大，混凝土的横向变形增大而受到钢管的约束作用。对于带环向脱空缺陷的试件，由于脱空的存在使得钢管和混凝土的相互作用力减小，因此在弹塑性阶段带缺陷试件的刚度小于无脱空试件。

强化阶段（CD、CD'）：从 C 点开始钢管进入强化阶段，对于无脱空缺陷的试件，随着跨中位移的增加，钢管和混凝土的变形随之增加，混凝土和钢管相互作用继续增强，荷载也相应平缓上升。对于带环向脱空缺陷的试件由于钢管和混凝土之间的相互作用力被削弱，因此其强化段的荷载增长幅度小于无脱空试件。

为了定量的描述脱空对试件极限承载力（V_u）的影响，定义极限承载力系数 SI 如式（5-2-4）所示。

$$SI = V_u / V_{u,无脱空} \qquad (5\text{-}2\text{-}4)$$

式中　V_u——实测的试件承载力；

$V_{u,无脱空}$——实测的无脱空试件的承载力。

图 5-2-25 给出了试件承载力系数的比较。可见，环向脱空缺陷会导致钢管混凝土压弯剪试件的极限承载力明显降低，这主要是由于脱空的存在延迟了钢管和核心混凝土的接触时刻，同时也削弱了钢管和混凝土之间的相互作用。而脱空率由 1.1% 增大到 2.2% 时，其对试件承载力的影响差异并不显著。

如图 5-2-25（a）所示，对剪跨比为 1.0，轴压比为 0.3、0.6 的两组试件，当脱空率为 1.1% 时，轴压比为 0.6 试件的承载力较无脱空试件降低 18%，轴压比为 0.3 试件的承载力较无脱空试件下降 11%；当脱空率为 2.2% 时，轴压比为 0.3、0.6 的试件承载力相对于无脱空试件分别降低了 13%、19%。可见，轴压比越大，脱空对试件承载力的影响程度越大。这是因为相较于钢管，脱空缺陷对混凝土有更加显著的影响，而在轴压比大的情况下试件的外荷载大部分由核心混凝土承担，因此脱空的不利影响就更为显著。

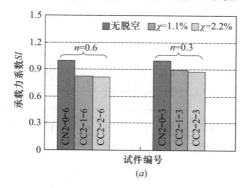
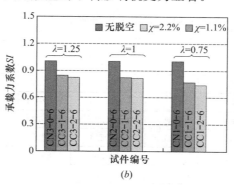

图 5-2-25　各参数对试件极限承载力系数 SI 的影响

（a）轴压比的影响（剪跨比 $\lambda = 1$）；（b）剪跨比的影响（轴压比 $n = 0.6$）

如图 5-2-25 (b)，当轴压比为 0.6、脱空率为 1.1％时，剪跨比为 1.25、1 和 0.75 的脱空试件的承载力相对于无脱空试件降低了 16％、18％、23％。可见，在剪跨比较小的情况下，环向脱空对试件承载力的影响更为显著，表明钢管混凝土构件在受剪作用下受到脱空的影响比受弯作用下更加显著。这可能是由于，受剪作用时混凝土对钢管混凝土承载能力的贡献较受弯作用时更大，而脱空缺陷的存在更多的对混凝土受力性能产生影响。

图 5-2-26 给出了不同脱空率下轴压比对试件抗剪承载力（V_a）的影响。可见，抗剪承载力（V_a）的变化规律和极限承载力（V_u）相似，脱空的存在显著降低了试件的抗剪承载力，而变化脱空率对抗剪承载力的影响并不显著。对于无脱空试件，轴压比为 0.6 的抗剪承载力大于轴压比为 0.3 的试件；而对于带环向脱空缺陷的试件，轴压比为 0.6 的试件其抗剪承载力小于轴压比为 0.3 的试件。

图 5-2-27 所示为不同脱空率下剪跨比对试件抗剪承载力（V_a）的影响。可见，在其他参数相同的情况下，剪跨比越大试件的抗剪承载力越小。相较而言，剪跨比对无脱空试件的影响比带缺陷试件更加显著。

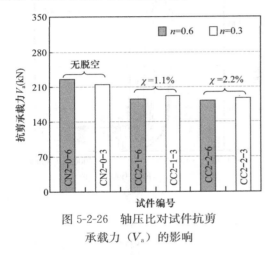
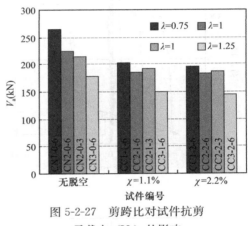

图 5-2-26　轴压比对试件抗剪
承载力（V_a）的影响

图 5-2-27　剪跨比对试件抗剪
承载力（V_a）的影响

（7）应变分析

图 5-2-28 所示为实测的典型带缺陷试件（CN2-1-3b）在不同位置的侧向荷载-应变

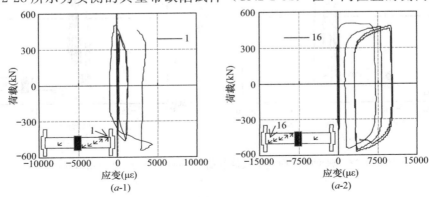

图 5-2-28　典型带环向脱空试件的荷载-应变曲线（CN2-1-3b）（一）

（a-1）1 号应变；（a-2）16 号应变

173

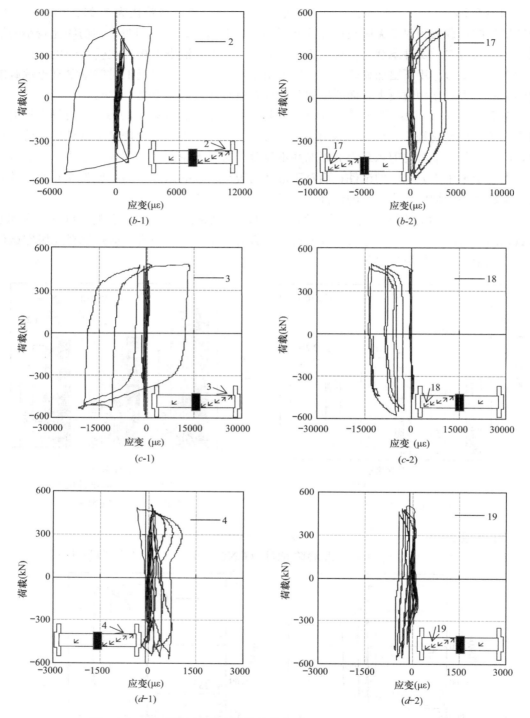

图 5-2-28　典型带环向脱空试件的荷载-应变曲线（CN2-1-3b）（二）

(*b*-1) 2 号应变；(*b*-2) 17 号应变；(*c*-1) 3 号应变；(*c*-2) 18 号应变；

(*d*-1) 4 号应变；(*d*-2) 19 号应变

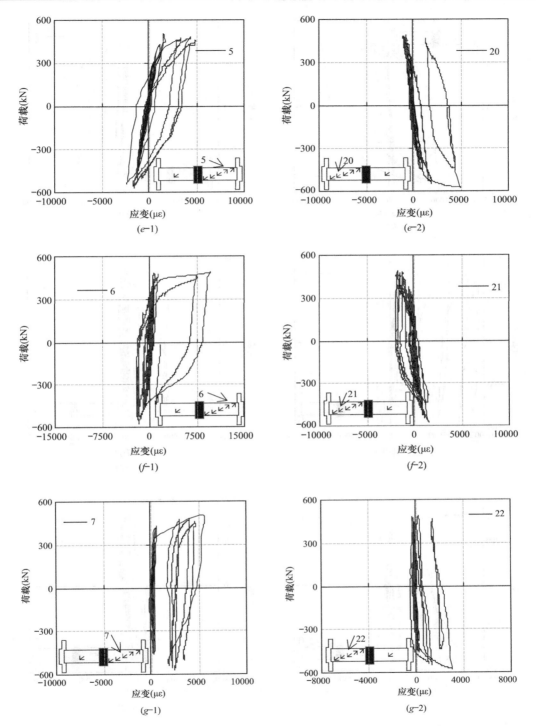

图 5-2-28　典型带环向脱空试件的荷载-应变曲线（CN2-1-3b）（三）

（e-1）5 号应变；（e-2）20 号应变；（f-1）6 号应变；（f-2）21 号应变；

（g-1）7 号应变；（g-2）22 号应变

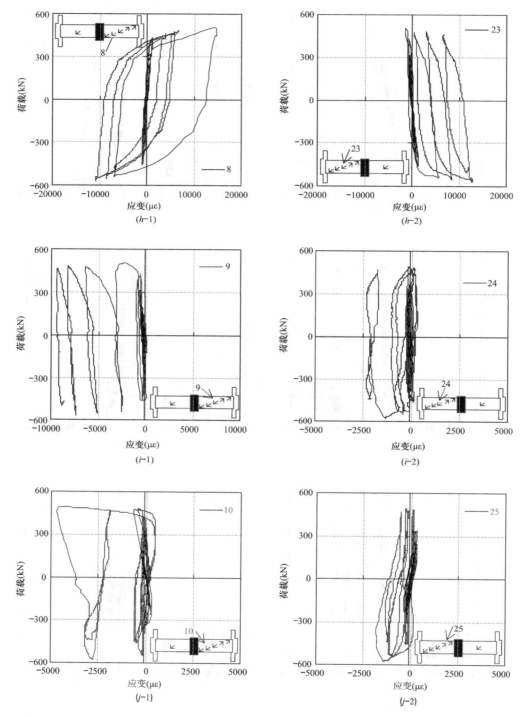

图 5-2-28 典型带环向脱空试件的荷载-应变曲线（CN2-1-3b）（四）

(h-1) 8 号应变；(h-2) 23 号应变；(i-1) 9 号应变；(i-2) 24 号应变；

(j-1) 10 号应变；(j-2) 25 号应变

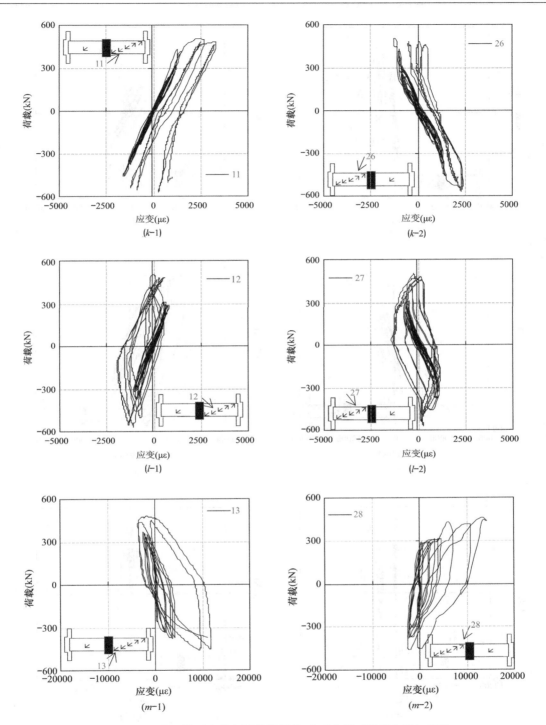

图 5-2-28　典型带环向脱空试件的荷载-应变曲线（CN2-1-3b）（五）

(*k*-1) 11 号应变；(*k*-2) 26 号应变；(*l*-1) 12 号应变；(*l*-2) 27 号应变；

(*m*-1) 13 号应变；(*m*-2) 28 号应变

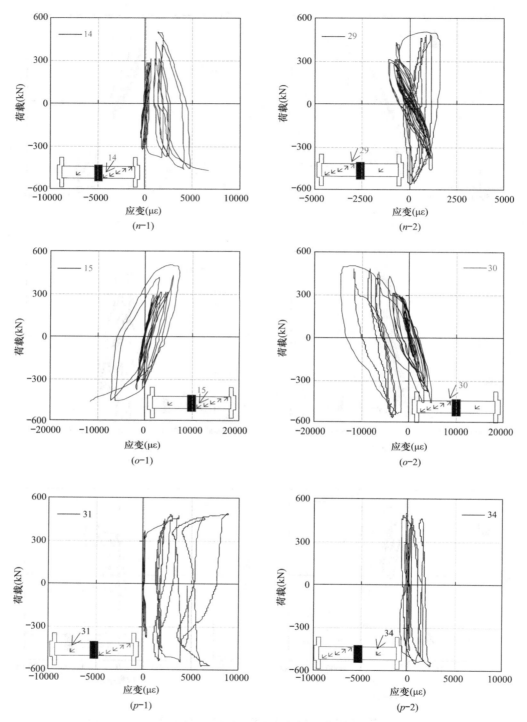

图 5-2-28　典型带环向脱空试件的荷载-应变曲线（CN2-1-3b）（六）

(n-1) 14 号应变；(n-2) 29 号应变；(o-1) 15 号应变；(o-2) 30 号应变；

(p-1) 31 号应变；(p-2) 34 号应变

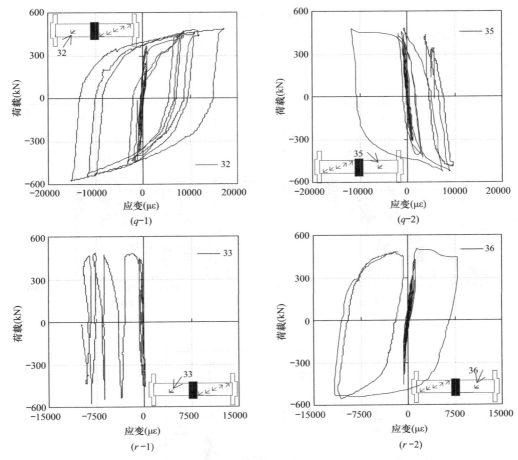

图 5-2-28　典型带环向脱空试件的荷载-应变曲线（CN2-1-3b）（七）

（q-1）32 号应变；（q-2）35 号应变；（r-1）33 号应变；（r-2）36 号应变

关系曲线，其中图中拉应变为正，压应变为负。可见，试件各个位置的应力均发展的较为充分，基本都达到了钢材屈服应变。不同点的斜向应变总体上发展趋势较为一致，应变值相差不大。对于横向应变和纵向应变，由于在靠近端部和刚性加载块区域的钢管发生明显的局部屈曲，因此这些区域内的纵、横向应变发展较为迅速。

1) 纵向应变分析

图 5-2-29（a）、（b）、（c）分别给出了无脱空试件（CN3-0-6a）、脱空率 1.1% 试件（CC3-1-6a）、脱空率 2.2% 试件（CC3-2-6a）的纵向应变发展曲线，其中 3、6、9、12、15 号应变为从试件端部到跨中位置依次分布的纵向应变。可见，对于无脱空试件其靠近跨中区域（15 号）应变发展最为充分，这是由于跨中附近的钢管在受荷过程中发生明显的局部鼓屈。而对于带环向脱空的试件，跨中区域（15 号）和端部区域（3 号）的应变均发展迅速，反映了带缺陷试件在端部的钢管局部屈曲较无脱空试件更为显著。

2) 剪应变分析

为考察试件钢管的剪应变发展，由粘贴在钢管表面上的应变花的横片、纵片、45°斜片所采集的应变数据经下式计算得到剪应变（γ）：

$$\gamma = 2\varepsilon_{45°} - (\varepsilon_0 + \varepsilon_{90°}) \qquad\qquad (5\text{-}2\text{-}5)$$

式中　ε_0——横向应变；

　　　$\varepsilon_{90°}$——纵向应变；

　　　$\varepsilon_{45°}$——斜向应变。

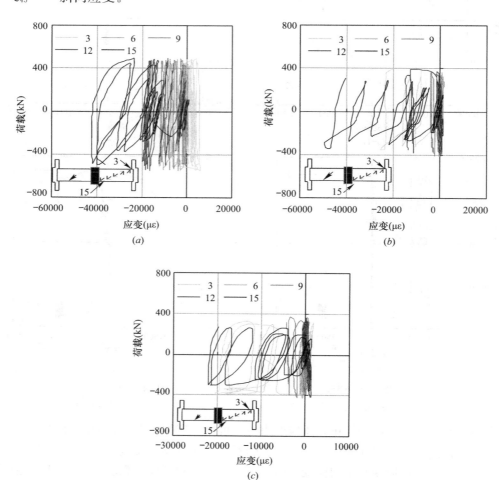

图 5-2-29　侧向荷载-纵向应变关系曲线（$n=0.6$，$\lambda=1$）

(a) CN3-0-6a；(b) CC3-1-6a；(c) CC3-2-6a

图 5-2-30 所示为脱空率对试件钢管剪应变的影响。可见，无论在轴压比 $n=0.3$ 或 $n=0.6$ 的情况下，带缺陷试件的钢管剪应变发展均较无脱空试件更为迅速，且随着脱空率的增大，相同荷载下的剪应变有增大的趋势。这是由于，环向脱空延迟了钢管和混凝土之间的接触时刻，使受荷初期时混凝土并未参与受力，钢管独自承担侧向荷载，因此钢管剪应变增长较快，而在受荷后期脱空缺陷的存在也削弱了钢管和混凝土之间的相互作用，导致钢管的剪切变形迅速增大。

（8）轴向变形

图 5-2-31 比较了脱空对试件轴向变形（δ）的影响。可见，试件在进入弹塑性阶段后轴向变形开始迅速发展。相较而言，带缺陷试件的轴向变形发展比无脱空试件更为充分。

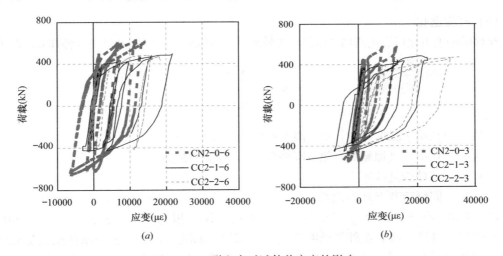

图 5-2-30　脱空率对试件剪应变的影响

（a）剪跨比 $\lambda=1$，轴压比 $n=0.6$；（b）剪跨比 $\lambda=1$，轴压比 $n=0.3$

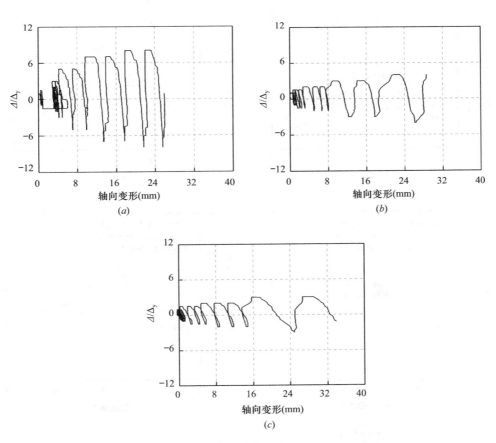

图 5-2-31　典型试件的轴向变形曲线

（a）CN3-0-6（无脱空）；（b）CC3-1-6（$\chi=1.1\%$）；（c）CC3-2-6（$\chi=2.2\%$）

181

（9）刚度退化

试件的刚度退化可以用滞回环峰值点等效刚度（割线刚度，K_j）来反映（韩林海，2016）：

$$K_j = \frac{\sum_{i=1}^{n} P_j^i}{\sum_{i=1}^{n} u_j^i} \qquad (5-2-6)$$

式中　P_j^i——在第 j 级加载时，第 i 圈循环的峰值荷载值；

　　　u_j^i——在第 j 级加载时，第 i 圈循环峰值点的位移值；

　　　K_j——试件的割线刚度；

　　　n——同级荷载循环的次数。

图 5-2-32～图 5-2-34 给出了试件的等效刚度（K_j）-相对位移（Δ/Δ_y）关系，其中 Δ_y 为屈服位移。可见，所有试件等效刚度均随位移增大而减小，加载初期试件刚度退化速度较快，到加载后期其刚度退化速度有趋于平缓的趋势。环向脱空缺陷的存在使试件的等效

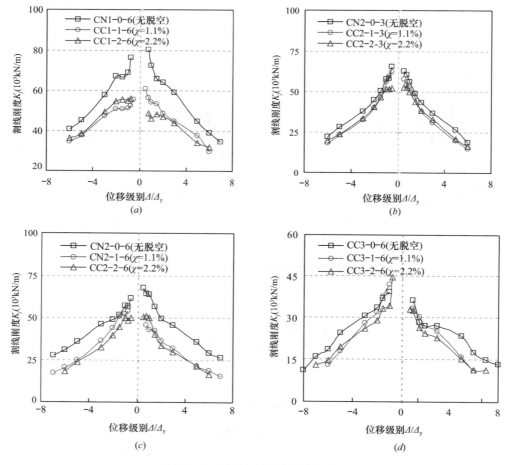

图 5-2-32　脱空率对刚度退化的影响

（a）剪跨比 $\lambda=0.75$，轴压比 $n=0.6$；（b）剪跨比 $\lambda=1$，轴压比 $n=0.3$；

（c）剪跨比 $\lambda=1$，轴压比 $n=0.6$；（d）剪跨比 $\lambda=1.25$，轴压比 $n=0.6$

刚度值和无脱空试件相比有所下降，且随着脱空率的增大，下降幅度有趋于显著的趋势，如图 5-2-32 所示。在同级位移（Δ/Δ_y）下，带缺陷试件的等效刚度均小于无脱空试件。

图 5-2-33 比较了轴压比对试件等效刚度的影响。可见，对于无脱空试件，轴压比较大（$n=0.6$）的试件其在同级位移（Δ/Δ_y）下的等效刚度大于轴压比较小（$n=0.6$）的试件。而对于带缺陷试件，轴压比对刚度退化的影响并不显著。

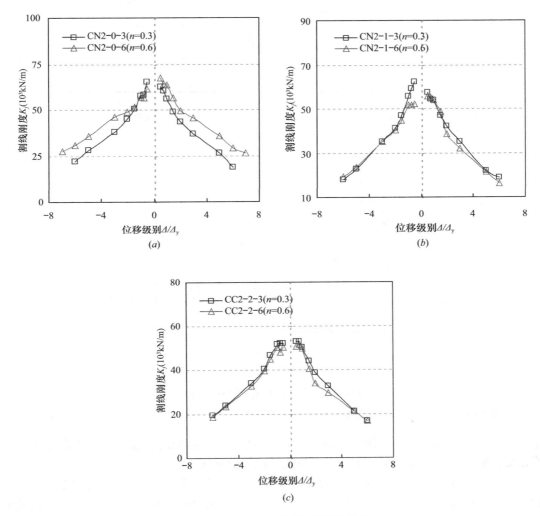

图 5-2-33　轴压比对刚度退化的影响

（a）无脱空，剪跨比 $\lambda=1$；（b）脱空率 $\chi=1.1\%$，剪跨比 $\lambda=1$；（c）脱空率 $\chi=2.2\%$，剪跨比 $\lambda=1$

图 5-2-34 比较了剪跨比对试件等效刚度的影响。可见，剪跨比较小的试件（如 $\lambda=0.75$）其在同级位移（Δ/Δ_y）下的等效刚度大于剪跨比较大的试件（如 $\lambda=1.25$）。但是，随着剪跨比的减小，试件的刚度退化有趋于显著的趋势。

通过观察分析上图可以得出：

1）随着试件跨中加载位移的增加，试件的割线刚度呈现逐渐降低的趋势，主要是由于混凝土进入塑性段和混凝土的损伤。试件的割线刚度降低的幅度前期降低幅度大于后期。

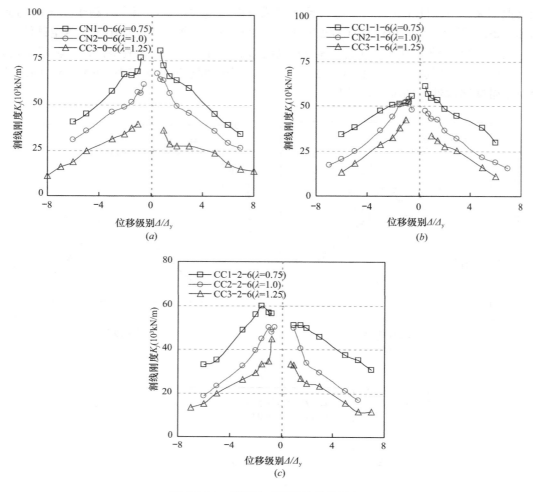

图 5-2-34　剪跨比对刚度退化的影响

（a）无脱空，轴压比 $n=0.6$；（b）脱空率 $\chi=1.1\%$，轴压比 $n=0.6$；（c）脱空率 $\chi=2.2\%$，轴压比 $n=0.6$

2）图 5-2-32 是脱空率对刚度退化的影响，在其他参数相同的条件下，无脱空试件的刚度大于脱空试件，说明脱空率的存在降低了试件的刚度。

3）图 5-2-33 给出了轴压比对刚度退化的影响，对于无脱空试件其割线刚度随着轴压比的增加而增大，说明轴压比的增大可以增加无脱空试件的刚度，由于随着轴压比的增大，使得混凝土的受压截面变大，且混凝土受压对刚度的增加大于混凝土被压碎的影响，表现为试件刚度的增加。对于带环向脱空试件轴压比的增大降低了试件的刚度，这是由于随着试验的加载，横向位移的增加，脱空试件的核心混凝土被压碎，轴压比越大混凝土被压碎越严重，且轴压的增大影响小于脱空试件的混凝土被压碎的影响。

4）图 5-2-34 给出了剪跨比对刚度退化的影响，剪跨比越小的试件刚度在相同的加载基别时越大。

（10）延性系数

采用位移延性系数来评估试验构件的延性。定义位移延性系数 $DI=\Delta_u/\Delta_y$，其中 Δ_y 为屈服位移，Δ_u 为极限位移。由于试验实测的荷载—位移关系曲线没有明显的屈服点，且曲线无下降段。对于这种情况下的试件荷载-位移骨架曲线屈服位移确定方法，不同学者们提出了不同的方法，如：条件屈服法、通用屈服弯矩法、等效弹塑性屈服法、Pack法、ECCS法、能量等值法、双直线法等（陈娟，2011）。这些计算方法均采用几何作图法计算屈服位移，根据陈娟（2011）的比较分析结果，发现各种方法得到的屈服位移数值相差不大。因此，本节采用"等效弹塑性屈服法"计算试件的屈服位移，如图5-2-35所示。而极限位移（Δ_u）则取试件

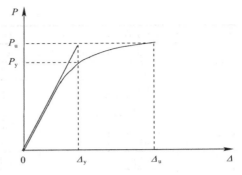

图 5-2-35　屈服位移、极限位移确定方法示意图

极限承载力所对应的位移。按照上述方法确定的 Δ_y、Δ_u 和 DI 列于表 5-2-7 中。

试件的屈服位移、极限位移和延性系数　　　　　表 5-2-7

试件编号	加载方向	P_y(kN)	Δ_y(mm)	P_u(kN)	Δ_u(mm)	DI	DI 平均值
CN3-0-6a	正向	355.6	12.7	437.7	35.0	2.76	2.57
	负向	−329.5	−11.7	−449.4	−27.8	2.37	
CN3-0-6b	正向	420.1	17.3	478.1	36.0	2.08	2.17
	负向	−458.5	−14.2	−496.0	−32.1	2.25	
CC3-1-6a	正向	297.2	12.3	376.6	30.0	2.43	2.11
	负向	−378.0	−16.5	−409.0	−29.4	1.78	
CC3-1-6b	正向	269.4	12.7	359.9	30.0	2.36	2.16
	负向	−335.5	−15.2	−377.1	−29.9	1.96	
CC3-2-6a	正向	296.6	15.8	362.7	28.1	1.78	1.90
	负向	−364.8	−13.0	−425.5	−27.0	2.07	
CC3-2-6b	正向	288.3	13.5	353.2	28.3	2.10	2.06
	负向	−310.4	−12.8	−399.2	−26.0	2.03	
CN2-0-3a	正向	420.8	12.4	671.6	29.3	2.37	2.51
	负向	−507.7	−11.3	−654.7	−29.9	2.64	
CN2-0-3b	正向	415.8	10.6	625.2	28.0	2.65	2.49
	负向	−452.9	−10.1	−699.6	−23.6	2.33	
CC2-1-3a	正向	396.4	11.8	489.7	32.3	2.74	2.50
	负向	−441.2	−14.3	−574.8	−32.1	2.25	
CC2-1-3b	正向	346.8	11.1	482.1	28.2	2.55	2.42
	负向	−430.4	−12.4	−560.3	−28.2	2.28	
CC2-2-3a	正向	390.6	9.1	518.4	21.7	2.39	2.07
	负向	−336.7	−12.6	−522.9	−22.1	1.75	
CC2-2-3b	正向	371.4	9.7	480.0	22.4	2.31	2.45
	负向	−412.0	−10.2	−526.3	−26.5	2.59	
CN2-0-6a	正向	432.2	10.6	625.2	23.9	2.26	2.32
	负向	−427.1	−9.9	−699.6	−23.6	2.38	

续表

试件编号	加载方向	P_y(kN)	Δ_y(mm)	P_u(kN)	Δ_u(mm)	DI	DI平均值
CN2-0-6b	正向	448.9	10.6	625.2	20.9	2.26	2.14
	负向	−553.8	−11.9	−699.6	−24.5	2.02	
CC2-1-6a	正向	374.8	12.7	479.3	26.9	2.11	2.08
	负向	−470.2	−13.6	−492.3	−27.9	2.05	
CC2-1-6b	正向	392.1	10.6	425.7	24.0	2.27	2.14
	负向	−429.3	−12.0	−490.3	−24.0	2.01	
CC2-2-6a	正向	304.5	7.8	418.5	20.1	2.58	2.19
	负向	−413.2	−10.5	−482.1	−18.9	1.80	
CC2-2-6b	正向	331.5	9.1	396.4	20.0	2.21	2.01
	负向	−386.5	−10.9	−454.4	−19.6	1.80	
CN1-0-6a	正向	600.6	10.8	788.4	22.0	2.04	1.93
	负向	−670.3	−12.3	−824.0	−22.4	1.82	
CC1-1-6a	正向	466.7	12.7	568.6	17.3	1.36	1.78
	负向	−509.5	−9.5	−631.6	−20.9	2.19	
CC1-1-6b	正向	476.0	10.3	559.3	18.0	1.74	1.72
	负向	−515.4	−10.6	−620.1	−18.1	1.70	
CC1-2-6a	正向	498.7	11.2	595.6	19.2	1.73	1.86
	负向	−506.4	−9.9	−592.3	−19.6	1.99	
CC1-2-6b	正向	485.7	11.5	551.8	16.9	1.47	1.53
	负向	−515.0	−10.7	−611.5	−16.9	1.58	

图 5-2-36 所示为脱空率对钢管混凝土压弯剪试件的延性系数 DI 的影响。可见，脱空缺陷的存在会导致试件的延性系数有所减小。对于剪跨比 $\lambda=1.25$，轴压比 $n=0.6$ 的试件，在脱空率为 1.1% 和 2.2% 时，试件的延性系数下降了 5% 和 16%；对于剪跨比 $\lambda=1$，轴压比 $n=0.6$ 的试件，在脱空率为 1.1% 和 2.2% 时，试件的延性系数下降了 2% 和 10%；对于剪跨比 $\lambda=1$，轴压比 $n=0.3$ 的试件，在脱空率为 1.1% 和 2.2% 时，试件的延性系数下降了 5% 和 6%；对于剪跨比 $\lambda=0.75$，轴压比 $n=0.6$ 的试件，在脱空率为 1.1% 和 2.2% 时，试件的延性系数下降了 9% 和 12%。

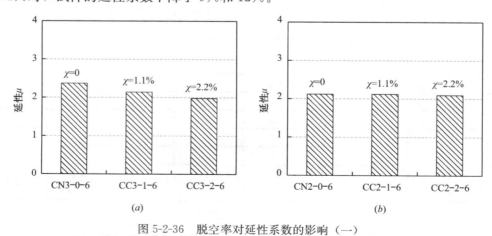

图 5-2-36 脱空率对延性系数的影响（一）

（a）剪跨比 $\lambda=1.25$，轴压比 $n=0.6$；（b）剪跨比 $\lambda=1$，轴压比 $n=0.6$

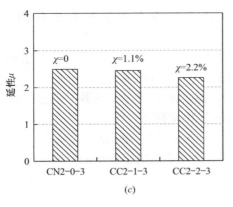

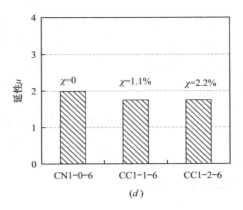

(c)　　　　　　　　　　　　　　(d)

图 5-2-36　脱空率对延性系数的影响（二）

（c）剪跨比 $\lambda=1$，轴压比 $n=0.3$；（d）剪跨比 $\lambda=0.75$，轴压比 $n=0.6$

图 5-2-37 所示为轴压比对钢管混凝土压弯剪试件的延性系数 DI 的影响，可见对于脱空试件和无脱空试件，随着轴压比增大，试件的延性系数均有所下降。

图 5-2-38 所示为剪跨比对钢管混凝土压弯剪试件的延性系数 DI 的影响，可见对于脱空试件和无脱空试件，随着剪跨比减小，试件的延性系数均有所下降。这是由于减小剪跨比意味着试件有更显著的剪切破坏特征，而和弯曲破坏相比，剪切破坏的脆性破坏特征更加显著，因此试件的延性较差。

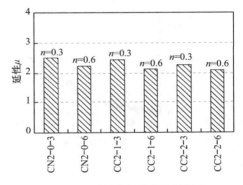

图 5-2-37　轴压比对延性的影响

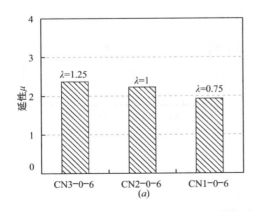

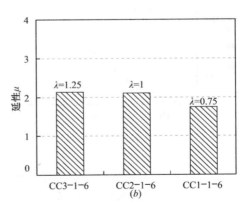

(a)　　　　　　　　　　　　　　(b)

图 5-2-38　剪跨比对延性系数的影响

（a）脱空率 $\chi=0$，轴压比 $n=0.6$；（b）脱空率 $\chi=1.1\%$，轴压比 $n=0.6$

（11）耗能分析

耗能能力是研究结构抗震的一个重要指标。一般来说，滞回环越饱满（包围面积越大），耗散的能量越多，结构破坏的可能性也越小。试件的累积耗能（E_{total}）为荷载

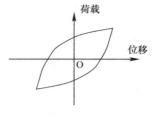

图 5-2-39 滞回环示意图

（P）-位移（Δ）关系各滞回环在加载过程中包络的面积（图 5-2-39），本节比较了试件的累计耗能（E_{total}）-累计位移（Δ_{total}）的关系，其中 E_{total} 为耗能累积值，Δ_{total} 为累积位移。E_{total}-Δ_{total} 关系曲线如图 5-2-40～图 5-2-42 所示。

由图 5-2-40 可知，脱空缺陷的存在削弱了钢管混凝土试件的耗能能力。在相同的累积位移下，带缺陷试件的累积耗能较无脱空试件有所降低，且在加载后期降低幅度有趋于显著的趋势。最终，脱空试件的总耗能也小于无脱空试件。这主要是由于脱空的存在削弱了钢管和混凝土之间的相互作用。

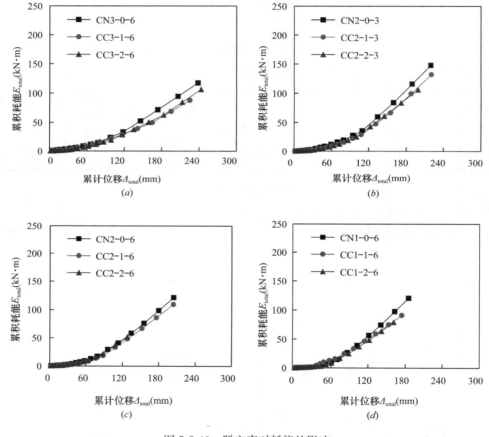

图 5-2-40 脱空率对耗能的影响

（a）剪跨比 $\lambda=1.25$，轴压比 $n=0.6$；（b）剪跨比 $\lambda=1$，轴压比 $n=0.6$；
（c）剪跨比 $\lambda=1$，轴压比 $n=0.3$；（d）剪跨比 $\lambda=0.75$，轴压比 $n=0.6$

由图 5-2-41 可知，总体而言，轴压比的增大会导致试件的耗能值有所下降。

如图 5-2-42 可知，在相同的累积位移下，剪跨比的减小会导致试件的耗能有所下降。这是由于剪跨比越小，试件更趋向于发生剪切破坏。

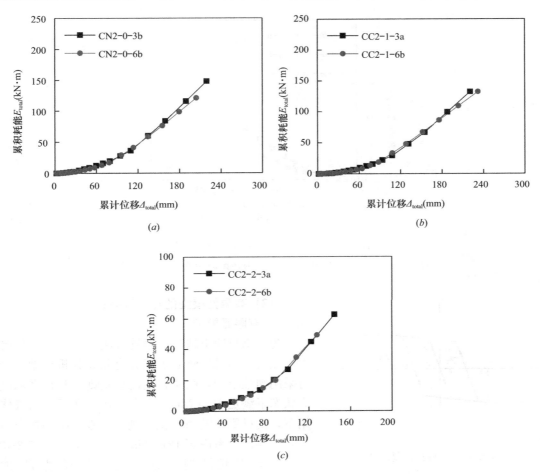

图 5-2-41　轴压比对耗能的影响

(a) 无脱空，剪跨比 $\lambda=1$；(b) 脱空率 $\chi=1.1\%$，剪跨比 $\lambda=1$；(c) 脱空率 $\chi=2.2\%$，剪跨比 $\lambda=1$

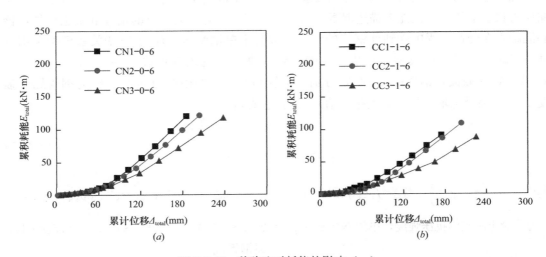

图 5-2-42　剪跨比对耗能的影响（一）

(a) 无脱空，轴压比 $n=0.6$；(b) 脱空率 $\chi=1.1\%$，轴压比 $n=0.6$

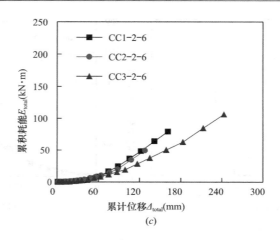

图 5-2-42　剪跨比对耗能的影响（二）

（c）脱空率 $\chi = 2.2\%$，轴压比 $n = 0.6$

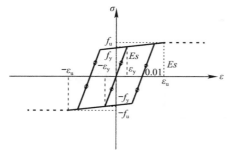

图 5-2-43　钢材在往复加载
作用下的应力-应变关系

（12）有限元模型的建立和验证

1）有限元模型

　　为了剖析脱空缺陷对钢管混凝土压弯剪构件受力性能的影响机理建立了相关有限元分析模型。钢材采用塑性模型，服从相关流动法则，其在多轴应力状态下满足 Von Mises 屈服准则。在反复荷载作用下，钢材服从随动强化准则，屈服面中心在应力空间中移动，考虑了 Bauschinger 效应，如图 5-2-43 所示。有限元模型中钢材的弹性模量 E_s 取 206 000MPa，泊松比取 0.3，强化模量取 $0.01E_s$。

　　混凝土采用塑性损伤模型，即用反复应力作用下混凝土刚度的线性损伤结合拉伸、压缩应力状态下的塑性性能来描述混凝土的非线性行为。对于无脱空的钢管混凝土构件，核心混凝土在受荷过程中受到外钢管的约束，混凝土单轴受压的应力-应变关系模型采用韩林海（2016）提供的模型，其塑性性能主要取决于约束效应系数 $\xi (= \alpha \cdot f_y / f_{ck}$，其中 $\alpha = A_s / A_c$ 为截面含钢率；A_s 和 A_c 分别为钢管和混凝土的横截面面积；f_y 为钢管屈服强度；f_{ck} 为混凝土轴心抗压强度标准值），其表达式如下：

$$y = \begin{cases} 2x - x^2 & (x \leqslant 1) \\ \dfrac{x}{\beta_0 (x-1)^\eta + x} & (x > 1) \end{cases} \qquad (5\text{-}2\text{-}7)$$

其中：$x = \dfrac{\varepsilon_c}{\varepsilon_o}$；$y = \dfrac{\sigma_c}{\sigma_o}$；$\sigma_o = f_c'(\text{N/mm}^2)$；$\varepsilon_o = \varepsilon_c' + 800 \xi^{0.2} \cdot 10^{-6}$；$\varepsilon_o = \varepsilon_c' + 800 \xi^{0.2} \cdot 10^{-6}$，

f_c' 为混凝土圆柱体抗压强度，单位 N/mm^2；$\beta_0 = (2.36 \times 10^{-5})^{[0.25 + (\xi - 0.5)^7]} \cdot (f_c')^{0.5} \cdot 0.5 \geqslant 0.12$；

$$\eta = \begin{cases} 2 & (\text{圆钢管混凝土}) \\ 1.6 + \dfrac{1.5}{x} & (\text{方钢管混凝土}) \end{cases} ;$$

$$\beta_0 = \begin{cases} (2.36 \times 10^{-5})^{\left[0.25 + (\xi - 0.5)^7\right]} \cdot (f'_c)^{0.5} \cdot 0.5 \geqslant 0.12 & (\text{圆钢管混凝土}) \\[2mm] \dfrac{f_c^{0.1}}{1.2\sqrt{1+\xi}} & (\text{方钢管混凝土}) \end{cases}$$

对于带环向脱空缺陷的钢管混凝土构件，由试验结果可见其钢管和核心混凝土之间的相互作用由于环向脱空的存在而大大削弱甚至消失，因此其单轴受压应力-应变关系采用 Attard 和 Setunge（1996）提供的素混凝土模型：

$$Y = \frac{AX + BX^2}{1 + CX + DX^2} \tag{5-2-8}$$

其中：$Y = \sigma_c / f'_c$，$X = \varepsilon_c / \varepsilon_{co}$，$f'_c$ 为混凝土圆柱体强度，ε_{co} 为混凝土圆柱体标准试件应力-应变曲线上峰值点对应应变；$\varepsilon_{co} = \dfrac{4.26 f'_c}{E_c \sqrt[4]{f'_c}}$；

当 $0 \leqslant \varepsilon_c \leqslant \varepsilon_{co}$ 时，$A = \dfrac{E_c \varepsilon_{co}}{f'_c}$，$B = \dfrac{(A-1)^2}{0.55} - 1$，$C = A - 2$，$D = B + 1$；

当 $\varepsilon_c > \varepsilon_{co}$ 时，$A = \dfrac{f_{ic}}{\varepsilon_{co} \varepsilon_{ic}} \dfrac{(\varepsilon_{ic} - \varepsilon_{co})^2}{f'_c - f_{ic}}$，$B = 0$，$C = A - 2$，$D = 1$；

$\dfrac{f_{ic}}{f'_c} = 1.41 - 0.17\ln(f'_c)$；$\dfrac{\varepsilon_{ic}}{\varepsilon_{co}} = 2.5 - 0.3\ln(f'_c)$，$f_{ic}$ 为混凝土应力-应变曲线的反弯点所对应的应力值，ε_{ic} 为应力-应变曲线的反弯点所对应的应变数值。

混凝土受拉性能采用沈聚敏等（1993）提出的应力—应变关系模型，其表达式如下：

$$y = \begin{cases} 1.2x - 0.2x^6 & (\varepsilon_t \leqslant \varepsilon_p) \\[2mm] \dfrac{x}{0.31\sigma_{t0}^2 (x-1)^{1.7} + x} & (\varepsilon_t > \varepsilon_p) \end{cases} \tag{5-2-9}$$

其中：$x = \dfrac{\varepsilon_t}{\varepsilon_{t0}}$；$y = \dfrac{\sigma_t}{\sigma_{t0}}$；$\sigma_{t0} = 0.26 \times (1.25 f'_c)^{2/3}$，为混凝土受拉应力-应变曲线中的峰值应力，单位 MPa；$\varepsilon_{t0} = 43.1\sigma_{t0}$，为混凝土受拉峰值应变，单位 $\mu\varepsilon$。

为了模拟循环荷载下混凝土的刚度损伤，引入了损伤变量 d 来定义混凝土在多轴应力状态下的损伤演化，卸载和再加载的模量矩阵由采用受压损伤系数（d_c）和受拉损伤系数（d_t）对初始模量矩阵进行修正的方法得到。此外，模型中还引入拉、压刚度恢复系数（w_t 和 w_c）来描述混凝土由压转拉的刚度恢复和由拉转压的"裂面效应"。对于损伤系数 d_t 和 d_c 采用滕智明和邹离湘（1996）的"焦点法模型"计算得到。

对于无脱空的钢管混凝土构件，钢管和核心混凝土法向接触采用硬接触"Hard"模型来定义，假设法向接触压应力在钢管和混凝土之间可以完全传递，并允许钢管和核心混凝土在受荷过程中分离。切向接触采用库仑摩擦（Friction）模型，界面可以传递剪应力直到达到临界值 τ_{crit}，界面之间产生相对滑动，滑动过程界面剪应力保持为 τ_{crit} 不变。剪应力临界值 τ_{crit}，与界面接触压力成比例，且不小于平均界面粘结力 τ_{bond}，即

$$\tau_{crit} = \mu \cdot p \geqslant \tau_{bond} \tag{5-2-10}$$

其中，$\mu = 0.6$ 为界面摩擦系数；τ_{bond} 的表达式如下（韩林海，2016）：

$$\tau_{bond} = 2.314 - 0.0195 \cdot (d/t)(\text{N/mm}^2) \tag{5-2-11}$$

对于环向脱空的钢管混凝土构件也采用硬接触"Hard"模型和库仑摩擦（Friction）模型来分别模拟脱空处钢管和混凝土在受力全过程的接触状态，但其参数取值和上述无脱空构件的接触模型略有区别，表现在以下两个方面：

① 对于法向接触，无脱空构件的接触模型允许钢管和混凝土之间出现少量拉应力，以模拟混凝土和钢管之间的粘聚力；而混凝土和钢管脱空处并无此粘聚力，两者一开始是分离的，因此其接触参数设定为钢管和混凝土之间无初始拉应力。这样在初始位置时，钢管和混凝土之间无任何法向应力，而当两者开始接触后则自动地完全传递法向接触压应力。

② 对于切向接触，在无脱空构件的接触模型中，钢管和混凝土在产生滑移前两者的粘结应力根据式（5-2-11）确定。而对于均匀脱空构件，钢管和混凝土在受荷初期并未接触，因此需将两者之间的初始粘结应力设置为零；而在受力过程中钢管和混凝土发生接触后，两者之间的界面粘结应力则自动根据接触压应力确定，即 $\tau_{shear} = \mu \cdot p$（$\tau_{shear}$ 为粘结应力，μ 为摩擦系数，p 为接触压应力）。

钢管采用四节点完全积分格式的壳单元（S4），在钢管的厚度方向采用 9 个积分点的 Simpson 积分形式。构件的端板、构件的夹具和核心混凝土均采用八节点减缩积分格式的三维实体单元（C3D8R）。钢管与核心混凝土的界面模型由界面法线方向的接触和切线方向的粘结滑移构成。网格划分的疏密会影响计算的时间和精确度，网格划分粗糙会造成计算的精度不够，网格划分的过于精密，会造成计算机资源的浪费且会浪费时间。划分后的网格，三向尺寸不要有较大的偏差。首先选用一个较为合理的网格进行划分，再采用比以前较为合理划分网格紧密两倍的网格再次进行划分，把两次计算结果进行比较，一直到两次计算的误差在 1% 以内时，表示网格的划分精度满足要求。采用结构化网格划分。图 5-2-44 为构件截面网格划分示意图。

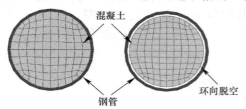

图 5-2-44　网格划分示意图

有限元模型的边界条件如图 5-2-45 所示。构件两端固接，首先在端板的一端建立耦合点 RP1（端板的中心点），RP1 设置为约束 X、Y、Z 方向的位移和转角，端板的另一端建立耦合点 RP2（端板的中心点），约束 X、Y、Z 方向的转角和 Y、Z 方向的位移，在 RP2 的 X 方向施加轴力。在夹具正上方建立 RP3（坐标为 0，150，0）耦合点，约束 RP3 的 X、Z 方向的位移和 X、Y、Z 方向的转角。根据试验情况，采用三个分析步施加荷载，

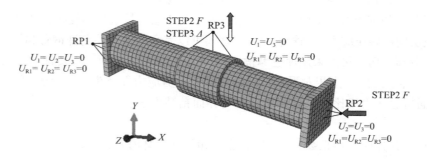

图 5-2-45　钢管混凝土压弯剪构件有限元模型示意图

第一个分析步在耦合点 RP2 施加轴向荷载，在分析全过程中均保持轴力恒定；第二个分析步在耦合点 RP3 施加荷载控制（0.25P_{max}、0.5P_{max}、0.75P_{max}），第三个分析步同样在 RP3 点施加循环位移（1Δ_y、1.5Δ_y、2Δ_y、3Δ_y、5Δ_y、6Δ_y、7Δ_y、8Δ_y）。

　　2）模型验证

　　为了验证有限元模型的适用性，对郭兴（2010）完成的圆形钢管混凝土压弯剪试件进行模拟，计算的荷载-位移关系曲线和实测结果比较如图 5-2-46 所示，可见两者总体上吻合较好。

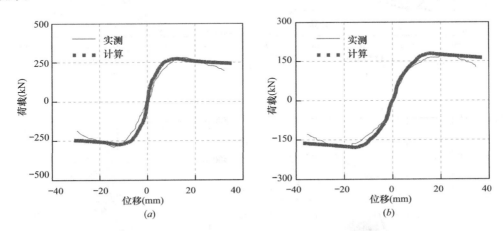

图 5-2-46　有限元计算与试验结果的比较（郭兴，2010）

（a）C1-C（$D=120mm$，$t_s=2mm$，$L=630mm$，$n=0.4$，$\lambda=1.25$）；
（b）C2-C（$D=120mm$，$t_s=2mm$，$L=870mm$，$n=0.4$，$\lambda=1.75$）

　　图 5-2-47 所示为有限元模型计算的本章完成的钢管混凝土构件在压弯剪滞回作用下的侧向荷载-侧向位移滞回关系曲线和实测结果的比较。有限元计算的典型试件破坏模态与试验结果对比如图 5-2-48 所示。可见，本节有限元模型的计算结果总体上和试验结果吻合良好，验证了有限元模型的适用性。

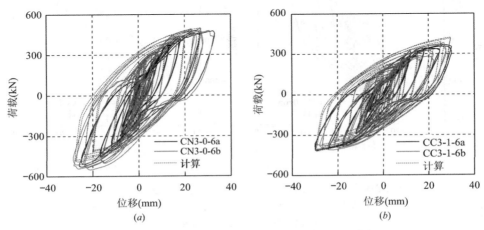

图 5-2-47　有限元计算结果与试验（P）-位移（Δ）对比（一）

（a）CN3-0-6；（b）CC3-1-6

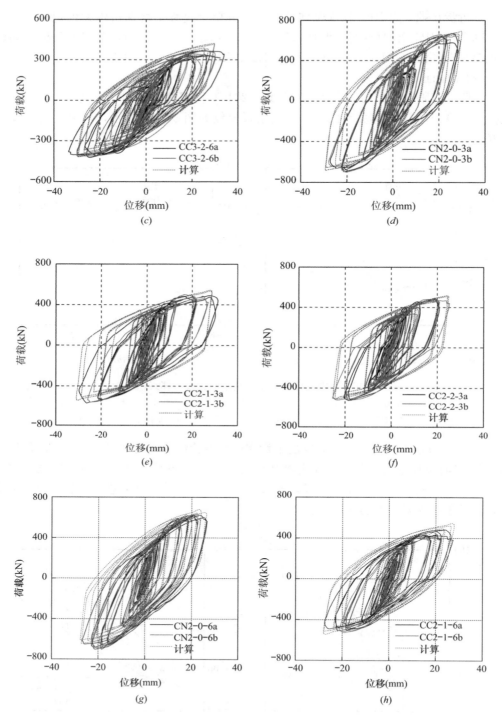

图 5-2-47　有限元计算结果与试验（P）-位移（Δ）对比（二）

（c）CN3-0-6；（d）CN2-0-3；（e）CC2-1-3；（f）CC2-2-3；

（g）CN2-0-6；（h）CC2-1-6

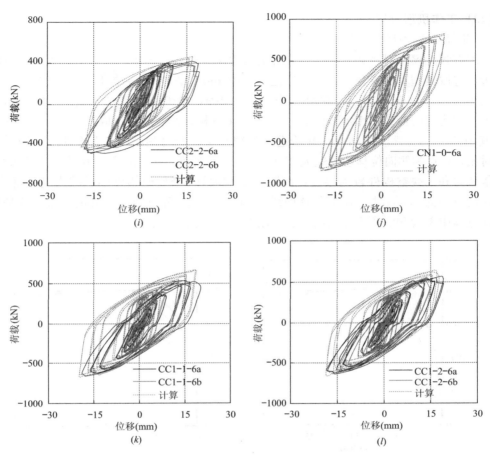

图 5-2-47　有限元计算结果与试验（P）-位移（Δ）对比（三）

(i) CC2-2-6；(j) CN1-0-6；(k) CC1-1-6；(l) CC1-2-6

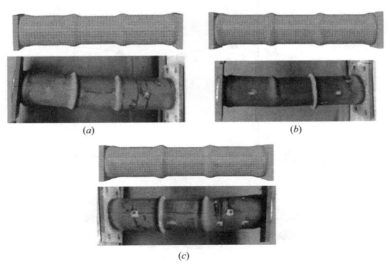

图 5-2-48　有限元计算的试件破坏模态与试验结果比较

(a) CN2-0-6a（无脱空试件）；(b) CC2-1-6a（脱空率 χ=1.1%）；(c) CC2-2-6a（脱空率 χ=2.2%）

（13）工作机理分析

1）荷载-变形关系曲线分析

利用有限元模型对带缺陷的钢管混凝土构件在压弯剪复合作用下的全过程工作机理进行分析，选取典型算例参数为：钢管外径 $D=400$mm，含钢率 $\alpha=0.1$，剪跨比 $\lambda=2$，脱空率：0、0.05%、0.5%，$f_{cu}=60$MPa，$f_y=345$MPa，轴压比 $n=0.3$。图 5-2-49 所示为典型的压弯剪构件的荷载-位移骨架曲线。为了便于分析，在曲线上选取三个特征点（A、B、C），其中 A 点为弹性阶段结束，开始进入弹塑性阶段的时刻；B 点为构件达到极限承载力的时刻；C 点为侧向位移达到较大值（75mm）的时刻。可见，脱空率为 0.05% 时，构件的承载力和无脱空构件较为接近，而脱空率增大到 0.5% 时构件的承载力则下降明显。对于在脱空率为 0.5% 时，荷载-位移曲线的 BC 段出现了先下降后回升的现象，这是由于在受荷过程中钢管和混凝土之间的相互作用力发生变化所致。

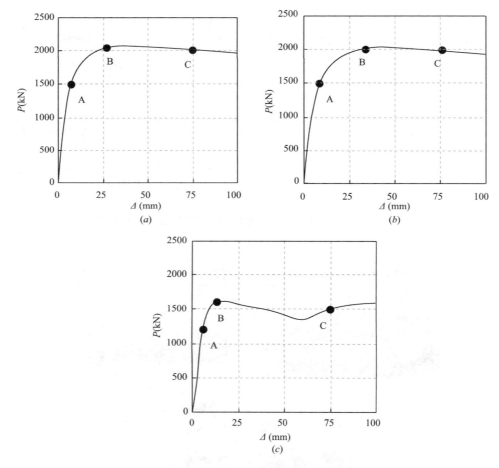

图 5-2-49　典型压弯剪构件的荷载-位移曲线

(*a*) 无脱空；(*b*) 脱空率 0.05%；(*c*) 脱空率 0.5%

2）应力分析

图 5-2-50 给出了跨中截面混凝土纵向应力在各特征点的分布情况。可见，随着荷载增

大，混凝土截面中和轴逐渐向受拉区移动，表明受拉区混凝土由于开裂而逐渐退出工作。在 C 点时刻，可以观察到脱空率 0.5％构件的混凝土压应力明显小于无脱空构件和脱空率 0.05％构件，这主要是由于脱空缺陷的存在导致了受压区混凝土缺乏外钢管提供的约束作用，因此其强度相对较小。

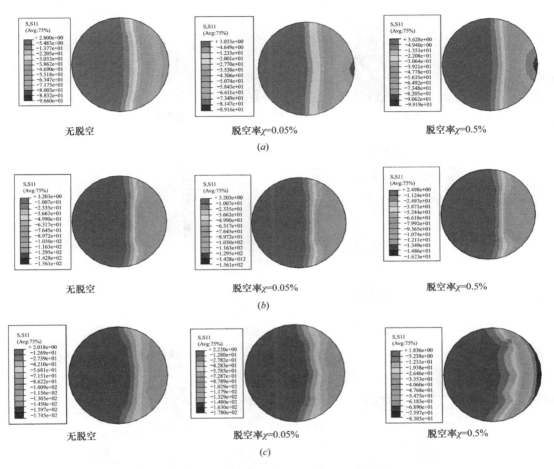

图 5-2-50　跨中截面混凝土纵向应力分布

(*a*) A 点；(*b*) B 点；(*c*) C 点

　　图 5-2-51 给出了各特征时刻下钢管剪应力分布。可见，无脱空构件和脱空率 0.05％构件其钢管应力沿长度方向分布较为均匀，而脱空率 0.5％构件其钢管应力呈斜向分布，表明钢管受剪作用明显。在脱空率较大的情况下，由于缺乏混凝土的支撑，因此在外荷载作用下钢管承担了大部分剪切作用。

　　3）接触应力分析

　　为了分析环向脱空缺陷对钢管和混凝土之间相互作用的影响机理，利用有限元模型分析了两者在受荷全过程中的接触应力。如图 5-2-52 所示，在构件跨中混凝土横截面上选取 1、2、3 三个点，其中 1 为受压区边缘位置，2 为截面中轴位置，3 为受拉区边缘位置。图 5-2-52 给出了接触应力随位移的变化曲线。

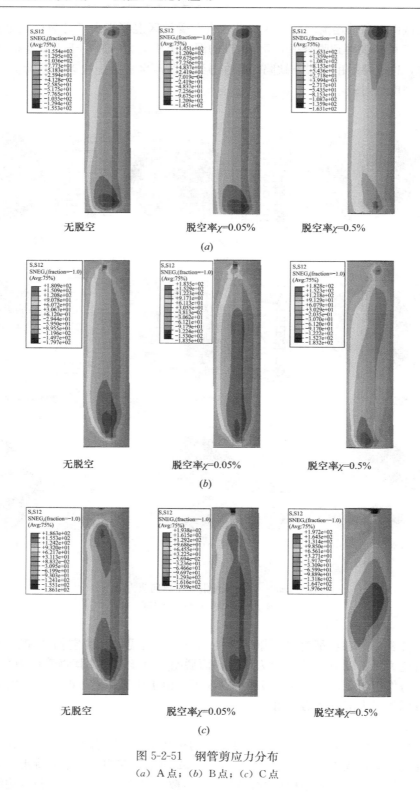

图 5-2-51　钢管剪应力分布
(a) A 点；(b) B 点；(c) C 点

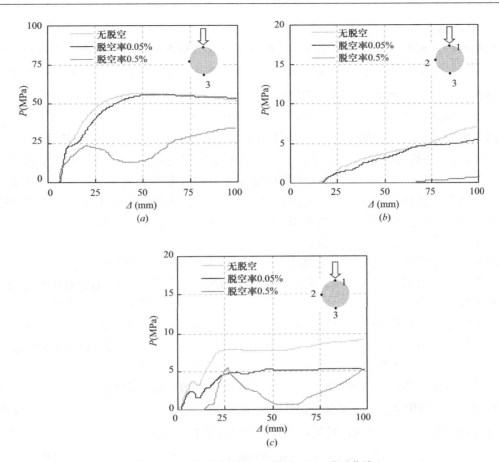

图 5-2-52　接触应力（p）-位移（Δ）关系曲线
（a）1 点（受压区）；（b）2 点（中轴）；（c）3 点（受拉区）

可见，钢管混凝土构件在弯剪作用下钢管和混凝土之间的接触应力值由受压区边缘向受拉区边缘逐渐减小，表明钢管和混凝土之间的相互作用在受压区更为显著。在受压区，环向脱空率 0.05％的构件其接触应力值和无脱空构件相差不大，表明在此脱空率下缺陷对钢管和混凝土之间的组合作用的影响并不显著。但是，当脱空率增大到 0.5％时，带缺陷构件的接触应力值较无脱空构件有明显降低，表明在脱空率增大到一定程度时缺陷对组合作用影响显著。此外，由图 5-2-52 还可看到，环向脱空的存在延迟了钢管与混凝土的接触时刻。特别对于脱空率 0.5％的构件，其在截面中轴和受拉区边缘位置的接触时刻较无脱空构件和脱空率 0.05％构件有显著推迟，钢管与核心混凝土在受荷后期才开始发生相互作用。这是由于，环向脱空的存在使钢管和混凝土在受荷初期处于分离状态，因此钢管在缺乏混凝土支撑作用的情况下有发生截面椭圆化的趋势，因而更加延迟了其在截面中轴和受拉区和混凝土发生接触的时刻。

综合以上分析可见，环向脱空对钢管混凝土构件在压弯剪作用下工作机理的影响主要在于其延迟和削弱了钢管与核心混凝土之间的相互作用，因此导致构件的承载力、刚度等指标有所降低。

（14）参数分析

利用有限元模型对影响带缺陷的钢管混凝土压弯剪构件的重要参数进行了分析。变化的参数为：脱空率（χ）、混凝土强度（f_{cu}）、钢材强度（f_y）、轴压比（n）、剪跨比（λ）和截面含钢率（a）。参数分析的范围为：$D=400\text{mm}$，$\lambda=0.1\sim6$，$\chi=0.05\%\sim2.0\%$，$f_{cu}=30\sim90\text{MPa}$，$f_y=235\sim345\text{MPa}$，$n=0\sim0.9$、$a=0.05\sim0.15$。

图 5-2-53 给出了不同脱空率下的构件相对抗剪强度（τ_u/τ_{max}）随着剪跨比（λ）的变化。其中，τ_{max} 为纯剪状态（剪跨比 $\lambda=0.1$）下的抗剪强度，τ_u 为不同剪跨比下的抗剪强度，τ_{max} 和 τ_u 均取剪应力 τ（$=V/A_{sc}$）-剪应变 γ 关系曲线上当 γ 为 $10000\mu\varepsilon$ 时对应的剪应力值（韩林海，2016）。实际工程中的结构构件处于纯剪状态的十分少见，一般都承受弯剪耦合作用，因此剪切作用和弯曲作用的相对比重对构件的破坏模式有显著影响。τ_u/τ_{max} 事实上反映了构件的受剪程度。对于无脱空的钢管混凝土，韩林海（2016）定义：$\lambda\leqslant0.2$ 时，构件发生剪切破坏；当 $0.2<\lambda<4$ 时，构件发生弯剪破坏；当 $\lambda\geqslant4$ 时，构件发生弯曲破坏。由图 5-2-53 可见，带缺陷的钢管混凝土构件其 τ_u/τ_{max} 随剪跨比的变化规律基本和无脱空构件一致：λ 在 $0.2\sim6$ 之间时，τ_u/τ_{max} 随着剪跨比的增大而降低；当 $\lambda=0.2\sim1$ 时，τ_u/τ_{max} 随剪跨比而急剧下降；当 $\lambda=1\sim2$ 时，τ_u/τ_{max} 降幅相对较为平缓；而当 $\lambda\geqslant4$ 时，τ_u/τ_{max} 值在 10% 以下，表明此时构件以受弯为主。因此，对于带缺陷构件也可以采用 $\lambda=0.2$ 和 $\lambda=4$ 为界限来区分剪切破坏、弯剪破坏和弯曲破坏。

为了定量化评估不同参数下脱空率对钢管混凝土抗剪强度的影响，定义剪切强度系数 $SI=\tau_u/\tau_{u,nogap}$，其中 $\tau_{u,nogap}$ 为无脱空构件的抗剪强度。图 5-2-54 所示为不同剪跨比下脱空率对剪切强度系数 SI 的影响。可见，SI 随脱空率的增大而降低，脱空率 $\chi<0.5\%$ 时，SI 随脱空率增大而急剧下降，当 $\chi>0.5\%$ 时 SI 的下降速度趋于平缓。同时，也可看到在相同的脱空率下，环向脱空对剪跨比较小构件的 SI 影响比剪跨比较大的构件更为显著。

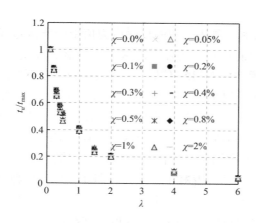

图 5-2-53 不同脱空率 χ 下的 τ_u/τ_{max}-λ 关系

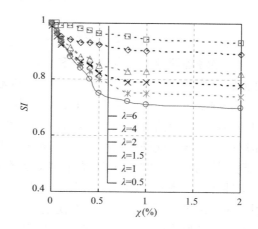

图 5-2-54 不同剪跨比 λ 下的 SI-χ 关系

1）混凝土强度

图 5-2-55 所示为不同混凝土强度下 SI 随脱空率的变化。可见，在相同的脱空率下，变化混凝土强度对抗剪强度折减系数 SI 影响并不显著。

2）钢材屈服强度

图 5-2-56 所示为不同钢材强度下 SI 随脱空率的变化。可见，在相同的脱空率下，变化钢材屈服强度对抗剪强度折减系数 SI 影响并不显著。

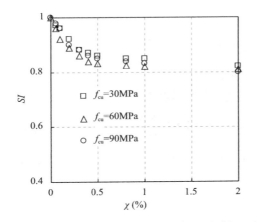

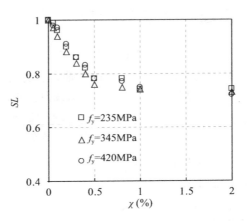

图 5-2-55　混凝土强度对 SI-χ 关系的影响　　图 5-2-56　钢管屈服强度对 SI-χ 关系的影响

3）含钢率

图 5-2-57 所示为不同含钢率下 SI 随脱空率的变化。可见，在相同的脱空率下，变化含钢率对抗剪强度折减系数 SI 影响并不显著。

4）轴压比

图 5-2-58 所示为不同轴压比下 SI 随脱空率的变化。可见，在相同的脱空率条件下，抗剪强度折减系数 SI 随着轴压比的增大而减小，表明环向脱空对钢管混凝土承受大轴压比的情况其影响更加显著。

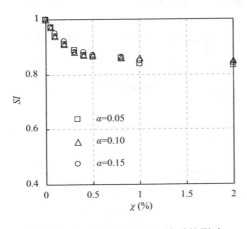

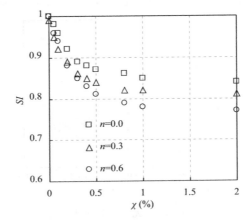

图 5-2-57　含钢率对 SI-χ 关系的影响　　图 5-2-58　轴压比对 SI-χ 关系的影响

(15)　简化计算公式

韩林海（2016）和福建省工程建设地方标准《钢管混凝土结构技术规程》DBJ 13-51—2010 给出了钢管混凝土构件在压弯剪复合作用下的承载力计算公式：

当 $\dfrac{N}{N_u} \geqslant 2\varphi^3 \eta_0 \sqrt[2.4]{1-(V/V_u)}$ 时：

$$\left(\dfrac{1}{\varphi}\dfrac{N}{N_u}+\dfrac{a}{d}\dfrac{M}{M_u}\right)^{2.4}+\left(\dfrac{V}{V_u}\right)^2 \leqslant 1 \qquad (5\text{-}2\text{-}12a)$$

当 $\dfrac{N}{N_u} \leqslant 2\varphi^3 \eta^{2.4}\sqrt{1-(V/V_u)}$ 时：

$$\left[-b \cdot \left(\dfrac{N}{N_u}\right)^2 - c \cdot \left(\dfrac{N}{N_u}\right)+\dfrac{1}{d}\cdot\left(\dfrac{M}{M_u}\right)\right]^{2.4}+\left(\dfrac{V}{V_u}\right)^2 \leqslant 1 \qquad (5\text{-}2\text{-}12b)$$

式中 N、V、M——构件承担的轴力、剪力、弯矩；

N_u、V_u、M_u——构件的轴压承载力、抗剪承载力、抗弯承载力。

$a=1-2\varphi^2 \cdot \eta_0$；$b=\dfrac{1-\zeta_e}{\varphi^3 \cdot \eta_e^2}$；$c=\dfrac{2 \cdot (\zeta_e-1)}{\eta_e}$；$d=1-0.4 \cdot \left(\dfrac{N}{N_E}\right)$；$\eta_e=\sqrt[2.4]{1-\beta^2} \cdot \eta_0$；$\zeta_e=\sqrt[2.4]{1-\beta^2} \cdot \zeta_0$；$\beta=\dfrac{V}{V_u}$；$N_E=\pi^2 \cdot E_{sc} \cdot A_{sc}/\lambda^2$；$\zeta_0=0.18\xi^{-1.15}+1$；$\eta_0=\begin{cases}0.5-0.245 \cdot \xi & \xi \leqslant 0.4 \\ 0.1+0.14 \cdot \xi^{-0.84} & \xi \geqslant 0.4\end{cases}$。

采用式（5-2-12）对本节完成的无脱空钢管混凝土压弯剪构件进行计算，$V_{式5\text{-}2\text{-}11}/V_{ue}$ 的平均值为 0.98，均方差为 0.0035。图 5-2-59 为式（5-2-12）计算的无脱空试件承载力和试验结果以及有限元模型计算结果的比较，可见式（5-2-12）的计算结果吻合较好，表明韩林海（2016）和福建省工程建设地方标准《钢管混凝土结构技术规程》DBJ 13-51—2010 提供的公式可以计算无脱空构件具有较好的精度。因此，本节将在式（5-2-12）的基础上考虑脱空的影响推导承载力折减系数 k。

如前所述，钢管混凝土在剪跨比 $\lambda \leqslant 0.2$ 时，构件发生剪切破坏；当 $0.2 < \lambda < 4$ 时，构件发生弯剪破坏；当 $\lambda \geqslant 4$ 时，构件发生弯曲破坏。因此，首先以 $\lambda = 0.2$ 为条件推导纯剪状态下的承载力折减系数 k_{shear}（叶勇，2016）。图 5-2-60 所示为剪跨比为 0.2 时构件的承载力系数 SI 随着脱空率 χ 的变化规律，可见在 $\chi < 0.5\%$ 时 SI 降幅较大，$\chi > 0.5\%$ 时 SI 降幅较平缓。

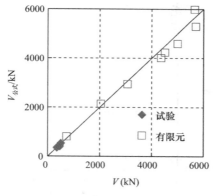

图 5-2-59 无脱空公式计算值与
试验值、有限元计算值比较

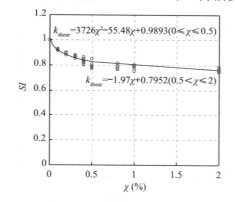

图 5-2-60 $SI\text{-}\chi$ 拟合曲线

因此，由图 5-2-60 回归出 k_{shear} 表达式如下：

$$k_{shear}=\begin{cases}3726\chi^2-55.48\chi+0.9893 & (0 \leqslant \chi \leqslant 0.5\%) \\ -1.97\chi+0.7952 & (0.5\% < \chi \leqslant 2\%)\end{cases} \qquad (5\text{-}2\text{-}13)$$

由此可得考虑脱空影响的钢管混凝土抗剪承载力 $V_{\text{u-脱空}}$：

$$V_{\text{u-脱空}} = V_{\text{u}} \cdot k_{\text{shear}} \qquad (5\text{-}2\text{-}14)$$

由式（5-2-13）可得，当环向脱空率不超过 0.05% 时，构件的抗剪承载力因脱空而导致的强度损失在 5% 以内，因此建议以 0.05% 作为钢管混凝土剪切作用下的环向脱空率限值。

不同于纯剪作用，钢管混凝土在压弯剪复合作用下要综合考虑受剪和受弯的影响。构件承受跨中荷载作用时，跨中位移（Δ）由两部分组成，一部分是弯曲变形（Δ_{flexure}），另一部分是剪切变形（Δ_{shear}）。用比值 r（$= \Delta_{\text{shear}}/\Delta_{\text{flexure}}$）来反映弯曲变形和剪切变形的相对比例，$r$ 值越大表明剪切作用越占主要地位，反之则表明弯曲作用占主要地位。钢管混凝土的 r-λ 关系如图 5-2-61 所示（韩林海，2016），可知当 λ 为 0.2 时，r 值在 15 以上，此时构件主要受到剪切作用；当 λ 为 4 时，r 值在 1‰ 左右，此时构件主要受到弯曲作用；当 λ 为 0.8 时，弯曲变形和剪切变形相等，构件受弯作用和受剪作用基本相当。由此假定 $\lambda \leqslant 0.8$ 时，钢管混凝土受剪为主，在式（5-2-12）压弯剪相关方程中对抗剪承载力 V_{u} 乘以考虑脱空影响的剪切强度折减系数 k_{shear}，即用 $V_{\text{u}} \cdot k_{\text{shear}}$ 代替 V_{u} 计算式（5-2-11）。同时，根据本书第 3 章的研究结果，带环向脱空缺陷的轴压承载力约等于钢管和混凝土两者承载力的简单叠加，即式（5-2-12）中 $N_{\text{u}} = f_{\text{y}} \cdot A_{\text{s}} + f_{\text{c}}' \cdot A_{\text{c}}$。

上述简化计算方法的适用条件为：混凝土强度 $f = 30 \sim 90\text{MPa}$，含钢率 $a = 0.05 \sim 0.2$，钢材强度为 $f_{\text{y}} = 235 \sim 460\text{MPa}$，环向脱空率 $\chi = 0 \sim 2\%$，轴压比 $n = 0 \sim 0.9$，剪跨比 $\lambda = 0.2 \sim 0.8$。采用该方法对本节进行的带环向脱空构件（$\lambda = 0.2 \sim 0.8$）的试验承载力和有限元计算承载力进行比较，如图 5-2-62 所示。得到简化公式计算结果（$V_{\text{公式}}$）与有限元计算结果（V_{uc}）比值的平均值为 0.969，方差为 0.052，简化公式计算结果（$V_{\text{公式}}$）与试验结果（V_{ue}）比值的平均值为 0.8935，方差为 0.029。

对于剪跨比 $\lambda = 0.8 \sim 4$ 时，钢管混凝土受弯为主，因此在式（5-2-11）压弯剪相关方程中应对抗弯承载力 M_{u} 乘以考虑脱空影响的抗弯强度折减系数 k_{flexure}，即用 $M_{\text{u}} \cdot k_{\text{flexure}}$ 代替 M_{u} 计算式（5-2-11）。图 5-2-63 给出了 $\lambda = 4$ 时（γ 值为 1‰ 左右，基本可忽略剪切变形的影响）SI-χ 关系曲线，其中 $SI = M_{\text{u}}/M_{\text{u,nogap}}$，$M_{\text{u}}$ 为带环向脱空缺陷构件的抗弯承载力，$M_{\text{u,nogap}}$ 为无脱空构件的抗弯承载力。对参数分析结果进行回归（图 5-2-63）可得 k_{flexure} 表达式。

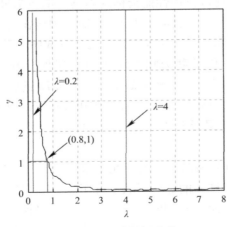

图 5-2-61　r-λ 关系曲线

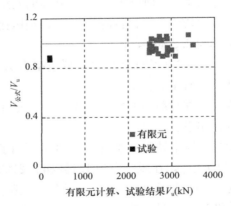

图 5-2-62　公式计算结果与试验和
有限元计算结果对比

式（5-2-15）的适用范围为：混凝土强度 $f=30\sim90\mathrm{MPa}$，含钢率 $a=0.05\sim0.2$，钢材强度为 $f_y=235\sim460\mathrm{MPa}$，环向脱空率 $\chi=0\sim2\%$，轴压比 $n=0\sim0.9$，剪跨比 $\lambda=0.8\sim4$。采用式（5-2-14）对本节试验构件和有限元算例结果进行计算比较，如图 5-2-64 所示。简化公式计算结果（$V_{公式}$）与有限元计算结果（V_{uc}）比值的平均值为 0.948，方差为 0.037；简化公式计算结果（$V_{公式}$）与试验结果（V_{ue}）比值的平均值为 0.939，方差为 0.014。

$$k_{\mathrm{flexure}}=\begin{cases}3775\chi^2-30.08\chi+0.9905\,(0\leqslant\chi\leqslant0.5\%)\\-1.35\chi+0.9414\,(0.5\%<\chi\leqslant2\%)\end{cases} \quad (5\text{-}2\text{-}15)$$

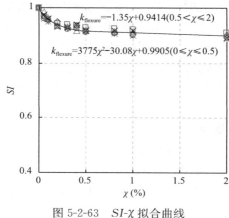
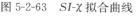

图 5-2-63　SI-χ 拟合曲线

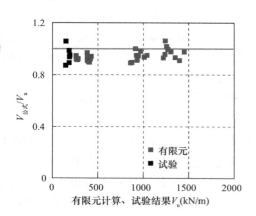

图 5-2-64　公式计算结果与试验和有限元计算结果对比

（16）本节小结

本节进行了带环向脱空缺陷钢管混凝土构件在恒定轴压力和往复弯矩和剪力耦合作用下的试验研究，主要参数为：脱空率 χ（0、1.1%、2.2%）、轴压比 n（0.3、0.6）和剪跨比 λ（0.75、1、1.25）。通过试验，考察了环向脱空对钢管混凝土压弯剪构件的破坏模态、荷载-变形关系滞回曲线、刚度退化、延性和耗能等抗震性能指标的影响。试验结果表明：对剪跨比为 1.0，轴压比为 0.3、0.6 的两组试件，当脱空率为 1.1% 时，轴压比为 0.6 试件的承载力较无脱空试件降低 18%，轴压比为 0.3 试件的承载力较无脱空试件下降 11%；当脱空率为 2.2% 时，轴压比为 0.3、0.6 的试件承载力相对于无脱空试件分别降低了 13%、19%。当轴压比为 0.6、脱空率为 1.1% 时，剪跨比为 1.25、1 和 0.75 的脱空试件的承载力相对于无脱空试件降低了 16%、18%、23%。可见，在剪跨比较小的情况下，环向脱空对试件承载力的影响更为显著，表明钢管混凝土构件在受剪作用下受到脱空的影响比受弯作用下更加显著。

此外，脱空缺陷还会导致试件的延性系数有所减小。对于剪跨比 $\lambda=1.25$，轴压比 $n=0.6$ 的试件，在脱空率为 1.1% 和 2.2% 时，试件的延性系数下降了 5% 和 16%；对于剪跨比 $\lambda=1$，轴压比 $n=0.6$ 的试件，在脱空率为 1.1% 和 2.2% 时，试件的延性系数下降了 2% 和 10%；对于剪跨比 $\lambda=1$，轴压比 $n=0.3$ 的试件，在脱空率为 1.1% 和 2.2% 时，试件的延性系数下降了 5% 和 6%；对于剪跨比 $\lambda=0.75$，轴压比 $n=0.6$ 的试件，在脱空率为 1.1％和 2.2％时，试件的延性系数下降了 9％和 12％。

　　建立了带环向脱空缺陷的钢管混凝土构件在压弯剪作用下的有限元分析模型，对脱空构件的工作机理进行了细致剖析，提出了钢管混凝土构件在剪切作用下的最大容许环向脱空率限值为 0.05％，界定了带缺陷构件发生剪切破坏、弯剪破坏和弯曲破坏的剪跨比界限，在此基础上提出了考虑脱空率影响的钢管混凝土构件压弯剪承载力简化计算公式，可为实际钢管混凝土工程设计和安全评估提供参考，也可为相关规范修订提供依据。

5.3　带脱空缺陷的钢管混凝土构件在压弯扭复合作用下的力学性能

　　实际工程结构中，钢管混凝土构件可能处于压弯扭等复杂受力状态，例如弯桥中的钢管混凝土高墩［图 5-3-1（a）］受到恒定轴压力的同时，在地震作用下还将产生弯矩和扭矩的耦合作用，使其承受压弯扭复合作用；而钢管混凝土拱桥的拱肋跨度较大时，拱肋将承受较大的轴向压力，在水平地震荷载作用下，主拱也往往处于压弯扭复合受力状态［图 5-3-1（b）］（王宇航等，2017a）。

　　以往一些学者对钢管混凝土扭转性能和压弯扭性能开展了系列研究，如聂建国等（2014）对钢管混凝土构件在纯扭和压扭荷载下的抗震性能进行了试验研究和理论分析。王宇航等（2017b）、Nie 等（2013）、Wang 等（2014，2016）等对钢管混凝土柱在压弯扭耦合作用下的滞回性能进行了试验研究和数值模拟，发现弯扭比是影响构件破坏模态和力学性能的重要因素，并由此发展出考虑扭转效应的纤维梁单元，用于分析钢管混凝土柱在往复扭矩作用下的抗震性能。但是，有关于脱空缺陷对钢管混凝土构件在扭转或者压弯扭复合受力作用下抗震性能影响的研究报道尚十分有限。因此，本节首先研究脱空缺陷对钢管混凝土构件在纯扭作用下力学性能的影响，然后进行钢管混凝土构件在压弯扭单调作用下的力学性能试验研究，最后开展带环向脱空缺陷和带球冠形脱空缺陷的钢管混凝土构件在恒定轴压力和反复弯扭耦合作用下的抗震性能试验研究和理论分析，并在此基础上提出最大环向脱空率限值和考虑缺陷影响的钢管混凝土压弯扭承载力实用计算方法，可为实际工程设计和安全评估提供参考。

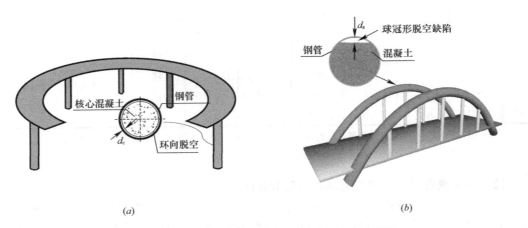

(a)　　　　　　　　　　　　　　　　　(b)

图 5-3-1　钢管混凝土压弯扭构件中脱空缺陷示意图

（a）弯桥中的钢管混凝土高墩；（b）钢管混凝土拱肋

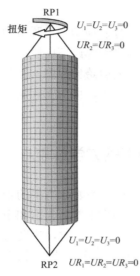

图 5-3-2　有限元模型示意图

5.3.1　纯扭作用下的力学性能

（1）有限元模型的建立和验证

为分析环向脱空缺陷和球冠形脱空缺陷对钢管混凝土受扭性能的影响，建立了带缺陷的钢管混凝土构件在纯扭作用下的有限元分析模型（廖飞宇等，2019b）。模型的材料本构、单元类型、网格划分、接触模型等和 5.2.2 节所述相同，在此不再赘述。有限元模型的边界条件和网格的划分如图 5-3-2 所示，构件的两端分别用参考点进行耦合，上端耦合到 RP1 上，参考点限制 x、y、z 方向的平动自由度和 y、z 的转动自由度并在 x 方向施加转角位移；下端耦合到 RP2 上，参考点限制 x、y、z 方向的平动自由度和 x、y、z 的转动自由度。

为了验证有限元模型的可靠性，对韩林海和钟善桐（1995）、Beck 和 Kiyomiya（2003）、周竞（1990）报道的钢管混凝土受扭试验，以及张传钦等（2019）报道的带缺陷的钢管混凝土在压弯扭作用下的试验结果进行模拟，各试件的基本信息列于表 5-3-1 中，图 5-3-3 为有限元计算的荷载—变形关系曲线与试验曲线的对比，可见两者总体上吻合较好。

有限元模拟的试件参数表　　　　　　　　　　　　　　表 5-3-1

序号	试件编号	D(mm)	t(mm)	L(mm)	χ(%)	f_y(MPa)	f_{cu}(MPa)	数据来源
1	TCB1-1	133	4.5	450	0	324.34	33.3	韩林海和钟善桐（1995）
2	TCB2-1	130	3	450	0	324.34	33.3	
3	CH35	139.8	3.5	1000	0	322.9	36.3	
4	CH40	139.8	4	1000	0	340.3	38.2	Beck 和 Kiyomiya（2003）
5	CH45	139.8	4.5	1000	0	348.2	31.8	
6	CSS6	114	4.5	800	0	301.9	21.9	
7	CSM6	114	4.5	1480	0	301.9	20.6	周竞（1990）
8	CSL6	114	4.5	2280	0	301.9	22.2	
9	CT	180	4.8	900	—	360	44	
10	CN021	180	4.8	900	0	360	44	张传钦等（2019）
11	CS411	180	4.8	900	4.4	360	44	
12	CC211	180	4.8	900	2.2	360	36	

注：D 为钢管外直径；t 为钢管壁厚；L 为构件长度；χ 为脱空率；f_y 为钢材屈服强度；f_{cu} 为混凝土立方体抗压强度。

（2）环向脱空对构件纯扭力学性能影响分析

利用有限元模型分析环向脱空缺陷对钢管混凝土受扭构件力学性能的影响，典型算例的基本条件为：钢管外直径 $D=400$mm、构件长度 $L=1200$mm、含钢率 $\alpha=0.1$、混凝土强度等级 C60、钢材等级 Q345、脱空率 $\chi=0.05\%$。

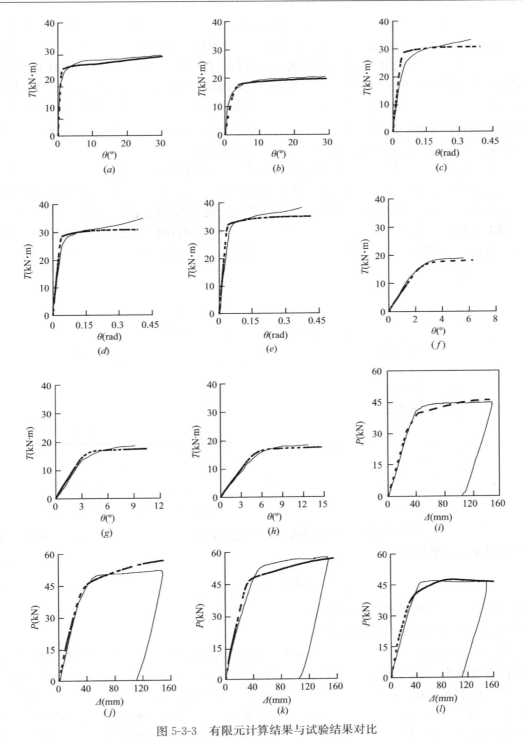

图 5-3-3　有限元计算结果与试验结果对比

（韩林海和钟善桐，1995；Beck 和 Kiyomiya，2003；周竞，1990；张传钦等，2019）

（a）TCB1-1；（b）TCB2-1；（c）CH35；（d）CH40；（e）CH45；（f）CSS6；

（g）CSM6；（h）CSL6；（i）CT；（j）CN021；（k）CS411；（l）CC211

——实测；------计算

图 5-3-4 所示为不同脱空率（0%，0.05%，1%，2%）下扭矩（T）-转角（θ）关系曲线，可见：环向脱空对曲线的前期刚度影响较小。在脱空率为 0.05% 时，脱空对构件扭矩-转角关系曲线形状以及极限扭矩值的影响并不显著。而当脱空率增大为 1% 时，由于环向脱空缺陷的存在而导致钢管和混凝土无法共同受力，因此，带缺陷构件的极限扭矩较无脱空构件有明显降低，而曲线后期出现的显著强化现象则主要是由于受荷后期钢管和混凝土发生接触后两者开始共同受力所致。脱空率增大至 2% 时，其扭矩-转角关系曲线和 $\chi=1\%$ 时十分接近，差别在于前者曲线后期并未出现显著强化现象。

从图 5-3-5 所示为不同脱空率下的接触应力（σ）-转角（θ）关系曲线。由图 5-3-5 可知，无脱空构件的钢管和核心混凝土在受荷初期就发生了接触，其受荷过程中的最大接触应力达到约 5.6MPa。脱空率为 0.05% 时，钢管与混凝土的接触时刻较无脱空构件略有延迟，最大接触应力值也略小；而脱空率为 1% 时，构件受荷钢管和混凝土发生接触，其最大应力达到 0.24MPa；而脱空率为 2% 时，钢管和混凝土在受荷过程中始终没有发生接触。

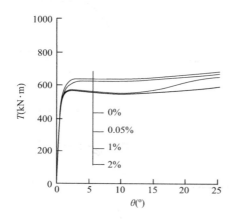

图 5-3-4 不同脱空率的扭矩
（T）-转角（θ）关系曲线

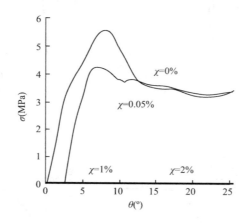

图 5-3-5 不同脱空率的接触应力
（σ）-转角（θ）关系曲线

为了定量化的考察不同参数对带环向脱空缺陷钢管混凝土构件抗扭承载力的影响，引入了抗扭承载力系数（SI）：

$$SI = \frac{P_{ue}}{P_{ue,无脱空}} \qquad (5-3-1)$$

式中 P_{ue}——脱空构件的抗扭承载力；

$P_{ue,无脱空}$——无脱空构件的抗扭承载力。

从图 5-3-6 所示的不同参数对构件承载力系数（SI）-脱空率（χ）关系曲线可见：当混凝土强度等级由 C30 提高至 C90 时，在脱空率为 0.05% 时，构件的承载力系数下降了 0.27% 至 0.21%；在脱空率为 1% 时，构件的承载力系数下降了 8.2% 至 7.7%；在脱空率为 1.5% 时，构件的承载力系数下降了 9.0% 至 8.2%；在脱空率为 2% 时，构件的承载力系数下降了 9.8% 至 8.5%。混凝土强度对环向脱空缺陷构件的承载力系数影响较小，这主要由于构件的破坏是以受扭破坏为主而不是受压破坏。

由图 5-3-6（b）可见，当钢材屈服强度由 235MPa 提高至 500MPa 时，在脱空率为 0.05% 时，构件的承载力系数下降了 0.26% 至 0.25%；在脱空率为 1% 时，构件的承载力系数下降了 9.7％至 5.8％；在脱空率为 1.5％时，构件的承载力系数下降了 11.7％至 6.4％；在脱空率为 2％时，构件的承载力系数下降了 24.0％至 7.0％。可见，随着钢材屈服强度的提高，脱空缺陷对构件承载力的影响有趋于减小的趋势。这主要由于钢材强度的提高，意味着钢管对构件抗扭承载力的贡献增大，而脱空则主要影响核心混凝土的抗扭强度。

由图 5-3-6（c）可见，当含钢率由 0.05 提高至 0.20 时，在脱空率为 0.05％时，构件的承载力系数下降了 0.32％至 0.1％；在脱空率为 1％时，构件的承载力系数下降了 11.5％至 5.7％；在脱空率为 1.5％时，构件的承载力系数下降了 13.1％至 6.02％；在脱空率为 2％时，构件的承载力系数下降了 14.0％至 6.2％。可见，随着含钢率的增大，脱空缺陷对构件承载力的影响有趋于减小的趋势，这同样是由于钢管对构件抗扭承载力的贡献比例随着含钢率的增大而增大，因此脱空的影响则相应减小。

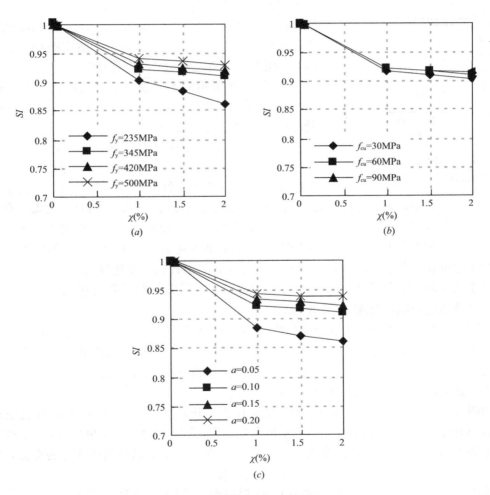

图 5-3-6　承载力系数（SI）-脱空率（χ）关系曲线
（a）混凝土强度对承载力系数（SI）的影响；（b）钢材屈服强度对承载力系数（SI）的影响；
（c）含钢率对承载力系数（SI）的影响

　　基于以上分析，构件一旦出现环向脱空缺陷就会对构件的承载力产生影响，并且随着脱空率的增大构件承载力降低越来越显著，当脱空率小于或等于 0.05% 时，脱空缺陷对构件承载力影响较小。因此，建议钢管混凝土纯扭构件的环向脱空率限值为 0.05%，超过此限值则在其安全验算中建议不考虑核心混凝土的贡献，只计入钢管的抗扭承载力。

（3）球冠形脱空对构件纯扭力学性能的影响分析

　　为明晰纯扭作用下球冠形脱空缺陷对钢管混凝土力学性能的影响，利用有限元模型对带球冠形的钢管混凝土受扭构件工作机理进行分析。典型算例的基本条件为：钢管外直径 $D=400\text{mm}$、构件长度 $L=1200\text{mm}$、含钢率 $\alpha=0.1$、混凝土强度等级为 C60、钢材等级为 Q345、脱空率为 0，2%，4%，6%。

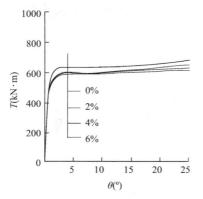

图 5-3-7　不同脱空率下扭矩
（T）-转角（θ）关系曲线

　　图 5-3-7 所示为不同脱空率（0，2%，4%，6%）下构件的扭矩（T）-转角（θ）关系曲线。总体而言，脱空对钢管混凝土构件的扭矩-转角关系曲线形状影响较小，但是会导致其极限扭矩有所降低，且下降的幅度随脱空率的增大而趋于显著。这主要是由于脱空的存在会削弱钢管和混凝土两者之间的"组合作用"。

　　由图 5-3-8 所示的不同脱空率下的接触应力（σ）-转角（θ）关系曲线可见：在 1 点处的应力即为在构件脱空处的应力，此点的应力在脱空率为 2%，4%，6% 时均为 0，表明脱空处的混凝土在受荷全过程中均未与钢管发生接触；由图 5-3-7（c）、（d）可见：在球冠形脱空构件非脱空处的 2 点和 3 点处的应力值随着脱空率的增大而降低，反映了脱空缺陷的存在降低了钢管对核心混凝土的约束作用；同时对比无脱空处的应力，球冠形脱空构件在 2 点和 3 点处的接触应力都较无脱空构件出现得更迟，表明脱空的存在延迟了钢管和混凝土之间的接触时刻，且该现象随着脱空率增大而更为显著。

　　为了定量化的考察不同参数对带球冠形脱空缺陷钢管混凝土构件抗扭承载力的影响，同样基于式（5-3-1）计算了构件的承载力系数 SI。不同参数对承载力系数（SI）-脱空率（χ）关系曲线的影响，如图 5-3-9 所示。

　　由图 5-3-9（a）可知：当混凝土强度等级由 C30 提高到 C90 时，在脱空率为 2% 时，构件的承载力系数下降了 4.9% 至 4.4%；脱空率为 6% 时，构件的承载力系数则下降了 8.3% 至 8.1%。可见，混凝土强度对带球冠形脱空缺陷构件抗扭承载力的影响较小，这主要是因为钢管混凝土的抗扭承载力主要取决于钢管的贡献。

　　由图 5-3-9（b）可知：当钢材屈服强度由 235MPa 提高至 500MPa 时，在脱空率为 2% 时，构件的承载力系数下降了 5.5% 和 2.8%；而在脱空率为 4% 和 6% 时，承载力系数则下降了 8.4% 和 5.2%，以及 9.8% 至 7.5%。可见，随着钢材屈服强度的提高，脱空对钢管混凝土构件抗扭承载力的影响有减小的趋势。

　　由图 5-3-9（c）可知：当含钢率由 0.05 提高至 0.20 时，在脱空率为 2% 时，构件的承载力系数下降了 7.3% 至 2.3%；在脱空率为 4% 时，下降了 11.7% 至 3.7%；在脱空率为 6% 时，下降了 14.6% 至 5.3%。可见，随着含钢率的提高，球冠形脱空对构件抗扭承载力系数的影响有减小的趋势。这主要是由于钢管混凝土的抗扭承载力受钢管影响较大，而脱空主要影响混凝土性能，因此钢管屈服强度越高或含钢率越大则钢管对构件承载力贡献的比例越大，而脱空所产生的影响则相应越小。

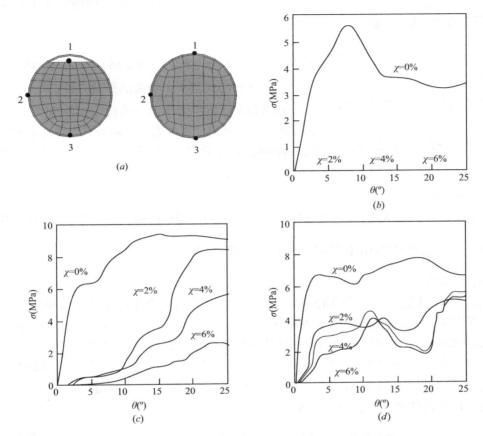

图 5-3-8　不同脱空率下接触应力（σ)-转角（θ）关系曲线

（a）取点位置；（b）1 点；（c）2 点；（d）3 点

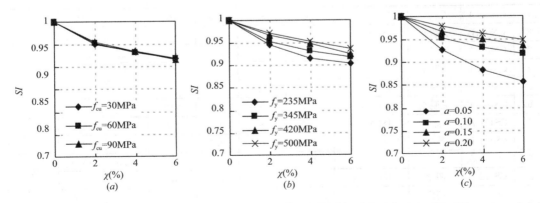

图 5-3-9　承载力系数（SI)-脱空率（χ）关系曲线

（a）混凝土强度对承载力系数的影响；（b）钢材屈服强度对承载力系数的影响；

（c）含钢率对承载力系数的影响

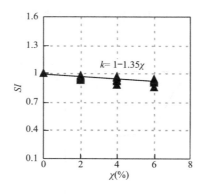

图 5-3-10　$SI(\chi)$-χ 关系曲线

为评估不同球冠形脱空率对钢管混凝土抗扭承载力的影响，结合国家标准《钢管混凝土结构技术规范》GB 50936—2014，提出考虑球冠形脱空影响的纯扭承载力折减系数 k：

$$T = kT_u \tag{5-3-2}$$

式中　T_u——抗扭承载力，可依据 GB 50936—2014 计算；

　　　k——与脱空率 χ 有关的折减系数。

从图 5-3-10 所示的承载力系数 $SI(\chi)$ 随脱空率（χ）的变化趋势，可见：承载力系数随着脱空率的增大基本成线性减小的趋势，因此对参数分析结果进行线性回归可得：

$$k = 1 - 1.35\chi \tag{5-3-3}$$

式中　χ——脱空率。

将式（5-3-3）代入式（5-3-2）即可计算考虑球冠形脱空影响的钢管混凝土抗扭承载力。

5.3.2　压弯扭单调作用下带缺陷构件的力学性能

(1) 试验概况

共进行了 14 根圆形截面的钢管混凝土试件在压弯扭复合作用下的试验研究，其中包括 6 根带球冠形脱空缺陷试件、6 根无脱空试件以及 2 根空钢管试件，试验的主要参数为轴压比和弯扭比（张传钦等，2019）。试件的详细参数见表 5-3-2，其中，n 为轴压比（$n = N_0/N_u$，其中，N_0 为施加在试件上的恒定轴压力，N_u 为轴心受压时的极限承载力），γ 为弯扭比（$\gamma = M/T$，其中，M 为弯扭，T 为扭矩），χ 为脱空率（$\chi = d_s/D$，其中，d_s 为脱空距离，D 为构件截面外直径），t 为钢管壁厚。

试件信息表　　　　　　　　　　　　　　　　　　　表 5-3-2

序号	试件编号	试件类型	试件尺寸 $D \times t$(mm)	χ(%)	d_s(mm)	γ	N_0(kN)	n	N_{ue}(kN)	SI
1	CN011A	无脱空	180×4.8	—	—	0.9	371	0.25	1483	1.0
2	CN011B	无脱空	180×4.8	—	—	0.9	371	0.25	1483	
3	CN012A	无脱空	180×4.8	—	—	1.8	371	0.25	1483	1.0
4	CN012 B	无脱空	180×4.8	—	—	1.8	371	0.25	1483	
5	CN021 A	无脱空	180×4.8	—	—	0.9	742	0.5	1483	1.0
6	CN021 B	无脱空	180×4.8	—	—	0.9	742	0.5	1483	
7	CS411 A	脱空	180×4.8	4.4	8	0.9	338	0.25	1350	0.93
8	CS411 B	脱空	180×4.8	4.4	8	0.9	338	0.25	1350	
9	CS412 A	脱空	180×4.8	4.4	8	1.8	676	0.25	1350	0.90
10	CS412 B	脱空	180×4.8	4.4	8	1.8	676	0.25	1350	
11	CS421 A	脱空	180×4.8	4.4	8	0.9	676	0.5	1350	0.91
12	CS421 B	脱空	180×4.8	4.4	8	0.9	676	0.5	1350	
13	CT-A	空钢管	180×4.8	—	—	1.8	150	0.25	600	—
14	CT-B	空钢管	180×4.8	—	—	0.9	150	0.25	600	—

对于无脱空试件的浇筑，直接进行混凝土的正常浇筑。而对于带脱空缺陷的试件，为了精确的制造脱空缺陷，采用精细的加工不锈钢钢条制造缺陷，在浇筑混凝土前，将钢条置于钢管内并临时固定以获得设计的脱空值，待混凝土浇筑 3d 后将钢条拔出以形成球冠形脱空缺陷。

试验中的核心混凝土采用自密实混凝土，其中，混凝土的材料组成为：42.5 的普通硅酸盐水泥、二级的粉煤灰、闽江清水河砂、玄武岩碎石、TW-PS 聚羧酸减水剂以及自来水。每立方米材料用量的配合比为：水泥∶砂∶水∶粉煤灰∶石子∶减水剂＝263.67kg∶759.94kg∶187.25kg∶175.82kg∶1013.26kg∶4.4kg。试验时，实测混凝土的立方体抗压强度为 44.0MPa。钢材的材性通过拉伸试验实测得到，屈服强度 f_y＝361.6MPa、极限抗拉强度 f_u＝434.2MPa、弹性模量 E_s＝199607MPa、泊松比 u_s＝0.27、延伸率 δ＝30%。

试验时，试件的底端和顶端分别采用高强螺栓与底座固结和加载梁锚固，使试件在试验过程中不会发生相对滑移，从而保证在 MTS 作用下将承载力全部传给了试件。轴力通过液压千斤顶来施加，采用带半球铰的液压千斤顶，从而保证液压千斤顶在试验过程中随加载梁的转动而发生移动，确保轴力始终施加在试件的中心位置，在整个试验过程通过油泵控制轴力的大小并保持轴力恒定。MTS 液压伺服作动器采用高强螺栓与加载梁进行锚固。通过 MTS 液压伺服作动器对加载梁施加水平的集中力，这样就可以同时对试件施加扭矩和弯矩。图 5-3-11 为试件加载方法示意图，试件的弯扭比（$\gamma=M/T$，$M=FH$，$T=FL$）可由试件高度 H 和加载梁长度 L 的比值来控制。图 5-3-12 为加载装置照片。

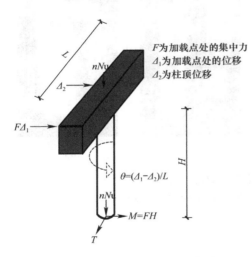

图 5-3-11　试件加载方法示意图

图 5-3-12　加载装置照片

（2）试验结果

图 5-3-13 所示为钢管混凝土试件在压弯扭复合作用下的破坏模态。试验结果表明，对于脱空试件和无脱空试件从开始加载到试验结束，钢管的表面没有明显的屈曲现象，但可以发现试件的底端端板处有钢管表面脱落的焊渣；空钢管试件底端有呈现出 45°的微小斜向鼓屈。图 5-3-14 为试验结束后，将试件的外部钢管刨开观察核心混凝土的破坏模态，对于无脱空试件的核心混凝土和脱空试件的核心混凝土均没有观察到明显的裂缝。综上所

述，无脱空试件、脱空试件、空钢管试件三者的破坏模态比较接近，均未观察到钢管出现明显的屈曲现象且核心混凝土没有明显的裂缝。

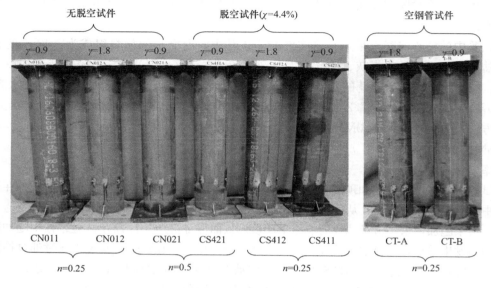

图 5-3-13　试件破坏模态

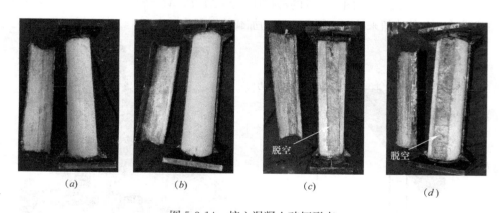

图 5-3-14　核心混凝土破坏形态

(*a*) CN011 ($n=0.25$，$\gamma=0.9$，无脱空)；(*b*) CN012 ($n=0.25$，$\gamma=0.9$，无脱空)；
(*c*) CS411 ($n=0.25$，$\gamma=0.9$，脱空)；(*d*) CS412 ($n=0.25$，$\gamma=1.8$，脱空)

1）侧向荷载（P）-侧向位移（Δ）关系曲线

如图 5-3-15 为试件的侧向荷载（P）-侧向位移（Δ）关系曲线，从图中可见，同组的两根试件的曲线较接近，同时试件在压弯扭复合作用下都经历了弹性阶段、弹塑性阶段以及强化阶段（此阶段较平缓）。对于大弯扭比作用下试件的承载力明显高于小弯扭作用下的试件，这主要是由于：试件的弯扭比（$\gamma=M/T$，$M=FH$，$T=FL$）由试件的高度（H）和加载点水平力臂（L）的比值决定的，在试件高度为定值时，提高弯扭比即减小加载点水平力臂（L），而试件底端承受的扭矩和弯扭作用较小，因此大弯扭比作用下试件的承载力较高。

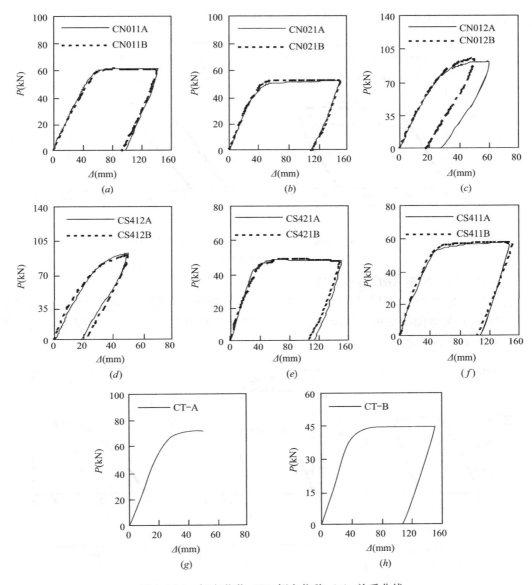

图 5-3-15　侧向荷载（P）-侧向位移（Δ）关系曲线

(*a*) CN011（$n=0.25$，$\gamma=0.9$，无脱空）；(*b*) CN021（$n=0.5$，$\gamma=0.9$，无脱空）；

(*c*) CN012（$n=0.25$，$\gamma=1.8$，无脱空）；(*d*) CS412（$n=0.25$，$\gamma=1.8$，$\chi=4.4\%$，脱空）；

(*e*) CS421（$n=0.5$，$\gamma=0.9$，$\chi=4.4\%$，脱空）；(*f*) CS411（$n=0.25$，$\gamma=0.9$，$\chi=4.4\%$，脱空）；

(*g*) CT-A（$n=0.25$，$\gamma=1.8$，空钢管）；(*h*) CT-B（$n=0.25$，$\gamma=1.8$，空钢管）

图 5-3-16 为试件的侧向荷载（P）-侧向位移（Δ）关系曲线比较。可见，空钢管试件的弹性刚度略小于无脱空试件，其承载力也明显低于钢管混凝土试件。脱空缺陷对于曲线的弹性刚度影响较小，但对试件承载力有一定影响；这主要是由于脱空缺陷的存在使得钢管和混凝土间的传力路径部分被中断，导致钢管混凝土的组合优势被削弱。在大弯扭比作用下，无脱空试件的曲线和脱空试件较为接近，表明在大弯扭情况对脱空缺陷对试件力学性能影响较小。此外，轴压比对试件荷载—位移关系曲线的影响并不显著，这是由于本文

试件的破坏类型为弯扭破坏，而非受压破坏。

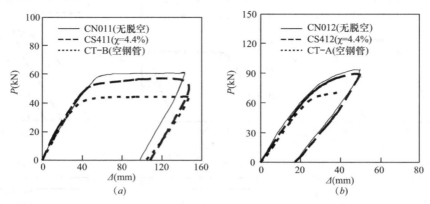

图 5-3-16　侧向荷载（P）-侧向位移（Δ）关系曲线对比
(a) $n=0.25$、$\gamma=0.9$；(b) $n=0.25$、$\gamma=1.8$

2）扭矩（T）-转角（θ）关系曲线

图 5-3-17 为实测的试件扭矩（T）-转角（θ）关系曲线。可见，同组的两根试件的扭矩（T）-转角（θ）关系曲线接近，同时试件在压弯扭复合作用下都经历了弹性阶段、弹塑性阶段以及强化或平缓阶段。

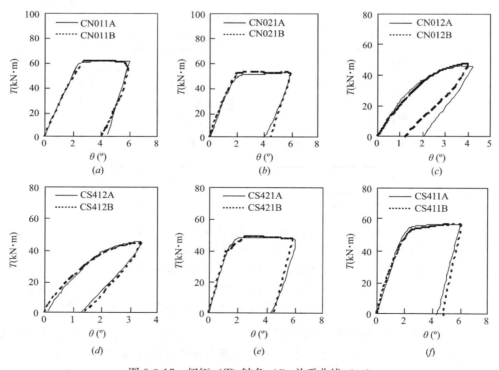

图 5-3-17　扭矩（T）-转角（θ）关系曲线（一）

(a) CN011（$n=0.25$，$\gamma=0.9$，无脱空）；(b) CN021（$n=0.5$，$\gamma=0.9$，无脱空）；

(c) CN012（$n=0.25$，$\gamma=1.8$，无脱空）；(d) CS412（$n=0.25$，$\gamma=1.8$，$\chi=4.4\%$，脱空）；

(e) CS421（$n=0.5$，$\gamma=0.9$，$\chi=4.4\%$，脱空）；(f) CS411（$n=0.25$，$\gamma=0.9$，$\chi=4.4\%$，脱空）

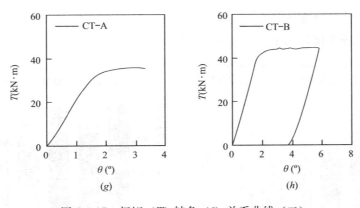

图 5-3-17　扭矩（T）-转角（θ）关系曲线（二）

（g）CT-A（$n=0.25$，$\gamma=1.8$，空钢管）；（h）CT-B（$n=0.25$，$\gamma=1.8$，空钢管）

图 5-3-18 为扭矩（T）-转角（θ）关系曲线比较。可见，球冠形脱空缺陷对扭矩（T）-转角（θ）关系曲线形状的影响并不显著。在弯扭比较大时（$\gamma=1.8$），带缺陷试件和无脱空试件的扭矩（T）-转角（θ）关系曲线十分接近。

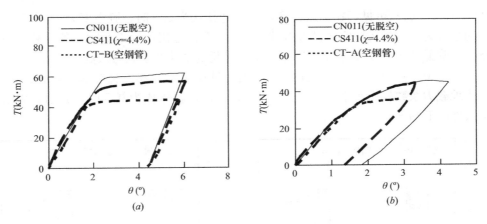

图 5-3-18　扭矩（T）-转角（θ）关系曲线

（a）$n=0.25$、$\gamma=0.9$；（b）$n=0.25$、$\gamma=1.8$

（3）试验结果分析

由于试件的侧向荷载-侧向位移关系曲线和扭矩-扭转角关系曲线均未出现下降段，因此参考韩林海（2016）提出的方法来确定试件的极限承载力，即钢管最大剪应变达到 $10000\mu\varepsilon$ 时试件的侧向荷载和扭矩作为试件的抗侧承载力和抗扭承载力。图 5-3-19 为采用上述方法确定的侧承载力和抗扭承载力对比图，侧承载力和抗扭承载力均取同组两根试件的平均值。可见，脱空缺陷的存在使得试件的侧承载力和抗扭承载力有所下降，这主要是由于缺陷的存在使钢管和混凝土之间的相互作用有所削弱。

为了定量化的考察不同参数对钢管混凝土压弯扭试件的极限承载力影响，定义了承载力系数（SI），其表达式如下：

$$SI = \frac{P_{ue}}{P_{ue,无脱空}} \tag{5-3-4}$$

式中 P_{ue}——脱空试件实测的承载力；

P_{ue}——无脱空试件的承载力，SI 值列于表 5-3-2 中。

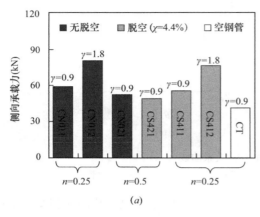
(a)

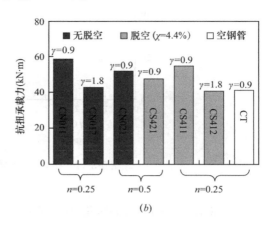
(b)

图 5-3-19 承载力比较
(a) 抗侧承载力比较；(b) 抗扭承载力比较

从图 5-3-20（a）可见，在轴压比为 0.25，弯扭比为 0.9 时，脱空率为 4.4% 时，带缺陷试件的承载力系数较无脱空试件降低约 7.0%；而在弯扭比为 1.8 时，其承载力系数较无脱空试件降低约 10.0%，表明大弯扭比作用对脱空试件的承载力系数的影响增大。

从图 5-3-20（b）可见，在弯扭比为 0.9 时，轴压比为 0.25，脱空率为 4.4% 时，带缺陷试件的承载力系数较无脱空试件降低约 7.0%；而在轴压比为 0.5 时，其承载力系数较无脱空试件降低约 8.0%。

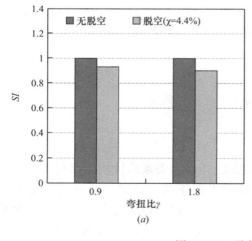
(a)

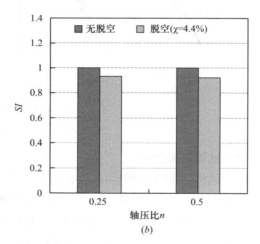
(b)

图 5-3-20 承载力系数 SI 比较
(a) 弯扭比 γ($n=0.25$)；(b) 轴压比 n($\gamma=0.9$)

（4）本节小结

在本节试验参数范围内可得到以下结论：

1）球冠形脱空缺陷的存在对于钢管混凝土试件在压弯扭复合作用下的破坏模态并无显著影响。

　　2）无脱空试件和脱空试件的荷载（P）-位移（Δ）关系曲线和扭矩（T）-转角（θ）关系曲线均可分为三个阶段：弹性阶段、弹塑性阶段和强化或平缓阶段。

　　3）轴压比对于脱空试件的承载力系数影响较小，主要是由于试件发生弯扭破坏而不是受压破坏。

　　4）随着弯扭比的增大，脱空缺陷对试件的承载力系数影响有所增大。在弯扭比为 0.9 时，带缺陷试件的承载力较无脱空试件降低约 7.0%，当弯扭比增大到 1.8 时，其承载力则降低约 10.0%。

5.3.3　带环形脱空缺陷的钢管混凝土构件在压弯扭滞回作用下的抗震性能

（1）试验概况

　　以弯桥中的钢管混凝土高墩承受恒定轴压荷载时在地震作用下产生弯矩和扭矩的情况为典型工程背景，进行了 12 个试件在恒定轴压力和弯扭耦合反复荷载作用下的滞回试验，其中包括 8 个带脱空缺陷的钢管混凝土试件、2 个无脱空试件以及 2 个空钢管对比试件（廖飞宇等，2019a）。试验参数包括脱空率、弯扭比和轴压比。试件参数见表 5-3-3，其中，D 为钢管混凝土横截面外直径，t_s 为钢管壁厚，H 为试件高度，$n(=N_0/N_u$，其中 N_0 为施加在试件上的恒定轴压力，N_u 为试件的轴压承载力）为轴压比，γ 为弯扭比，f_y 和 f_{cu} 分别为钢材的屈服强度和混凝土立方体抗压强度，χ 为脱空率（$\chi=2d_c/D$，d_c 为脱空值，D 为钢管外直径）。

试件参数表　　　　　　　　　　　　　　　　表 5-3-3

序号	试件编号	$D \times H$ (mm)	t_s (mm)	χ (%)	d_c (mm)	γ	f_y (MPa)	f_{cu} (MPa)	N_0 (kN)	n
1	CTA	180×900	4.80	0	0	0.9	361.6	—	150	0.25
2	CTB	180×900	4.80	0	0	0.9	361.6	—	150	0.25
3	CN011A	180×900	4.80	0	0	0.9	361.6	36.4	357	0.25
4	CN011B	180×900	4.80	0	0	0.9	361.6	36.4	357	0.25
5	CC211A	180×900	4.80	2.2	2	0.9	361.6	36.4	329	0.25
6	CC211B	180×900	4.80	2.2	2	0.9	361.6	36.4	329	0.25
7	CC411A	180×900	4.80	4.4	4	0.9	361.6	36.4	316	0.25
8	CC411B	180×900	4.80	4.4	4	0.9	361.6	36.4	316	0.25
9	CC221A	180×900	4.80	2.2	2	0.9	361.6	36.4	631	0.50
10	CC221B	180×900	4.80	2.2	2	0.9	361.6	36.4	631	0.50
11	CC212A	180×900	4.80	2.2	2	1.8	361.6	36.4	316	0.25
12	CC212B	180×900	4.8	2.2	2	1.8	361.6	36.4	316	0.25

　　注：表中试件编号的第一个字母 C 代表钢管混凝土试件，第二个字母中的 C 代表环向脱空，N 代表无脱空；第一个数字为脱空率，2 代表脱空率为 2.2%，4 代表脱空率为 4.4%；第二个数字代表轴压比取值，1 代表取 0.25，2 代表取 0.50；第三个数字代表弯扭比，1 代表取弯扭比为 1.8，2 代表取弯扭比为 0.9；第三个字母代表试件标号，A 代表同组的第 1 根试件，B 代表同组第 2 根试件。

　　试件制作时，首先按要求的长度加工空钢管，保证钢管两端平整，并仔细去除钢管中的铁锈和油污。对应每个试件加工两个板厚 16mm 的圆钢板作为试件的端板。对于带缺陷构件需在其中一个端板上焊接 φ10 栓钉（焊接栓钉的目的是加强混凝土和端板之间的固定，以期保证试件制作完成后钢管、核心混凝土和脱空部分还能保持同心），并将有栓钉的端板焊接在空钢管上，而无栓钉端板则等到混凝土浇筑完成后焊接。对于带缺陷的试件，为了精确地制造环向脱空缺陷，采用精细加工的不锈钢管作为制造缺陷的模具并在其内、外表面均涂抹专用脱模剂以减小其和混凝土之间的粘结强度。在混凝土浇筑前将模具置于钢管内并临时固定以获得设计的脱空值，待混凝土初凝（48～72h）后用机械千斤顶小心地将模具从构件中抽出，以形成环向脱空缺陷。抽出模具后采用游标卡尺对脱空缺陷的尺寸均进行了量测，结果表明实际脱空值和设计脱空值误差较小（不超过0.1mm）。对于无脱空的钢管混凝土试件则正常进行混凝土浇筑，待混凝土达到养护时间后焊接上端板。

通过拉伸试验实测得到钢管的屈服强度（f_y）、抗拉强度（f_u）、弹性模量（E_s）、泊松比和延伸率分别为：361.6MPa、434.2MPa、199607N/mm²、0.27和30.0%。核心混凝土采用自密实混凝土，混凝土的组成材料为：42.5级普通硅酸盐水泥；Ⅱ级粉煤灰；花岗岩碎石，最大粒径20mm；中砂；TW-3早强高效减水剂；普通自来水。每立方米混凝土的材料用量：水泥：粉煤灰：砂：石：水：减水剂＝264kg：176kg：760kg：1013kg：187kg：4.4kg。试验时，实测混凝土立方体（150mm×150mm×150mm）抗压强度 f_{cu} 为36.4MPa，弹性模量 E_c 为26342.4N/mm²，混凝土的坍落度和水平铺展度分别为265mm和650mm。

试验设计的脱空率为2.2%和4.4%，其主要原因为：首先，该脱空率涵盖了工程中的极端情况，本试验的目的在于考察脱空的最不利影响；其次，脱空率较小的试件其在构件制作时难以精确的控制预先设定的脱空值，而对于脱空率较大的试件则易于实现。对于弯扭比和轴压比则分别选取了 $\gamma = 0.9$ 和 1.8，$n = 0.25$ 和 0.5，目的在于考察压、弯、扭不同比例组合下缺陷对钢管混凝土试件力学性能的影响规律。

试验过程中将试件垂直放置，其底端与刚性底座固接，顶端与加载梁通过高强螺栓进行锚固。轴力由自带半球铰的100t液压千斤顶施加，其上端固定在可单方向运动的滑动小车上，以实现千斤顶可随着试件侧向变形而运动，从而保证轴力始终施加在柱顶中心的位置。试验过程中千斤顶使用油泵装置控制，随时进行补载以保持轴力恒定。往复荷载由MTS伺服作动器施加在与之相连的加载梁上，试件与加载梁刚接，通过MTS伺服作动器的推拉力对构件施加成比例的弯矩和扭矩。试验装置如图5-3-21所示。

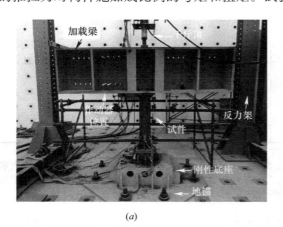
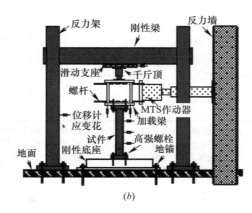

(a)　　　　　　　　　　　　　(b)

图 5-3-21　试验装置

(a) 试验装置照片；(b) 试验装置侧视示意图

荷载-位移关系数据由 MTS 系统自动采集，轴向变形和往复荷载作用方向的纵向位移利用位移计进行测量，其中轴向变形采用两个位移计架设在加载梁底端进行测量，其作用主要在于观测在加载过程中，加载梁是否发生倾斜；纵向位移由架设在滑动小车一侧的两个位移计进行测量。此外，在构件的 1/4 处、1/2 处和 3/4 处各架设一个位移计量测试件的纵向位移。试件的横向应变、纵向应变和剪切应变由粘贴在距离试件底端板 200mm 高度位置的三向应变花进行测量，此外，在底座下端布置两个位移计分别测量底座两个方向的位移，避免底座发生移动对试验结果造成的误差，如图 5-3-22 所示。

试验加载制度采用荷载-位移双控制方法：在试件达到屈服强度前采用荷载分级控制加载，分别按 $0.25P_{max}$、$0.5P_{max}$、$0.7P_{max}$ 进行加载，其中 P_{max} 为采用有限元计算的承载力；试件达到屈服强度（Δ_y）后，采用位移控制加载，按 $1\Delta_y$、$1.5\Delta_y$、$2.0\Delta_y$、$3.0\Delta_y$、$5.0\Delta_y$、$7.0\Delta_y$、$8.0\Delta_y$ 进行加载，其中 Δ_y 为试件的屈服位移，由 $0.7P_{max}$ 来确定：$\Delta_y = 0.7P_{max}/K_{sec}$，$K_{sec}$ 为荷载达到 $0.7P_{max}$ 时荷载—变形曲线的割线刚度。由荷载控制加载时，每级荷载循环 2 圈，当位移控制加载时，前 3 级荷载（$1\Delta_y$、$1.5\Delta_y$、$2.0\Delta_y$）均循环 3 圈，其余分别循环 2 圈，如图 5-3-23 所示。停机条件为：加载直至荷载下降超过了峰值荷载的 15%，或者水平荷载加载位移即将超出 MTS 伺服作动器的最大运行范围。

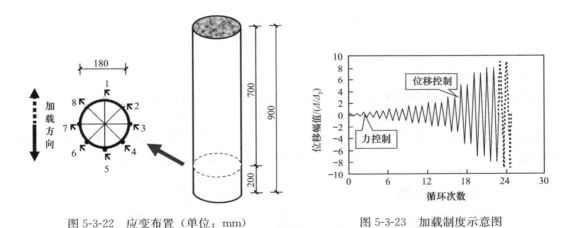

图 5-3-22　应变布置（单位：mm）　　　　图 5-3-23　加载制度示意图

试验的加载方法原理如图 5-3-24 所示，将作动施加的集中力对柱底截面进行简化可以得到柱底截面弯矩和扭矩：

$$M = FH \tag{5-3-5}$$

$$T = FL\sin\beta \tag{5-3-6}$$

式中　H——柱高；

　　　L——加载点与试件几何中心距离；

　　　β——MTS 作动器与加载梁的夹角。

在试验过程中 β 值基本保持在 90°，因而 $\sin\beta$ 值均保持在 1.0 左右，由式（5-3-7）可以看到，不同弯扭比加载可以通过变化 H/L 的值来实现。试验中通过改变加载位置可实现不同弯扭比组合，在弯扭比 γ 为 0.9 和 1.8 时，对应的加载点距离（L）分别为 1000mm 和 500mm。由此可得试件弯扭比（弯矩 M 与扭矩 T 的比值）γ 的表达式为：

$$\gamma = M/T = H/L \tag{5-3-7}$$

试件的扭转角（θ）与 MTS 作动器加载点位移以及试件柱顶位移的关系如下式所示：

$$\theta = \arcsin\left[(\Delta_1 - \Delta_2)/L\right] \tag{5-3-8}$$

式中　θ——构件的扭转角；

　　　Δ_1——MTS 作动器加载点位移；

　　　Δ_2——构件柱顶位移，如图 5-3-24（b）所示。

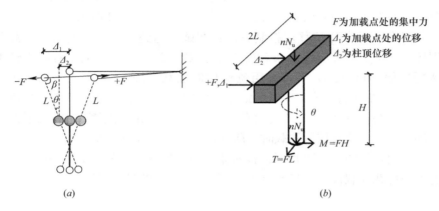

图 5-3-24　构件受荷示意图

（a）俯视图；（b）加载模式

（2）试验结果与分析

　　试验停机时，无脱空试件主要表现为试件整体变形，由于核心混凝土的支撑作用，外钢管并未观察到有明显的局部破坏现象。而带环向脱空试件其破坏模态和空钢管试件较为接近，两者都由于缺乏混凝土对钢管的有效支撑作用而导致钢管底部出现了较为明显的斜向局部鼓屈，如图 5-3-25 所示。而当脱空率增大至 4.4％时，其鼓屈现象则更加显著。

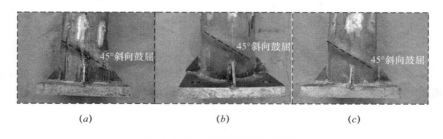

图 5-3-25　试件破坏模态对比

（a）CT（空钢管）；（b）CC211（脱空，$\chi=2.2\%$）；（c）CC211（脱空，$\chi=4.4\%$）

　　试件实测的侧向荷载（P）-侧向位移（Δ）滞回关系曲线如图 5-3-26 所示，扭矩（T）-扭转角（θ）滞回关系曲线如图 5-3-27 所示。由图 5-3-26 和图 5-3-27 可见，同组两根试件的荷载-位移滞回关系曲线均较为接近。所有试件的滞回关系曲线均较为饱满，未出现"捏拢"现象，卸载段刚度与弹性刚度基本一致，表明了钢管混凝土试件在压弯扭复合作用下具有很好的耗能能力。相较而言，小弯扭比作用下的试件其滞回关系曲线较大弯扭比的情况更为饱满，而脱空缺陷对试件滞回关系曲线形状的影响并不明显。

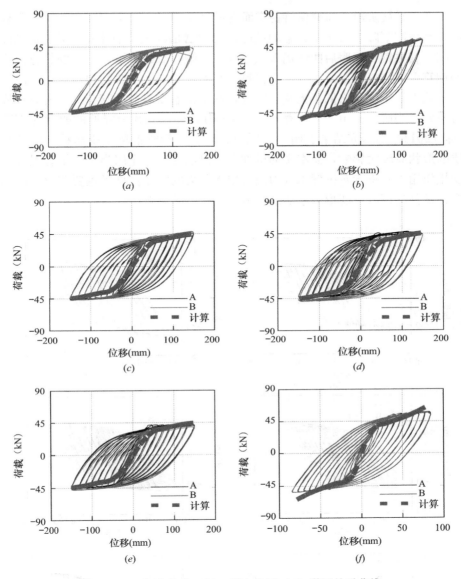

图 5-3-26　侧向荷载（P）—侧向位移（Δ）滞回关系曲线

（a）CT（空钢管，$n=0.25$，$\gamma=0.9$）；（b）CN011（无脱空，$n=0.25$，$\gamma=0.9$）；
（c）CC211（$\chi=2.2\%$，$n=0.25$，$\gamma=0.9$）；（d）CC221（$\chi=2.2\%$，$n=0.5$，$\gamma=0.9$）；
（e）CC411（$\chi=4.4\%$，$n=0.25$，$\gamma=0.9$）；（f）CC212（$\chi=2.2\%$，$n=0.25$，$\gamma=1.8$）

　　在整个加载过程中，无脱空试件的荷载一直保持上升的趋势，其滞回关系曲线未出现下降段。对于空钢管和带环向脱空试件，其在加载后期钢管底部出现鼓屈现象，因此荷载则随之趋于平缓。

　　图 5-3-28 所示为试件实测的侧向荷载（P）-侧向位移（Δ）滞回关系曲线骨架线。可见，试件在压弯扭复合作用下都经历了弹性段、弹塑性段和强化（平缓）段三个受力阶段。无脱空试件由于钢管和核心混凝土之间的"组合作用"其 P-Δ 曲线在弹塑性阶段之后有明显的强化特征，侧向荷载稳定上升直至试验停止。而空钢管试件其在钢管屈服后则

P-Δ 曲线表现为平缓阶段，荷载保持稳定而变形迅速增大，直至钢管底部发生明显鼓屈后试件荷载突然急剧下降。对于带缺陷的试件，其 P-Δ 曲线发展规律介于无脱空试件和空钢管试件之间，其在钢管屈服后曲线仍有强化现象，侧向荷载有平缓上升的趋势，反映了在受荷后期钢管可能与核心混凝土发生了接触，两者之间产生部分的相互作用。但带缺陷试件的后期承载力和刚度均略低于无脱空试件，和空钢管试件较为接近。此外，由图 5-3-67 (a) 还可看到：当脱空率由 2.2% 增大至 4.4% 时，试件承载力降低的幅度并不明显。以往 Liao 等（2011）的研究结果表明环向脱空缺陷会对钢管混凝土受压构件的荷载—变形关系曲线的形状有较大影响，而本文的试件主要以承受弯扭作用为主，钢管混凝土构件在受弯或受扭作用下其钢管对抗弯承载力或抗扭承载力的贡献占据了主要部分，因此脱空缺陷对压弯扭试件的荷载—变形关系曲线的形状并无显著影响。

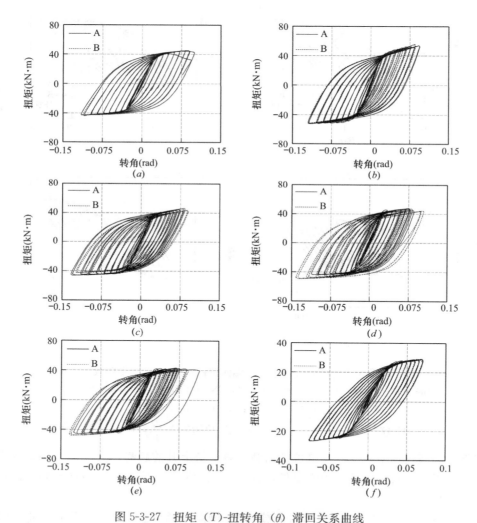

图 5-3-27 扭矩（T）-扭转角（θ）滞回关系曲线

(a) CT（空钢管，$n=0.25$，$\gamma=0.9$）；(b) CN011（无脱空，$n=0.25$，$\gamma=0.9$）；

(c) CC211（$\chi=2.2\%$，$n=0.25$，$\gamma=0.9$）；(d) CC221（$\chi=2.2\%$，$n=0.5$，$\gamma=0.9$）；

(e) CC411（$\chi=4.4\%$，$n=0.25$，$\gamma=0.9$）；(f) CC212（$\chi=2.2\%$，$n=0.25$，$\gamma=1.8$）

由图 5-3-28（b）可见，轴压比对带缺陷试件 P-Δ 曲线的影响较小，这是由于本文试件的破坏机制主要为弯扭耦合破坏，因此试件的受压程度对其力学性能的影响并不显著。

由图 5-3-28（c）可见，随着弯扭比（γ）由 0.9 增大到 1.8，试件的刚度和承载力都有所提升。这是由于：如式（5-3-7）所示，试件的弯扭比（γ）取决于试件高度（H）和加载点水平力臂（L）的比值，而在试件高度一定的情况下，提高弯扭比即意味着减小力臂（L）值，因此试件底部所承受的弯矩和扭矩的耦合作用则相应较小，所以大弯扭的试件其承载力较高。根据各试件的骨架曲线，可以提取试件的屈服荷载、屈服位移、极限荷载、极限位移等关键受力特征点数据，见表 5-3-4。其中试件的屈服点根据韩林海（2016）提供的方法确定。

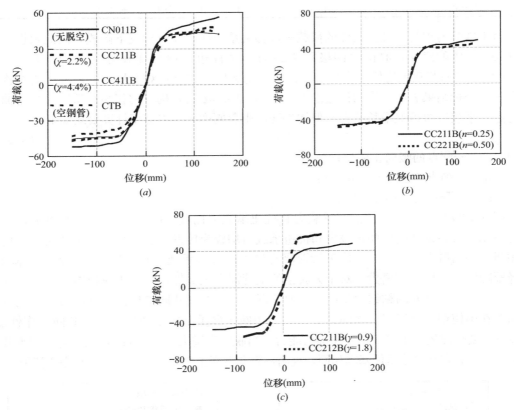

图 5-3-28　侧向荷载（P）-侧向位移（Δ）关系骨架线比较

（a）脱空率（$n=0.25$，$\gamma=0.9$）；（b）轴压比（$\chi=2.2\%$，$\gamma=0.9$）；（c）弯扭比（$\chi=2.2\%$，$n=0.25$）

实测的特征荷载和变形值　　　　　　　　　　　　表 5-3-4

序号	试件编号	屈服荷载 P_y(kN)		屈服位移 Δ_y(mm)		极限荷载 P_{max}(kN)		极限位移 Δ_{max}(mm)		侧向承载力 P_u(kN)	
		正向	反向	正向	反向	正向	反向	正向	反向	试件	平均
1	CTA	35.1	−28.2	33.9	−30.9	45.3	−42.8	150	−150	40.1	40.1
2	CTB	34.9	−28.4	32.8	−31.2	44.8	−43.4	150	−150	40.0	
3	CN011A	33.1	−33	26	−28.5	54.2	−52.8	150	−150	46.9	46.9
4	CN011B	30.5	−31.3	25.1	−27.7	56.3	−51.9	150	−150	46.8	

续表

序号	试件编号	屈服荷载 P_y(kN)		屈服位移 Δ_y(mm)		极限荷载 P_{max}(kN)		极限位移 Δ_{max}(mm)		侧向承载力 P_u(kN)	
		正向	反向	正向	反向	正向	反向	正向	反向	试件	平均
5	CC211A	32.6	−32.8	29.2	−31.8	46.5	−46.2	150	−150	41.3	41.5
6	CC211B	34.5	−31	29.3	−32.9	48.6	−47.2	150	−150	41.7	
7	CC221A	33.4	−27.9	22	−22.5	47.7	−43.8	150	−150	43.9	42.7
8	CC221B	31.2	−28.3	23.2	−25	44.6	−49.3	150	−150	41.5	
9	CC411A	36.2	−30	29.9	−30.4	43.6	−45.7	150	−150	39.8	38.9
10	CC411B	31.6	−33.5	29.8	−33.5	41.6	−48	150	−150	38.0	
11	CC212A	40.7	−36.5	21.9	−21.4	58.8	−54.3	84	−84	52.0	51.9
12	CC212B	40.3	−35.7	21.8	−20.8	58.4	−24.4	84	−84	51.9	

由于试验的钢管混凝土试件的荷载—位移关系曲线均没有出现下降段，因此根据尧国皇（2006）中的建议，取试件的极限承载力为试件边缘剪应变在分别达到 $+10000\mu\varepsilon$、$-10000\mu\varepsilon$ 时的荷载平均值。这是由于：根据尧国皇（2006）对大量钢管混凝土受扭构件的全过程分析结果表明，当构件边缘剪应变达 $10000\mu\varepsilon$ 后，构件的扭矩—扭转角关系曲线变化趋于平缓，扭矩值增长不大，但构件变形则急剧增大。剪应变计算公式如下：

$$\varepsilon_\tau = \varepsilon_a + \varepsilon_b - 2\varepsilon_c \tag{5-3-9}$$

式中　ε_a——测点的竖向正应变；

　　　ε_b——测点的水平环向正应变；

　　　ε_c——测点的斜向 45°正应变。

图 5-3-29 所示为试件的抗侧承载力和抗扭承载力比较。由图 5-3-29（a）可见，在弯扭比为 0.9 时各试件的抗侧承载力和抗扭承载力均较为接近，表明弯矩作用和扭矩作用基本相当。环向脱空缺陷的存在使钢管混凝土试件的抗侧承载力和抗扭承载力都有所降低，且降幅随脱空率增大而增大。对于无脱空的钢管混凝土试件，在弯矩或扭矩作用下钢管通过与核心混凝土之间的粘结力将内力传递给混凝土，两者共同工作抵抗外荷载，而脱空缺陷的存在则使钢管与混凝土之间的传力途径中断，严重削弱了两者之间的共同工作性能，使试件主要依靠钢管来提供抗弯和抗扭能力。当脱空率增大至 4.4% 时，试件的抗侧承载力和抗扭承载力和空钢管试件基本相同，表明钢管和混凝土之间的组合作用已经完全消失。

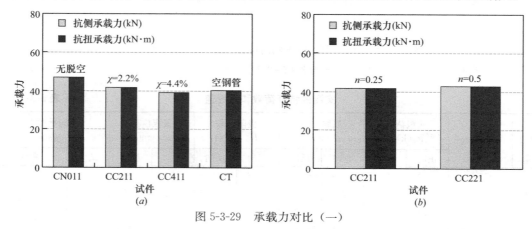

图 5-3-29　承载力对比（一）

（a）脱空率（$n=0.25$，$\gamma=0.9$）；（b）轴压比（$\chi=2.2\%$，$\gamma=0.9$）

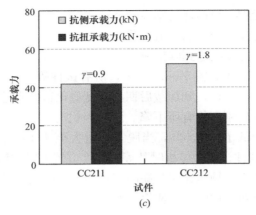

图 5-3-29　承载力对比（二）

（c）弯扭比（$\chi=2.2\%$，$n=0.25$）

　　由图 5-3-29（b）可见，轴压比的增大使带缺陷试件的抗侧承载力和抗扭承载力都略有提高。由图 5-3-29（c）可见，随着弯扭比的增大，试件的抗侧承载力有所增大，而抗扭承载力则有所降低。在弯扭比由 0.9 变化为 1.8 时，由于扭转力臂减小，因此扭矩作用有所降低，而弯矩作用则相应有所提高。

　　为了便于定量化比较脱空缺陷对钢管混凝土压弯扭试件极限承载力的影响，定义承载力系数（SI）如下：

$$SI = \frac{P_{\text{u,无脱空}}}{P_{\text{u,脱空}}} \qquad (5\text{-}3\text{-}10)$$

式中　P_{ue}——试件实测的承载力；

　　　$P_{\text{ue-无脱空}}$——无脱空试件的承载力。

　　图 5-3-30 所示为试件承载力系数 SI 比较。可见，当脱空率为 2.2% 时，承载力系数较无脱空试件降低了约 11.5%，脱空率增大到 4.4% 时，承载力系数降低了约 17.1%。Liao 等（2011）的试验结果表明在脱空率为 2.2% 时，环向脱空缺陷使钢管混凝土轴压承载力降低了约 29%。相较而言，脱空缺陷对本文钢管混凝土压弯扭承载力的影响较受压承载力小，这是由于：在受压破坏时，核心混凝土对试件承载力的贡献占据了主要部分，在达到极限荷载时脱空缺陷的存在使混凝土在缺乏钢管约束的情况被压碎，因此显著降低了混凝土抗压强度，从而导致试件整

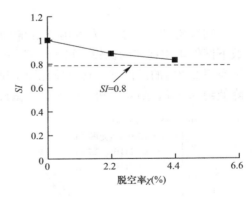

图 5-3-30　脱空率对承载力
系数（SI）的影响

体抗压承载力明显下降。而对于弯扭构件，外钢管对试件承载力的贡献占据了主要部分，因此脱空缺陷的影响相应较小。

　　试件的刚度退化可以用滞回环峰值点等效刚度（割线刚度）来反映：

$$K_i = \frac{P_i}{\Delta_i} \qquad (5\text{-}3\text{-}11)$$

式中 K_i——试件加载至第 i 级循环的割线刚度；

$\quad\quad P_i$——试件加载至第 i 级时的峰值荷载；

$\quad\quad \Delta_i$——试件加载至第 i 级达到峰值荷载时对应的位移。

试件的刚度退化曲线对比如图 5-3-31 所示，所有试件等效刚度均随位移增大而减小，加载初期试件刚度退化速度较快，到加载后期其刚度退化速度有趋于平缓的趋势。环向脱空缺陷的存在使试件的等效刚度值有所下降。试验停机时，脱空率为 2.2% 试件的等效刚度值较无脱空对比试件降低了约 8.5%，当脱空率增大至 4.4% 时，试件等效刚度值降幅达到 17.9%。而空钢管试件在试验停机时其等效刚度值较无脱空钢管混凝土试件降低了约 21.0%。在试验参数范围内，轴压比对带缺陷试件的等效刚度值并无显著影响，而增大弯扭比则使钢管混凝土压弯扭试件的等效刚度值有所提高。

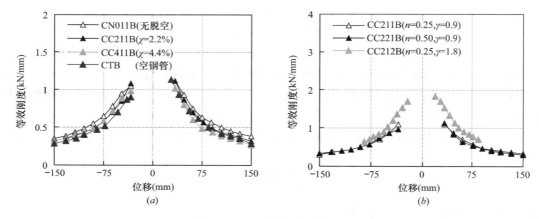

图 5-3-31 试件等效刚度比较

（a）脱空率（$n=0.25$，$\gamma=0.9$）；（b）轴压比和弯扭比（$\chi=2.2\%$）

结构构件的耗能能力可用 P-Δ 滞回关系曲线所包围的面积反映。图 5-3-32 为不同参数下试件累积耗能的比较。可见，带缺陷的试件其累积耗能较无脱空试件有所降低，例如脱空率 2.2% 的试件其总耗能较无脱空试件降低约 3.0%，脱空率 4.4% 的试件其总耗能则降低约 8.5%。随着弯扭比的增大，试件的累积耗能有所降低。

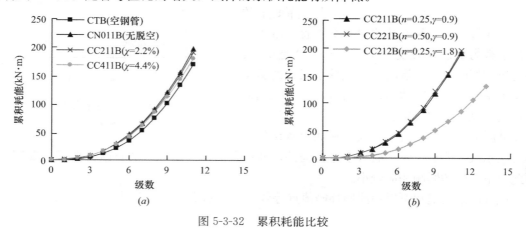

图 5-3-32 累积耗能比较

（a）脱空率（$n=0.25$，$\gamma=0.9$）；（b）轴压比和弯扭比（$\chi=2.2\%$）

在现代工程抗震中，经常用到 1930 年由 Jaoobson 提出的等效黏滞阻尼概念（唐九如，1989），使用等效黏滞阻尼系数作为另外一个判别建筑结构在地震中耗能能力的参数。如图 5-3-33 所示，等效黏滞阻尼系数 h_c 可根据滞回环 AB-CD 的面积进行计算：

$$h_c = \frac{1}{2\pi} \frac{S_{ADC} + S_{ABC}}{S_{DOF} + S_{BOE}} \qquad (5\text{-}3\text{-}12)$$

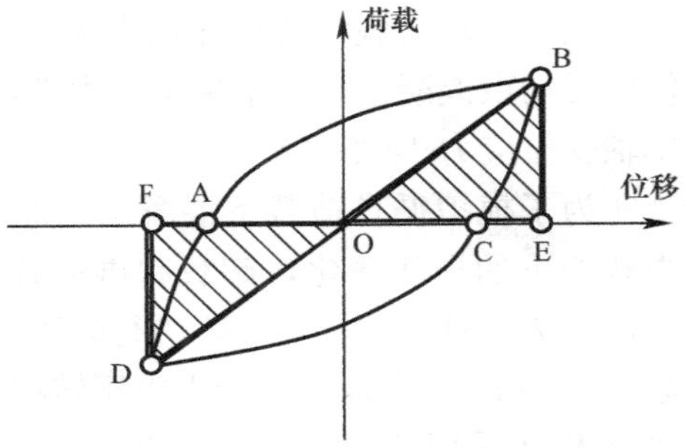

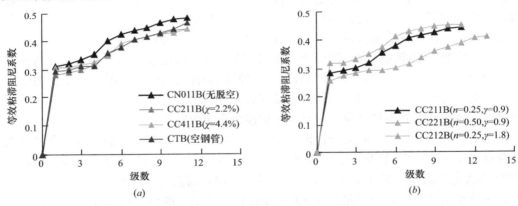

图 5-3-33　荷载-位移滞回环

式中　　　h_c——等效黏滞阻尼系数；

S_{ADC} 和 S_{ABC}——弧线 ADC 和 ABC 与坐标轴所围成的面积，两者之和为滞回环包含的实际面积；

S_{DOF} 和 S_{BOE}——三角形（如图 5-3-33 所示阴影区域）面积，代表试件的弹性能。

图 5-3-34 所示为实测的等效黏滞阻尼系数随加载级数的变化情况。带环向脱空缺陷的试件其等效黏滞阻尼系数在受荷全过程中均低于相应的无脱空试件，而与空钢管试件较为接近。轴压比对带缺陷试件的等效黏滞阻尼系数影响不大，而弯扭比的增大则导致等效黏滞阻尼系数有所减小。

图 5-3-34　等效黏滞阻尼系数比较

（a）脱空率（$n=0.25$，$\gamma=0.9$）；（b）轴压比和弯扭比（$\chi=2.2\%$）

（3）有限元分析

为了剖析脱空缺陷对钢管混凝土压弯扭构件受力性能的影响机理建立了带缺陷构件的有限元分析模型。钢材采用等向弹塑性模型，其在循环荷载作用下的应力-应变关系采用双线性随动强化模型，并考虑包辛格效应，弹性阶段的弹性模量 E_s 为 206,000MPa，泊松比为 0.3，强化模量取 $0.01E_s$。

混凝土采用塑性损伤模型，通过定义损伤系数来描述混凝土内部微裂缝开展导致的受荷影响。对于无脱空的钢管混凝土构件，核心混凝土在受荷过程中受到外钢管的约束，混凝土单轴受压的应力-应变关系模型采用韩林海（2016）提供的模型，其塑性性能主要取决于"约束效应系数"ξ（$= \alpha \cdot f_y / f_{ck}$，其中 $\alpha = A_s / A_c$ 为截面含钢率；A_s 和 A_c 分别为钢管和混凝土的横截面面积；f_y 为钢管屈服强度；f_{ck} 为混凝土轴心抗压强度标准值）。而对于带环向脱空缺陷的钢管混凝土构件，由上述试验结果可见其钢管和核心混凝土之间的相互作用由于环向脱空的存在而大大削弱甚至消失，因此采用Attard 和 Setunge（1996）提供的无约束混凝土模型来模拟其力学性能。混凝土受拉性能采用沈聚敏等（1993）提出的单轴受拉应力-应变关系。

为了模拟循环荷载下混凝土的刚度损伤，引入了损伤变量 d 来定义混凝土在多轴应力状态下的损伤演化，卸载和再加载的模量矩阵由采用受压损伤系数（d_c）和受拉损伤系数（d_t）对初始模量矩阵进行修正的方法得到。此外，模型中还引入拉、压刚度恢复系数（w_t 和 w_c）来描述混凝土由压转拉的刚度恢复和由拉转压的"裂面效应"。对于损伤系数 d_t 和 d_c 采用滕智明和邹离湘（1996）简化后的"焦点法模型"计算得到。

钢管采用在厚度方向采用 9 点 Simpson 积分的四节点完全积分格式的壳单元（S4），混凝土、端板以及加载板单元均采用八节点减缩积分格式的三维实体单元（C3D8R）进行模拟。对于无脱空的钢管混凝土构件，钢管和核心混凝土法向接触采用硬接触"Hard"模型来定义，假设法向接触压应力在钢管和混凝土之间可以完全传递，并允许钢管和核心混凝土在受荷过程中分离。切向接触采用库仑摩擦（Friction）模型，钢管与混凝土界面摩擦系数取 0.6。对于带环向脱空缺陷的钢管混凝土构件也采用上述模型来模拟脱空处钢管和混凝土的接触状态，但其参数取值和上述无脱空构件的接触模型略有区别，主要表现在：首先，对于法向接触模型，无脱空构件的接触模型允许钢管和混凝土之间出现少量拉应力，以模拟混凝土和钢管之间的黏聚力；而混凝土和钢管脱空处并无此黏聚力，两者一开始是分离的，因此其接触参数设定为钢管和混凝土之间无初始拉应力。这样在初始位置时，钢管和混凝土之间无任何法向应力，而当两者一旦开始接触后则自动地完全传递法向接触压应力。其次，对于切向接触模型，由于带缺陷构件的钢管和混凝土在受荷初期并未接触，因此需将两者之间的初始粘结应力设置为零，而在受力过程中如果钢管和混凝土发生接触，两者之间的界面粘结应力则自动根据接触压应力确定。

基于上述方法建立的有限元分析模型如图 5-3-35 所示，模型的荷载和边界条件均施加在耦合点（RP1、RP2、RP3）上。钢管混凝土构件底部采用固接的边界条件，限制耦合点 RP2 的所有自由度。轴压力通过耦合点 RP1 施加，而反复扭矩则通过耦合点 RP3 施加。利用该模型计算得到的侧向荷载（P）—侧向位移（Δ）滞回关系曲线与试验结果比较

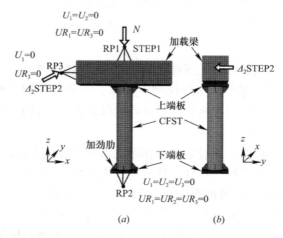

图 5-3-35 有限元模型示意图

（a）正视图；（b）侧视图

如图 5-3-36 所示，计算的骨架曲线和试验结果比较如图 5-3-36 所示。可见，有限元模型的计算结果和试验结果总体上吻合较好。

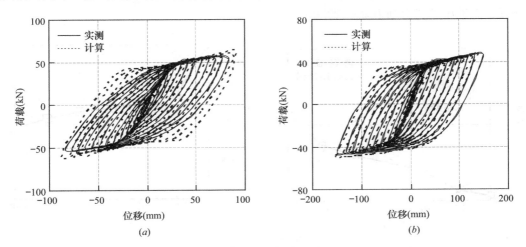

图 5-3-36　有限元计算的荷载-位移滞回关系曲线和试验结果比较

(a) CN011（无脱空，$n=0.25$，$\gamma=0.9$）；(b) CC211（脱空，$\chi=2.2\%$，$n=0.25$，$\gamma=0.9$）

采用上述有限元模型对带脱空缺陷的钢管混凝土压弯扭构件的力学性能进行分析。参考弯桥中钢管混凝土高墩的实际工程尺寸，选用典型算例参数如下：钢管混凝土横截面外直径 $D=800$mm、构件长度 $L=8000$mm、截面含钢率 $\alpha=0.1$、混凝土抗压强度 $f_{cu}=60$MPa，轴压比 $n=0.4$，弯扭比 $\gamma=1.0$。

由于试验受到客观条件限制无法考察小脱空率的情况，而事实上实际工程中的脱空率大多比本文试验小，因此本节将利用有限元模型分析在脱空率较小的条件下环向脱空对钢管混凝土压弯扭承载力的影响。图 5-3-37 所示为压弯扭构件的脱空率与接触时刻的关系曲线。需要说明的是：对于轴压构件，混凝土受荷后沿径向均匀膨胀而与钢管发生接触，而对于弯扭构件其钢管和混凝土在扭转作用下将沿着周长方向发生错动，因此在混凝土截面上沿半周长取了多个特征点，一旦钢管特征点（红色）与任一混凝土特征点（黑色）发生接触，则表明钢管与核心混凝土有了局部的相互作用。图 5-3-37 中的 $\varepsilon_{contact}$ 为所选混凝土的各特征点与外钢管发生接触时钢管剪应变值，ε_u 为极限承载力对应的剪应变（$10000\mu\varepsilon$），当 $\varepsilon_{contact}$ 与 ε_u 的比值小于 1 时即意味着在构件达到极限承载力前混凝土与外钢管发生接触。由图可知，当脱空率不大于 0.05% 时，钢管与混凝土在构件达到极限承载力时两者已经局部发生接触，而在脱空率增大为 0.06% 时，两者在极限荷载时仍处于完全脱离的状态。

图 5-3-38 为计算所得的承载力系数（SI）比较，其中 SI 为带缺陷构件的承载力和无脱空构件的承载力比值。可见，一旦存在环向脱空构件承载力即有较为明显的降低。当脱空率为 0.01% 时，构件承载力降低了 6.52%，而之后随着脱空率的增大则承载力下降幅度有趋于平缓的趋势，当脱空率增大至 0.05% 时，构件承载力降低了 9.55%，而脱空率为 0.06% 时，承载力降低了 10.77%。和带环向脱空构件在受压作用下比较可知，在小脱空率的情况下（如 0.05% 以内）环向脱空对压弯扭承载力的影响程度较轴压承载力大，前者在脱空率为 0.05% 时承载力下降 9.55%，而后者则只下降了 3.5%。但是，在脱空率超

过了 0.05％以后，环向脱空对轴压承载力的影响程度陡然增大，而其对压弯扭承载力的影响随脱空率增大而增大的趋势则较为平缓，如在脱空率为 2.2％时，压弯扭承载力下降 11.5％，而轴压承载力则下降了 29.0％。

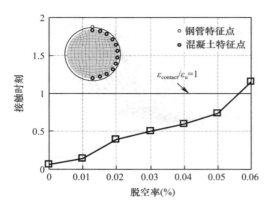 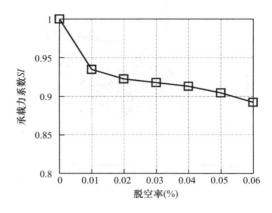

图 5-3-37　脱空率（χ）与接触时刻（$\varepsilon_{contact}/\varepsilon_u$）关系　　图 5-3-38　脱空率（χ）与承载力系数（SI）关系

导致上述现象的原因在于：对于钢管混凝土轴压构件，混凝土对构件承载力的贡献占据主要部分，而钢管对其的约束作用又对混凝土抗压承载能力影响较大，因此脱空率在一定限值内时，混凝土在受压状态下的横向体积膨胀将使钢管和混凝土在构件达到极限承载力前发生接触，钢管对混凝土的约束作用依然有效，脱空对承载力的影响也就相应较小，而一旦脱空率超过这个限值，则导致混凝土在无约束的情况下被压碎，脱空的影响则非常显著；而对于压弯扭构件，钢管对构件承载力的贡献占据了主要部分，而环向脱空缺陷一旦存在，钢管与核心混凝土之间就失去了有效的荷载传递机制，混凝土对于构件抗扭承载力的贡献就大大减小，因此环向脱空一旦存在于压弯扭构件中，其承载力下降更为明显。

因此，在实际工程中的钢管混凝土构件如果承受压弯扭复合作用时要严格控制混凝土浇筑质量，避免环向脱空的产生。而一旦检测发现有环向脱空缺陷存在，则需对构件承载力进行折减后验算其是否满足安全要求。为了便于设计人员使用，基于有限元分析结果给出了考虑环向脱空缺陷影响的钢管混凝土压弯扭承载力折减系数设计表格，见表 5-3-5。

承载力折减系数设计表　　　　　　　　　　　　　　　　　　表 5-3-5

脱空率	0.01％	0.02％	0.03％	0.04％	0.05％	0.06％
折减系数	0.93	0.92	0.91	0.90	0.89	0.88

（4）本节小结

在本节研究参数范围内可得到如下结论：

1）环向脱空缺陷的存在会改变钢管混凝土构件在压弯扭复合作用下的破坏模式，由于缺乏核心混凝土的支撑作用，钢管底部在扭矩和弯矩的耦合作用下出现斜向鼓屈，而无脱空的钢管混凝土试件则未观察到有明显的破坏现象。

2）带缺陷的钢管混凝土试件和无脱空试件的侧向荷载-侧向位移、扭矩-扭转角滞回关系曲线均未出现捏缩现象，滞回环饱满，在受荷后期依然保持荷载平缓上升，未见有下降段。

3）在脱空率为 2.2% 时，钢管混凝土压弯扭试件的极限承载力、等效刚度和累积耗能分别下降了 11.5%、8.5% 和 3.0%；在脱空率为 4.4% 时，试件极限承载力、等效刚度和累积耗能分别下降了 17.1%、17.95% 和 8.5%。

4）本文建立的有限元模型可以较好地模拟带缺陷的钢管混凝土构件在压弯扭复合作用下的力学性能。有限元分析结果表明：当脱空率不大于 0.05% 时，钢管与混凝土在构件达到极限荷载前能局部发生接触。当脱空率为 0.01%，构件承载力降低了 6.52%，当脱空率增大至 0.05% 和 0.06% 时，构件承载力分别降低了 9.55% 和 10.77%。基于有限元分析结果给出了承载力折减系数设计表格，可供钢管混凝土结构的安全评估和验算时使用。

5.3.4　带球冠形脱空缺陷的钢管混凝土构件在压弯扭滞回作用下的抗震性能

（1）试验设计和制作

进行了 16 个试件在恒定轴压力和弯扭耦合反复荷载作用下的滞回试验，其中包括 8 个带球冠形脱空缺陷的钢管混凝土试件、6 个无脱空和 2 个空钢管对比试件（张伟杰等，2019a）。截面类型均为圆形，截面外径（D）均为 180mm，钢管壁厚（t_s）均为 4.8mm，试件高度（H）均为 900mm。试验参数包括脱空率、弯扭比和轴压比，见表 5-3-6。其中 χ（$=d_s/D$，d_s 为球冠形脱空值）为脱空率；γ 为弯扭比；n（$=N_0/N_u$，其中 N_0 为施加在试件上的恒定轴压力，N_u 为钢管混凝土轴压承载力）为轴压比。其中，脱空率（χ）的取值为 4.4% 和 6.6%，涵盖了实际工程中较为极端的情况。对于弯扭比选取了 $\gamma=0.9$ 和 1.8，轴压比则选取了 $n=0.25$ 和 0.5，目的在于考察压弯扭不同比例组合下脱空缺陷对钢管混凝土试件力学性能的影响规律。试件编号见表 5-3-6，第一个字母 C 代表钢管混凝土试件；第二个字母中的 N 代表无脱空，S 代表球冠形脱空；第一个数字为脱空率，0 代表脱空率为 0.0%，4 代表脱空率为 4.4%，6 代表脱空率 6.6%；第二个数字代表轴压比取值，1 代表取 0.25，2 代表取 0.50；第三个数字代表弯扭比，1 代表取弯扭比为 0.9，2 代表取弯扭比为 1.8；表中空钢管试件编号第一个字母 H 代表空钢管试件；所有试件编号中最后一个字母代表试验参数相同的试件序号，a 代表第 1 根试件，b 代表第 2 根试件。例如，CS421-a 代表带球冠形脱空缺陷，脱空率为 4.4%，轴压比为 0.50，弯扭比为 0.90 的第一根钢管混凝土试件。

试件信息表　　　　表 5-3-6

试件编号	脱空率 χ(%)	弯扭比 γ	N_0(kN)	轴压比 n	侧向承载力 P_u(kN)	承载力系数 SI
CN011-a	0	0.9	371	0.25	50.2	1.00
CN011-b	0	0.9	371	0.25	50.5	
CN021-a	0	0.9	742	0.50	51.5	1.00
CN021-b	0	0.9	742	0.50	51.8	
CN012-a	0	1.8	371	0.25	61.3	1.00
CN012-b	0	1.8	371	0.25	65.4	
CS411-a	4.4	0.9	338	0.25	46.3	0.95
CS411-b	4.4	0.9	338	0.25	48.9	

试件编号	脱空率 χ(%)	弯扭比 γ	N_0(kN)	轴压比 n	侧向承载力 P_u(kN)	承载力系数 SI
CS421-a	4.4	0.9	676	0.50	47.0	0.93
CS421-b	4.4	0.9	676	0.50	48.8	
CS412-a	4.4	1.8	338	0.25	60.2	0.95
CS412-b	4.4	1.8	338	0.25	59.9	
CS611-a	6.6	0.9	322	0.25	45.5	0.91
CS611-b	6.6	0.9	322	0.25	45.8	
H-a	—	0.9	150	0.25	40.1	—
H-b	—	0.9	150	0.25	40.1	

球冠形脱空缺陷

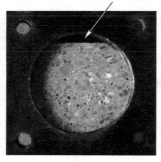

图 5-3-39　试件截面照片

为精确制造球冠形脱空缺陷，加工了厚度为 3mm 的不锈钢条作为模具，并在其表面涂抹专用的脱模剂。在混凝土浇筑前，将不锈钢模具置于钢管中并临时固定，待混凝土初凝后抽出模具从而形成如图 5-3-38 所示的"球冠形脱空缺陷"。试验中的无脱空对比试件则正常进行混凝土浇筑，待至养护时间后焊接上端板。典型缺陷试件的截面照片如图 5-3-39 所示。

核心混凝土采用自密实混凝土，混凝土材料选用：42.5 级普通硅酸盐水泥；Ⅱ 级粉煤灰；中砂；玄武岩碎石，最大粒径为 20mm；普通自然水和 TW-PS 聚羧酸减水剂，其质量配合比为：水泥：粉煤灰：砂：石：水：减水剂 ＝ 263.67kg/m³ ：175.82kg/m³ ：759.94kg/m³ ：1013.26kg/m³ ：187.25kg/m³ ：4.40kg/m³。混凝土强度由与试件同时浇筑，同条件养护下的 3 个边长为 150mm 的立方体试块测得。试验时，实测其平均抗压强度（f_{cu}）为 44.3MPa，弹性模量（E_c）为 28.3GPa，泊松比（u_c）为 0.2，坍落度为 255mm，扩展度为 650mm。通过拉伸试验测得外钢管的屈服强度（f_y）、极限抗拉强度（f_u）、弹性模量（E_s）、泊松比（u_s）和延伸率（δ）分别为 362MPa、434MPa、200GPa、0.27 和 30.0%。

试验装置、加载制度以及量测方法和 5.3.2 节所述相同，在此不再赘述。

（2）试验结果与分析

所有试件均在作动器达到最大行程时停机。停机时，试件的侧向位移均超过 100mm，扭转角均超过 0.08rad，此时试件的荷载—变形关系曲线仍保持平缓上升，无下降段出现。典型试件的破坏模态如图 5-3-40 所示。对于空钢管试件，由于其钢管内无核心混凝土的支撑作用，因此在扭矩和弯矩耦合作用下试件钢管底部出现了较为明显的斜向鼓屈现象。而对于无脱空和带球冠形脱空的试件，外钢管均未观察到有明显的破坏现象。试验结束后剖开钢管，其核心混凝土的破坏形态如图 5-3-41 所示，可见无脱空和带缺陷试件的核心混凝土均未见有明显的裂缝产生。由沿试件高度 1/4、1/2 和 3/4 处实测的侧向位移比较可知：试件越靠近底部的区域其侧向位移也相应越大，这主要是由于试件所承受的弯矩沿高度方向从上而下有增大的趋势。

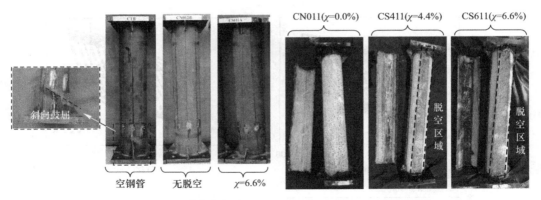

图 5-3-40　典型试件破坏模态　　　　图 5-3-41　典型试件核心混凝土破坏形态

　　试验实测的侧向荷载（P）-侧向位移（Δ）滞回关系曲线如图 5-3-42 所示，扭矩（T）-扭转角（θ）扭转滞回关系曲线如图 5-3-43 所示，其中扭矩（T）和扭转角（θ）为分别按照式（5-3-25）和式（5-3-27）计算所得。由图 5-3-42 和图 5-3-43 可见：同组相同参数的两根试件其滞回关系曲线均较为接近。所有试件的滞回曲线均较为饱满，基本未观察到有"捏缩"现象，曲线的卸载刚度与弹性刚度基本一致。这是由于试件的圆形外钢管可为核心混凝土提供较强的约束作用，从而提高了混凝土的塑性性能；同时混凝土也为钢管提供支撑作用，从而延缓了钢管局部屈曲的发生。这种"组合作用"使钢管混凝土构件具有很好的耗能能力，其滞回曲线饱满，无捏缩现象发生。相较而言，小弯扭比（$\gamma=0.9$）的试件其滞回曲线比大弯扭比（$\gamma=1.8$）的试件更加饱满，表现出更好的耗能能力。这是由于：在试件有效高度（H_1）不变的条件下，弯扭比减小则意味着扭转力臂（L）增大，从而在试件所承受的弯扭耦合作用中其扭转所占的比例相应增大。而相对于受弯作用，在扭转作用下钢管混凝土中的钢管对试件抗扭能力的贡献占了主导地位（韩林海，2016），比例大大超过核心混凝土，因此反映在试件的滞回曲线上则表现为滞回环更加饱满。总体而言，脱空缺陷对试件滞回曲线的形状影响不大。加载后期，钢管混凝土试件的荷载仍然保持着上升趋势，而空钢管试件的荷载则趋于平缓。

　　试件的实测侧向荷载（P）-侧向位移（Δ）关系骨架曲线对比如图 5-3-44 所示，可见，所有试件的 P-Δ 骨架曲线均经历了弹性阶段、弹塑性阶段和强化（平缓）阶段 3 个阶段。图 5-3-44（a）比较了无脱空试件、带缺陷试件和空钢管试件的 P-Δ 骨架曲线。可见，带缺陷试件的初始刚度与无脱空试件基本相同，而空钢管试件的初始刚度则明显低于钢管混凝土试件。在弹塑性阶段结束后，空钢管试件的荷载趋于平缓，而变形则急剧增大；无脱空试件由于核心混凝土和钢管间的"组合作用"，其 P-Δ 骨架曲线在加载后期具有显著的强化特征，荷载一直保持稳定上升直至试验停止；对于带缺陷试件，脱空缺陷的存在削弱了混凝土和钢管之间的"组合作用"，因此其曲线强化段的刚度较无脱空试件有所下降。随着脱空率的增大，试件刚度和承载力均有所降低。

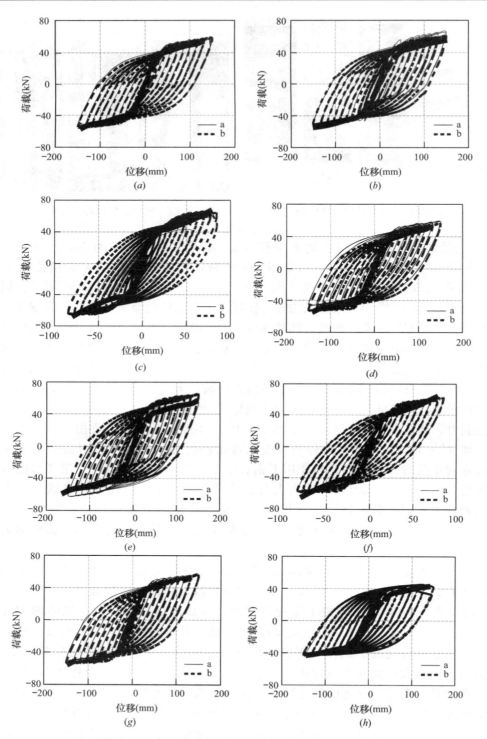

图 5-3-42 侧向荷载（P）-侧向位移（Δ）滞回关系曲线

(a) CN011（无脱空，$n=0.25$，$\gamma=0.9$）；(b) CN021（无脱空，$n=0.50$，$\gamma=0.9$）；(c) CN012（无脱空，$n=0.25$，$\gamma=1.8$）；(d) CS411（$\chi=4.4\%$，$n=0.25$，$\gamma=0.9$）；(e) CS421（$\chi=4.4\%$，$n=0.50$，$\gamma=0.9$）；(f) CS412 （$\chi=4.4\%$，$n=0.25$，$\gamma=1.8$）；(g) CS611（$\chi=6.6\%$，$n=0.25$，$\gamma=0.9$）；(h) CT（空钢管，$n=0.25$，$\gamma=0.9$）

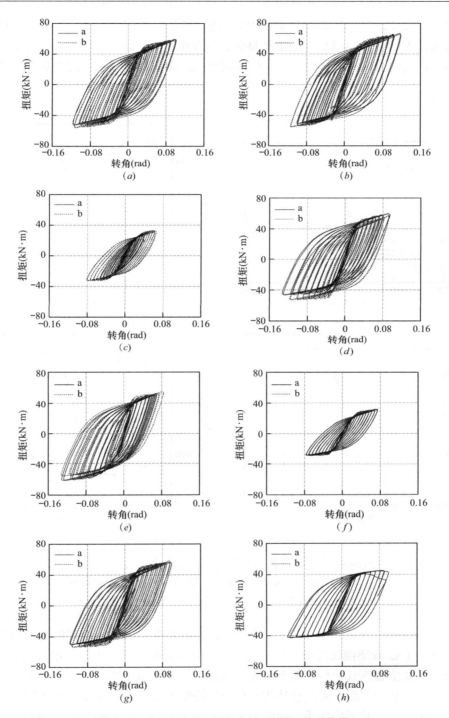

图 5-3-43　扭矩（T）-扭转角（θ）滞回关系曲线

(a) CN011（无脱空，$n=0.25$，$\gamma=0.9$）；(b) CN021（无脱空，$n=0.50$，$\gamma=0.9$）；(c) CN012（无脱空，$n=0.25$，$\gamma=1.8$）；(d) CS411（$\chi=4.4\%$，$n=0.25$，$\gamma=0.9$）；(e) CS421（$\chi=4.4\%$，$n=0.50$，$\gamma=0.9$）；(f) CS412（$\chi=4.4\%$，$n=0.25$，$\gamma=1.8$）；(g) CS611（$\chi=6.6\%$，$n=0.25$，$\gamma=0.9$）；(h) CT（空钢管，$n=0.25$，$\gamma=0.9$）

由图 5-3-44（a）和图 5-3-44（b）比较可见，和无脱空试件相比，随着轴压比增大脱空缺陷对试件 P-Δ 骨架曲线的影响更加显著。这是由于脱空缺陷主要影响钢管混凝土试件的受压性能，而轴压比大的情况下，试件截面受压区面积相应较大，因此脱空影响则更为显著。

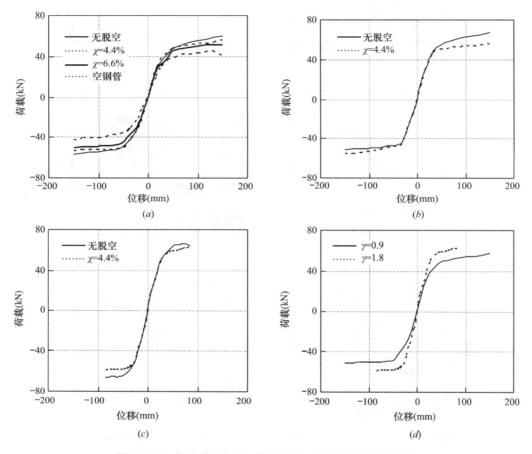

图 5-3-44　侧向荷载（P）-侧向位移（Δ）关系骨架线比较
（a）脱空率（$n=0.25$，$\gamma=0.9$）；（b）脱空率（$n=0.50$，$\gamma=0.9$）；
（c）脱空率（$n=0.25$，$\gamma=1.8$）；（d）弯扭比（$\chi=4.4\%$，$n=0.25$）

由图 5-3-44（a）和图 5-3-44（c）比较可见，和无脱空试件相比，随着弯扭比增大脱空缺陷对试件 P-Δ 骨架曲线的影响同样有趋于显著的趋势。这是由于，钢管混凝土构件在受扭状态下主要依赖钢管和核心混凝土之间的粘结力来传递扭矩，而球冠形脱空只是局部削弱两者之间的相互作用，对其整体扭矩传递的影响不大。但是在受弯状态下，当圆弓形脱空处于受压区时，其对构件受压性能的影响则较为显著，因此此类脱空缺陷对构件受弯性能的影响要更大一些。

由图 5-3-44（d）可见，对于脱空率为 4.4％ 的缺陷试件而言，在轴压比（n）为 0.25 时，随着弯扭比（γ）由 0.9 增大到 1.8，缺陷试件的刚度和承载力都有所提升。这是由于：试件的 γ 取决于试件有效高度（H_1）和加载点水平力臂（L）的比值，而在 H_1 一定的情况下，提高弯扭比即意味着减小 L 值，因此试件底部所承受的弯矩和扭矩的耦合作用则相应较小，所以大弯扭比的试件其刚度和承载力较高。

由于试件的荷载一位移关系曲线均没有出现下降段，因此参考尧国皇（2006）取试件的抗侧承载力（P_u）为构件截面边缘剪应变达到 $10000\mu\varepsilon$ 时所对应的荷载值。剪应变可由式（5-3-9）计算得到。试件的抗扭承载力（T_{ue}）可由对应的抗侧承载力通过式（5-3-18）计算得到。

各试件抗侧承载力和抗扭承载力的对比如图 5-3-45 所示。由图 5-3-45（a）可见：在轴压比（n）为 0.25，弯扭比（γ）为 0.9 时，试件的抗侧承载力和抗扭承载力大小相等，表明作用于试件底部的弯矩作用和扭矩作用基本相当。随着脱空率的增大，试件的抗侧承载力和抗扭承载力均略有下降。本书第 3 章的研究结果表明：球冠形脱空的存在会部分削弱钢管和核心混凝土之间的"组合作用"，混凝土截面依据离脱空位置的距离和受脱空影响程度可以分为无约束区、半约束区和全约束区。在压弯扭耦合作用下，脱空处的钢管和混凝土之间的荷载传递路径中断，两者在脱空区域内无法共同工作以抵抗扭矩作用，因此导致试件承载力随脱空率的增大而有所降低。

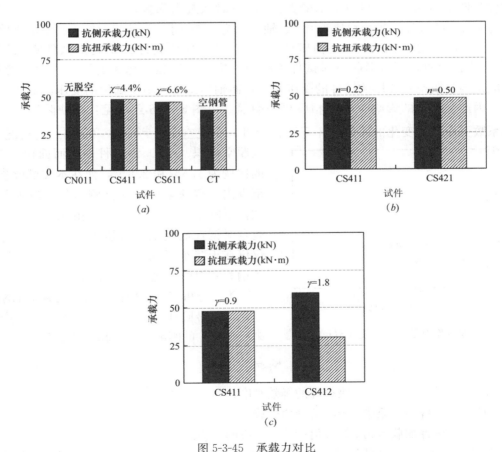

图 5-3-45　承载力对比

（a）脱空率（$n=0.25$，$\gamma=0.9$）；（b）轴压比（$\chi=4.4\%$，$\gamma=0.9$）；

（c）弯扭比（$\chi=4.4\%$，$n=0.25$）

图 5-3-45（b）所示为轴压比对带缺陷试件承载力的影响。可见，在脱空率（χ）为 4.4%、弯扭比（γ）为 0.9 时，轴压比（n）由 0.25 增大至 0.50，试件承载力略微有所提高，但总体变化不大。

由图 5-3-45（c）可见随着弯扭比的增大，缺陷试件（$\chi=4.4\%$）的抗侧承载力有所增大，而抗扭承载力则有所降低。这是由于弯扭比（γ）由 0.9 变化为 1.8 时，由于扭转力臂减小，因此扭矩作用有所降低，而弯矩作用则相应有所提高。

为了便于分析不同轴压比和弯扭比组合下球冠形脱空缺陷对钢管混凝土压弯扭试件抗侧承载力的影响，定义承载力系数（SI）如下：

$$SI = \frac{P_{\mathrm{u,无脱空}}}{P_{\mathrm{u,脱空}}} \qquad (5\text{-}3\text{-}13)$$

式中　P_{u}——带球冠形脱空试件实测的抗侧承载力；

$P_{\mathrm{u,无脱空}}$——对应试验参数相同的无脱空试件实测的抗侧承载力。

试件的 SI 值列于表 5-3-5 中，图 5-3-46 比较了不同参数对试件 SI 值的影响。可见，在轴压比（n）为 0.25、弯扭比（γ）为 0.9 时，脱空率为 4.4% 的试件其承载力较无脱空试件降低了约 5.0%，当脱空率增大为 6.6% 时承载力降幅增大为约 9.0%。对于脱空率为 4.4% 的试件，当弯扭比为 0.9、轴压比为 0.50 时，其承载力较无脱空试件降低了约 7.0%；当弯扭比为 1.8、轴压比为 0.25 时，其承载力较无脱空试件降低了约 5.0%。由此可见，圆弓形脱空对试件承载力的影响随轴压比增大有更加显著的趋势，这可能是因为脱空主要影响试件的受压性能，而轴压比增大则使试件的受压区面积有所增大，因此受脱空的影响程度则相应更加明显。由图 5-3-46 还可见：带缺陷试件的承载力系数受弯扭比变化的影响并不显著。此外，在脱空率 $\chi=4.4\%$ 和 6.6% 的情况下，其脱空面积（A_{gap}）占试件横截面面积（A_{sc}）的比例为 1.5% 和 2.8%，而在本文试验参数范围内脱空缺陷试件的抗侧承载力较无脱空试件下降了 5.0%~9.0%，由此可见圆弓形脱空对钢管混凝土压弯扭承载力的影响并不仅仅在于减小了混凝土截面积，也在于削弱了钢管和混凝土之间的"组合作用"。

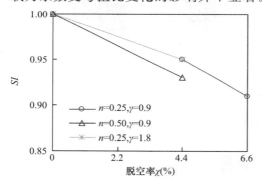

图 5-3-46　脱空率对承载力系数（SI）的影响

为了分析带缺陷构件在循环荷载下的刚度退化，用滞回环峰值点等效刚度（割线刚度）来反映试件的刚度退化，其定义如下：

$$K_i = \frac{P_i}{\Delta_i} \qquad (5\text{-}3\text{-}14)$$

式中　K_i——试件加载至第 i 级循环的等效刚度；

P_i——试件加载至第 i 级时的峰值荷载；

Δ_i——试件加载至第 i 级峰值荷载所对应的位移。

图 5-3-47 所示为各试件的刚度退化曲线比较。可见，试件的刚度随着加载位移增大而降低，且在加载后期其下降速度有减弱的趋势。由图 5-3-47（a）可见：总体而言，脱空率对试件刚度退化趋势的影响并不显著。到试验停机时，脱空率为 4.4% 和 6.6% 的试件

其等效刚度较无脱空试件降低了约 7.1% 和 8.9%，而空钢管试件则降低了约 26.2%。

由图 5-3-47（b）可见：轴压比对带缺陷试件（$\chi=4.4\%$）的刚度退化速度影响较小；而随着弯扭比的增大，试件的刚度退化速度有增大的趋势。

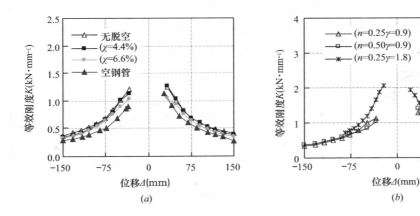

图 5-3-47　试件等效刚度比较

（a）脱空率（$n=0.25$，$\gamma=0.9$）；（b）轴压比和弯扭比（$\chi=4.4\%$）

图 5-3-48 所示为试件的等效黏滞阻尼系数比较。本节试件实测的等效黏滞阻尼系数范围在 0.351~0.462 之间。由图 5-3-48（a）可见，球冠形脱空缺陷的存在不仅会降低钢管混凝土试件的承载力，也会影响其在地震作用下的耗能能力，如在轴压比（n）为 0.25、弯扭比（γ）为 0.9 时，脱空率（χ）4.4% 和 6.6% 的试件其等效黏滞系数较无脱空试件降幅超过 11%，而空钢管试件则降低了约 15.8%。对于带球冠形缺陷的钢管混凝土试件，随着轴压比增大其等效黏滞阻尼系数略有降低，而弯扭比由 0.9 增至 1.8 时，带缺陷试件的等效黏滞系数则显著降低，降幅达到 13.8%，如图 5-3-48（b）所示。这表明相较于受扭，脱空缺陷对钢管混凝土受弯力学性能的影响更为显著。

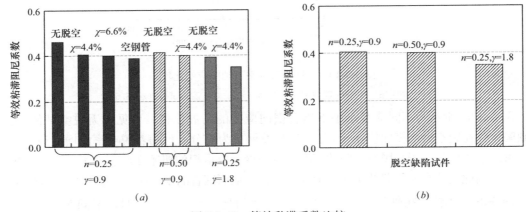

图 5-3-48　等效黏滞系数比较

（a）脱空率；（b）轴压比和弯扭比（$\chi=4.4\%$）

图 5-3-49 比较了在轴压比（n）为 0.25，弯扭比（γ）为 0.9 时，脱空对试件中截面轴向应变发展的影响，其中应变点 1、2、3、4、5 分别处于距试件截面中轴 −90mm、

—45mm、0mm、45mm、90mm 的位置。在图 5-3-49 中，$0.2P_u$、$0.6P_u$ 和 $0.8P_u$ 分别代表了荷载水平为极限承载力的 20%、60% 和 80% 时截面各点的轴向应变。可见，脱空缺陷对试件截面轴向应变发展的影响并不显著。在靠近中和轴位置，试件截面轴向应变值很小，而在远离中和轴位置，试件在弯矩作用下其轴向应变发展得较为充分。在荷载水平为 $0.2P_u$ 时，同一截面不同位置上的 5 个测点其轴向应变值基本呈线性分布，而当加载至 $0.6P_u$ 和 $0.8P_u$ 时，由于扭转作用的影响，试件截面的轴向应变表现出较为明显的非线性特征。

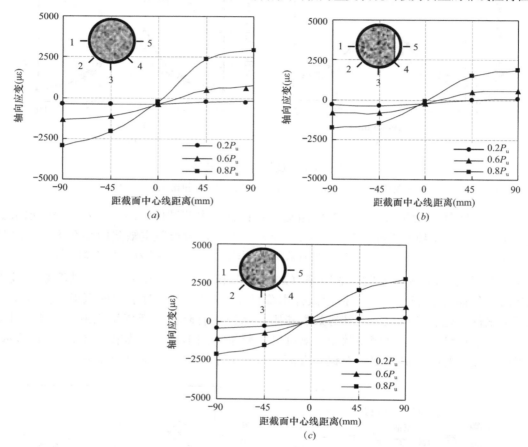

图 5-3-49 不同荷载水平下轴向应变比较

(a) 无脱空试件；(b) 脱空试件（$\chi=4.4\%$）；(c) 脱空试件（$\chi=6.6\%$）

图 5-3-50 所示为不同荷载水平下钢管横向应变的发展比较。可见和无脱空试件相比，带缺陷试件在脱空处的横向应变（5 号应变）发展更为充分，且随着脱空率的增大该趋势愈加显著。这主要是由于，脱空缺陷的存在导致外钢管所承担的扭矩在脱空处无法传递给核心混凝土，因此钢管在该位置的扭转变形发展较快，从而钢管的横向应变发展相应较为充分。

图 5-3-51 比较了在轴压比（n）为 0.25，弯扭比（γ）为 0.90 时，不同脱空率（$\chi=0.0\%$、4.4% 和 6.6%）下试件钢管表面 5 个测点在不同荷载水平下的剪应变分布，以分析脱空缺陷对于扭转作用所产生的钢管剪应变发展的影响规律。由图 5-3-51（a）可见，对于无脱空试件其各点剪应变发展较为均匀，这与 Nie 等（2013）的研究结果一致。而对于带球冠形脱空缺陷的钢管混凝土试件，在加载至 $0.2P_u$ 时其剪应变发展与无脱空试件十分接近。之

后，随着荷载水平的增大，脱空处的钢管由于缺乏核心混凝土的支撑作用，在扭转作用下其剪应变发展更为迅速，在加载至 $0.8P_u$ 时，脱空处的剪应变值明显大于其他区域。图 5-3-51 (b) 给出了脱空处（5 号应变）的剪应变-脱空率关系曲线比较，可见在荷载水平较低时（$0.2P_u$ 或 $0.6P_u$），脱空率的改变对试件剪应变的影响并不明显，而当荷载水平达到 $0.8P_u$ 时，随着脱空率的增大，试件脱空处的剪应变有明显增大的趋势。

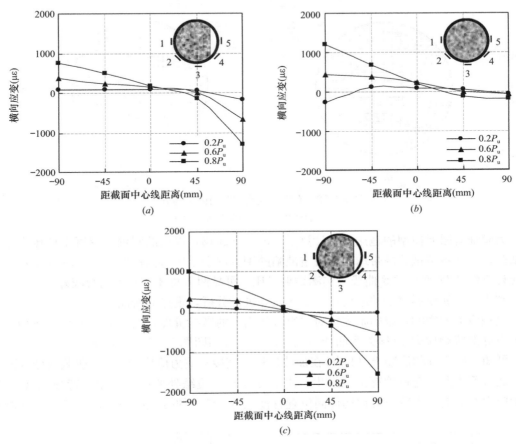

图 5-3-50　不同荷载水平下钢管横向应变比较（$n=0.25$，$\gamma=0.90$）

(a) 无脱空试件；(b) 脱空试件（$\chi=4.4\%$）；(c) 脱空试件（$\chi=6.6\%$）

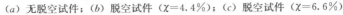
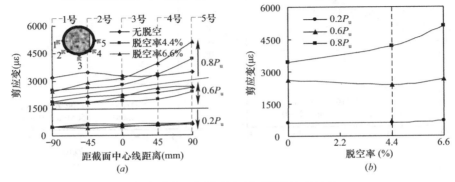

图 5-3-51　不同荷载水平下的剪应变比较

(a) 剪应变分布比较；(b) 脱空侧剪应变-脱空率关系曲线比较

（3）有限元分析

为分析球冠形脱空缺陷对钢管混凝土压弯扭力学性能的影响机理，建立了带缺陷构件的有限元模型。模型总体上和前节所述带环向脱空缺陷的钢管混凝土压弯扭构件相近，但是对于带球冠形脱空的构件其核心混凝土本构模型采用韩林海（2016）提供的约束混凝土模型，构件的横截面网格划分如图 5-3-52 所示。

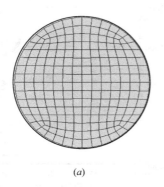 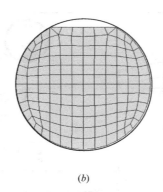

(a) $\qquad\qquad$ (b)

图 5-3-52　有限元模型的截面网格划分

（a）无脱空构件；（b）球冠形脱空构件

为验证有限元模型的适用性，计算了 Nie 等（2013）报道的圆钢管混凝土柱压弯扭滞回试验，以及本节试验的带球冠形脱空缺陷的钢管混凝土压弯扭构件。图 5-3-53 所示为有限元计算的荷载-变形关系曲线与实测结果对比，可见两者总体上两者吻合较好。

利用有限元模型对带缺陷构件的工作机理进行分析，重点分析缺陷对钢管与混凝土之间的接触应力的影响，以明晰脱空对"组合作用"的影响机理。图 5-3-54 所示为典型球冠形脱空算例接触应力-位移关系曲线对比，取点位置如图图 5-3-54（a）所示，由图 5-3-54（b）可知，脱空处的混凝土（$1'$点)在加载过程中其接触应力值均为 0，表明脱空处混凝土在加载过程中并未与钢管有接触发生；由于截面拐角边缘处的应力集中，特征点（$2'$点)接触应力明显高于无脱空对比构件同位置特征点（2 点）的接触应力值；非脱空侧混凝土

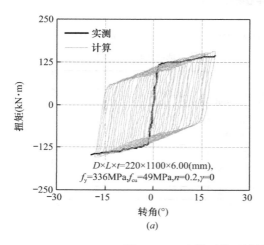 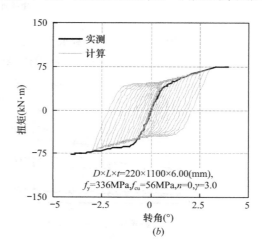

(a) $\qquad\qquad\qquad\qquad\qquad$ (b)

图 5-3-53　有限元模型计算结果与试验曲线对比（一）

（a）C-CT1（Nie 等，2013）；（b）C-BT1（Nie 等，2013）

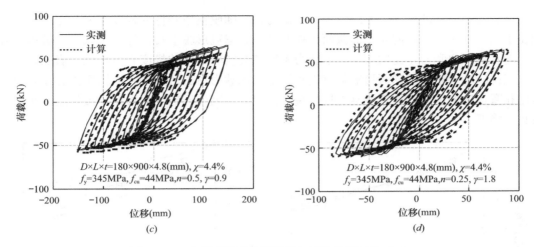

图 5-3-53　有限元模型计算结果与试验曲线对比（二）

（c）CS421（本节）；（d）CS412（本节）

特征点（4'点）接触应力与无脱空对比构件同位置特征点（4 点）的接触应力值相差较小，表明脱空对于该侧钢管对混凝土的约束影响不大；截面中轴处（3'点）带缺陷构件的接触应力值也较无脱空构件明显降低，表明球冠形脱空缺陷一定程度上削弱了钢管对混凝土的约束效应。

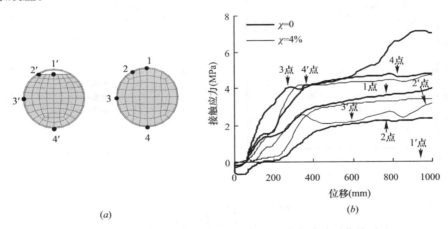

图 5-3-54　典型球冠形脱空算例的接触应力-位移关系曲线对比

（a）取点位置；（b）接触应力对比

利用有限元模型对带缺陷构件进行了参数分析，基本典型算例参数如下：钢管外径 $D=400\text{mm}$、构件长度 $L=4000\text{mm}$、含钢率 $\alpha=0.1$、核心混凝土抗压强度 $f_{cu}=60\text{MPa}$、外钢管钢材强度 $f_y=345\text{MPa}$、轴压比 $n=0.4$、弯扭比 $\gamma=1.0$。通过改变不同脱空率下（0~6%）构件相关参数与基本算例进行对比分析，以明晰钢材强度、混凝土强度、含钢率、轴压比、弯扭比对构件承载力系数的影响。

由图 5-3-55 可知，钢管混凝土压弯扭构件的承载力系数（SI）随脱空率的增大而减小，SI 与脱空率基本呈线性关系；混凝土强度改变对承载力系数与脱空率的关系影响较小，承载力系数只随脱空率的增大而降低；随着钢管强度的降低，脱空对承载力的影响有更为显著的趋势；随着含钢率的增大，承载力系数随脱空率降低的幅度有所减缓，原因可能在于当含钢率增大，混凝土的截面积相对较小，球冠形脱空对构件的承载力系数因而降低；随着轴压比和弯扭比的增大，承载力系数随脱空率降低的幅度有所增强，表明轴压比和弯扭比的增大增强了球冠形缺陷对钢管混凝土承载力系数的影响，原因可能在于，当轴压比和弯扭比的增大，钢管混凝土构件脱空侧混凝土因受压破坏严重而导致加剧了承载力系数的降低。

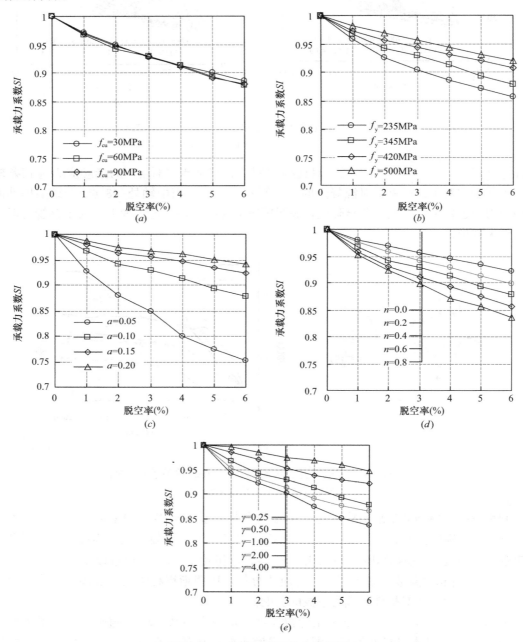

图 5-3-55　各参数对承载力系数影响

（a）混凝土强度；（b）钢材强度；（c）含钢率；（d）轴压比；（e）弯扭比

246

韩林海（2016）和福建省地方标准 DBJ 13-51—2010 给出了钢管混凝土构件在压弯扭复合作用下的承载力相关方程：

当 $\dfrac{N}{N_u} \geqslant 2\varphi^3 \eta_0 \sqrt[2.4]{1-(T/T_u)}$ 时

$$\left(\frac{1}{\varphi} \frac{N}{N_u} + \frac{a}{d} \frac{M}{M_u} \right)^{2.4} + \left(\frac{T}{T_u} \right)^2 \leqslant 1 \tag{5-3-15}$$

当 $\dfrac{N}{N_u} \leqslant 2\varphi^3 \eta_0 \sqrt[2.4]{1-(T/T_u)}$ 时

$$\left[-bg \left(\frac{N}{N_u} \right)^2 - cg \left(\frac{N}{N_u} \right) + \frac{1}{d} g \left(\frac{M}{M_u} \right) \right]^{2.4} + \left(\frac{T}{T_u} \right)^2 \leqslant 1 \tag{5-3-16}$$

式中　N、M、T——构件承担的轴力、弯矩、扭矩；

N_u、M_u、T_u——构件的轴压承载力、抗弯承载力、抗扭承载力。

$a = 1 - 2\varphi^2 \cdot \eta_0$；$b = \dfrac{1-\zeta_e}{\varphi^3 \cdot \eta_e^2}$；$c = \dfrac{2 \cdot (\zeta_e - 1)}{\eta_e}$；$d = 1 - 0.4 \cdot \left(\dfrac{N}{N_E} \right)$；$\eta_e = \sqrt[2.4]{1-\beta^2} \cdot \eta_0$；

$\zeta_e = \sqrt[2.4]{1-\beta^2} \cdot \zeta_0$；$\beta = \dfrac{T}{T_u}$；$N_E = \pi^2 \cdot E_{sc} \cdot A_{sc}/\lambda^2$；$\zeta_0 = 0.18 \xi^{-1.15} + 1$；$\eta_0 = $

$$\begin{cases} 0.5 - 0.245 \cdot \xi & \xi \leqslant 0.4 \\ 0.1 + 0.14 \cdot \xi^{-0.84} & \xi \geqslant 0.4 \end{cases}$$

上述计算方法可简化为下式：

$$\delta_1 f(N, N_u) + \delta_2 f(M, M_u) + \delta_3 f(T, T_u) \leqslant 1 \tag{5-3-17}$$

式中　δ_1、δ_2、δ_3——分别为施加轴力等级、施加弯矩等级以及施加扭矩等级的常量系数，例如由上述式可知，系数 δ_3 恒为 1.0。

图 5-3-56 所示为有限元计算的球冠形脱空缺陷对钢管混凝土构件 $N/N_{u,no\text{-}gap}$-$T/T_{u,no\text{-}gap}$ 关系曲线影响，可见球冠形脱空缺陷对 $N/N_{u,no\text{-}gap}$-$T/T_{u,no\text{-}gap}$ 关系曲线形状影响不大，而随着脱空率的增大 $N/N_{u,no\text{-}gap}$-$T/T_{u,no\text{-}gap}$ 关系曲线的包络面积有所减小，降低幅度基本与脱空率呈线性关系。

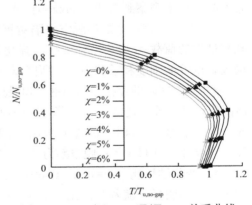

图 5-3-56　$N/N_{u,no\text{-}gap}$-$T/T_{u,no\text{-}gap}$ 关系曲线

因此，提出考虑球冠形脱空缺陷影响的钢管混凝土压弯扭承载力计算方法为：

$$\delta_1 f(N, N_u) + \delta_2 f(M, M_u) + \delta_3 f(T, T_u) \leqslant k \tag{5-3-18}$$

式中　k——考虑球冠形脱空缺陷的承载力折减系数，由参数分析结果可回归 k 的计算方法：

$$k = 1 - 2.48\chi \tag{5-3-19}$$

式中　χ——脱空率。

图 5-3-57 为式（5-3-13）计算结果和有限元计算结果及试验结果对比，由图可知，简化公式计算结果与有限元计算结果对比误差较小，仅有少数计算结果误差在 5% 以外，公式计算结果与试验结果对比误差均小于 5%，有限元计算结果与公式计算结果比值均值为 1.014，方差为 0.131，试验结果与公式计算结果比值均值为 0.960，方差为 0.001，由此

表明，式（5-3-13）计算结果具有较好的准确性。

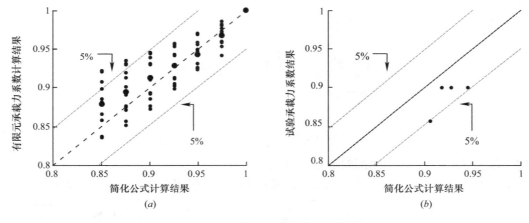

图 5-3-57 简化公式计算结果校核

（a）与有限元结果对比；（b）与试验结果对比

（4）本节小结

本节进行了 16 个钢管混凝土试件在压弯扭复合受力作用下的滞回性能试验，在试验参数范围内可得到以下结论：

1）空钢管试件由于缺少核心混凝土的有效支撑，钢管底部在弯矩和扭矩的共同作用下出现了斜向鼓屈现象，而带球冠形脱空的试件和无脱空试件的破坏现象均不显著，其核心混凝土也未观察到有明显的破坏特征。

2）总体而言，球冠形脱空缺陷对钢管混凝土试件滞回曲线的形状影响不大，但是带缺陷试件的荷载-变形关系骨架线的强化段刚度较无脱空试件有所下降，且随着脱空率的增大，试件的刚度和承载力均有所降低。

3）脱空缺陷的存在会削弱钢管和混凝土之间的"组合作用"，因此不仅使试件承载力有所降低，且导致其耗能能力下降，同时刚度退化加剧。与无脱空钢管混凝土压弯扭试件相比，脱空率为 4.4% 时，试件的极限承载力、等效刚度和等效黏滞阻尼系数分别降低了 7.0%、7.1% 和 11.0%；脱空率为 6.6% 时，则分别降低了 9.0%、8.9% 和 11.2%。

4）变化轴压比（$n=0.25/0.50$）对带缺陷试件的极限承载力、等效刚度和耗能能力的影响并不明显。随着弯扭比的增大，脱空缺陷对试件极限承载力、等效刚度和耗能能力的影响有趋于显著的趋势，表明相较于受扭作用，脱空对钢管混凝土受弯性能的影响更为显著。

5）脱空缺陷对试件截面轴向应变发展的影响并不显著，但随着荷载水平的增大，脱空处的钢管由于缺乏核心混凝土的支撑作用，其在扭转作用下横向应变和剪应变发展更为迅速，在较大荷载水平时脱空处的剪应变值明显大于其他区域。

本节建立的有限元模型可以较好地模拟带球冠形缺陷的钢管混凝土构件在压弯扭复合作用下的力学性能。利用有限元模型对带球冠形脱空的钢管混凝土构件的工作机理进行了分析，并在参数分析的基础上提供了考虑缺陷影响的钢管混凝土压弯扭承载力简化计算公式，可为钢管混凝土结构的安全评估和验算提供依据。

5.4　不同受荷工况下脱空缺陷的影响比较

由上文研究结果可以看到，在不同受荷工况下脱空缺陷对钢管混凝土构件的承载力和刚度的影响并不相同。因此，本节对带缺陷的钢管混凝土构件分别在压弯（轴压、纯弯、偏压、压弯滞回）、拉弯（纯弯、轴拉、偏拉、拉弯滞回）、压弯扭（压弯、压弯扭）等不同加载路径下的承载力和刚度进行了对比，以明晰加载路径受荷工况对带缺陷的钢管混凝土试件力学性能的影响。

5.4.1　受荷工况对承载力影响分析

收集了本书第 3～5 章中的 26 根带环形脱空缺陷和 62 根球冠形脱空缺陷的钢管混凝土试件在不同加载路径下的承载力值，并与相同荷载作用下的无脱空对比试件进行了比较。为了便于定量化比较，定义承载力系数（SI）如下：

$$SI = \frac{P_{ue}}{P_{ue-无脱空}} \tag{5-4-1}$$

式中　P_{ue}——某一加载路径下实测的试件承载力；

　　　$P_{ue-无脱空}$——相同加载路径下无脱空对比试件的承载力。

表 5-4-1 给出了带缺陷的钢管混凝土试件分别在压弯（轴压、纯弯、偏压、压弯滞回）、拉弯（纯弯、轴拉、偏拉、拉弯滞回）以及压弯扭（压弯、压弯扭）加载路径下的承载力系数（SI），表中，n 为轴压比，n_t 为轴拉比；$e(=2e_0/D$，e_0 为偏心距）为偏心率；$\gamma(=M/T$，M 为弯矩，T 为扭矩）为弯扭比。

不同加载路径下带缺陷试件的承载力系数（SI）　　　　表 5-4-1

荷载工况	脱空类型	脱空率 $\chi(\%)$	承载力系数 SI	数据来源
轴压	环形脱空	1.1	0.77	第 3 章
		2.2	0.71	
	球冠形脱空	2.2	0.98	
		4.4	0.89	
		6.6	0.87	
纯弯	环形脱空	1.1	0.87	第 3 章
		2.2	0.66	
	球冠形脱空	2.2	0.98	
		4.4	0.9	
		6.6	0.86	
偏压 ($e=0.30$)	环形脱空	1.1	0.73	第 3 章
		2.2	0.68	
	球冠形脱空	2.2	0.93	
		4.4	0.81	
		6.6	0.79	

荷载工况	脱空类型	脱空率 χ(%)	承载力系数 SI	数据来源
压弯滞回	环形脱空 （n=0.30）	1.1	0.88	第4章
	环形脱空 （n=0.60）	1.1	0.84	
		2.2	0.80	
	球冠形脱空 （n=0.30）	6.6	0.92	
	球冠形脱空 （n=0.60）	2.2	0.91	
		4.4	0.87	
		6.6	0.85	
轴拉	球冠形脱空 （e=0.00）	2.2	0.99	第3章
		6.6	0.97	
偏拉	球冠形脱空 （e=0.50）	2.2	0.97	
		6.6	0.94	
	球冠形脱空 （e=1.00）	2.2	0.96	
		6.6	0.94	
	球冠形脱空 （e=1.50）	2.2	0.96	
		6.6	0.93	
拉弯滞回	球冠形脱空 （n_t=0.30）	2.2	0.98	第4章
		6.6	0.95	
	球冠形脱空 （n_t=0.50）	2.2	0.88	
		6.6	0.87	
压弯扭滞回 （γ=0.9）	环形脱空 （n=0.25）	2.2	0.89	第5章
		4.4	0.83	
	球冠形脱空 （n=0.25）	4.4	0.95	
		6.6	0.91	
	球冠形脱空 （n=0.50）	4.4	0.93	
压弯扭单调 （γ=0.9）	球冠形脱空 （n=0.25）	4.4	0.93	第5章
	球冠形脱空 （n=0.50）	4.4	0.91	
压弯扭滞回 （γ=1.8）	球冠形脱空 （n=0.25）	4.4	0.95	第5章
压弯扭单调 （γ=1.8）	球冠形脱空 （n=0.25）	4.4	0.90	第5章

（1）压弯

图 5-4-1 分别为带环形脱空缺陷和带球冠形脱空缺陷的钢管混凝土试件在压弯荷载（包括轴压、纯弯、偏压和压弯滞回）作用下的承载力系数（SI）-脱空率（χ）关系曲线。由图 5-4-1 可见，无论是环形还是球冠形脱空缺陷，SI 随 χ 的变化规律在轴压和偏压两种加载路径下相似，脱空缺陷对偏压荷载作用下的试件承载力折减影响更加明显，对于带环形脱空缺陷的试件，χ 为 1.1% 和 2.2% 时，轴心荷载作用下，SI 为 0.77 和 0.71，偏心荷载作用下，SI 则分别减小为 0.73 和 0.68；对于带球冠形脱空缺陷的试件，χ 为 2.2%、4.4% 和 6.6% 时，轴心荷载作用下，SI 为 0.98、0.89 和 0.87，偏心荷载作用下，SI 则分别减小为 0.93、0.81 和 0.79。

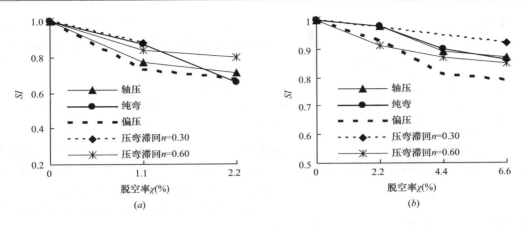

图 5-4-1　压弯荷载作用下承载力系数（SI）与脱空率（χ）关系
(*a*) 环形脱空；(*b*) 球冠形脱空

对比纯弯（$n=0$）、压弯滞回（$n=0.30$）和压弯滞回（$n=0.60$）3 种加载路径下脱空缺陷对承载力系数（SI）的影响，由图 5-4-1 和表 5-4-1 可知，对环形脱空缺陷而言，在脱空率（χ）为 1.1％时，SI 在纯弯（$n=0$）、压弯滞回（$n=0.30$）和压弯滞回（$n=0.60$）3 种加载路径下分别为 0.87、0.88 和 0.84；对于球冠形脱空缺陷而言，在 χ 为 6.6％时，SI 在纯弯（$n=0$）、压弯滞回（$n=0.30$）和压弯滞回（$n=0.60$）3 种加载路径下分别为 0.86、0.92 和 0.85；在 χ 为 2.2％时，SI 在纯弯（$n=0$）和压弯滞回（$n=0.60$）2 种加载路径下分别为 0.98 和 0.91，可见，滞回荷载的存在加剧了在压弯荷载作用下缺陷试件承载力的折减。

对比偏压和压弯滞回（$n=0.60$）两种加载路径下缺陷试件的承载力系数（SI），由图 5-4-1 和表 5-4-1 可知，对于带环形脱空缺陷的试件而言，脱空率（χ）为 1.1％时，SI 在偏压和压弯滞回（$n=0.60$）两种加载路径下分别为 0.73 和 0.88；对于带球冠性脱空缺陷的试件而言，χ 为 6.6％时，SI 在偏压和压弯滞回（$n=0.60$）两种加载路径下分别为 0.79 和 0.85，可见，在压弯荷载（轴压、纯弯、偏压和压弯滞回）作用下，偏压对缺陷试件的承载力折减影响更大。

(2) 拉弯

图 5-4-2 为带球冠形脱空缺陷的钢管混凝土试件在拉弯荷载（包括纯弯、轴拉、偏拉和拉弯滞回）作用下的承载力系数（SI）-脱空率（χ）关系曲线。由图 5-4-2 可见，对比轴拉和偏拉两种加载路径，可知，偏拉（$e=1.50$）对带球冠形脱空缺陷试件的承载力系数（SI）影响显著，在偏拉（$e=1.50$）和纯弯两种加载路径下，脱空率（χ）为 2.2％时，SI 分别为 0.96 和 0.98；χ 为 6.6％时，SI 分别为 0.93 和 0.86，可知纯弯较偏拉（$e=1.50$）对球冠形脱空缺陷试件承载力折减更为明显。

从图 5-4-2 还可看出，拉弯滞回加载路径下，轴拉比（n_t）的大对球冠形脱空缺陷试件的承载力折减影响更加显著，拉弯滞回（$n=0.50$）和纯弯对球冠形脱空缺陷试件的承载力系数（SI）影响较为明显，在脱空率（χ）为 2.2％时，SI 在拉弯滞回（$n=0.50$）和纯弯两种加载路径下分别为 0.88 和 0.98；χ 为 6.6％时，SI 则分别为 0.87 和 0.86，可见，

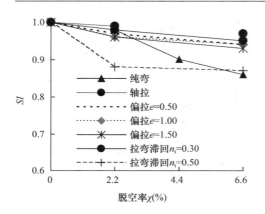

图 5-4-2 拉弯荷载作用下球冠形脱空试件
承载力系数（SI）与脱空率（χ）关系

在拉弯荷载作用下（纯弯、轴拉、偏拉、拉弯滞回）应对受滞回荷载且轴拉比大钢管混凝土试件的脱空现象重点检测。

（3）压弯扭

图 5-4-3 给出了带环形脱空缺陷构件在压弯滞回和压弯扭滞回（$\gamma=0.9$）两种加载路径下承载力系数（SI）与脱空率（χ）关系曲线，其中压弯可以看作压弯扭的一种极端情况。可见，压弯滞回加载路径下，轴压比大的带缺陷试件承载力折减更大；同时，压弯滞回（$n=0.30$）要比压弯扭滞回（$n=0.25$，$\gamma=0.9$）对环形脱空缺陷试件的承载力影响更大。

图 5-4-4 给出了球冠形脱空缺陷在压弯滞回和压弯扭（$\gamma=0.9$）两种加载路径下承载力系数（SI）与脱空率（χ）的关系曲线，比较了相同轴压比（n）下压弯扭和压弯扭滞回两种加载路径对球冠形脱空缺陷试件承载力折减的影响，脱空率（χ）为 4.4% 时，n 为 0.25 时的 SI 分别为 0.93 和 0.95，n 为 0.50 时的 SI 分别为 0.91 和 0.93，可见在压弯扭复杂受力状态下，球冠形脱空缺陷试件并无因受到滞回作用而承载力出现更大的折减；同时轴压比（$n=0.50$）的球冠形缺陷试件无论是在压弯还是压弯扭滞回下，相比轴压比（$n=0.25$）小的带缺陷试件其承载力均出现了更大的折减。

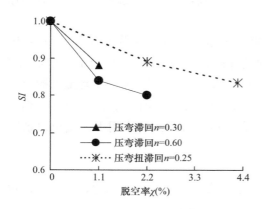

图 5-4-3 滞回荷载作用下环形脱空缺陷试件
承载力系数（SI）与脱空率（χ）关系

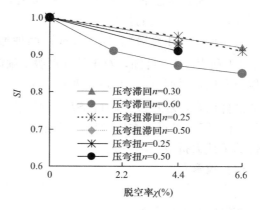

图 5-4-4 压弯滞回和压弯扭作用下球冠形脱空
试件承载力系数（SI）与脱空率（χ）关系

在压弯滞回（$n=0.60$）和压弯扭（$n=0.50$，$\gamma=0$）两种加载路径下，脱空率（χ）为 4.4% 时，承载力系数（SI）分别为 0.87 和 0.91，可见压弯滞回荷载对球冠形脱空缺陷试件承载力影响更为显著。

5.4.2 刚度影响分析

以初始刚度指数 FI_i 和使用刚度指数 FI_s 来研究脱空对试件初始刚度和使用刚度的影响，FI_i 和 FI_s 的表达式如下：

$$FI_i = \frac{K_{ie}}{K_{ie\text{-无脱空}}} \tag{5-4-2}$$

$$FI_s = \frac{K_{se}}{K_{se\text{-无脱空}}} \tag{5-4-3}$$

式中　K_{ie}——实测的脱空试件的初始抗弯刚度；

$\quad\quad K_{se}$——实测的脱空试件的使用阶段抗弯刚度；

$\quad K_{ie\text{-无脱空}}$——相同加载路径下无脱空对比试件的初始抗弯刚度；

$\quad K_{se\text{-无脱空}}$——相同加载路径下无脱空对比试件的使用阶段抗弯刚度。

图 5-4-5 和图 5-4-6 分别给出了在压弯荷载（纯弯和压弯滞回）两种加载路径下环形脱空缺陷和球冠形脱空缺陷初始抗弯刚度（FI_i）和使用阶段抗弯刚度（FI_s）与脱空率（χ）关系曲线，可见，脱空对刚度的影响较对承载力的影响有限，无论是环形脱空还是球冠形脱空，压弯滞回（$n=0.30$）与纯弯（$n=0.0$）和压弯滞回（$n=0.60$）相比较对 FI_i 和 FI_s 影响都是最小的。

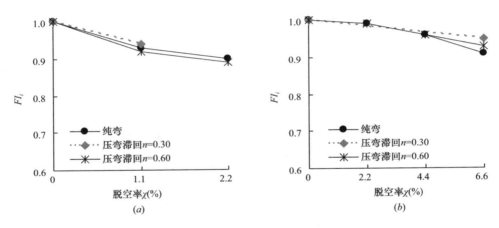

图 5-4-5　压弯荷载作用下初始抗弯刚度（FI_i）与脱空率（χ）关系

（a）环向脱空；（b）球冠形脱空

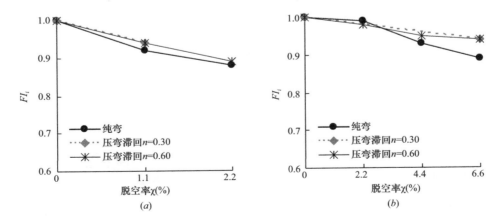

图 5-4-6　压弯荷载作用下使用阶段抗弯刚度（FI_s）与脱空率（χ）关系

（a）环向脱空；（b）球冠形脱空

5.4.3 本节小结

通过对不同加载路径下脱空对钢管混凝土试件的承载力和刚度的影响比较分析，在本节研究参数范围内可得到以下结论：

（1）偏压与轴压、纯弯和压弯滞回相比，其对带缺陷试件承载力影响最为不利。

（2）拉弯作用下，应对钢管混凝土构件在大轴拉比下的情况进行重点检测。

（3）无论是压弯还是压弯扭荷载作用下，轴压比均为影响带缺陷试件承载力的关键因素。

（4）对于压弯荷载下，滞回作用加剧了脱空对钢管混凝土承载力的折减，而在压弯扭荷载下，滞回作用对带缺陷试件的承载力的折减则不明显。

（5）压弯滞回（$n=0.30$）与纯弯（$n=0.0$）和压弯滞回（$n=0.60$）相比，其对初始抗弯刚度和使用阶段的抗弯刚度影响相对较小。

第6章 带缺陷的钢管混凝土结构加固方法

6.1 引言

脱空缺陷会破坏钢管和混凝土之间的相互作用，一方面削弱了钢管对混凝土的约束作用从而降低了核心混凝土的塑性和韧性性能，另一方面也削弱了混凝土对外钢管的支撑作用从而使钢管提前发生局部屈曲而无法充分发挥材料性能，导致钢管混凝土构件的承载力、刚度和延性等力学性能随之降低。前面章节的研究结果表明，脱空缺陷对钢管混凝土构件在各种荷载工况下的力学性能都有不利影响。事实上，脱空缺陷不仅会影响钢管混凝土构件，也会对钢管混凝土节点产生不利影响。一旦节点中存在脱空缺陷，可能会改变其失效模式，进而改变整体结构的传力途径，可能造成严重的安全隐患。

因此，当实际工程检测出脱空缺陷，如何对其加固就成为关键性难题。以往对钢管混凝土拱桥中的球冠形脱空缺陷多采用二次灌浆方式进行补强。但这种方法一方面会破坏钢管的完整性，同时灌浆后的结构力学性能也难以完全恢复到无脱空的水平；另一方面灌浆补强对于带环向脱空缺陷和一些复杂工程中的钢管混凝土结构很难实现。因此，本章将探讨对带缺陷的钢管混凝土采用外部加固的方式，利用碳纤维布（CFRP）包裹钢管或节点区焊接环口板的方法来弥补内部混凝土缺陷带来的承载力损失。首先，研究CFRP加固无脱空钢管混凝土构件在轴压和偏压下的力学性能；然后，开展CFRP加固带脱空缺陷的钢管混凝土构件的试验研究和理论分析；最后，对脱空缺陷钢管混凝土桁架节点抗震性能影响进行了试验研究，并考察采用焊接环口板加固带缺陷钢管混凝土节点的效果。本章的研究成果可为钢管混凝土构件和节点的加固设计和施工提供参考依据。

6.2 CFRP加固钢管混凝土柱的力学性能

6.2.1 CFRP加固钢管混凝土柱的轴压性能

（1）试验研究

1）试验概况

根据研究参数的不同，对8个FRP约束圆钢管混凝土短柱进行了轴压试验。主要研究参数为约束效应系数 ε_{sc}、FRP的包裹层数 n 和间距 a。其中 $\varepsilon_{sc} = 2.29$、3.37；$n = 0$、1、3和5；$a = 0$、30、50和150。对于FRP约束钢管混凝土短柱，约束效应系数 ε_{sc} 和FRP的包裹形式是影响钢管混凝土组合结构轴压承载力的主要因素。约束效应系数

ε_{sc}为：

$$\varepsilon_{sc} = A_s f_y / (A_c f_{ck}) \qquad (6\text{-}2\text{-}1)$$

式中 A_s——钢管的截面面积；

$\quad\quad f_y$——钢材的屈服强度；

$\quad\quad A_c$——混凝土的截面面积；

$\quad\quad f_{ck}$——混凝土的抗压强度标准值。

对 9 个 FRP 约束圆钢管混凝土长柱进行轴压试验，主要研究参数为长细比 λ、FRP 的包裹层数 n 和间距 a。其中 $\lambda=34.3$、51.4 和 65.7；$n=0$、1、3 和 5；$a=0$、100、150 和 250。试件示意图如图 6-2-1 所示。对于 FRP 约束钢管混凝土长柱，长细比 λ 和 FRP 的包裹形式是影响钢管混凝土组合结构的极限承载力的主要因素，计算公式如下：

$$\lambda = 4L/D \qquad (6\text{-}2\text{-}2)$$

式中 L——FRP 约束钢管混凝土长柱试件的高度；

$\quad\quad D$——钢管混凝土的横截面外径。

轴压短柱试件的钢管采用无缝钢管，按照试件设计长度切割钢管，同时保证切割面的平整。为了保证钢管和混凝土在受荷初期能共同受力并有足够刚度，试件两端采用 $180\times180\times10\text{mm}$ 的钢板与钢管焊接，同时保证钢板与试件截面的几何中心对齐。试件使用的钢管厚度为 6mm，FRP 单层厚度 t_f 为 0.167mm，FRP 条带宽度为 50mm。

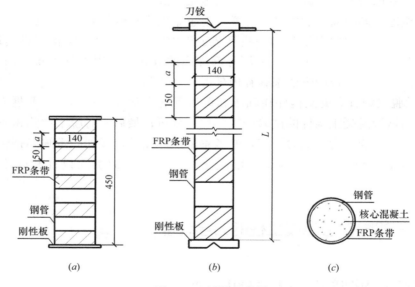

图 6-2-1 试件示意图

(*a*) 短柱；(*b*) 长柱；(*c*) 柱截面

为了保证 FRP 约束圆钢管混凝土长柱试件在试验过程中上下两端的边界条件与试验设计一致，试件两端采用 50mm 的刀铰与钢管焊接，同时保证钢板与试件截面的几何中心对齐。试件在工厂和试验场地制作完成，轴压长柱的制作流程和工艺与轴压短柱相似。轴压长柱试件使用的钢管的厚度为 6mm，FRP 单层厚度 t_f 为 0.167mm，FRP 条带宽度为 150mm。试件具体尺寸见表 6-2-1。

试件信息一览表 表 6-2-1

参数		试件	D (mm)	L (mm)	t (mm)	n	a (mm)	f_{cu} (MPa)	f_{ck} (MPa)	f_y (MPa)	FRP 参数
短柱	钢材强度	AS11	140	450	6	3	50	31.2	20.9	240.8	部分包裹
		AS12	140	450	6	3	50	31.2	20.9	348.6	部分包裹
	FRP层数	AS21	140	450	6	0	0	31.2	20.9	348.6	无
		AS22	140	450	6	1	50	31.2	20.9	348.6	部分包裹
		AS12	140	450	6	3	50	31.2	20.9	348.6	部分包裹
		AS23	140	450	6	5	50	31.2	20.9	348.6	部分包裹
	FRP间距	AS31	140	450	6	3	0	31.2	20.9	348.6	完全包裹
		AS32	140	450	6	3	30	31.2	20.9	348.6	部分包裹
		AS12	140	450	6	3	50	31.2	20.9	348.6	部分包裹
		AS33	140	450	6	3	150	31.2	20.9	348.6	部分包裹
长柱	长细比	AL11	140	1200	6	3	100	31.2	20.9	348.6	部分包裹
		AL12	140	1800	6	3	100	31.2	20.9	348.6	部分包裹
		AL13	140	2300	6	3	100	31.2	20.9	348.6	部分包裹
	FRP层数	AL21	140	2300	6	0	0	31.2	20.9	348.6	无
		AL22	140	2300	6	1	100	31.2	20.9	348.6	部分包裹
		AL13	140	2300	6	3	100	31.2	20.9	348.6	部分包裹
		AL23	140	2300	6	5	100	31.2	20.9	348.6	部分包裹
	FRP间距	AL31	140	2300	6	3	0	31.2	20.9	348.6	完全包裹
		AL13	140	2300	6	3	100	31.2	20.9	348.6	部分包裹
		AL32	140	2300	6	3	150	31.2	20.9	348.6	部分包裹
		AL33	140	2300	6	3	250	31.2	20.9	348.6	部分包裹

注：D 为钢管外径；t 为钢管厚度；L 为钢管高度；n 为 FRP 包裹层数；a 为 FRP 条带包裹间距；f_{cu} 为混凝土立方体抗压强度；f_{ck} 为混凝土轴心抗压强度标准值；f_y 为钢材的抗拉强度。

① 钢材的材性试验

钢材的材性试验采用单向拉伸试验，主要测定钢材的弹性模量 E、屈服强度 f_y、屈服应变 ε_y、抗拉强度 f_u、极限应变 ε_u、伸长率 δ 和颈缩率 ψ 等，为试验数据分析、有限元计算和理论分析提供相关数据。拉伸试件为板状试样，按照国家标准《钢及钢产品 力学性能试验取样位置及试样制备》GB/T 2975—2018 的要求从母材中切取。每种规格钢材进行一组试验，每组共计 3 个试样，具体尺寸详如图 6-2-2 和表 6-2-2 所示。

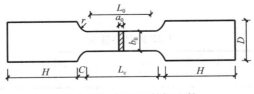

图 6-2-2 拉伸试件标准件

钢材拉伸试件的尺寸表 表 6-2-2

钢材材性	试件数量	a_0(mm)	b_0(mm)	L_0(mm)	L_c(mm)	r(mm)	D(mm)	H(mm)	C(mm)
Q345	3	10	25	90	120	30	50	150	20
Q235	3	6	20	70	90	30	40	150	20

拉伸试验在试验室的拉力机上进行，试验变形由应变片测定。钢材材性试验结果见表 6-2-3。

钢材的材性 表 6-2-3

钢材材性	厚度 t(mm)	屈服强度 f_y(N/mm²)	极限强度 f_u(N/mm²)	弹性模量 E(N/mm²)	伸长率（%）
Q345	6	348.6	487.3	$2.02×10^5$	13.8
Q235	6	240.8	379.2	$1.98×10^5$	15.3

② 混凝土的材性试验

钢管内核心混凝土采用 C30 混凝土，原材料如下：42.5 级普通硅酸盐水泥；河砂，细度模数 2.4；石灰岩碎石，石子粒径 5～25mm，其中 5～10mm 占 30%，10～25mm 占 70%；粉煤灰采用 I 级粉煤灰；普通自来水；聚羧酸系高效减水剂 RAWY101。具体配合比见表 6-2-4。

采用与试件中混凝土同条件养护的标准混凝土试块达到 28d 养护期后，按照国家标准《普通混凝土力学性能试验方法标准》GB/T 50081—2016 测得其 150mm×150mm×150mm 立方体抗压强度 f_{cu} 为 31.2N/mm²，100mm×100mm×300mm 的棱柱体测得其弹性模量 E_c 为 30521.3N/mm²。由 f_{cu} 可以得出混凝土的轴心抗压强度标准值 f_{ck}：

$$f_{ck} = 0.67 f_{cu} \tag{6-2-3}$$

混凝土配合比 表 6-2-4

材料名称	水	水泥	砂	石	外加剂	粉煤灰
每 m³ 用量（kg）	167	341	755	1074	4.34	54
配合比	0.42	0.86	1.91	2.72	0.011	0.14
水胶比	0.42	砂率	41	执行标准	JGJ 55—2011	

③ FRP 的材性试验

工程结构中常用 FRP 主要有碳纤维（FRP）、玻璃纤维（GFRP）、芳纶纤维（AFRP），本试验采用的 FRP 是上海怡昌碳纤维材料有限公司生产的 CFC2-2 碳纤维布，为单向承载力抗拉纤维布，具体指标见表 6-2-5。FRP 的密度相当于钢材的 20%，因此质量较轻，但拉伸强度却非常高，几乎是建筑用钢强度的 10 倍左右。由于纤维织布与复合粘结剂自身的一些特性，虽然其强度比钢材高很多，但其在受拉并达到拉伸极限强度时被拉断表现为脆性破坏。

FRP 的材料性能 表 6-2-5

名称	单位面积重量（g/m²）	抗拉强度标准值 f_{FRP}（MPa）	极限拉伸应变 ε_{FRP}（%）	受拉弹性模量 E_{FRP}（GPa）
FRP	296.0	3510.0	1.44	243.0

粘贴剂采用上海怡昌碳纤维材料有限公司生产的产品：TGJ 碳纤维布胶粘剂，是粘贴碳纤维布的专用粘浸胶，其性能见表 6-2-6。

TGJ 碳纤维布胶粘剂的主要性能　　　　表 6-2-6

技术性能指标		单位	试验结果
胶体性能	抗拉强度	MPa	44
	受拉弹性模量	MPa	2610
	伸长率	%	3.1
	抗弯强度	MPa	62
	抗压强度	MPa	77
粘结能力	钢—钢拉伸抗剪强度标准值	MPa	18
	钢—钢不均匀扯离强度	kN/m	21
	与混凝土的正拉粘结强度	MPa	3.4
	不挥发物含量	%	99

分别使用了 2mm×3mm 和 3mm×5mm 两种规格的应变片测量钢管和 FRP 的应变值。为了准确地量测试件的应变，在钢管和 FRP 上布置了竖向和环向的应变片。具体做法：短柱应变片的粘贴分为上中下三个截面，沿逆时针顺序，钢管壁的上端截面在钢管壁和 FRP 表面分别布置两个轴向应变片和两个环向应变片；中截面在钢管壁表面沿圆周分别布置四个轴向应变片和两个环向应变片，在 FRP 表面沿圆周分别布置四个环向应变片和两个竖向应变片；下端截面在钢管壁表面沿圆周布置两个轴向应变片，在 FRP 表面沿圆周两个环向应变片。

FRP 约束钢管混凝土长柱轴压试验的应变片的具体布置方法：应变片的粘贴分为上中下和 1/4L，3/4L 五个截面，沿逆时针顺序，试件的上端和 3/4L 截面钢管壁和 FRP 表面分别布置两个轴向应变片和两个环向应变片；中截面在钢管壁表面沿圆周分别布置四个竖向向应变片和两个环向应变片，在 FRP 表面沿圆周分别布置四个环向应变片和两个竖向应变片；下端和 1/4L 截面在钢管壁表面分别布置两个轴向应变片，在 FRP 表面分别布置两个环向应变片。应变片的具体布置方式如图 6-2-3 所示，图示括号中的编号表示为 FRP 表面的应变片。

对于短柱，在相互垂直的两个平面内在跨中各布置一个水平位移计以测量试件的侧向挠度。同时在试件的下端布置一个竖向位移计以测量试件的竖向压缩量。

对于长柱，在相互垂直的两个平面内沿试件长度方向等间距各布置 3 个位移计以测量侧向挠度。同样在试件的下端布置一个位移计以测量试件的纵向压缩量。加载如图 6-2-4 所示。

试验加载设备为 5000kN 压力机，根据荷载级数记录各级荷载值和对应的应变和位移，同时绘制 N-u 曲线，其中 N 为压力机施加的轴向压力，u 为布置在试件跨中截面的位移计的数值。短柱两端采用平板铰接，长柱两端采用刀铰连接。

数据采集系统采用 JM3812 多功能静态应变测试系统，试验过程中在每级加载结束后持荷阶段进行应变和位移数据的采集。试验采用分级加载制度，在弹性范围内，每级加载为估算极限载荷的 1/10，采集数据后持荷 2min 后再进行下一级加载；当荷载达到大约 60% 估算极限荷载以后，每级加载为预计极限荷载的 1/15～1/20，临近估算极限荷载时慢速连续加载；达到极限承载力 N_u 后，继续加载至施加轴力下降至 $0.8N_u$ 后，试验结束。

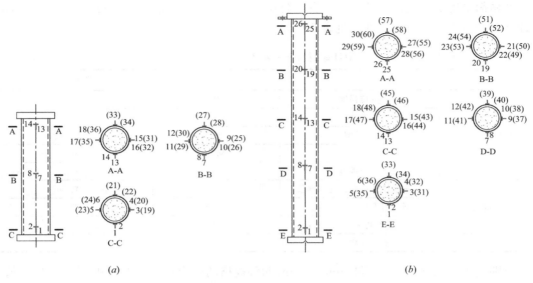

图 6-2-3　试件应变片布置示意图

（a）短柱；（b）长柱

2）试验现象

对于轴压短柱，FRP 的破坏接近于强度破坏，在试验过程中，随着施加荷载的增大，钢管开始发生局部鼓曲，钢管壁上的胶层开裂剥落，并伴有轻微的"噼啪"声音，当施加轴力达到峰值荷载的 80% 左右时，"噼啪"的声音越来越密集，并发出像鞭炮一样清脆的声音，然后跨中部位的 FRP 开始有断裂现象出现，最终 FRP 断裂破碎，并从钢管壁完全剥离。

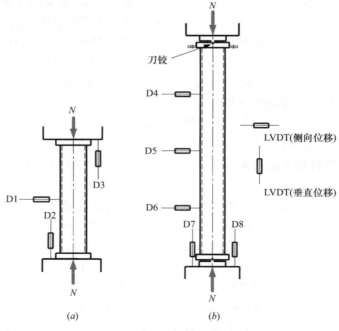

图 6-2-4　位移计布置图

（a）短柱；（b）长柱

对于轴压长柱，试验中所有试件均发生侧向变形，最终丧失稳定而导致破坏。在试验过程中，当荷载较小时，侧向挠度变化不是很大；当荷载达到极限荷载的 60%～70% 时，侧向挠度开始明显增加，钢管壁上的胶层逐渐开裂剥落，并伴有轻微的"噼啪"声音；当达到极限荷载的 95% 左右时，"噼啪"的声音越来越密集，声音越来越大，FRP 条带边缘有断裂的现象出现；达到极限荷载后，荷载开始下降，而试件的变形则迅速增大；加载停止后，试件挠度有一定的回弹。FRP 破坏模态如图 6-2-5 所示。

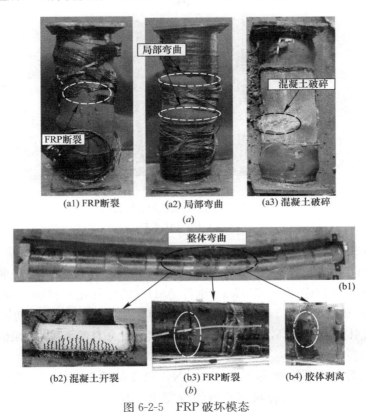

图 6-2-5　FRP 破坏模态

(a) 短柱；(b) 长柱

对于轴压短柱试件，试验过程中，钢管壁未包裹 FRP 条带部位首先发生鼓曲现象，在 FRP 条带发生断裂后，钢管壁发生多处鼓曲，主要集中在试件的上中下三个截面。试验结束后剥除外层 FRP，剖开钢管后发现，试件核心混凝土的破坏变形与钢管一致，混凝土表面同样发生褶皱鼓曲，并有部分压溃的现象。

轴压长柱试件的破坏模态为压弯破坏，试验结束后剥除外层 FRP，钢管为弯曲破坏，剖开钢管后发现，试件核心混凝土的破坏变形与钢管一致，混凝土发生同样弯曲，如图 6-2-6 所示。

3）试验结果与分析

① 钢管混凝土短柱轴压强度

FRP 部分包裹钢管混凝土短柱的轴向载荷（N）-轴向收缩位移（δ）曲线如图 6-2-7（a）所示。试验开始时，构件处于弹性状态，曲线近似线性发展。在达到极限轴向承载力（N_u）后，由于钢管发生局部屈曲以及 FRP 材料断裂，N-δ 曲线出现突然下降。

(a)

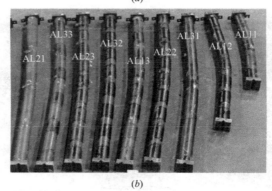

(b)

图 6-2-6　试验加载后的破坏试件

(a) 短柱；(b) 长柱

（a）钢材强度（f_y）

钢材强度对 FRP 部分包裹钢管混凝土短柱承载力和轴向初始刚度的影响如图 6-2-7（a）所示。钢材强度为 235MPa（试件 AS11）的短柱比钢材强度为 345MPa（试件 AS12）短柱的轴压极限承载力（N_u）低 15.6%，而钢材强度对短柱的轴向初始刚度影响不大。结果表明，随着钢材强度的提高，FRP 部分包裹钢管混凝土短柱的承载力极限值得到改善。

（b）FRP 包裹层数（n）

不同 FRP 层数包裹下钢管混凝土短柱的 N-δ 曲线如图 6-2-7（a）所示。FRP 条带宽度 50mm，间距 50mm。无包裹状态下钢管混凝土短柱（试件 AS21）的 N_u 分别比一、三、五层 FRP 包裹试件（试件 AS22、AS12、AS23）低 6.3%、13.4% 和 20.6%。试验结果表明，钢管混凝土柱的承载力极限值随着 FRP 层数的增加而增大，对组合短柱的轴向刚度影响较小。

（c）FRP 包裹间距（a）

不同 FRP 间距下钢管混凝土短柱的 N-δ 曲线如图 6-2-7（a）所示。与无包裹状态下的钢管混凝土短柱（试件 AS21）相比，包裹间距为 0、30、50 和 100mm（试样 AS31、AS32、AS12 和 AS33）的轴向极限荷载值分别增加了 26.1%、18.7%、13.4% 和 5.1%。结果表明，FRP 部分包裹钢管混凝土柱承载力极限值随 FRP 包裹间距的增加而减小。然而，随着 FRP 间距的变化，轴向初始刚度的增强有一定范围。

综上所述，FRP 的加入对钢管混凝土柱的承载力极限值有显著的提高，而对轴向初始刚度的影响不大。此外，由于 FRP 突然断裂的特性，所有试样的 N-δ 曲线都出现了突然下降段。因此，FRP 加固后的钢管混凝土短柱在轴向荷载作用下的延性低于纯钢管混凝土短柱。

② 钢管混凝土细长柱轴压强度

钢管混凝土细长柱的 $N\text{-}\delta$ 关系如图 6-2-7 （b）所示。由于长柱整体屈曲的性质，其轴向初始刚度明显小于短柱的轴向初始刚度。初始加载时，轴向荷载呈线性增加，直到接近轴压极限荷载值（N_u），承载力出现急剧下降，随后细长柱发生整体屈曲，核心混凝土中高处破碎。

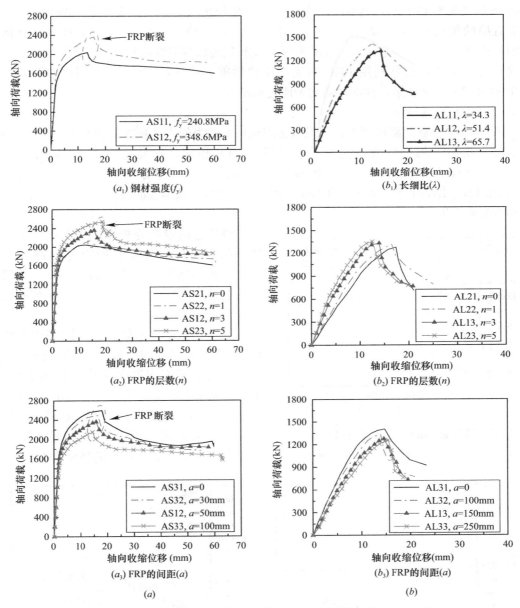

图 6-2-7 短柱（细长柱）轴向荷载（N）-轴向收缩位移（Δ）曲线

（a）短柱；（b）长柱

（a）柱长细比（λ）

不同长细比下 FRP 加固钢管混凝土细长柱承载力的 $N\text{-}\delta$ 曲线如图 6-2-7 （b）所示。与细长比为 65.7 的钢管混凝土柱（试件 AL13）相比，细长比为 34.3 和 51.4 的轴向承载力极限值分别增加了 25.4% 和 7.1%。结果表明，长细比对钢管混凝土长柱的轴向承载力极限值影响较大，而轴向初始刚度略有提高。

（b）FRP 包裹层数（n）

不同 FRP 包裹层数加固下钢管混凝土细长柱承载力的 N-δ 曲线如图 6-2-7（b）所示。FRP 条带宽度为 150mm，包裹间距为 100mm，细长比为 65.7。FRP 包裹层数为一层、三层和五层的细长柱 N_u（试样 Al22、Al13 和 Al23）分别比无包裹 CFST 细长柱（试样 Al21）高 2.8%、4.2% 和 6%。结果表明，FRP 包裹层数对细长柱的 N_u 影响不大，因为箍筋约束方式难以充分利用 FRP 的优良拉伸性能。此外，由于整体屈曲的破坏模式，FRP 包裹层数对细长组合柱的轴向初始刚度影响较小。

（c）FRP 包裹间距（a）

不同 FRP 包裹间距加固下钢管混凝土细长柱承载力的 N-δ 曲线如图 6-2-7（b）所示。与无包裹状态下的钢管混凝土短柱（试件 Al21）相比，包裹间距为 0、100、150 和 250mm（试样 Al31、Al32、Al12 和 Al33）的轴向极限荷载值分别增加了 8.1%、4.2%、2.4% 和 1%。结果表明，减小 FRP 间距可以稍微提高细长钢管混凝柱的 N_u，对其轴向初始刚度影响不大。

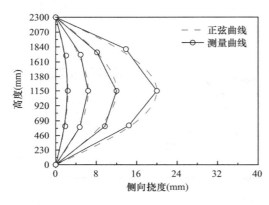

图 6-2-8　FRP 加固圆 CFST 长柱在轴压作用下
的特征高度（H）与侧向挠度（u）曲线

细长柱的参数分析中，所有试件均因整体屈曲破坏。虽然采用 FRP 包裹细长组合柱，但轴向刚度几乎不受影响。试验结果表明，包裹在细长柱钢管壁上 FRP 条带在试验后仅有轻微的损伤。

图 6-2-8 给出了轴压作用下 FRP 加固 CFST 细长柱的典型柱高（H）-侧向挠度（μ）曲线。提取了不同轴向载荷下的挠度曲线，均为半正弦波形状。图 6-2-9 给出了 FRP 包裹层数和 FRP 包裹间距对细长柱横向挠度的影响。结果表明，随着 FRP 层数的增加和 FRP 间距的减小，细长柱的挠度增大。

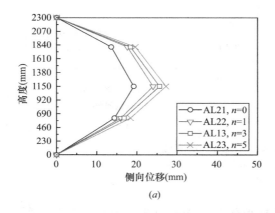

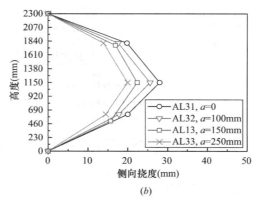

（a）　　　　　　　　　　　　（b）

图 6-2-9　FRP 加固圆形 CFST 长柱的高度（H）与侧向挠度（u）曲线
（a）FRP 条数（n）；（b）FRP 间距（a）

图 6-2-10 给出了 FRP 部分包裹钢管混凝土短柱的典型应变曲线。提取了 FRP 和钢管在细长柱 1/4、1/2 和 3/4 高度处的拉伸和压缩应变，同时记录了 FRP 以及钢管在短柱底端、中高端和顶端的应变。结果表明，钢管与 FRP 材料之间有着良好的协同作用，FRP 与钢管结合紧密，FRP 材料与钢管之间的滑移可以忽略不计。

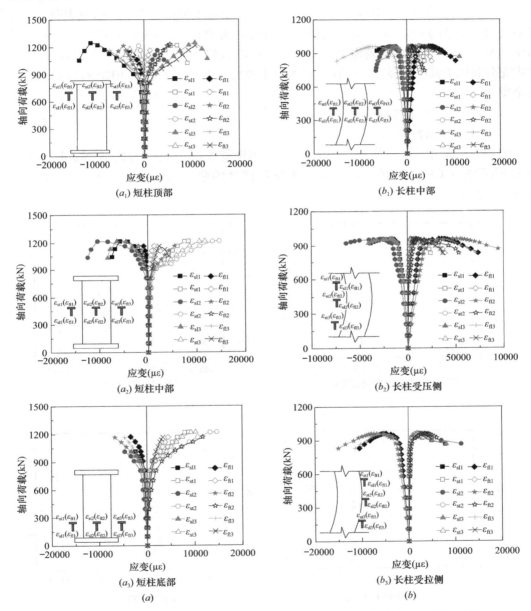

图 6-2-10　FRP 加固圆钢管混凝土短柱和长柱的荷载（N）与应变（ε）特征曲线

（a）短柱；（b）长柱

注：ε_{st} 和 ε_{sl} 分别代表钢管的横向应变和纵向应变，ε_{ft} 和 ε_{fl} 分别代表 FRP 带的横向应变和纵向应变。

钢管壁屈服应变分别为 $1216\mu\varepsilon$（屈服强度为 235MPa 的钢管）和 $1724\mu\varepsilon$（屈服强度为 345MPa 的钢管），FRP 的断裂应变为 $1.44\times10^{4}\mu\varepsilon$。图 6-2-10 绘出了 FRP 以及钢管的

纵向和横向应变曲线。结果表明，钢管底部和顶部的纵向应变基本呈现出对称状态。在相同轴力作用下，细长柱的拉伸和压缩两侧应变明显大于中间的应变。此外，细长柱 1/4 和 3/4 高度处的压缩和拉伸应变明显小于细长柱的柱中应变。同时，短柱顶部和底部的纵向应变也小于柱中应变。

图 6-2-10 还给出了 FRP 在短柱和细长柱的柱中应变响应的差异。结果表明，随着荷载的增加，短柱的 FRP 拉伸应变达到极限应变，而细长柱上的 FRP 拉伸应变没有超过 FRP 短柱中 FRP 断裂的极限应变且细长柱上 FRP 仅轻微损伤。结果表明，FRP 材料在短柱中充分利用了其抗拉强度，有着较好的约束效应，而在细长柱中 FRP 材料的强度不能完全发挥。

4）FRP 加固效果指标

① 强度增强系数

图 6-2-7 总结了轴压荷载作用下 FRP 加固钢管混凝土短柱的典型 N-δ 曲线。为了研究 FRP 加固 CFST 柱的效果，分析了所有试件的强度增强指数（SEI）（表 6-2-4、图 6-2-11）。

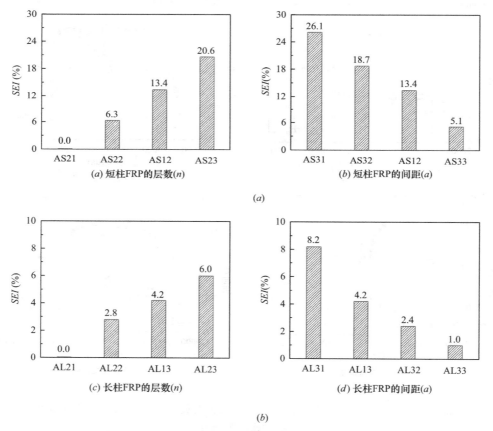

图 6-2-11 FRP 加固钢管混凝土柱强度增强指数（SEI）

（a）短柱；（b）长柱

$$SEI = \frac{N_{FC,max} - N_{CFST,max}}{N_{CFST,max}} \qquad (6\text{-}2\text{-}4)$$

式中　$N_{FC,max}$——FRP 加固钢管混凝土柱在轴压荷载作用下的极限轴向承载力；

　　　$N_{CFST,max}$——非包裹状态下钢管混凝土柱的极限轴向承载力。

图 6-2-11 给出了不同参数下 FRP 约束钢管混凝土短柱的强度指标，包括 FRP 的层数和间距。FRP 单层、三层和五层包裹下短柱的 SEI 分别为 6.3％、13.4％和 20.6％。当 CFST 短柱用 FRP 完全包覆或包裹间距为 30、50 和 150mm 时，SEI 分别为 26.1％、18.7％、13.4％和 5.1％。结果表明，FRP 的参与对钢管混凝土短柱的轴向承载能力有明显的提高作用。随着 FRP 包裹层数的增加以及包裹间距的减小，钢管混凝土短柱的极限轴压承载力不断提高。对于细长柱，FRP 单层、三层和五层包裹下细长柱与普通 CFST 细长柱相比仅增加了 2.8％、4.2％和 6.0％。类似地，当 FRP 间距从 0 增加到 100、150 和 250mm 时，改善率分别为 8.2％、4.2％、2.4％和 1.0％（图 6-2-11）。FRP 包裹对钢管混凝土细长柱的轴向承载力影响不大。不同参数的分析表明，FRP 条间距和 FRP 层数对细长柱的轴向抗压强度影响不大。

当钢管混凝土柱中的钢管为薄壁时，会有更好的增强效果。此外，FRP 条的轻微损伤表明 FRP 的高强度拉伸性能未被充分利用。为了避免这一问题，可以对 FRP 带施加预紧力，因此探讨了施加预应力后 FRP 加固钢管混凝土柱的受力性能。结果表明，采用预应力 FRP 材料包裹柱可以显著提高柱的承载能力。在此基础上，提出了采用施加预紧力 FRP 加固钢管混凝土细长柱的方法，以提高加固效果。

② 延性指数

采用延性指数（DI）评价试件的延性。可以定义如下：

$$DI = \delta_u / \delta_y \tag{6-2-5}$$

式中　δ_y——复合柱的屈服压缩荷载相对应的纵向位移；

　　　δ_u——与极限压缩荷载相对应的纵向位移。

表 6-2-7 和图 6-2-12 给出了 FRP 加固钢管混凝土短柱的 DI。对于轴压下短柱，钢材屈服强度 235MPa 短柱的 DI 比屈服强度 345MPa 的短柱要低。此外，由于 FRP 材料提供了良好的约束条件，钢管混凝土柱的 DI 随 FRP 包裹层数的增加而增加，随着 FRP 包裹间距的增加而减小。

圆钢管混凝土轴压柱试验结果　　　　　　　　　　　表 6-2-7

试样		D(mm)	L(mm)	t(mm)	δ_y(mm)	δ_u(mm)	$N_{u,t}$(kN)	DI	SEI
短柱	AS11	140	450	6	2.59	13.49	2010.5	5.2	—
	AS12	140	450	6	2.69	15.87	2324.6	5.9	13.4％
	AS21	140	450	6	2.45	12.50	2049.1	5.1	0
	AS22	140	450	6	2.65	14.30	2177.4	5.4	6.3％
	AS12	140	450	6	2.69	15.87	2324.6	5.9	13.4％
	AS23	140	450	6	2.50	16.28	2470.3	6.5	20.6％
	AS31	140	450	6	2.49	15.68	2582.9	6.3	26.1％
	AS32	140	450	6	2.39	14.57	2432.8	6.1	18.7％
	AS12	140	450	6	2.69	15.87	2324.6	5.9	13.4％
	AS33	140	450	6	2.69	14.50	2153.1	5.4	5.1％

续表

试样		D(mm)	L(mm)	t(mm)	δ_y(mm)	δ_u(mm)	$N_{u,t}$(kN)	DI	SEI
细长柱	AL11	140	1200	6	7.52	7.52	1567.3	1.0	—
	AL12	140	1800	6	12.21	12.21	1424.1	1.0	—
	AL13	140	2300	6	14.50	14.50	1330.0	1.0	4.2%
	AL21	140	2300	6	17.40	17.40	1276.6	1.0	0
	AL22	140	2300	6	16.53	16.53	1312.4	1.0	2.8%
	AL13	140	2300	6	14.50	14.50	1330.0	1.0	4.2%
	AL23	140	2300	6	12.57	12.57	1352.6	1.0	6.0%
	AL31	140	2300	6	13.30	13.30	1381.4	1.0	8.2%
	AL13	140	2300	6	14.50	14.50	1330.0	1.0	4.2%
	AL32	140	2300	6	14.60	14.60	1307.5	1.0	2.4%
	AL33	140	2300	6	15.44	15.44	1289.1	1.0	1.0%

注：$N_{u,t}$表示试验所测试样的极限轴向承载力；δ_y和δ_u分别为与极限荷载和破坏荷载相对应的钢管混凝土柱的轴向收缩位移。

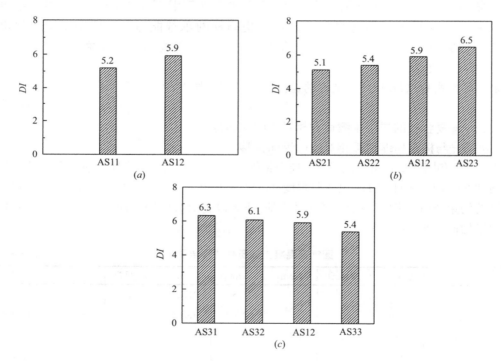

图 6-2-12　FRP 加固圆钢管混凝土短柱延性指标（DI）
（a）钢材强度（f_y）；（b）FRP 的层数（n）；（c）FRP 的间距（a）

对于 FRP 加固的钢管混凝土细长柱，由于破坏模式为整体屈曲，其延性指标近似等于 1，而随着 FRP 包裹间距和 FRP 包裹层数的增加，细长柱的纵向位移量有所增加。

5）有限元分析

通过 ABAQUS 软件建立了轴压下 FRP 部分包裹钢管混凝土短柱的数值分析模型，系统研究了诸多参数对轴压性能的影响，分析了典型受力机理，为此类结构在实际工程中的应用提供了科学依据。

① 有限元分析模型

（a）材料模型

材料组成主要包括 FRP、钢管、核心混凝土和端板。相应材料本构关系模型如下：

a）钢管和端板

圆钢管和端板均为钢材，其本构关系模型采用韩林海（2016）的二次塑流模型。

b）核心混凝土

目前 FRP 全包裹圆钢管混凝土的核心混凝土本构关系模型较少见，然而，关于 FRP 部分包裹钢管的核心混凝土本构关系的研究尚未见报道。对于 FRP 部分包裹圆钢管混凝土短柱的应力-应变关系，采用刘威（2005）推荐的钢管约束核心混凝土本构关系模型。

c）FRP

由于 FRP 为非各项同性材料，在水平纤维方向能承受较大的拉应力，在断裂前表现为线弹性，在其他方向上只能承受较小应力。因此，在计算模型中认为纤维方向上 FRP 的抗拉强度为断裂强度，并满足胡克定律，其他方向的强度设为 $0.001\mathrm{MPa}$。

（b）计算模型

有限元分析模型主要由上下端板、钢管、核心混凝土和 FRP 组成，如图 6-2-13 所示。FRP 采用壳单元 S4R，其他部件均采用实体单元 C3D8R。

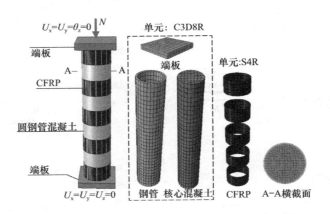

图 6-2-13　部分加固圆钢管混凝土柱有限元分析模型

为了符合真实情况，端板和钢管之间采用相互绑定；核心混凝土和钢管之间相互作用采用"表面与表面接触"，法向行为定为"硬接触"，切向行为定义类型为"罚"，摩擦系数设为 0.6，FRP 与钢管之间采用"Tie"。计算模型底端固结，加载端自由度，并施加轴向位移，直至构件破坏。

② 试验验证

为验证有限元分析模型的正确性，本节建立与试件相同条件的有限元分析模型，分别对比其计算结果，如图 6-2-14、表 6-2-8 所示。有限元计算结果与试验结果总体吻合良好，计算结果略偏保守。

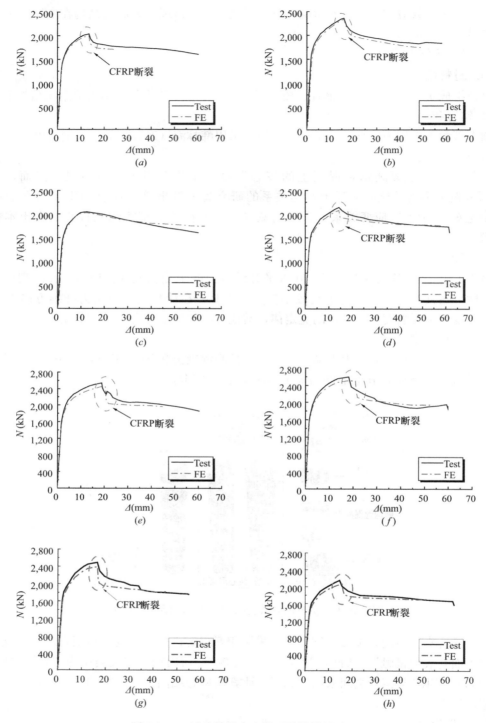

图 6-2-14　试验结果和有限元计算结果对比

（a）试件 AS11；（b）试件 AS12；（c）试件 AS21；

（d）试件 AS22；（e）试件 AS23；

（f）试件 AS31；（g）试件 AS32；（h）试件 AS33

试验结果与有限元结果的比较　　　　　　　　表 6-2-8

试样	D(mm)	L(mm)	t(mm)	$N_{u,t}$(kN)	N_{FE}(kN)	$N_{u,c}$(kN)	$N_{FE}/N_{u,t}$	$N_{u,c}/N_{u,t}$
AS11	140	450	6	2010.5	1967.7	2018.4	0.98	1.01
AS12	140	450	6	2324.6	2313.6	2281.4	1.00	0.97
AS21	140	450	6	2049.1	2028.0	2048.4	0.99	1.00
AS22	140	450	6	2177.4	2076.4	2055.0	0.95	0.96
AS12	140	450	6	2324.6	2313.6	2281.4	1.00	0.97
AS23	140	450	6	2470.3	2462.2	2354.7	1.00	0.95
AS31	140	450	6	2582.9	2507.9	2542.1	0.97	0.98
AS32	140	450	6	2432.8	2352.2	2344.0	0.97	0.96
AS12	140	450	6	2324.6	2313.6	2281.4	1.00	0.97
AS33	140	450	6	2153.1	2067.9	2021.8	0.96	0.94

注：N_{FE} 是有限元分析预测的极限轴向承载能力。

③ 参数分析

本节分别分析了钢管强度（f_y）、混凝土强度（f_{cu}）、FRP 抗拉强度（f_p）、径厚比（D/t）、包裹层数（n）、包裹间距（b）、包裹宽度（a）、柱截面面积（A_{sc}）和 FRP 预紧力（P/P_f）等参数对 FRP 部分包裹圆钢管混凝土短柱轴压性能的影响。标准计算模型为 AS-S-12，各参数信息为：$f_y=345$MPa，$f_{cu}=50$MPa，$f_p=3510$MPa，$D/t=40$，$n=3$，$b=50$mm，$a=50$mm，$A_{sc}=\pi (70^2)$ mm²，$P/P_f=0$。

（a）钢材强度

图 6-2-15（a）和表 6-2-9 分别给出了钢材屈服强度为 235MPa、345MPa、420MPa 和 550MPa 对应的 FRP 部分包裹圆钢管混凝土轴压短柱荷载（N）-纵向位移（Δ）曲线。计算结果表明，随着钢材强度的增加，FRP 部分包裹圆钢管混凝土短柱的轴压承载力不断提高，而对其初始轴向刚度的影响很小。与钢材屈服强度 345MPa 的构件相比，钢材屈服强度 235MPa 试件的承载力降低了 14.3%；钢材屈服强度 420MPa 和 550MPa 构件的承载力分别提高了 8.4%和 18.1%。

（b）混凝土抗压强度

图 6-2-15（b）和表 6-2-9 给出了混凝土强度对 FRP 部分包裹圆钢管混凝土短柱的 N-Δ 曲线。随着混凝土强度的增大，FRP 部分包裹圆钢管混凝土短柱的轴压承载力和初始轴向刚度都逐步增大。计算结果表明，与混凝土强度为 50MPa 的构件相比，混凝土强度为 30MPa 构件的轴压承载力和初始轴向刚度分别降低了 24.6%和 29.1%；当混凝土强度从 50MPa 上升到 60MPa、80MPa 和 100MPa 时，其轴压承载力分别提高了 11.5%、32.3% 和 49.2%，初始轴向刚度分别提高了 12.7%、46.3%和 64.9%。

（c）FRP 抗拉强度

图 6-2-15（c）和表 6-2-9 给出了不同 FRP 强度情况下 FRP 部分包裹圆钢管混凝土短柱的 N-Δ 曲线。提高 FRP 强度可使 FRP 部分包裹圆钢管混凝土短柱的轴压承载力进一步提高，然而对其初始轴向刚度的影响较小。与 FRP 抗拉强度为 3510MPa 的构件相比，FRP 强度为 1500MPa 和 2500MPa 构件的轴压承载力分别降低了 15.6%和 7.1%；当构件的 FRP 强度增大到 4500MPa 时，其轴压承载力提升了 3.0%。

（d）径厚比

为研究不同径厚比对 FRP 部分包裹圆钢管混凝土短柱轴压性能的影响，分别对钢管外径为 140mm，径厚比为 10、14、20、28.6、40、50、70 和 100（对应钢管壁厚为 14mm、10mm、7mm、4.9mm、3.5mm、2.8mm、2mm 和 1.4mm）的 FRP 部分包裹圆钢管混凝土进行了分析。图 6-2-15（d）和表 6-2-9 给出了相应的 N-Δ 曲线。计算结果表明，FRP 部分包裹圆钢管混凝土短柱的轴压承载力和初始轴向刚度随着径厚比的较小而增大。与径厚比为 40 的构件相比，径厚比为 10、14、20 和 28.6 构件的轴压承载力分别提高了 116.9%、68.5%、36.5%和 15.1%，其初始轴向刚度分别提高了 92.7%、49.7%、26.1%和 12.7%；当径厚比从 40 增大到 50、70 和 100 时，其轴压承载力分别降低 4.1%、11.5%和 20.3%，而其初始轴向刚度分别降低了 4.9%、13.0%和 18.9%。

（e）FRP 包裹层数

图 6-2-15（e）和表 6-2-9 给出了不同 FRP 包裹层数下的 FRP 部分包裹圆钢管混凝土短柱的 N-Δ 曲线。FRP 包裹层数的增加对构件的初始轴向刚度影响较小，而其轴压承载力不断提高。与 FRP 包裹层数为 3 的构件相比，未包裹 FRP 和包裹 1、2 层 FRP 构件的轴压承载力分别降低了 34.7%、18.3%和 5.3%；当 FRP 包裹层数达到 4、5 层时，FRP 部分包裹圆钢管混凝土短柱的轴压承载力分别提高了 5.6%和 12.7%。

（f）FRP 包裹间距

在不改变 FRP 包裹层数和条带宽度的情况下，通过改变 FRP 条带间的包裹间距研究其对构件的加固作用。图 6-2-15（f）和表 6-2-9 给出了 FRP 包裹间距分别为 0mm（对应为全包裹）、30mm、50mm 和 100mm 的 FRP 部分包裹圆钢管混凝土短柱的 N-Δ 曲线。FRP 部分包裹圆钢管混凝土短柱的轴压承载力随着包裹间距的减小而逐渐增大，但对其初始轴向刚度的影响较小。与 FRP 包裹间距为 50mm 的构件相比，全包裹构件和 FRP 包裹间距为 30mm 构件的轴压承载力分别提高了 44.0%和 13.8%；当 FRP 包裹间距为 100mm 时，其轴压承载力相比包裹间距为 50mm 的构件降低了 16.2%。

（g）FRP 条带宽度

图 6-2-15（g）和表 6-2-9 给出了不同 FRP 条带宽度对 FRP 部分包裹圆钢管混凝土短柱轴压下的 N-Δ 曲线。在不改变 FRP 包裹层数和包裹间距的情况下，FRP 部分包裹圆钢管混凝土短柱的轴压承载力随着 FRP 条带宽度的增大而提高，但其初始轴向刚度的变化较小。与 FRP 条带宽度为 50mm 的构件相比，未包裹 FRP 和包裹 FRP 条带宽度为 30mm 构件的轴压承载力分别降低了 34.7%和 10.2%；当 FRP 条带宽度增大为 100mm 时，其轴压承载力提高了 18.2%。

（h）柱截面面积

为扩大应用范围，分别研究了柱截面面积自 100mm×2mm 至 600mm×12mm 的 FRP 部分包裹圆钢管混凝土短柱的轴压性能，如图 6-2-15（h）、表 6-2-9 所示。随着柱截面面积的增大，FRP 部分包裹圆钢管混凝土短柱的轴压承载力和初始轴向刚度都明显增大。与柱截面面积为 100mm×2mm 的构件相比，柱截面面积分别为 140mm×2.8mm×280mm，200mm×4mm×400mm，400mm×8mm×800mm 和 600mm×12mm×1200mm 试件的轴压承载力分别为柱截面面积为 100mm×2mm 构件的 2.34、3.60、17.96 和 28.20 倍，而其初始轴压刚度分别为后者的 1.55、2.85、7.70 和 13.14 倍。

（i）FRP 预紧力

图 6-2-15（i）和表 6-2-9 给出了在不同 FRP 预紧力情况下 FRP 部分包裹圆钢管混凝土

短柱的 N-Δ 曲线。通过提高 FRP 包裹圆钢管混凝土的预紧力对其轴压承载力只有较小幅度的提升。随着预紧力的提升，其达到极限荷载对应的位移也逐渐减小。与未施加 FRP 预紧力的试件相比，施加预紧力 P/P_{t}＝0.1、0.2、0.3、0.4 和 0.5 试件的轴压承载力分别提高了 2.6％、5.6％、6.9％、7.7％和 7.7％。可见，当预紧力 P/P_{t} 达到 0.4 时，预紧力的提高对 FRP 部分包裹圆钢管混凝土短柱的轴压承载力提高不明显。

有限元计算参数　　　　　　　　　　　　　　　　表 6-2-9

构件	构件尺寸 $D \times t \times L$(mm)	f_{y} (MPa)	f_{cu} (MPa)	P_{f} (MPa)	b	n	a	δ_{y} (mm)	K_{in} (kN/mm)	N_{FE} (kN)
AS-S-11	140×3.5×450	235	50	3510	50	3	50	2.17	863.35	1874.5
AS-S-12	140×3.5×450	345	50	3510	50	3	50	2.05	1064.20	2186.2
AS-S-13	140×3.5×450	420	50	3510	50	3	50	2.00	1183.87	2369.4
AS-S-14	140×3.5×450	550	50	3510	50	3	50	2.00	1289.9	2581.6
AS-C-11	140×3.5×450	345	30	3510	50	3	50	2.19	754.14	1648.2
AS-C-12	140×3.5×450	345	60	3510	50	3	50	2.03	1199.38	2437.8
AS-C-13	140×3.5×450	345	80	3510	50	3	50	1.86	1557.51	2893.4
AS-C-14	140×3.5×450	345	100	3510	50	3	50	1.86	1755.76	3261.7
AS-f-11	140×3.5×450	345	50	1500	50	3	50	2.01	1043.8	1845.2
AS-f-12	140×3.5×450	345	50	2500	50	3	50	2.01	1057.2	2031.9
AS-f-13	140×3.5×450	345	50	4500	50	3	50	2.02	1071.9	2251.4
AS-t-11	140×1.4×450	345	50	3510	50	3	50	1.64	863.47	1743.2
AS-t-12	140×2.0×450	345	50	3510	50	3	50	1.69	925.81	1934.5
AS-t-13	140×2.8×450	345	50	3510	50	3	50	1.79	1012.29	2096.3
AS-t-14	140×3.5×450	345	50	3510	50	3	50	2.05	1063.20	2186.2
AS-t-15	140×4.9×450	345	50	3510	50	3	50	2.10	1199.50	2516.7
AS-t-16	140×7.0×450	345	50	3510	50	3	50	2.22	1341.45	2983.4
AS-t-17	140×10.0×450	345	50	3510	50	3	50	2.31	1592.80	3684.1
AS-t-18	140×14.0×450	345	50	3510	50	3	50	2.31	2050.53	4742.8
AS-l-11	140×3.5×450	345	50	3510	50	0	50	3.12	957.38	1427.4
AS-l-12	140×3.5×450	345	50	3510	50	1	50	1.73	1031.57	1785.6
AS-l-13	140×3.5×450	345	50	3510	50	2	50	1.73	1096.57	2071.1
AS-l-14	140×3.5×450	345	50	3510	50	3	50	2.05	1064.20	2186.2
AS-l-15	140×3.5×450	345	50	3510	50	4	50	1.80	1142.59	2308.9
AS-l-16	140×3.5×450	345	50	3510	50	5	50	1.80	1168.58	2463.7
AS-w-11	140×3.5×450	345	50	3510	0	3	50	3.12	457.38	1427.4
AS-w-12	140×3.5×450	345	50	3510	30	3	50	1.97	998.53	1964.1
AS-w-13	140×3.5×450	345	50	3510	50	3	50	2.05	1063.20	2186.2
AS-w-14	140×3.5×450	345	50	3510	100	3	50	1.97	1113.53	2583.7
AS-sp-11	140×3.5×450	345	50	3510	50	3	0	1.77	1077.73	3147.1
AS-sp-12	140×3.5×450	345	50	3510	50	3	30	1.86	1038.17	2487.4
AS-sp-13	140×3.5×450	345	50	3510	50	3	50	2.05	1063.20	2186.2
AS-sp-14	140×3.5×450	345	50	3510	50	3	100	1.86	1051.69	1832.2
AS-cs-11	100×2.0×200	345	50	3510	50	3	50	0.83	684.45	896.1
AS-cs-12	140×2.8×280	345	50	3510	50	3	50	1.79	1063.20	2096.3
AS-cs-13	200×4.0×400	345	50	3510	50	3	50	1.65	1953.56	3227.8
AS-cs-14	400×8.0×800	345	50	3510	50	3	50	2.81	5272.77	16094.1
AS-cs-15	600×12.0×1200	345	50	3510	50	3	50	2.81	8998.07	25274.3
AS-0.0P$_{f}$	140×3.5×450	345	50	3510	50	3	50	2.05	1064.2	2186.2
AS-0.1P$_{f}$	140×3.5×450	345	50	3510	50	3	50	1.96	1146.8	2243.2
AS-0.2P$_{f}$	140×3.5×450	345	50	3510	50	3	50	2.00	1154.2	2308.5

构件	构件尺寸 $D \times t \times L$(mm)	f_y (MPa)	f_{cu} (MPa)	P_f (MPa)	b	n	a	δ_y (mm)	K_{in} (kN/mm)	N_{FE} (kN)
AS-0.3P$_f$	$140 \times 3.5 \times 450$	345	50	3510	50	3	50	2.04	1148.7	2337.8
AS-0.4P$_f$	$140 \times 3.5 \times 450$	345	50	3510	50	3	50	2.03	1159.8	2354.1
AS-0.5P$_f$	$140 \times 3.5 \times 450$	345	50	3510	50	3	50	2.05	1149.7	2355.1

④ 受力机理

基于 FRP 部分包裹圆钢管混凝土短柱的轴压试验和有限元分析结果，研究发现 FRP 部分包裹圆钢管混凝土短柱的 N-Δ 曲线的特征大致可以分为五个部分，主要与钢材强度和 FRP 的约束效应系数（$\xi_{cf} = A_f p_f / A_c f_{ck}$）有关，如图 6-2-16 所示。

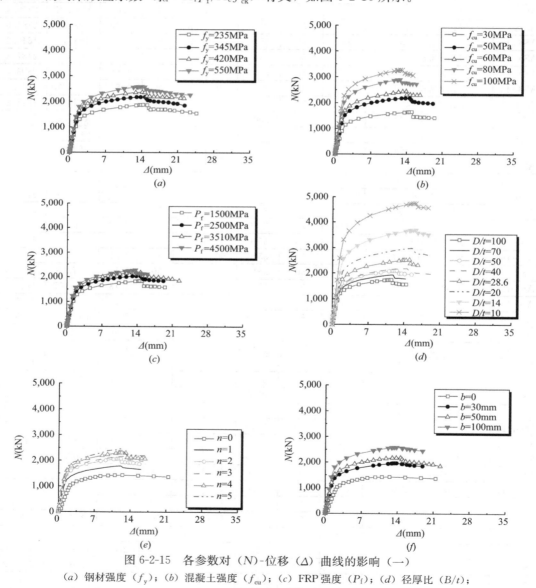

图 6-2-15　各参数对（N）-位移（Δ）曲线的影响（一）

（a）钢材强度（f_y）；（b）混凝土强度（f_{cu}）；（c）FRP 强度（P_f）；（d）径厚比（B/t）；

（e）FRP 包裹层数（n）；（f）FRP 条带宽度（b）

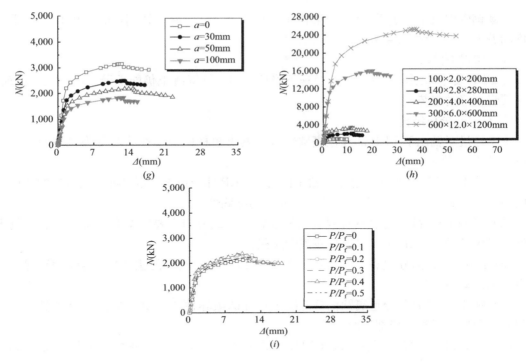

图 6-2-15　各参数对（N）-位移（Δ）曲线的影响（二）
（g）FRP 加固间距（a）；（h）柱截面面积；（i）FRP 预紧力（P/P_t）

（a）弹性阶段（OA）

在弹性阶段，钢管的压应力和 FRP 的拉应力表现为线性增长模式。当钢材起始进入弹塑性阶段时，曲线达到 B 点。

（b）弹塑性阶段（AB）

随着轴向荷载的进一步增加，试件 N-Δ 曲线进入弹塑性阶段。钢管内核心混凝土在荷载作用下产生裂缝并不断开展，使得混凝土和钢管相互接触，钢管对核心混凝土产生约束作用。随着变形的持续增大，钢管对核心混凝土的环向约束作用也越加明显。在 B 点时，钢材应力达到屈服强度。

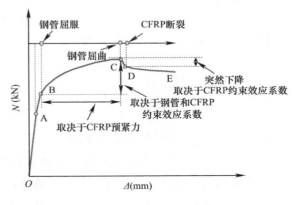

图 6-2-16　典型 N-Δ 曲线

（c）塑性强化段（BC）

进入塑性强化段后，钢材达屈服强度后进一步强化。FRP 部分包裹圆钢管混凝土短柱荷载进一步提高。通过参数分析表明，B 点和 C 点的荷载级差随着构件的钢材强度和 FRP 提供的约束效应系数的增大而增大。而 B 点和 C 点之间的水平距离则随着 FRP 预紧力的增大而减小。

（d）突然下降段（CD）

N-Δ 曲线达到 C 点后，柱高度中部包裹的 FRP 条带达到其极限抗拉强度，发生断裂。

随后，圆钢管混凝土失去 FRP 的约束作用，承载力急速下降。特别，C 点和 D 点的下降幅度随着 FRP 约束效应系数的增大而增大。

（e）缓慢下降段（DE）

在 FRP 发生断裂，试件承载力急速下降后，圆钢管混凝土仍能承受一定的轴向荷载，并呈缓慢下降的趋势。

⑤ 有限元分析结论

本文通过对轴压下 FRP 部分包裹圆钢管混凝土短柱的力学性能和受力机理研究，得到以下结论：

（a）采用 ABAQUS 程序建立了轴压作用下 FRP 部分包裹圆钢管混凝土短柱的数值分析模型，通过其轴压试验证明了数值分析模型的准确性。

（b）影响 FRP 部分包裹钢管混凝土短柱轴压承载力的主要因素有钢材强度、混凝土强度、FRP 强度、FRP 包裹层数和柱截面面积。

（c）影响 FRP 部分包裹钢管混凝土短柱的初始轴向刚度的主要因素有混凝土强度、径厚比和柱截面面积。

（d）轴压下 FRP 部分包裹圆钢管混凝土短柱的破坏模式主要包括：FRP 断裂、钢管局部屈曲和核心混凝土局部压溃。

（e）FRP 部分包裹圆钢管混凝土短柱的受力机理表明，$N\text{-}\Delta$ 曲线与钢材强度和 FRP 的约束效应系数有关。

6）设计方法

① 柱的长细比（λ）：

$$\lambda = H/i \tag{6-2-6}$$

式中　H——混凝土柱的有效长度；

　　　i——柱截面的惯性半径。

② 试件的增强指数（SEI）：

$$SEI = \frac{N_{FC,max} - N_{CFST,max}}{N_{CFST,max}} \tag{6-2-7}$$

式中　$N_{FC,max}$——在轴压荷载下 FRP 加固钢管混凝土柱的极限轴向承载力；

　　　$N_{CFST,max}$——钢管混凝土柱的极限轴向承载能力。

③ 采用延性指数（DI）评价试件的延性，定义如下：

$$DI = \delta_u/\delta_y \tag{6-2-8}$$

式中　δ_y——混凝土柱在屈服压应力荷载下的纵向收缩位移；

　　　δ_u——极限受压荷载下的纵向收缩位移。

④ 目前，相关文献主要集中在 FRP 加固 RC 构件上，对 FRP 加固圆钢管混凝土柱的核心混凝土本构关系的研究较少。因此，采用刘威（2005）提出的约束混凝土模型来分析复合柱的力学性能，表达式如下：

$$y = \begin{cases} 2x - x^2 & (x \leqslant 1) \\ \dfrac{x}{\beta(x-1)^\eta + x} & (x > 1) \end{cases} \tag{6-2-9}$$

式中：$x = \varepsilon/\varepsilon_0$，$y = \sigma/\sigma_0$，$\sigma_0 = f_c$，$\varepsilon_0 = \varepsilon_c + 800\xi^{0.2}10^{-6}$，$\varepsilon_c = (1300 + 125f_c') \cdot 10^{-6}$。

对于圆钢管混凝土，$\eta = 2$，$\beta = (2.36 \times 10^{-5})^{[0.25 + (\xi - 0.5)^7]} \cdot (f_c')^{0.5} \cdot 0.5 \geqslant 0.12$。$f_c'$ 是圆柱核心混凝土的强度，且 ξ 是约束系数，可定义如下：

$$\xi = \frac{A_s f_y}{A_c f_{ck}} \tag{6-2-10}$$

式中　A_s，A_c——钢管和核心混凝土的截面面积；

$\quad\quad f_y$——钢管的屈服强度；

$\quad\quad f_{ck}$——核心混凝土的抗压强度标准值，且 $f_{ck} = 0.67 f_{cu}$。f_{cu} 为无侧限混凝土的立方体抗压强度。

⑤ 与 EC4 中的简单叠加方法不同，韩林海（2016）推荐的统一理论方法将钢管混凝土构件的钢芯混凝土视为一种复合材料。它使用钢管混凝土柱的整体几何特征和复合材料力学参数来计算轴向压缩能力。对于轴压下的圆形钢管混凝土短柱，计算表示如下：

$$N = A_{sc} f_{scy} \tag{6-2-11}$$

$$f_{scy} = (1.14 + 1.02\xi) f_{ck} \tag{6-2-12}$$

式中　N——钢管混凝土短柱在轴压下的轴向抗压强度；

$\quad\quad f_{scy}$——试样的统一强度；

$\quad\quad A_{sc}$——钢管混凝土短柱的总截面积。

⑥ 当轴向压力载荷施加到这种短截线复合柱的横截面时，内部核心混凝土和外钢管壁将横向膨胀。同时，FRP 提供的限制作用开始抵抗横向膨胀，因为它们在横向受到张力，因此，在包裹区域中 FRP 防止了钢管的向外局部开裂。在 FRP 带达到其最终强度后，将发生突然破裂。根据 FRP 约束圆钢管混凝土短柱的试验结果，预测方法描述如下：

$$N_{u,scy} = A_{sc} f_{scy} \tag{6-2-13}$$

$$f_{scy} = (1.14 + 1.02\xi + 0.265\alpha_f - 0.046\xi_f$$
$$- 0.902\alpha_f^2 - 0.024\xi_f^2 + 0.732\alpha_f\xi_f) f_{ck} \tag{6-2-14}$$

$$\xi_f = A_{frp} P_f / (A_c f_{ck}) \tag{6-2-15}$$

$$a_f = b / (a + b) \tag{6-2-16}$$

式中　f_{scf}——由 FRP 限制的 CFST 短柱的统一强度；

$\quad\quad P_f$——FRP 的极限强度；

A_{sc} 和 A_{frp}——是组合柱和 FRP 带的横截面面积；

$\quad\quad \xi_f$——FRP 提供的钢管混凝土柱的约束系数；

$\quad\quad \alpha_f$——沿组合柱高度的 FRP 包裹率；

$\quad\quad b$——纤维条的宽度；

$\quad\quad a$——FRP 的间距。

6.2.2　CFRP 加固钢管混凝土柱的偏压性能

在实际工程中由于建筑设计和施工误差等原因，钢管混凝土柱除受轴向压力外，还可能受到由于轴向压力偏心引起的弯矩作用。因此，需要进行 FRP 加固钢管混凝土构件的偏压试验和理论分析。本章进行了针对 FRP 加固圆钢管混凝土短柱的偏压试验研究，对试验过程进行了详细的介绍，分析了试验现象，对试验结果进行了理论分析。

（1）试验概况

1）试件的设计

本章对21个FRP加固钢管混凝土柱进行了偏压试验，包括10根短柱和11根细长柱。其中10个短柱的主要研究参数为偏心率e、约束效应系数ε_{sc}、FRP的包裹层数n和包裹间距a。其中$e=0.14$、0.43和0.71；$\varepsilon_{sc}=2.29$、3.37；$n=0$、1、3和5；$a=0$、30、50和150。对于FRP加固钢管混凝土短柱来讲，偏心率e、约束效应系数ε_{sc}和FRP的包裹形式是影响钢管混凝土组合结构的偏压承载力的主要因素。偏心率e计算如下：

$$e = e_0/(D/2) \tag{6-2-17}$$

式中　D——钢管横截面外径；

e_0——偏心距。试件示意图如图6-2-18所示。

11个FRP加固钢管混凝土长柱，主要研究参数为长细比λ、偏心率e、FRP的包裹层数n和包裹间距a。其中$\lambda=34.3$、51.4和65.7；$e=0.14$、0.43和0.71；$n=0$、1、3和5；$a=100$、150和250。对于FRP约束钢管混凝土长柱来讲，长细比λ、偏心率e和FRP的包裹形式是影响钢管混凝土组合结构的偏压承载力的主要因素。试件如图6-2-17所示。试件信息见表6-2-10、表6-2-11。

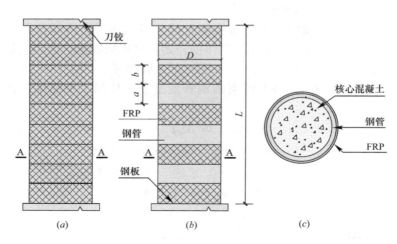

图6-2-17　FRP包裹的圆形钢管混凝土柱的示意图

（a）完全包裹；（b）部分包裹；（c）A-A

偏压短柱试件信息一览表　　　　　　　　　　　　　　表 6-2-10

组别	试件编号	钢管尺寸 $D×t×L$(mm)	约束效应系数 ε_{sc}	包裹层数 n	包裹间距 a(mm)	偏心率 e	f_{cu}	f_{ck}	f_y	f_{yu}	包裹形式
1	ES11	140×6.0×450	2.29	3	50	0.43	31.2	20.9	348.6	487.3	部分包裹
	ES12	140×6.0×450	3.37	3	50	0.43	31.2	20.9	348.6	487.3	部分包裹
2	ES21	140×6.0×450	3.37	0	0	0.43	31.2	20.9	348.6	487.3	无
	ES22	140×6.0×450	3.37	1	50	0.43	31.2	20.9	348.6	487.3	部分包裹
	ES12	140×6.0×450	3.37	3	50	0.43	31.2	20.9	348.6	487.3	部分包裹
	ES23	140×6.0×450	3.37	5	50	0.43	31.2	20.9	348.6	487.3	部分包裹

续表

组别	试件编号	钢管尺寸 $D \times t \times L$(mm)	约束效应系数 ε_{sc}	包裹层数 n	包裹间距 a(mm)	偏心率 e	f_{cu}	f_{ck}	f_y	f_{yu}	包裹形式
3	ES31	140×6.0×450	3.37	3	0	0.43	31.2	20.9	348.6	487.3	完全包裹
	ES32	140×6.0×450	3.37	3	30	0.43	31.2	20.9	348.6	487.3	部分包裹
	ES12	140×6.0×450	3.37	3	50	0.43	31.2	20.9	348.6	487.3	部分包裹
	ES33	140×6.0×450	3.37	3	150	0.43	31.2	20.9	348.6	487.3	部分包裹
4	ES41	140×6.0×450	3.37	3	50	0.14	31.2	20.9	348.6	487.3	部分包裹
	ES12	140×6.0×450	3.37	3	50	0.43	31.2	20.9	348.6	487.3	部分包裹
	ES42	140×6.0×450	3.37	3	50	0.71	31.2	20.9	348.6	487.3	部分包裹

偏压长柱试件信息一览表　　　　表 6-2-11

组别	试件编号	钢管尺寸 $D \times t \times L$(mm)	长细比 λ	包裹层数 n	包裹间距 a(mm)	偏心率 e	f_{cu}	f_{ck}	f_y	f_{yu}	包裹形式
1	EL11	140×6.0×1200	34.3	3	100	0.43	31.2	20.9	348.6	487.3	部分包裹
	EL12	140×6.0×1800	51.4	3	100	0.43	31.2	20.9	348.6	487.3	部分包裹
	EL13	140×6.0×2300	65.7	3	100	0.43	31.2	20.9	348.6	487.3	部分包裹
2	EL21	140×6.0×2300	65.7	0	0	0.43	31.2	20.9	348.6	487.3	无
	EL22	140×6.0×2300	65.7	1	100	0.43	31.2	20.9	348.6	487.3	部分包裹
	EL13	140×6.0×2300	65.7	3	100	0.43	31.2	20.9	348.6	487.3	部分包裹
	EL23	140×6.0×2300	65.7	5	100	0.43	31.2	20.9	348.6	487.3	完全包裹
3	EL31	140×6.0×2300	65.7	3	0	0.43	31.2	20.9	348.6	487.3	完全包裹
	EL13	140×6.0×2300	65.7	3	100	0.43	31.2	20.9	348.6	487.3	部分包裹
	EL32	140×6.0×2300	65.7	3	150	0.43	31.2	20.9	348.6	487.3	部分包裹
	EL33	140×6.0×2300	65.7	3	250	0.43	31.2	20.9	348.6	487.3	部分包裹
4	EL41	140×6.0×2300	65.7	3	250	0.14	31.2	20.9	348.6	487.3	部分包裹
	EL13	140×6.0×2300	65.7	3	250	0.43	31.2	20.9	348.6	487.3	部分包裹
	EL11	140×6.0×2300	65.7	3	250	0.71	31.2	20.9	348.6	487.3	部分包裹

注：表中的标识用于描述每个样本。第一个字符 A 和 E 分别代表轴向和偏心受压，第二个字符 S 和 L 表示柱和细长柱；字符后面的阿拉伯数字分别代表试样类型和顺序的组号。例如，标有"EL21"的试样表示第二组偏心加载的圆钢管混凝土细长柱中的第一个试样。

2）试件的制作

FRP 加固钢管混凝土偏压构件两端采用 50mm 厚的刀铰与钢管焊接，同时保证钢板与试件截面的几何中心对齐，上下两端盖板的偏心处于同一垂线上。

试件的制作在工厂和试验场地完成，偏压柱的制作流程和工艺与轴压柱相似。

3）材料的材性性能

钢材、混凝土和 FRP 的材性试验及试验数据同轴压柱见表 6-2-1。

4）测量内容和加载制度

试验场地照片及应变片布局如图 6-2-18 和图 6-2-19 所示。使用具有 500t 容量的电动液压机器将荷载施加到复合柱的端部。

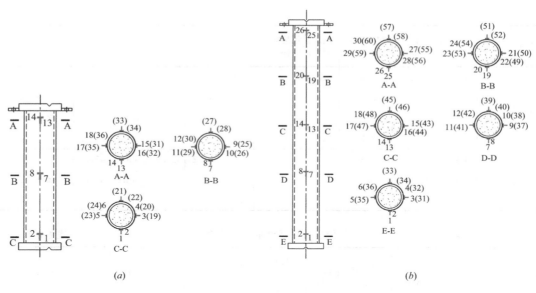

图 6-2-18　应变片的布局

（a）短柱；（b）细长柱

注：括号内和外数字分别表示为 FRP 和钢管的应变片。

（a）　　　　　　　　　　　（b）

图 6-2-19　测试现场照片

（a）长柱；（b）短柱

试验采用分级加载制度，在弹性范围内，每级加载为估算极限载荷的1/10，采集数据后持荷2min后再进行下一级加载；当荷载达到大约60%估算极限荷载以后，每级加载为预计极限荷载的1/15～1/20；临近估算极限荷载时慢速连续加载；达到极限承载力 N_u 后，继续加载至施加轴力下降至 $0.85N_u$ 后，试验结束。

（2）试验结果分析

1）偏心受压短柱的承载力

图 6-2-20 给出了由 FRP 加固钢管混凝土柱的 N-δ 曲线。初始加载时，短柱曲线呈线性发展，直到荷载达到 $0.6N_u$。当接近极限偏压承载力时，由于钢管壁上的外部局部空隙和 FRP 包裹的破裂，FRP 加固钢管混凝土短柱的承载能力突然下降。

① 钢材强度（f_y）

图 6-2-20（a）给出了不同钢材强度下 FRP 部分包裹钢管混凝土短柱的 N-δ 曲线。钢材强度为 235MPa（试件 ES11）时的偏压荷载极限值相比钢材强度为 345MPa（试件 ES12）的试件降低了 10.5%。结果表明，随着钢材强度的增加，短柱的偏压承载力逐渐增大。

② FRP 包裹层（n）

为了研究 FRP 包裹层数对 FRP 部分包裹钢管混凝土短柱偏压承载能力的影响，讨论了各种 FRP 包裹层数，范围从 0 到 5，如图 6-2-20（a）所示。FRP 包裹层的间距和宽度均为 50mm。当 n=0、1 时，与 n=3（试件 ES12）相比，其偏压承载力极限值分别降低了 18.0% 和 12.9%，而当 n=5 时，其偏压承载力极限值比试件 ES12 提高了 10.0%。试验结果表明，随着 FRP 层的增加，短柱的强度明显增强。

③ FRP 间距（a）

图 6-2-20（a）给出了不同 FRP 间距下 FRP 部分包裹钢管混凝土短柱的 N-δ 曲线。当 a=0、30 时，与 a=50（试样 ES12）相比，其偏压承载力极限值分别增大了 15% 和 6.5%。随着 FRP 间距从 50mm 增加到 150mm，偏压承载力极限值降低了 4.1%。结果表明，FRP 部分包裹圆钢管混凝土短柱的极限承载力随着 FRP 间距的增大而减小。此外，FRP 包裹层数的增多对偏心承载力增强效果比缩小 FRP 间距明显。结果表明，一种合适的包裹方案可以有效地改善 FRP 加固钢管混凝土柱的偏压承载力。

④ 偏心距（e）

如图 6-2-20（a）给出了不同偏心距下 FRP 部分包裹钢管混凝土短柱的 N-δ 曲线。与 e=30mm（试样 ES12）的偏心距短柱相比，FRP 加固钢管混凝土短柱在 e=10mm 的偏压承载力极限值提高了 39.4%。当 e=50mm 时，柱的偏压承载力极限值比试样 ES12 的强度降低了 25.2%。结果表明，FRP 加固钢管混凝土柱的偏心承载力随着荷载偏心距的增加而减小，而中部挠度则相反。

2）偏心加载长柱的承载能力

图 6-2-20（b）显示了细长柱的偏心压力（N）与竖向位移（δ）关系。由于整体屈曲破坏，长柱的轴向刚度明显低于短柱。垂直偏心荷载线性增加直至接近极限压力，随后发现 N-δ 曲线突然下降，在长柱构件出现整体屈曲和中部核心混凝土的破碎。

① 细长比（λ）

图 6-2-20（b）给出了不同细长比下 FRP 部分包裹钢管混凝土短柱的 N-δ 曲线。对于 λ=

65.7 的细长柱而言，λ 为 34.3 和 51.4 细长柱的强度分别比其增加了 27.3％和 8.1％。结果表明，长柱偏压承载力极限值随细长比的减小而增大，而竖向位移有所增加。

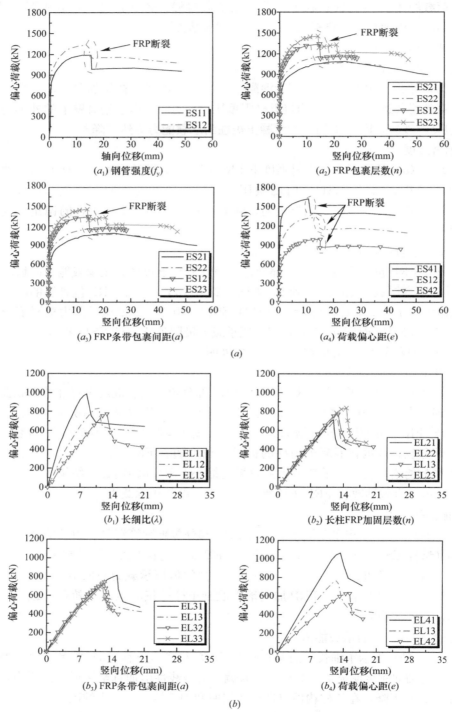

图 6-2-20　短柱和细长柱的荷载（N）与竖向位移（δ）曲线
（a）短柱；（b）细长柱

② FRP 层数（n）

图 6-2-20（b）给出了不同 FRP 包裹层数下 FRP 部分包裹钢管混凝土短柱的 N-δ 曲线。当 n=0、1 时，与 n=3（试件 EL13）相比，其偏压承载极限值分别降低 7.9% 和 7.2%。此外，当 n=5 时，其偏压承载力极限值比试件 EL13 提高了 7.5%。结果表明，FRP 包裹层数对长柱的极限偏压承载力有轻微影响。此外，随着 FRP 层数的增加，长柱的竖向位移有所增加。

③ FRP 间距（a）

图 6-2-20（b）给出了不同 FRP 包裹间距下 FRP 部分包裹钢管混凝土短柱的 N-δ 曲线。由 FRP 完全包裹的长柱的偏心承载能力仅比 FRP 间距为 100mm（样品 EL13）提高了 5.0%。当 a=150 和 250mm 时，试件的偏压极限承载力分别比样品 EL13 的强度低 1.9% 和 5.4%。结果表明，减小 FRP 间距可以略微提高长柱的偏压承载能力。

④ 荷载偏心距（e）

图 6-2-20（b）给出了不同 FRP 包裹间距下 FRP 部分包裹钢管混凝土短柱的 N-δ 曲线。其中 e=10mm 的试件较 e=30mm（试样 EL13）的偏压极限承载力提高了 37.7%。当偏心距从 30mm 增加到 50mm 时，偏压极限承载力降低了 21.2%。结果表明，随着荷载偏心距的增加，长柱的偏压承载能力明显降低。

偏压荷载下 FRP 加固钢管混凝土细长柱的参数分析中，发现所有样品都在整体屈曲中破坏。尽管长柱采用了 FRP 加固，但其刚度几乎没有发生变化。这可能是由于提供的钢管较厚或 FRP 的包裹层数较少。

图 6-2-20（a）表明通过包裹 FRP 可以明显提高短柱的极限偏压承载力，而初始刚度受到轻微影响。此外，由于 FRP 包裹的突然破坏，在其 N-δ 曲线中观察到突然的"下降"。因此，偏心加载的 FRP 加固钢管混凝土短柱的延性低于未包裹 FRP 钢管混凝土短柱。

图 6-2-20（a）总结了偏心荷载下 FRP 加固钢管混凝土短柱的 N-δ 曲线。为了研究包裹 FRP 对偏压下钢管混凝土柱承载力的影响，采用强度增强指数 SEI（表 6-2-12、表 6-2-13）表达：

$$SEI = \frac{N_{FC,max} - N_{CFST,max}}{N_{CFST,max}} \qquad (6-2-18)$$

式中　$N_{CFST,max}$——FRP 加固钢管混凝土柱的偏压极限承载力；

　　　$N_{CFST,max}$——未包裹 FRP 钢管混凝土柱的偏压极限承载力。

圆钢管混凝土短柱的偏压极限承载力和强度增强指数　　　　表 6-2-12

组别	试件编号	钢管尺寸 $D×t×L$(mm)	δ_y(mm)	δ_u(mm)	N_u(kN)	SI	DI	SEI
1	ES11	140×6.0×450	3.1	15.3	1186.2	0.54	4.9	—
	ES12	140×6.0×450	3.2	14.5	1325.1	0.57	4.5	22.0%
2	ES21	140×6.0×450	3.1	23.9	1086.0	0.53	7.7	0%
	ES22	140×6.0×450	3.1	15.6	1154.0	0.53	5.0	6.3%
	ES12	140×6.0×450	3.2	14.5	1325.1	0.57	4.5	—
	ES23	140×6.0×450	3.4	14.0	1457.5	0.59	4.1	34.2%
3	ES31	140×6.0×450	3.3	14.3	1523.9	0.59	4.3	40.3%
	ES32	140×6.0×450	3.3	14.5	1411.0	0.58	4.4	29.9%
	ES12	140×6.0×450	3.2	14.5	1325.1	0.57	4.5	—
	ES33	140×6.0×450	2.4	13.8	1270.3	0.59	5.8	17.0%

续表

组别	试件编号	钢管尺寸 $D \times t \times L$(mm)	δ_y(mm)	δ_u(mm)	N_u(kN)	SI	DI	SEI
4	ES41	140×6.0×450	3.0	11.4	1847.0	0.79	3.9	70.1%
	ES12	140×6.0×450	3.2	14.5	1325.1	0.57	4.5	—
	ES42	140×6.0×450	2.6	15.5	991.0	0.47	5.9	−8.7%

圆钢管混凝土长柱的偏压极限承载力和强度增强指数　　　　　　表 6-2-13

组别	试件编号	钢管尺寸 $D \times t \times L$(mm)	δ_y(mm)	δ_u(mm)	N_u(kN)	SI	DI	SEI
1	EL11	140×6.0×450	8.3	8.3	989.1	0.63	—	—
	EL12	140×6.0×450	11.0	11.0	840.6	0.59	—	—
2	EL13	140×6.0×450	12.8	12.8	777.3	0.58		8.7%
	EL21	140×6.0×450	11.8	11.8	715.4	0.56		0%
	EL22	140×6.0×450	12.7	12.6	721.1	0.55		0.8%
	EL13	140×6.0×450	12.8	12.8	777.3	0.58		
3	EL23	140×6.0×450	14.6	14.6	835.8	0.62		16.8%
	EL31	140×6.0×450	15.2	15.2	816.2	0.59		14.1%
	EL13	140×6.0×450	12.8	12.8	777.3	0.58		—
	EL32	140×6.0×450	12.4	12.4	762.4	0.58		6.6%
4	EL33	140×6.0×450	12.0	12.0	735.2	0.57		2.8%
	EL41	140×6.0×450	14.0	14.0	1070.3	0.80		49.6%
	EL13	140×6.0×450	12.8	12.8	777.3	0.58		—

(3) 破坏模式

图 6-2-21 给出了偏心荷载下 FRP 加固钢管混凝土短柱和长柱的破坏模式。对于钢管混凝土短柱,核心混凝土限制了其内凹,而向外凸起成为钢管的主要破坏模式。此外,在短柱的偏心加载中观察到 FRP 破裂和胶体剥落。这些现象表明,FRP 良好的拉伸性能在短柱中得到充分利用。为了了解核心混凝土的破坏模式,在试验后去除了包裹 FRP 的钢管。如图 6-2-21(a)所示,在柱中部发现了核心混凝土受压侧的破碎和受拉侧的拉伸裂缝。

对于长柱,破坏模式包括混凝土开裂,FRP 破裂和胶体剥落,如图 6-2-21(b)所示。然而,由于跨中处的变形相对较小,FRP 在长柱中高处受到轻微损坏,表明 FRP 在细长柱的偏心受压中,没有充分发挥出相应的拉伸性能。图 6-2-21(b)还给出了长柱拉伸侧的裂缝情形,在约 20~50mm 处观察到裂缝间隔。

如图 6-2-22 所示,呈现了所有偏压试验结束后 FRP 加固钢管混凝土短柱和中长柱试件的照片。所有短柱均在钢管的受压侧发生向外鼓起,在拉伸侧出现 FRP 断裂,此外,无 FRP 钢管混凝土柱在柱中部和加载端发生局部屈曲,而 FRP 加固柱的向外凸起主要位于无包裹区域。这些现象表明,通过使用 FRP 可以有效地防止钢管上的向外凸起。而 FRP 包裹加固各种失效长柱之间没有发现明显差异,所有长柱的破坏模式均为整体屈曲。

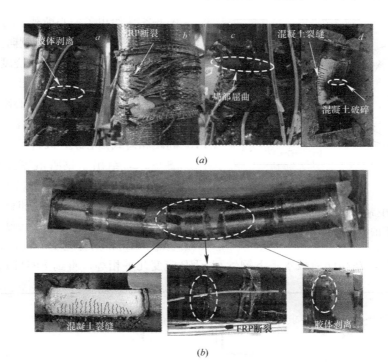

(a)

(b)

图 6-2-21　FRP 加固圆钢管混凝土柱的破坏模式

(a) 短柱；(b) 中长柱

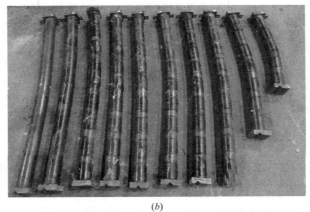

(a)

(b)

图 6-2-22　试验后试件失效照片的概述

(a) 短柱；(b) 中长柱

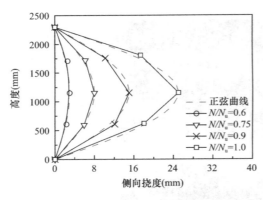

图 6-2-23 FRP 加固圆钢管混凝土长柱在偏心受压下的高度与侧向挠度曲线

图 6-2-23 给出了偏心荷载下的 FRP 加固钢管混凝土长柱的柱高（H）与侧向挠度（μ）曲线。确定了不同偏心荷载下的挠度曲线，曲线都呈现出半正弦波的形状。图 6-2-24 显示了 FRP 层数、FRP 间距和荷载偏心距对长柱侧向偏转的影响。结果表明，通过增加 FRP 层数、FRP 间距和荷载偏心距，改善了长柱的挠度。

图 6-2-25 给出了钢管混凝土短柱和长柱的应变。在长柱（试件 EL13）的 1/4，1/2 和 3/4 高度处观察到 FRP 材料和钢管应变。此外，记录了短柱（试件 ES12）柱顶端，中部和底端的 FRP 和钢管应变。钢管和 FRP 材料的应变比较表明，在相同荷载水平下钢管和 FRP 应变几乎相等，直到 FRP 破裂。

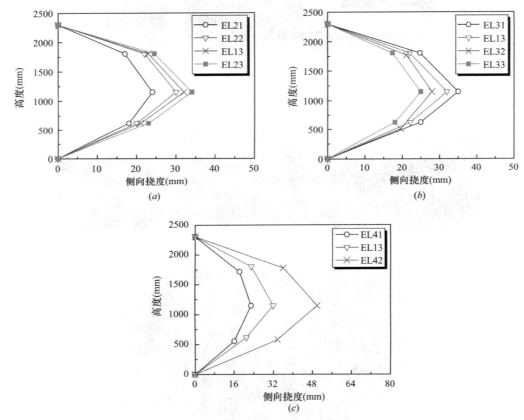

图 6-2-24 FRP 加固圆钢管混凝土长柱的高度与侧向挠度曲线
(a) FRP 的包裹层数（n）；(b) FRP 条带包裹间距（a）；(c) 偏心率（e）

FRP 的断裂应变为 $1.44 \times 10^4 \mu\varepsilon$，强度为 235MPa 和 345MPa 的钢管屈服应变分别对应 $1216\mu\varepsilon$ 和 $1724\mu\varepsilon$。FRP 材料和钢管壁在受拉侧，中截面和受压侧的纵向和横向应变。试验结果表明，钢管拉伸侧和压缩侧的纵向应变一般是对称的。此外，在相同荷载条件下，压缩侧和拉伸侧的应变明显大于中侧的应变。1/4 和 3/4 高度部分的压缩和拉伸应变显著低于长柱的中部。此外，柱端周围的纵向应变小于短柱的中截面。

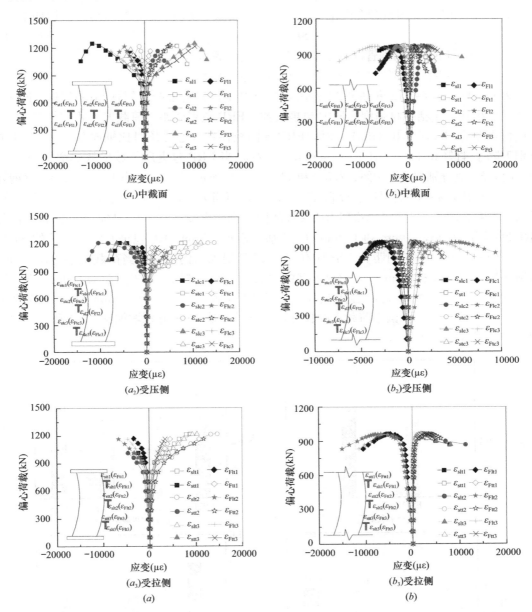

图 6-2-25　FRP 加固圆钢管混凝土短柱和细长柱的偏心荷载（N）与应变（ε）的关系

（a）短柱；（b）中长柱

注：括号内与外应变分别表示 FRP 和钢管的应变。

此外研究了短柱和长柱中部 FRP 应变的差异。根据试验结果，短柱中截面的 FRP 拉伸应变随着偏心压力的增加可能达到其极限应变，而长柱中的 FRP 拉伸应变未达到其极限应变，相当于 FRP 在短柱中断裂，而在长柱中损坏很小。因此，所有证据都表明在短柱上包裹的 FRP 材料可以充分利用它们的抗拉强度，而在长柱中不能有效的发挥。

（4）FRP 加固效果指标

1）强度指数 SI

为了计算 FRP 加固钢管混凝土柱的偏心抗压强度，使用强度指数（SI）表达如下：

$$SI = N_{ue}/N_{uc} \qquad (6\text{-}2\text{-}19)$$

式中　N_{uc}——FRP 加固钢管混凝土柱的平均轴向承载力；

　　　N_{ue}——FRP 加固钢管混凝土柱的平均偏心承载力。

表 6-2-11、表 6-2-12 和图 6-2-26 呈现了 FRP 加固钢管混凝土短柱和中长柱在不同参数的强度指标，包括钢材强度、FRP 包裹层数、FRP 包裹间距、荷载偏心距和柱长细比。当钢材强度为 235MPa 和 345MPa 时，FRP 加固短柱在偏心受压时比轴向受压下的 SI 值分别下降了 41% 和 43%。对于 $e=30$mm 的短柱，当 FRP 包裹层的数量从 0 增加到 1、3 和 5 时，SI 值分别提高了 0%、7.5% 和 11.3%。对于 $e=30$mm 的长柱，与 $n=0$ 时钢管混凝土柱相比，$n=1$ 的长柱的 SI 降低了 1.8%，而当 $n=3$ 和 5 时，长柱的 SI 分别增加了 3.6% 和 10.7%。对于有相同 FRP 层数加固的钢管混凝土柱，FRP 完全包裹的短柱与 FRP 间距为 30mm，50mm 和 150mm 的 SI 基本相同，不同 FRP 包裹间距下长柱的 SI 显示出相同的趋势。对于间距为 50mm 有三个 FRP 层加固的短柱，当荷载偏心距从 10mm 分别增加到 30mm 和 50mm，SI 分别下降了 27.8% 和 40.5%。对于间距为 100mm 有三层 FRP 包裹的长柱，当荷载偏心距从 10mm 分别增加到 30mm 和 50mm 时，SI 减少了 27.5% 和 42.5%。对于偏心荷载下的长柱，当细长比从 34.3 分别增加到 51.4 和 65.7 时，SI 分别下降了 6.4% 和 8.0%。

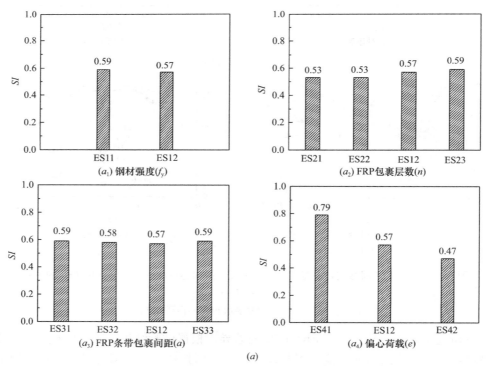

图 6-2-26　FRP 加固下圆钢管混凝土短柱与中长柱在偏心受压下的强度指标（SI）（一）

（a）短柱

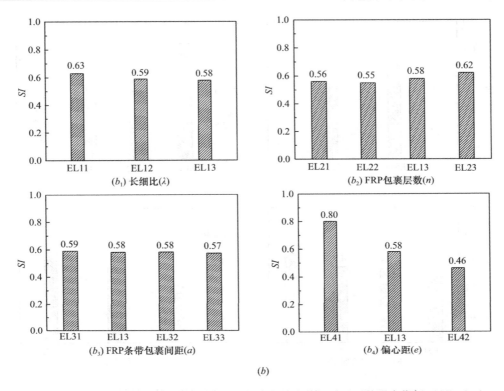

图 6-2-26　FRP 加固下圆钢管混凝土短柱与中长柱在偏心受压下的强度指标（SI）（二）

（b）中长柱

　　一般情况下，FRP 加固钢管混凝土短柱和长柱承受偏心荷载时，SI 受荷载偏心距的影响较大，而 FRP 层数，FRP 间距和钢材强度对短柱的 SI 影响不大。就 FRP 加固钢管混凝土长柱而言，SI 受细长比，FRP 层数和 FRP 间距的影响较小。

　　2）延性指数 DI

　　应用延性指数（DI）评价试件的延性，见式（6-2-8）。表 6-2-12 和图 6-2-27 呈现了 FRP 加固钢管混凝土短柱的 DI。结果表明，偏心受压短柱的 DI 值明显低于轴向受压柱。此外，与荷载偏心距 10mm 的短柱相比，复合柱的 DI 随着荷载偏心距的增加而增加。对于偏心受压柱，钢材强度为 235MPa 的 DI 高于钢强度为 345MPa 的 FRP 加固钢管混凝土柱。此外，由于柱的大挠度和脆性 FRP 断裂，短柱的 DI 随着 FRP 层数的增加而减少，而 FRP 间距对短柱的 DI 影响不大。

　　对于 FRP 部分包裹的长柱，由于破坏模式为整体屈曲，DI 值近似等于 1，而随着 FRP 层数和 FRP 间距的增加，长柱的竖向位移增加。

　　（5）有限元分析

　　1）有限元分析模型

　　① 材料模型

　　材料模型主要有钢材模型、约束混凝土本构模型和 FRP 材料模型。采用 6.2.1 节中相同的材料材性进行定义。

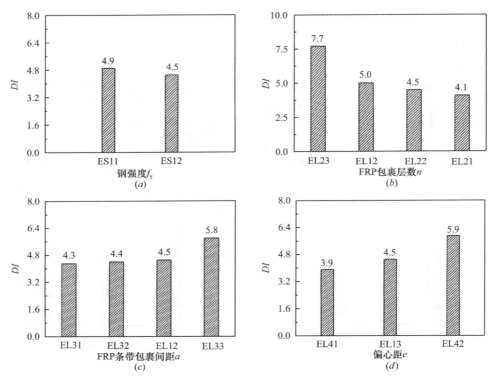

图 6-2-27 FRP 加固圆钢管混凝土短柱在偏心受压下的延性指数（DI）

（a）短柱；（b）细长柱；（c）FRP 条带包裹间距（a）；（d）细长柱

② 计算模型

有限元分析模型主要由上下端板、钢管、核心混凝土和 FRP 条带组成，如图 6-2-28 所示。FRP 采用壳单元 S4R 模拟，其他部件均采用实体单元 C3D8R。

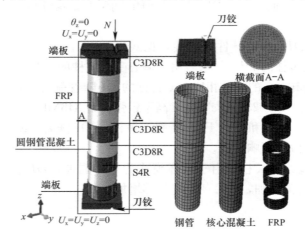

图 6-2-28 FRP 部分包裹圆钢管混凝土柱偏压有限元分析模型

为了符合真实情况，钢管和端板相互作用采用"绑定"；核心混凝土和钢管之间易产生相对滑动，固其相互作用采用"表面对表面接触"，法向行为定为"硬接触"，切向行为定为"罚"，摩擦系数设为 0.6。FRP 与钢管之间采用"Tie"。

边界条件设为铰接。为实现两端铰接，在端板上设置刀铰凹槽，通过参考点与凹槽面耦合，施加竖向荷载。

2）试验验证

表 6-2-14 和图 6-2-29 对本文建立的有限元计算结果和试验结果进行了对比。计算结果表明，有限元计算结果与试验结果总体吻合良好。本文建立的 FRP 约束圆钢管混凝土偏压短柱数值分析模型可用于分析 FRP 部分包裹圆钢管混凝土短柱的偏压性能。

试件的详细信息　　　　　　　　　　　　　　　　　表 6-2-14

试件编号	钢管尺寸 $D \times t \times L$ (mm×mm×mm)	n	e (mm)	a (mm)	f_{cu} (MPa)	f_{ck} (MPa)	f_y (MPa)	包裹形式	N_t (kN)	N_{FE} (kN)	$N_{u,c}$ (kN)
ES11	140×6.0×450	3	30	50	31.2	20.9	240.8	部分包裹	1186.2	1162.5	1034.2
ES12	140×6.0×450	3	30	50	31.2	20.9	348.6	部分包裹	1325.1	1311.8	1260.2
ES21	140×6.0×450	0	30	0	31.2	20.9	348.6	无 FRP	1086.0	1085.4	1080.5
ES22	140×6.0×450	1	30	50	31.2	20.9	348.6	部分包裹	1154.0	119.6	1135.3
ES23	140×6.0×450	5	30	50	31.2	20.9	348.6	部分包裹	1457.5	1428.4	1335.3
ES31	140×6.0×450	3	30	0	31.2	20.9	348.6	全包裹	1523.9	1462.9	1404.0
ES32	140×6.0×450	3	30	30	31.2	20.9	348.6	部分包裹	1411.0	1368.7	1310.8
ES33	140×6.0×450	3	30	150	31.2	20.9	348.6	部分包裹	1270.3	1244.9	1140.5
ES41	140×6.0×450	3	10	50	31.2	20.9	348.6	部分包裹	1847.0	1828.8	1825.0
ES42	140×6.0×450	3	50	50	31.2	20.9	348.6	部分包裹	991.0	942.1	962.4

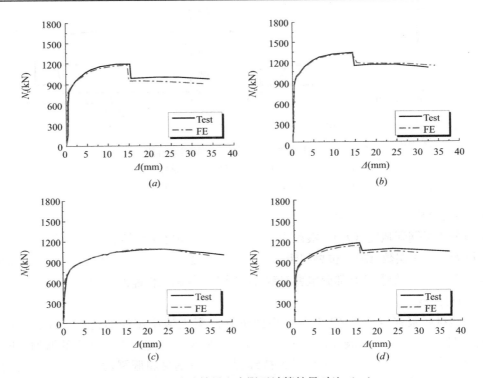

图 6-2-29　试验结果和有限元计算结果对比（一）

（*a*）试件 ES11；（*b*）试件 ES12；（*c*）试件 ES21；（*d*）试件 ES22

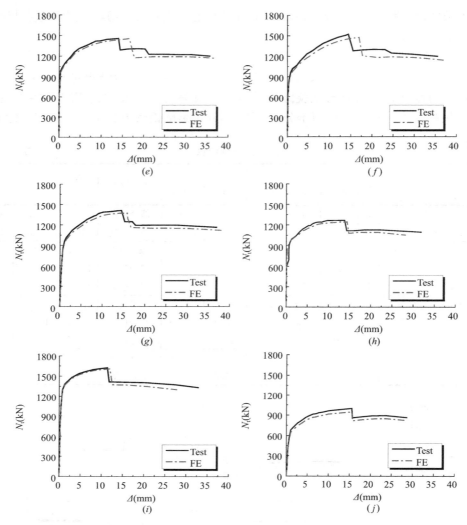

图 6-2-29　试验结果和有限元计算结果对比（二）

（e）试件 ES23；（f）试件 ES31；（g）试件 ES32；

（h）试件 ES33；（i）试件 ES41；（j）试件 ES42

3）参数分析

本节分析了钢管强度（f_y）、混凝土强度（f_{cu}）、FRP 抗拉强度（f_p）、偏心距（e）、径厚比（D/t）、包裹层数（n）、包裹间距（b）、包裹宽度（a）、柱截面面积（A_{sc}）和 FRP 预紧力（P/P_t）等参数对 FRP 部分包裹圆钢管混凝土短柱轴压性能的影响。

① 钢材强度

不同钢材屈服强度的 FRP 部分包裹圆钢管混凝土偏压短柱的荷载（N_e）-纵向位移（Δ）曲如图 6-2-30（a）和表 6-2-14 所示。分析结果表明，随着钢材强度的增加，FRP 部分包裹圆钢管混凝土短柱的偏压承载力持续提高。与钢材屈服强度为 345MPa 的构件相比，钢材屈服强度为 235MPa 构件的承载力降低了 10.7%；钢材屈服强度为 420MPa 和 550MPa 构件的承载力分别提高了 10.2% 和 19.2%。

② 混凝土强度

图 6-2-30（b）和表 6-2-15 给出了混凝土强度为 30MPa、50MPa、60MPa、80MPa 和 100MPa 情况下 FRP 部分包裹圆钢管混凝土短柱的 N_e-Δ 曲线。随着混凝土强度的增大，FRP 部分包裹圆钢管混凝土短柱的偏压承载力逐渐增大。与混凝土强度为 50MPa 的构件相比，混凝土强度为 30MPa 构件的偏压承载力降低了 21.8%；当混凝土强度从 50MPa 上升到 60MPa、80MPa 和 100MPa 时，其偏压承载力分别提高了 8.5%、28.7% 和 57.4%。

③ FRP 断裂强度

不同 FRP 断裂强度情况下 FRP 部分包裹圆钢管混凝土短柱的 N_e-Δ 曲线如图 6-2-30（c）所示。计算结果表明，提高 FRP 断裂强度可使 FRP 部分包裹圆钢管混凝土短柱的偏压承载力逐步提高。与 FRP 强度为 3000MPa 的构件相比，FRP 强度为 1500MPa 和 2500MPa 构件的偏压承载力分别降低了 9.7% 和 2.3%；当构件的 FRP 强度增大到 4500MPa 时，其偏压承载力提升了 9.5%。

④ 径厚比

不同径厚比对 FRP 部分包裹圆钢管混凝土短柱偏压性能的影响，如图 6-2-30（d）所示。其中，钢管外径为 140mm，径厚比为 10、14、20、28.6、40、50、70 和 100（对应钢管壁厚为 14mm、10mm、7mm、4.9mm、3.5mm、2.8mm、2mm 和 1.4mm）。计算结果表明，FRP 部分包裹圆钢管混凝土短柱的偏压承载力随着径厚比的较小而增大。与径厚比为 40 的构件相比，径厚比为 10、14、20 和 28.6 试件的偏压承载力分别提高了 164.1%、90.0%、47.6% 和 16.6%；当径厚比从 40 增大到 50、70 和 100 时，其偏压承载力分别降低 6.6%、14.3% 和 18.0%。

⑤ FRP 层数

图 6-2-30（e）给出了不同 FRP 层数下的 FRP 部分包裹圆钢管混凝土短柱的 N_e-Δ 曲线。计算结果表明，构件的偏压承载力随着 FRP 包裹层数的增加而增大。与 FRP 层数为 3 的构件相比，未包裹 FRP 和包裹 1、2 层 FRP 构件的偏压承载力分别降低了 23.1%、14.0% 和 7.8%；当 FRP 层数增加至 4 和 5 层时，FRP 部分包裹圆钢管混凝土短柱的偏压承载力分别提高了 8.8% 和 12.0%。

⑥ FRP 包裹间距

为研究 FRP 包裹间距对圆钢管混凝土短柱偏压承载力的影响，图 6-2-30（f）给出了 FRP 包裹间距分别为 0mm（对应为全包裹）、30mm、50mm 和 100mm 的圆钢管混凝土短柱的 N_e-Δ 曲线。结果表明，FRP 部分包裹圆钢管混凝土短柱的偏压承载力随着包裹间距的减小而逐渐增大。与 FRP 条带间距为 50mm 的构件相比，全包裹构件和 FRP 条带间距为 30mm 构件的偏压承载力分别提高了 8.1% 和 3.3%；当 FRP 条带间距为 100mm 时，其偏压承载力相比 FRP 间距为 50mm 的试件降低了 8.1%。

⑦ FRP 条带宽度

图 6-2-30（g）给出了不同 FRP 条带宽度对 FRP 部分包裹圆钢管混凝土偏压短柱的 N_e-Δ 曲线。计算结果表明，FRP 部分包裹圆钢管混凝土短柱的偏压承载力随着 FRP 条带宽度的增大而提高。与 FRP 条带宽度为 50mm 的构件相比，未包裹 FRP 和包裹 FRP 条带宽度为 30mm 构件的偏压承载力分别降低了 23.1% 和 8.9%；当 FRP 条带宽度增大为 100mm 时，其偏压承载力提高了 6.1%。

⑧ 柱截面面积

为扩大应用范围，分别研究了柱截面面积自 100mm×2.0mm 至 2400mm×48mm 的

FRP 部分包裹圆钢管混凝土短柱的偏压性能，如图 6-2-30（h）所示。随着柱截面面积的增大，FRP 部分约包裹钢管混凝土短柱的偏压承载力明显增大。与柱截面面积为 100mm×2.0mm 的构件相比，柱截面面积分别为 140mm×2.8mm×280mm、200mm×4.0mm×400mm、400mm×8mm×800mm、600mm×12mm×1200mm、1200mm×24.0mm×2400mm 和 2400mm×48.0mm×4800mm 构件的偏压承载力分别为柱截面面积为 100mm×2.0mm 构件的 1.83、2.54、16.58、26.51、138.61 和 616.29 倍。

⑨ FRP 预紧力

图 6-2-30（i）给出了在不同 FRP 预紧力情况下 FRP 部分包裹圆钢管混凝土短柱的 N_e-Δ 曲线。结果分析表明，通过提高 FRP 预紧力仅能小幅度提高圆钢管混凝土短柱的偏压承载力。随着预紧力的提升，FRP 提前断裂，破坏位移相应减小。

⑩ 偏心距

为研究不同偏心距对 FRP 部分包裹圆钢管混凝土短柱偏压性能的影响，分别对偏心距自 0 至 140mm（偏心率自 0 至 2.0）构件的进行了研究，如图 6-2-30（j）所示。计算结果表明，FRP 部分包裹圆钢管混凝土短柱的偏压承载力随着偏心距的增大而逐渐减小。与偏心距为 30mm 的构件相比，偏心距为 0mm、10mm 和 20mm 构件的偏压承载力分别提高了 72.5%、42.3% 和 17.3%；当偏心距增大至 40mm、50mm、60mm、70mm、105mm 和 140mm 时，构件的偏压承载力分别降低了 10.7%、21.3%、28.9%、36.0%、51.3% 和 60.7%。

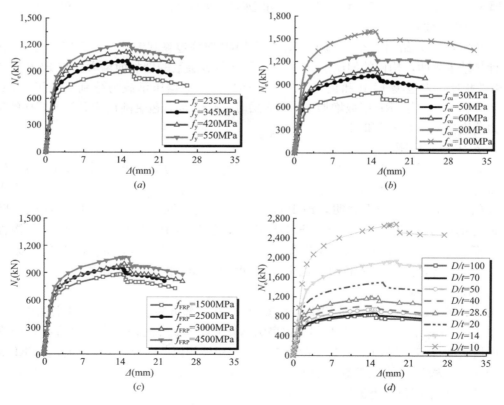

图 6-2-30 不同参数对（N_e）-位移（Δ）曲线的影响（一）

（a）钢材强度（f_y）；（b）混凝土强度（f_y）；（c）FRP 强度（f_{frp}）；（d）径厚比（B/t）

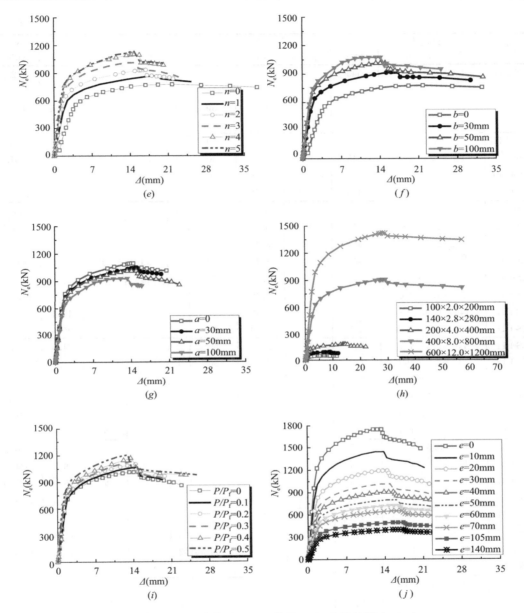

图 6-2-30　不同参数对（N_e)-位移（Δ) 曲线的影响（二）

（e) FRP 包裹层数（n)；（f) FRP 条带宽度（b)；（g) FRP 包裹间距（a)；

（h) 柱截面面积；（i) FRP 预紧力（p/p_f)；（j) 偏心距（e)

有限元计算参数 表 6-2-15

试件	试件尺寸 $D \times t \times L$(mm)	f_y (MPa)	f_{cu} (MPa)	P_f (MPa)	B (mm)	n	A (mm)	E (mm)	Δ (mm)	N_{FE} (kN)
ES-S-11	$140 \times 3.5 \times 450$	235	50	3510	50	3	50	30	15.1	906.4
ES-S-12	$140 \times 3.5 \times 450$	345	50	3510	50	3	50	30	15.0	1014.5
ES-S-13	$140 \times 3.5 \times 450$	420	50	3510	50	3	50	30	14.8	1117.6
ES-S-14	$140 \times 3.5 \times 450$	550	50	3510	50	3	50	30	14.6	1209.3

试件	试件尺寸 $D \times t \times L$(mm)	f_y (MPa)	f_{cu} (MPa)	P_f (MPa)	B (mm)	n	A (mm)	E (mm)	Δ (mm)	N_{FE} (kN)
ES-f-11	140×3.5×450	345	50	1500	50	3	50	30	14.0	882.1
ES-f-12	140×3.5×450	345	50	2500	50	3	50	30	14.5	954.4
ES-f-13	140×3.5×450	345	50	3000	50	3	50	30	14.8	976.7
ES-f-14	140×3.5×450	345	50	4500	50	3	50	30	15.3	1069.3
ES-C-11	140×3.5×450	345	30	3510	50	3	50	30	15.6	793.1
ES-C-12	140×3.5×450	345	60	3510	50	3	50	30	14.9	1101.2
ES-C-13	140×3.5×450	345	80	3510	50	3	50	30	14.3	1305.4
ES-C-14	140×3.5×450	345	100	3510	50	3	50	30	14.0	1596.8
ES-t-11	140×1.4×450	345	50	3510	50	3	50	30	14.3	831.8
ES-t-12	140×2.0×450	345	50	3510	50	3	50	30	14.7	869.1
ES-t-13	140×2.8×450	345	50	3510	50	3	50	30	14.9	947.6
ES-t-14	140×3.5×450	345	50	3510	50	3	50	30	15.0	1014.5
ES-t-15	140×4.9×450	345	50	3510	50	3	50	30	15.3	1183.4
ES-t-16	140×7.0×450	345	50	3510	50	3	50	30	16.2	1497.8
ES-t-17	140×10.0×450	345	50	3510	50	3	50	30	18.1	1927.1
ES-t-18	140×14.0×450	345	50	3510	50	3	50	30	20.6	2679.5
ES-l-11	140×3.5×450	345	50	3510	50	0	0	30	21.8	780.2
ES-l-12	140×3.5×450	345	50	3510	50	1	50	30	18.6	872.6
ES-l-13	140×3.5×450	345	50	3510	50	2	50	30	16.5	935.8
ES-l-14	140×3.5×450	345	50	3510	50	3	50	30	15.0	1014.5
ES-l-15	140×3.5×450	345	50	3510	50	4	50	30	14.8	1104.1
ES-l-16	140×3.5×450	345	50	3510	50	5	50	30	14.1	1136.7
ES-w-11	140×3.5×450	345	50	3510	0	0	50	30	21.8	780.2
ES-w-12	140×3.5×450	345	50	3510	30	3	50	30	16.8	924.2
ES-w-13	140×3.5×450	345	50	3510	50	3	50	30	15.0	1014.1
ES-w-14	140×3.5×450	345	50	3510	100	3	50	30	14.3	1076.4
ES-a-11	140×3.5×450	345	50	3510	50	3	0	30	14.1	1096.4
ES-a-12	140×3.5×450	345	50	3510	50	3	30	30	14.8	1048.2
ES-a-13	140×3.5×450	345	50	3510	50	3	50	30	15.0	1014.1
ES-a-14	140×3.5×450	345	50	3510	50	3	100	30	15.3	931.6
ES-cs-11	100×2.0×200	345	50	3510	50	3	50	21.4	6.9	516.7
ES-cs-12	140×2.8×280	345	50	3510	50	3	50	30	9.1	947.6
ES-cs-13	200×4.0×400	345	50	3510	50	3	50	42.9	14.2	1827.4
ES-cs-14	400×8.0×800	345	50	3510	50	3	50	85.7	28.4	9084.2
ES-cs-15	600×12.0×1200	345	50	3510	50	3	50	128.6	42.6	14212.7
ES-cs-16	1200×24.0×2400	345	50	3510	50	3	50	257.1	80.2	72135.4
ES-cs-17	2400×48.0×4800	345	50	3510	50	3	50	514.3	157.9	318953
AS-11	140×3.5×450	345	50	3510	50	3	50	0	0.0	1749.3
ES-e-11	140×3.5×450	345	50	3510	50	3	50	10	13.9	1442.6
ES-e-12	140×3.5×450	345	50	3510	50	3	50	20	14.5	1189.3
ES-e-13	140×3.5×450	345	50	3510	50	3	50	40	15.6	906.1
ES-e-14	140×3.5×450	345	50	3510	50	3	50	50	16.2	798.7
ES-e-15	140×3.5×450	345	50	3510	50	3	50	60	16.6	721.6

试件	试件尺寸 $D \times t \times L$(mm)	f_y (MPa)	f_{cu} (MPa)	P_f (MPa)	B (mm)	n	A (mm)	E (mm)	Δ (mm)	N_{FE} (kN)
ES-e-16	140×3.5×450	345	50	3510	50	3	50	70	17.1	649.2
ES-e-17	140×3.5×450	345	50	3510	50	3	50	105	17.4	493.7
ES-e-18	140×3.5×450	345	50	3510	50	3	50	140	17.5	398.2
ES-0.0p_f	140×3.5×450	345	50	3510	50	3	50	30	15.0	1014.1
ES-0.1p_f	140×3.5×450	345	50	3510	50	3	50	30	14.8	1069.5
ES-0.2p_f	140×3.5×450	345	50	3510	50	3	50	30	14.5	1104.2
ES-0.3p_f	140×3.5×450	345	50	3510	50	3	50	30	14.1	1137.8
ES-0.4p_f	140×3.5×450	345	50	3510	50	3	50	30	13.6	1170.4
ES-0.5p_f	140×3.5×450	345	50	3510	50	3	50	30	13.1	1206.7

注：b，n，a 分别代表 FRP 条带的宽度、层数和包裹间距。

4）受力机理

① 全过程非线性分析

基于试验结果，在偏心压力下观察 FRP 加固圆形钢管混凝土短柱的标准 $N\text{-}\delta$ 曲线（图 6-2-31）。根据 $N\text{-}\delta$ 曲线的形状和趋势，它可以分为五个部分，与 FRP 限制因子（ξ_f）有关。

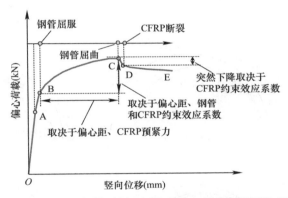

图 6-2-31　FRP 加固钢管混凝土短柱在偏心荷载作用下的 $N\text{-}\delta$ 曲线

（a）弹性阶段（OA）：在加载开始时，核心混凝土填充和圆钢管分别承受偏心压力。相应地，$N\text{-}\delta$ 曲线遵循线性趋势。

（b）弹塑性阶段（AB）。随着压力荷载和竖向位移的增加，圆钢管和填充混凝土都进入了塑性条件。因此，偏心荷载和竖向位移之间的关系表现为非线性。此外，由于圆钢管提供了有效的限制，混凝土填充物的横向变形也受到限制。随着竖向位移的增加，限制效应将继续增加。当曲线达到 B 点时，钢管的压缩应力达到屈服强度。

（c）应变硬化阶段（BC）。由于填充混凝土加固了钢管的内向角，外部包裹 FRP 抑制了圆钢管的外向角，因此短柱复合柱的偏心承载能力明显提高。圆钢管的极限压应力大于拉伸试件产生的峰值应力。此外，试验结果还表明，钢材（ξ_{sc}）和 FRP 包裹对柱在钢管达屈服强度到钢管屈曲的荷载差（对应于点 B 和点 C 之间的竖直距离）的影响很大〔ξ_f，其中 $\xi_f = A_{frp} f_{frp}/(A_c f_{ck})$〕。并且点 B 和 C 之间的水平距离与施加在 FRP 包裹上的预紧力相关。此外，钢管壁的向外凸起主要位于未包裹区域，因为没有 FRP 包裹加固。

（d）突然下降阶段（CD）。结果表明，各试件均呈现 FRP 撕裂破坏模式，因此 FRP 加固圆钢管混凝土短柱在偏心受压下的曲线呈现出超过峰值载荷的突然下降特征。结果表明，随着 ξ_f 的增加，下降水平得到改善。当曲线到达 D 点时，位于柱中部包裹的 FRP 将撕裂并失效。

（e）轻微下降阶段（DE）。在 FRP 撕裂后，随着 FRP 限制效应的消失，在柱中部高度附近立即观察到薄壁圆钢管上的向外开口。因此，复合短柱的偏心承载能力略有下降。

② 接触压力分析

为了确认 FRP 内表面与钢管外表面和圆钢管内表面与混凝土填充外表面的相互作用，不同组分之间的接触应力是评估其限制作用非常重要的指标。因此，样品 ES12 和 EL13 的有限元模型用于分析 FRP 限制的钢管混凝土短柱和细长柱在其峰值荷载下的接触应力（图 6-2-32）。

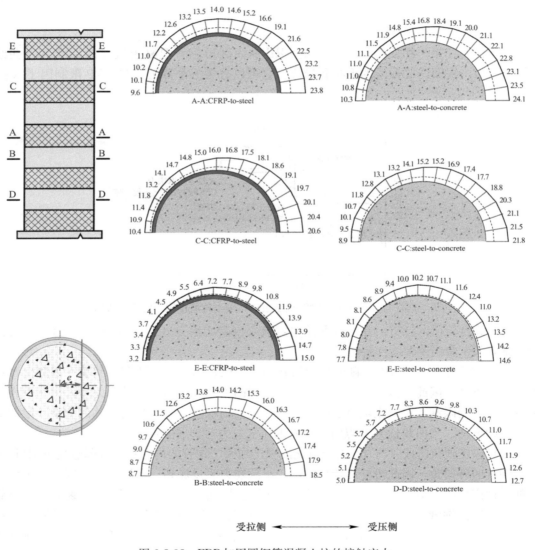

图 6-2-32 FRP 加固圆钢管混凝土柱的接触应力

分析结果表明，由于其整体屈曲失效，FRP 加固圆钢管混凝土长柱（虚线）的接触应力远低于复合短柱（实线）。这种现象还揭示了包裹 FRP 提供的限制功能不足，导致 FRP 强度的损失。就 FRP 带和圆钢管在纵向方向上的接触应力而言，柱中间高度处的接触作用高于柱端部周围的接触应力。这可能是因为端板提供的约束是焊接在钢管上的。

对于圆钢管与混凝土填充物之间接触应力的分布规律，也观察到类似的结果。然而，由于 FRP 带限制了圆钢管的横向变形，因此发现了包裹和未包裹区域的差异，因此核心混凝土可以更紧密地接触钢空心部分，从而导致高接触应力。此外，可以发现，复合柱压缩侧的接触应力高于拉伸侧的接触应力，这归因于混凝土的压缩膨胀。

③ 合理有效的约束机制

通过对柱的顶端和底端附近的轻微损坏 FRP 包裹物的观察，可以得出结论，部分 FRP 条带的高拉伸强度未被充分利用。因此，有些研究人员提出在侧向约束 FRP 中采用预张力。Yamkawa 等（2005）研究了先张法 FRP 加固钢筋混凝土柱的性能。结果表明，随着预应力 FRP 的设定，钢筋混凝土柱强度明显增强。基于上述研究，建议在钢管混凝土柱上使用先张法的 FRP 包裹，以增强强化效果。根据 FRP 层数和间距的试验分析，结果表明，ES23 和 ES32 试件的强度均有所提高，即钢管混凝土柱部分受 FRP 包裹，与 FRP 完全包裹的试样 ES31 基本相似。因此，进一步研究设计复合柱类型，合理有效的约束机制可以提高其偏心承载能力，并适当地减少有限的资源。在此之后，试图找出偏心加载的 FRP 部分包裹圆钢管混凝土短柱有效的约束机制，包括适当的钢管厚度，FRP 宽度，包裹间距和层数。

根据 Yu 等（2016）的试验调查，由 FRP 加固薄壁钢管混凝土短柱的最大强度可提高 50% 以上。在此基础上，对每个短柱的 SEI 进行分析，确定其合适的参数范围。图 6-2-33 显示了不同径厚比的 FRP 加固圆钢管混凝土短柱在 8 个水平（$D/t=10$、14、20、28.6、40、50、70 和 100）下的 SEI。从模拟结果来看，当 D/t 为 28.6 或更小时，承载能力的改善略微提高。随着 D/t 范围扩大到 40 以上，SEI 表现出突然增加，这是由于 FRP 带对薄壁圆钢管的局部屈曲敏感性有很大的抑制作用。因此，建议使用 FRP 加固薄壁钢管混凝土短柱，以获得更好的加固效果。

在 FRP 层数和耗能一定条件下，合理设置 FRP 间距，达到加固钢管混凝土柱的优化布置，在实际工程中非常意义。因此，本节对不同 FRP 包裹间距的 FRP 加固圆钢管混凝土短柱进行了分析。条件：$f_{cu}=50MPa$，$f_y=345MPa$，$f_{frp}=3500MPa$，$n=3$，$e=50mm$，$D \times t \times L = 140mm \times 2.8mm \times 900mm$，$a/L=b/L$ 的分析模型分别引入 1/30、1/24、1/16、1/12、1/10、1/8、1/6 和 1/4 以提取它们的 SEI 并找出合适的 FRP 排列。图 6-2-34 描述了 FRP 加固的薄壁圆形钢管混凝土短柱。在其 FRP 间距范围为（1/12~1/6）L 时，表现出更高的强度改进。然而，当 FRP 间距和宽度小于 $1/12L$ 时，由于 FRP 带的宽度不够有效，柱的 SEI 逐渐降低。相反，当 FRP 间距和宽度大于 $1/6L$ 时，获得了类似的结果。这可能是因为未包裹区域钢管的高厚比（a/t）太大，因此钢管更容易屈曲。

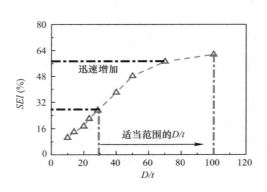

图 6-2-33　直径与厚度比对 FRP
加固圆钢管混凝土柱 SEI 的影响

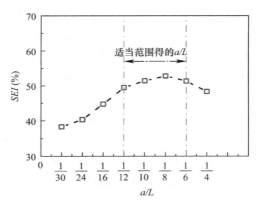

图 6-2-34　FRP 间距对 FRP
加固圆钢管混凝土柱 SEI 的影响

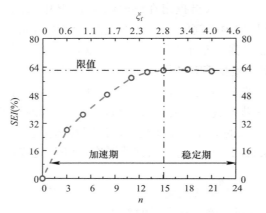

图 6-2-35　FRP 包裹层数对 FRP 部分
约束圆钢管混凝土柱 SEI 的影响

研究表明，随着 FRP 层数的增加，FRP 约束圆形钢管混凝土短柱的偏心承载能力提高。然而，随着 FRP 层的增加，改善的增长率逐渐降低。探讨 FRP 层数对 FRP 加固圆钢管混凝土短柱强度的影响，初步认识 FRP 对圆钢管混凝土短柱的加固作用，研究条件为 $f_{cu} = 50MPa$，$f_y = 345MPa$，$f_{frp} = 3510MPa$，$e = 50mm$，$D \times t \times L = 400 \times 4.0 \times 900mm$，$a/L = b/L = 1/8$，$n = 0 \sim 20$ 结果如图 6-2-35 所示。可以发现 FRP 加固圆钢管混凝土短柱在偏心荷载作用下的 SEI 随着 FRP 层的增加而普遍增强。FRP 层数设置在 13 层以上时，

钢管混凝土短柱 SEI 的增长速率明显降低。通过数值分析，当 FRP 层数达到 15 层时，试样在未包裹区破坏，而 FRP 的应力没有达到其断裂应力，表明 FRP 强度没有得到充分利用。因此，如果 FRP 包覆层达到 15 层以上，则偏心抗压承载力不会进一步提高。

（6）设计方法

目前，规范 EC4 和中国规范 GB 50936 并不包括 FRP 包裹的钢管混凝土柱，尽管对于未包裹 FRP 的钢管混凝土柱可以采用简化的设计方法。根据上述规范，钢管混凝土柱偏心受压承载力取决于其局部因素和缺陷特征引起的塑性抗力和屈曲性能。根据先前的试验和分析，EC4 和 GB 50936 中的计算方法似乎不适合本文中复合柱的类型。为了解决这个问题，提出了 FRP 加固圆形薄壁钢管混凝土柱的简化计算方法。

与 EC4 中钢管混凝土柱的偏心受压计算不同，韩林海（2016）提出的统一理论方法是将钢管混凝土构件的钢和核心混凝土作为复合材料。该方法利用钢管混凝土柱的复合力学参数和整体几何特征描述其偏心承载力。基于该理论，用于预测 FRP 约束圆形钢管混

凝土柱偏心承载力的简化计算表示如下：

$$\begin{cases} \dfrac{1}{\varphi} \cdot \dfrac{N}{N_{uo}} + \dfrac{a}{b} \cdot \left(\dfrac{M}{M_{u0}}\right) = 1 & (N/N_{u0}) \geqslant 2\varphi^3 \cdot \eta_0 \\ -b \cdot \left(\dfrac{N}{N_{uo}}\right)^2 - c \cdot \left(\dfrac{N}{N_{uo}}\right) + \dfrac{1}{d} \cdot \left(\dfrac{M}{M_{u0}}\right) = 1 & (N/N_{u0}) < 2\varphi^3 \cdot \eta_0 \end{cases} \tag{6-2-20}$$

$$\varphi = \begin{cases} 1 & L_e/D \leqslant 4 \\ 1 - 0.115\sqrt{L_e/D - 4} & L_e/D > 4 \end{cases} \tag{6-2-21}$$

其中：$\alpha = 1 - 2\varphi^2\eta_0$；$b = (1-\zeta_0)/(\varphi^3\eta_0^2)$；$c = [2(\zeta_0-1)]/\eta_0$；$d = 1 - 0.4\left(\dfrac{N}{N_E}\right)$；

$$\eta_0 = \begin{cases} 0.5 - 0.245\xi & (\xi \leqslant 0.4) \\ 0.1 + 0.14\xi^{-0.84} & (\xi > 0.4) \end{cases}; \quad \zeta_0 = 0.18\xi^{-1.15} + 1;$$

η_0 和 ξ_0 分别表示与钢筋混凝土约束系数相关的系数（ξ）；β_m 表示等效弯矩系数。

在本文中：$\beta_m = 1$；N 代表偏心压力；M 表示单轴弯矩 $M = N(e + L_i)$；L_i 代表最初的缺陷。就短柱而言，$L_i = 0$；就长柱而言，$L_i = L/1000$；L 代表柱长；N_{u0} 代表 FRP 加固圆钢管混凝土短柱的轴向承载能力；M_{u0} 代表 FRP 加固圆钢管混凝土柱的抗弯能力；N_E 代表欧拉临界力，$NE = \pi^2 E_{sc} A_{sc}/\lambda^2$。

基于上述公式，必须在复合柱的偏心压力之前确定 N_{u0} 和 M_{u0}。使用单向 FRP 缠绕加固圆形钢管混凝土构件，对梁的加强影响相当有限。由于 FRP 沿横向缠绕，FRP 包裹的优异拉伸强度不能充分使用。因此，复合柱截面的 M_{u0} 可以近似定义为未包裹 FRP 钢管混凝土柱的 M_{u0}。

对于 FRP 缠绕部分加固圆形钢管混凝土短柱的轴向承载力，提出了一种基于统一理论的经验计算方法。这种计算方法是一种简化模型，考虑了材料强度、FRP 包裹层和柱包裹率。预测可以描述如下：

$$N_{u0} = A_{sc} f_{scy} \tag{6-2-22}$$

$$f_{scy} = (1.14 + 1.02\xi + 0.265\alpha_f - 0.046\xi_f - 0.902\alpha_f^2 - 0.024\xi_f^2 + 0.732\alpha_f\xi_f)f_{ck} \tag{6-2-23}$$

$$\xi_f = A_{frp} f_{frp}/(A_c f_{ck}) \tag{6-2-24}$$

$$\alpha_f = b/(a+b) \tag{6-2-25}$$

式中　　f_{scy}——复合材料部分的统一强度；

f_{frp}——FRP 带的极限强度；

As，A_c 和 A_{frp}——圆钢管混凝土柱，混凝土填充和 FRP 带的横截面积；

ξ_f——FRP 提供的约束因子；

α_f——FRP 包裹率；

a 和 b——FRP 包裹的宽度和间隔。

表 6-2-15 显示了预测强度与试验荷载的关系。结果表明，该公式计算的偏心承载力与试验结果吻合较好。

| | | 试验结果和预测结果的比较 | | | | | | 表 6-2-16 |
组别	试件编号	u_y(mm)	u_m(mm)	$N_{u,t}$(kN)	N_{FE}(kN)	N_{FE}/N_u	$N_{u,c}$(kN)	$N_{u,c}/N_u$
1	ES11	3.1	15.3	1186.2	1162.5	0.98	1160.2	0.98
	ES12	3.2	14.5	1325.1	1311.8	0.99	1309.1	0.99
2	ES21	3.1	23.9	1086.0	1085.4	1.00	1079.6	0.99
	ES22	3.1	15.6	1154.2	119.6	0.97	1110.8	0.96
	ES12	3.2	14.5	1325.1	1311.8	0.99	1309.1	0.99
	ES23	3.4	14.0	1457.5	1428.4	0.98	1421.4	0.98
3	ES31	2.9	14.3	1523.9	1462.9	0.96	1457.2	0.96
	ES32	2.8	14.5	1411.0	1368.7	0.97	1349.2	0.96
	ES12	3.2	14.5	1325.1	1311.8	0.99	1309.1	0.99
	ES33	1.2	13.8	1270.3	1244.9	0.98	1204.8	0.95
4	ES41	3.0	11.4	1847.3	1828.8	0.99	1809.6	0.98
	ES12	3.2	14.5	1325.1	1311.8	0.99	1309.1	0.99
	ES42	2.6	15.5	991.7	942.1	0.95	962.8	0.97

6.3 CFRP 加固带脱空缺陷的钢管混凝土构件的力学性能

6.3.1 试验研究

(1) 试验概况

1) 试件设计

为研究 CFRP 加固带脱空缺陷的圆钢管混凝土构件的力学性能，共进行 28 个短柱试件在轴压作用下的试验。试验参数主要包括：脱空类型（球冠形脱空、环向脱空，如图 6-3-1 所示）、脱空率（χ，对于环向脱空 $\chi=2d_c/D=1.1\%$、2.2%；对于球冠形脱空 $\chi=2d_s/D=2.2\%$、4.4%、6.6%）、CFRP 加固层数（1 层和 2 层）。为保证试验结果的可靠性，每组均试验两根相同参数的试件。表 6-3-1 列出了试件详细信息，其中 D 为试件钢管的截面外直径，L 为试件长度，t 为钢管壁厚，χ 为脱空率，f_{cu} 为试验时混凝土立方体抗压强度，f_y 为钢管屈服强度。本次试验所有试件的长度 L 为 510mm，截面直径 D 为 165mm，L 为 D 的 3 倍。

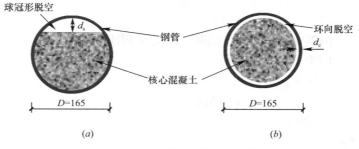

图 6-3-1 脱空试件截面示意图（单位：mm）

（a）球冠形脱空；（b）环向脱空

CFRP 加固带脱空缺陷的钢管混凝土试件如图 6-3-2 所示。

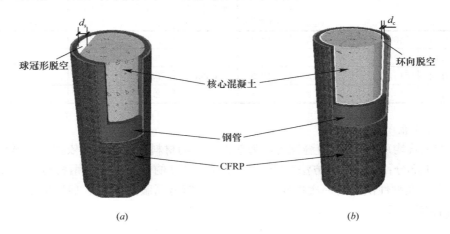

图 6-3-2　CFRP 加固带脱空缺陷的钢管混凝土短柱示意图

（a）CFRP 加固球冠形脱空；（b）CFRP 加固环向脱空

试件信息表　　　　　　　　　　　　表 6-3-1

试件编号	脱空类型	$L \times D \times t$ (mm)	f_{cu} (MPa)	f_y (MPa)	脱空值 d_s 或 d_c (mm)	脱空率 χ(%)	CFRP 层数	N_{ue} (kN)	SI
C0-0-0a	无脱空	510×165×4	57.3	310.3	0	0	—	1722	1
C0-0-0b	无脱空	510×165×4	57.3	310.3	0	0	—	1779	
CS-2-0a	球冠形	510×165×4	57.3	310.3	3.63	2.2%	0	1688	0.97
CS-2-0b	球冠形	510×165×4	57.3	310.3	3.63	2.2%	0	1700	
CS-2-1a	球冠形	510×165×4	57.3	310.3	3.63	2.2%	1	2080	1.18
CS-2-1b	球冠形	510×165×4	57.3	310.3	3.63	2.2%	1	2030	
CS-4-0a	球冠形	510×165×4	57.3	310.3	7.26	4.4%	0	1657	0.93
CS-4-0b	球冠形	510×165×4	57.3	310.3	7.26	4.4%	0	1585	
CS-4-1a	球冠形	510×165×4	57.3	310.3	7.26	4.4%	1	1983	1.07
CS-4-1b	球冠形	510×165×4	57.3	310.3	7.26	4.4%	1	1761	
CS-6-0a	球冠形	510×165×4	57.3	310.3	10.89	6.6%	0	1569	0.88
CS-6-0b	球冠形	510×165×4	57.3	310.3	10.89	6.6%	0	1518	
CS-6-1a	球冠形	510×165×4	57.3	310.3	10.89	6.6%	1	1729	0.96
CS-6-1b	球冠形	510×165×4	57.3	310.3	10.89	6.6%	1	1623	
CS-6-2a	球冠形	510×165×4	57.3	310.3	10.89	6.6%	2	1654	0.97
CS-6-2b	球冠形	510×165×4	57.3	310.3	10.89	6.6%	2	1680	
CC-1-0a	环向	510×165×4	57.3	310.3	0.924	1.1%	0	1218	0.71
CC-1-0b	环向	510×165×4	57.3	310.3	0.924	1.1%	0	1275	
CC-1-1a	环向	510×165×4	57.3	310.3	0.924	1.1%	1	1256	0.72
CC-1-1b	环向	510×165×4	57.3	310.3	0.924	1.1%	1	1264	
CC-1-2a	环向	510×165×4	57.3	310.3	0.924	1.1%	2	1488	0.85
CC-1-2b	环向	510×165×4	57.3	310.3	0.924	1.1%	2	1486	
CC-2-0a	环向	510×165×4	57.3	310.3	1.848	2.2%	0	1216	0.69
CC-2-0b	环向	510×165×4	57.3	310.3	1.848	2.2%	0	1197	

续表

试件编号	脱空类型	$L \times D \times t$ (mm)	f_{cu} (MPa)	f_y (MPa)	脱空值 d_s 或 d_c(mm)	脱空率 χ(%)	CFRP 层数	N_{ue} (kN)	SI
CC-2-1a	环向	510×165×4	57.3	310.3	1.848	2.2%	1	1237	0.70
CC-2-1b	环向	510×165×4	57.3	310.3	1.848	2.2%	1	1213	
CC-2-2a	环向	510×165×4	57.3	310.3	1.848	2.2%	2	1400	0.82
CC-2-2b	环向	510×165×4	57.3	310.3	1.848	2.2%	2	1495	

2）材料性能

试件的钢管均采用 Q235 直缝钢管，为获得钢材的材料性能指标，依据《金属材料 拉伸试验 第 1 部分：室温试验方法》GB/T 228.1—2010 的规定制作了钢材材性试件，每组测试了 3 个标准材性试件的一次拉伸试验，实测的钢材屈服强度 f_y、屈服应变 ε_y、抗拉强度 f_u、弹性模量 E_s、泊松比 υ_s 和延伸率 δ 列于表 6-3-2。

钢材材性试验结果　　　　　　　　　　　　　表 6-3-2

f_y(MPa)	$\varepsilon_y(\mu\varepsilon)$	f_u(MPa)	E_s(GPa)	υ_s	δ(%)
310.3	2189.13	372.9	186.8	0.274	21.1

试件采用设计强度 C60 的自密实混凝土，配合比见表 6-3-3。混凝土制备的材料为：PO42.5R 普通硅酸盐水泥；二级粉煤灰；细骨料为闽江清水河砂；粗骨料为 5～15mm 级配花岗岩碎石；减水剂为 TW-PS 聚羧酸减水剂；普通自然水。混凝土抗压强度由 150mm×150mm×150mm 立方体试块测得，试块与构件同时浇筑且在相同环境下养护。依据国家标准《混凝土物理力学性能试验方法标准》GB/T 50081—2019 测试了每组三个立方体试块，取其平均值作为混凝土立方体抗压强度。实测的混凝土力学性能和工作性能指标见表 6-3-4。

混凝土配合比 （kg/m³）　　　　　　　　　　表 6-3-3

混凝土设计强度	水	砂	水泥	粉煤灰	石子	减水剂
C60	190.0	770.0	425.0	170.0	775.0	6.5

混凝土材料性能试验结果　　　　　　　　　　表 6-3-4

混凝土设计强度	坍落度 （mm）	扩展度 （mm）	28d 的 f_{cu} (MPa)	试验时 f_{cu} (MPa)	弹性模量 E_c (N/mm²)	泊松比 ν_c
C60	280.0	590～600	48.3	57.3	33508.2	0.2

CFRP 采用日本东丽牌 UT70-30 型号的碳纤维布，单层厚度为 0.167mm。根据《定向纤维增强聚合物基复合材料拉伸性能试验方法》GB/T 3354—2014 实测的 CFRP 抗拉强度 f_{tk}=3602.9MPa，极限应变 ε_{tk}=12541$\mu\varepsilon$，弹性模量 E_f=2.8×10⁵N/mm²。用于粘贴 CFRP 在胶采用日本小西胶，底胶胶体采用 E810LS，由主剂和硬化剂组成，使用时混合比例为 5：2，面胶采用 E2500S，使用时主剂和硬化剂的比例为 2：1。

试件的制作过程为首先按照设计的长度加工钢管，并焊接一端的端板。然后，对于无脱空的试件，直接从钢管顶端将混凝土灌入。对于球冠形脱空的试件，首先加工一定宽度的钢板，并将其两侧坡口（坡口的目的是保证钢板和钢管内壁紧密接触），然后在混凝土浇筑前将钢板置于管内并临时固定以制造要求的球冠形脱空值（d_s），最后待混凝土浇筑后 3d 抽去钢板，从而形成钢管和混凝土之间的脱空。对于环向脱空的试件，在浇灌混凝土前先在钢管内壁上加垫厚度为环向脱空值（d_c）的环形铁皮管，铁皮管的制作保证加工精度，使铁皮管的外径正好和钢管内径吻合。在铁皮管的一面均匀涂抹凡士林，另一面刷脱模剂。在混凝土浇筑前将铁皮管放入钢管内，并将其抹凡士林的一面紧贴钢管内壁。待混凝土浇筑 3d 后抽出铁皮管，形成钢管和混凝土之间的环向脱空缺陷。带缺陷试件的截面照片如图 6-3-3 所示。

 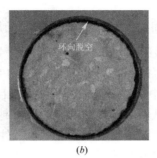

图 6-3-3　脱空试件截面照片
（a）球冠形脱空缺陷；（b）环向脱空缺陷

对于加固试件。首先将钢管表面清理干净后涂刷底胶，待底胶达到指干状态后开始涂抹面胶。包裹 CFRP 时将面胶均匀的涂抹在试件表面，以保证胶体完全渗入 CFRP 内部并与钢管表面的底胶相粘结，并使用橡皮刷反复涂抹、挤压，以此去除层间气泡及多余胶体。包裹完成后，将试件静止在试验室，等待胶体完全固化。

3）试验装置

试验在福建农林大学结构试验馆的 500t 压力机上进行，加载装置如图 6-3-4 所示。为了准确测量试件的变形，在每个试件中截面处的钢管和 CFRP 上均分别粘贴沿周长平均布设的纵向及横向的共八片电阻应变片，同时在柱端设置 4 个 LVDT 以测量试件的轴向变形。试验采用分级加载制，弹性范围内每级荷载为预计极限荷载的 1/10；当钢管拉区或压区纤维达到屈服点后，每级荷载约为预计极限荷载的 1/15。每级荷载的持荷时间约为 2min，接近破坏时慢速连续加载，直至试件荷载下降到极限承载力的 85％以下或出现明显的破坏现象时停止试验。

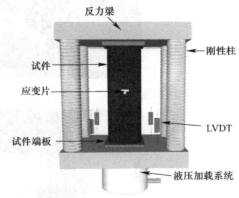

图 6-3-4　加载装置示意图

（2）试验结果

1）破坏模态

无脱空钢管混凝土试件在峰值荷载时无明显破坏现象，当荷载值下降到约 85％峰值荷载时，试件跨中区域出现钢管鼓屈现象。对于无加固的球冠形脱空试件，其破坏过程总体上和无脱空试件较为接近，在峰值荷载时也未有明显破坏现象。而在荷载下降到 85％左右时，试件脱空一侧的钢管出现局部屈曲现象，之后随着轴向变形的继续增大，钢管的局部鼓屈现象越发明显。总体上看，随着脱空率的增大，试件最终破坏时其钢管在脱空处的局部屈曲现象越明显。对于无加固的环向脱空试件，其破坏过程则与无脱空试件有较大差别：环向脱空试件在达到极限承载力时混凝土突然被压碎而发出巨大响声，荷载随之急剧下降，但并未观察到有钢管局部屈曲现象发生。随后被压碎的混凝土体积膨胀并和钢管内壁接触，荷载又开始缓慢回升，钢管端部出现鼓屈现象，其后又有局部混凝土被压碎的响声出现，试件随之又出现荷载突然下降又缓慢回升的现象，其后期强度并不稳定表出为高低起伏的现象。

对于 CFRP 加固构件，其破坏特征和无加固试件有显著差异。图 6-3-5 给出了典型CFRP 加固带球冠形脱空试件（CS-2-1，$\chi=2.2\%$，加固 1 层 CFRP）的破坏过程照片。在荷载达到极限荷载的 88% 时，听到试件的 CFRP 发出明显的噼啪声。当加载至极限荷载约 98% 时，试件中部的 CFRP 断裂并发出巨响，如图 6-3-5（c）所示。之后，随着轴向位移的继续增大，试件上 CFRP 开裂的地方越来越多，此时也观察到试件中部钢管发生明显的鼓屈现象。到最终达到破坏状态时，试件上的 CFRP 均已发生环向断裂，可以观察到钢管存在明显的斜向剪切鼓屈变形，如图 6-3-5（d）所示。

(a) (b)

(c) (d)

图 6-3-5　CFRP 加固球冠形脱空缺陷试件的破坏过程（CS-2-1）

　　图 6-3-6 给出了典型 CFRP 加固带环向脱空试件（CC-1-1，$\chi=1.1\%$，加固 1 层 CFRP）的破坏过程照片。当荷载达到极限荷载的 76% 时，可以听到有混凝土受压的微小声响。达到峰值荷载时，试件发生混凝土被压碎的巨响，荷载随之急剧下降。随后，观察到 CFRP 在试件下端部发生断裂，如图 6-3-6（a）所示。随后，由于压碎的混凝土横向膨胀而和钢管发生接触，由此受到钢管的约束作用，因此试件荷载有所回升，在此期间钢管中部发生局部鼓屈，导致试件中部的 CFRP 发生断裂，如图 6-3-6（b）所示，荷载随之再次急剧下降。在试件最终破坏时，可以观察到钢管端部和中部均出现显著局部鼓屈现象，试件上的 CFRP 大多发生环向断裂。

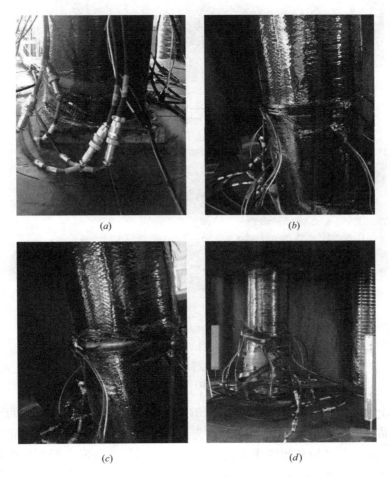

图 6-3-6　CFRP 加固环向脱空缺陷试件的破坏过程（CC-1-1）

　　图 6-3-7 所示为典型试件最终破坏模态比较，可见加固试件的 CFRP 均在钢管显著局部鼓屈的地方发生断裂。由上述典型试件的破坏过程可以看到，CFRP 加固球冠形脱空构件的破坏特征和加固环向脱空构件有较大差异。对于 CFRP 加固球冠形脱空构件，由于脱空缺陷只存在于局部截面，而截面大部分区域的钢管和混凝土并未处于分离状态，因此在构件达到峰值荷载时，其核心混凝土和钢管发生相互作用，在受到外钢管和 CFRP 双重约束下被压碎，同时由于钢管横向变形迅速增大导致 CFRP 发生断裂。而对于 CFRP 加固环

向脱空构件，在达到峰值荷载时混凝土并未和钢管发生接触，因此混凝土在未受到约束情况下被压碎，导致构件荷载急剧下降。之后，混凝土由于横向膨胀和钢管发生接触并产生相互作用，一方面混凝土受到约束而使构件荷载回升，另一方面也导致钢管横向变形增大，使 CFRP 发生环向断裂。

图 6-3-7　典型试件的最终破坏模态
(a) CFRP 加固球冠形脱空缺陷；(b) CFRP 加固环向脱空缺陷

对于 CFRP 加固球冠形脱空构件，其 CFRP 首先发生断裂的区域在试件跨中附近，而对于 CFRP 加固环向脱空构件，其 CFRP 首先发生断裂的区域则在试件端部。由此可见，CFRP 首先发生断裂的区域和相应无加固脱空构件的钢管首先发生局部屈曲的位置一致。这也反映了球冠形脱空和环向脱空这两种不同类型的脱空缺陷其导致试件钢管局部屈曲位置存在差异，进而也改变了 CFRP 断裂的位置。

2）轴向荷载（N)-轴向位移（Δ）关系曲线

图 6-3-8 所示为实测的所有试件的轴向荷载（N)-轴向位移（Δ）关系曲线，对于 CFRP 加固构件在曲线上标出了 CFRP 首次发生断裂的时刻。可见，无脱空的钢管混凝土构件其下降段较为平缓，表现出较好的延性。总体上看，无加固球冠形脱空构件的荷载-变形曲线形状和无脱空构件较为接近，而随着脱空率的增大，曲线的峰值荷载及对应的位移均有所降低，下降段有变陡的趋势。无加固环向脱空构件的轴向荷载（N)-轴向位移

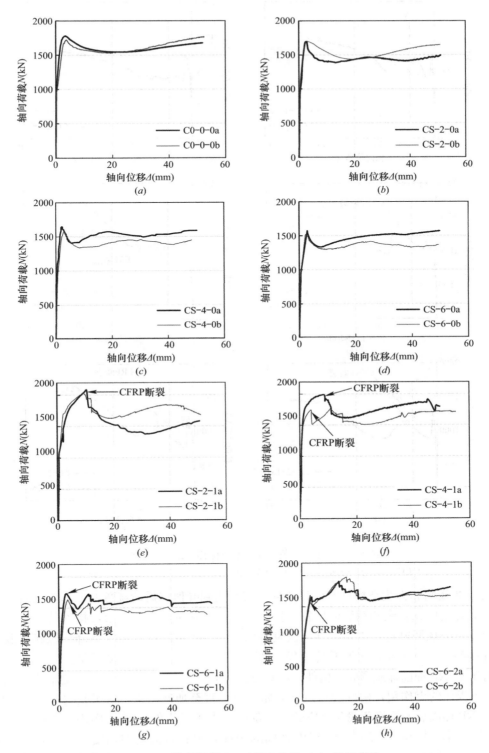

图 6-3-8　轴向荷载（N）-轴向位移（Δ）关系曲线

(a) C0-0-0；(b) CS-2-0；(c) CS-4-0；(d) CS-6-0；(e) CS-2-1；(f) CS-4-1；(g) CS-6-1；(h) CS-6-2

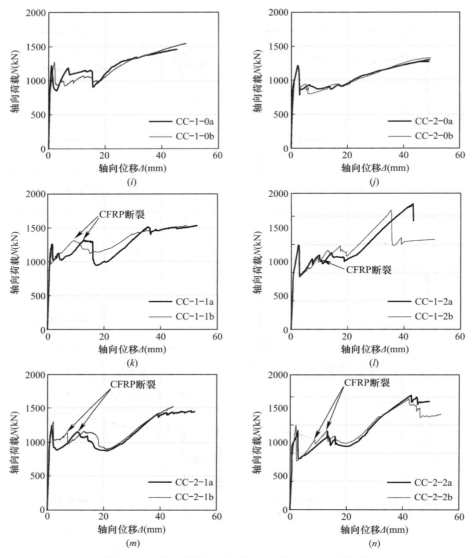

图 6-3-8　轴向荷载（N）-轴向位移（Δ）关系曲线

（i）CC-1-0；（j）CC-2-0；（k）CC-1-1；（l）CC-1-2；（m）CC-2-1；（n）CC-2-2

（Δ）关系曲线则和无脱空构件有明显差异，其在达到峰值点后荷载急剧下降，之后由于被压碎的混凝土体积膨胀和钢管内壁发生接触，因而钢管对其产生约束，构件的荷载又开始缓慢回升。荷载回升过程中，构件再次发生局部混凝土被压碎—荷载下降—压碎的混凝土和钢管接触—荷载重新缓慢回升的过程，期间荷载表现出一定的波动现象。

　　对于 CFRP 加固球冠形脱空构件，在 CFRP 发生断裂后荷载迅速下降，之后由于钢管仍对混凝土提供约束作用，构件的荷载又开始回升，直至加载结束。对于脱空率 2.2% 构件，采用 CFRP 加固后的峰值荷载和对应的位移都明显大于无构件，也大于相应的无脱空构件。而随着脱空率的提高，采用 1 层 CFRP 加固的构件其承载力提高的幅度有所下降。对于脱空率 6.6% 的构件，采用 2 层加固的效果好于 1 层加固，前者的轴向荷载（N）-轴向位移（Δ）关系曲线在第一个峰值点后的强化现象较后者更为显著。

对于 CFRP 加固环向脱空构件，CFRP 发生断裂时刻则出现在 N-Δ 曲线第一个峰值点之后。在构件的核心混凝土被压碎前，曲线达到第一个峰值点，由于此时混凝土并未和钢管发生接触，因此未受到约束作用，导致构件的荷载在第一个峰值点后急剧下降。之后，由于压碎的混凝土体积膨胀而和外钢管发生接触，因此受到 CFRP 和钢管的双重约束作用，构件的荷载开始平缓回升，直到 CFRP 断裂后其荷载又急剧下降。在加载后期，由于陆续有不同位置的 CFRP 断裂和混凝土局部压碎，N-Δ 曲线表现出波动的特征。总体而言，对于环向脱空构件，采用 1 层 CFRP 加固的效果并不明显，当采用 2 层 CFRP 加固时，相较于无脱空构件其峰值荷载值和曲线强化段刚度都有明显提高。

图 6-3-9 比较了典型 CFRP 加固脱空试件的 N-Δ 关系曲线。可见，和无加固试件相比，CFRP 加固对 N-Δ 关系曲线的初期刚度影响较小。对于 CFRP 加固球冠形脱空构件，加固后的试件其峰值荷载明显大于无加固试件，且峰值荷载后的强化段刚度有所提高。比较加固 1 层和加固 2 层构件可见，两者第一个峰值点对应的荷载差别不大，而加固 2 层的构件其 N-Δ 关系曲线在第一个峰值点仅有微小下降，之后荷载又迅速回升直至第二个峰值点。其第二个峰值点对应的荷载明显大于第一个峰值点，反映了两层 CFRP 加固对钢管提供的约束作用既延缓了钢管的局部屈曲，也给核心混凝土提供了更强的约束效应。对于 CFRP 加固环向脱空构件，2 层 CFRP 加固构件的峰值荷载也较 1 层加固有较为明显的提高，同时其 N-Δ 关系曲线在加载后期表现出显著的强化现象，达到的最大荷载超过了第一个峰值点所对应的荷载值。

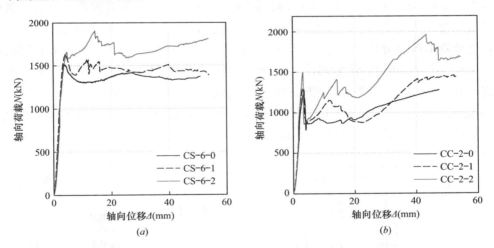

图 6-3-9　CFRP 加固试件轴向荷载（N）-轴向位移（Δ）关系曲线比较

（a）CFRP 加固球冠形脱空（χ=6.6%）；（b）CFRP 加固环向脱空（χ=1.1%）

图 6-3-10 比较了加固试件相同位置处的钢管纵向应变和 CFRP 纵向应变的发展过程。在加载过程中，尤其是 CFRP 断裂之前的钢管应变和 CFRP 应变基本保持一致，可见两者之间保持了较好的粘结性能，无显著滑移现象。

3）承载力比较

为了定量化评估 CFRP 加固脱空构件的效果，定义了承载力系数 SI，如式（6-3-1）所示：

$$SI = N_{ue}/N_{ue,\text{无脱空}}$$ （6-3-1）

式中　N_{ue}——实测的试件极限承载力；

　　　$N_{ue,无脱空}$——无脱空试件的极限承载力。

对于所有试件，N_{ue} 均取荷载-位移关系曲线上第一个峰值点所对应的荷载值。实测的 N_{ue} 和 SI 列于表 6-3-1 中。图 6-3-11 比较了 CFRP 加固脱空构件的承载力系数 SI 值。

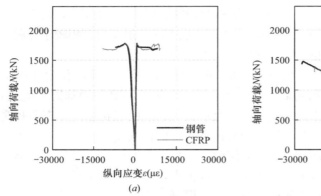
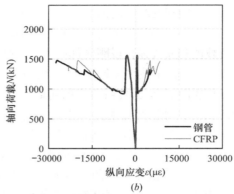

图 6-3-10　轴向荷载（N）-钢管和 CFRP 纵向应变（ε）关系曲线

（a）CS-6-1（球冠形脱空，$\chi=6.6\%$，加固 1 层）；（b）CC-2-2（环向脱空，$\chi=2.2\%$，加固 2 层）

如图 6-3-11（a）所示，对于无加固的带球冠形脱空缺陷的钢管混凝土构件，其轴压强度承载力随脱空率增大而下降，在 χ 为 2.2%、4.4%、6.6%时，SI 为 0.97、0.93、0.88，意味着承载力分别下降了 3%、7%、12%。对于脱空率为 2.2%和 4.4%的试件，使用 1 层 CFRP 加固时其 SI 分别是 1.18 和 1.13，表明加固后的构件其承载力较无脱空构件提高了 18%和 13%，而相对于无加固的脱空试件则提高约 22%。对于脱空率较大，如 $\chi=6.6\%$ 的情况，采用 1 层和 2 层 CFRP 加固其 SI 分别为 0.96 和 0.97，接近无脱空构件的承载力，而相对于无加固的脱空构件则分别提高了 9%和 10%。

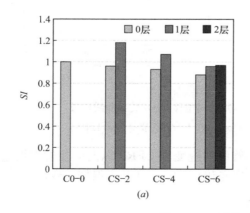
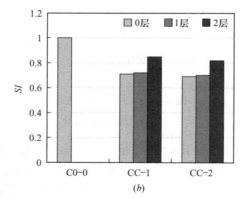

图 6-3-11　试件承载力系数 SI 比较

（a）CFRP 加固球冠形脱空试件比较；（b）CFRP 加固环向脱空试件比较

如图 6-3-14（b）所示，对于无加固的带球冠形脱空缺陷的钢管混凝土构件，在 χ

为 1.1% 和 2.2% 时，SI 为 0.71 和 0.69，表明带缺陷构件的轴压强度承载力较无脱空构件下降了 29% 和 31%。对于脱空率为 1.1% 的情况，在采用 1 层 CFRP 和 2 层 CFRP 加固时，其 SI 值分别为 0.72 和 0.85；对于脱空率为 2.2% 的情况，在采用 1 层 CFRP 和 2 层 CFRP 加固时，其 SI 值分别为 0.70 和 0.82。可见，采用 1 层 CFRP 加固的效果并不明显，而 2 层 CFRP 加固的效果则较为明显，但也未能使构件承载力恢复到无脱空的水平。这主要是由于带环向脱空缺陷的钢管混凝土构件在脱空率较大时，其达到极限荷载混凝土被压碎时尚未与钢管发生接触，因此 CFRP 的加固效果只体现于对钢管的贡献上，而无法体现于对混凝土约束作用的贡献上，因此导致加固效果不如带球冠形脱空构件显著。

6.3.2　有限元分析

(1) CFRP 加固带脱空缺陷的钢管混凝土轴压短柱的有限元分析

本节建立了轴压下 FRP 加固脱空缺陷钢管混凝土柱的有限元模型，揭示了轴压下 FRP 加固前后脱空缺陷钢管混凝土柱的工作原理，分析了构件的典型轴压—位移曲线，结果显示 FRP 能够较好地提高构件的轴压承载力。最后探讨了不同 FRP 强度，包裹方式，包裹层数针对不同脱空形式下构件的加固效果，对 FRP 加固选择提出合理建议。

1) 材料模型

根据 Liao 等（2013）的相关研究，对无脱空缺陷和球冠形脱空缺陷构件中的核心混凝土，采用韩林海（2016）提出的钢管核心混凝土应力-应变关系模型，如式（6-3-2）所示：

$$\frac{\sigma}{\sigma_0} = \begin{cases} 2\dfrac{\varepsilon}{\varepsilon_0} - \left(\dfrac{\varepsilon}{\varepsilon_0}\right)^2 & (\varepsilon \leqslant \varepsilon_0) \\ \dfrac{\varepsilon/\varepsilon_0}{\beta(\varepsilon/\varepsilon - 1)^n + \varepsilon/\varepsilon_0} & (\varepsilon > \varepsilon_0) \end{cases} \quad (6\text{-}3\text{-}2)$$

其中：$\varepsilon_0 = \varepsilon_c + 800\xi_c^{0.2}$；$\varepsilon_c = 1300 + 125f_c'$；$\sigma_0 = f_c$；$\eta = 2$；$\xi = A_s f_y/(A_c f_{ck})$；$\beta = 0.5 \times (2.36 \times 10^{-5})^{0.25 + (\xi - 0.5)^{0.7}} \times (f_c')^{0.5} \times 0.5 \geqslant 0.12$。

式中　ξ——约束效应系数。

对于均匀脱空缺陷构件中的核心混凝土，若在峰值荷载前与外钢管接触，与球冠形脱空缺陷采用相同本构关系模型；若在峰值荷载前未和外钢管发生接触，则采用无约束的素混凝土模型来模拟其力学性能。其中混凝土的单轴应力—应变关系采用 Attard 和 Setunge（1996）中模型，如式（6-3-3）所示。

$$\frac{\sigma_c}{f_c'} = \frac{A(\varepsilon_c/\varepsilon_{c0}) + B(\varepsilon_c/\varepsilon_{c0})}{1 + C(\varepsilon_c/\varepsilon_{c0}) + D(\varepsilon_c/\varepsilon_{c0})^2} \quad (6\text{-}3\text{-}3)$$

$$\varepsilon_{c0} = 4.26 f_c'^{0.75}/E_c$$

式中　f_c'——混凝土圆柱体强度；

ε_{c0}——混凝土圆柱体标准试件应力—应变关系曲线上峰值点的对应应变；

E_c——混凝土的弹性模量。

核心混凝土受拉状态参考沈聚敏等（1993）中提供的混凝土抗拉强度计算式，开裂应力 σ_{t0} 近似按式（6-3-4）确定。

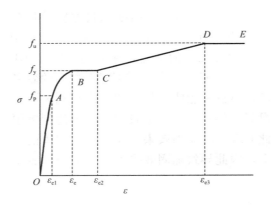

图 6-3-12　钢材的应力（σ）—应变（ε）关系曲线

$$\sigma_{t0} = 0.26 \times (1.25 f'_c)^{2/3} \quad (6\text{-}3\text{-}4)$$

圆钢管和端板均为钢材，其本构关系模型采用韩林海（2016）建议的二次塑流模型，如图 6-3-12 和式（6-3-5）所示。由于 CFRP 为非各项同性材料，在水平纤维方向能承受较大的拉应力，在断裂前表现为线弹性，在其他方向上只能承受较小应力。根据 Ganganagoudar 等（2016）的相关研究，在计算模型中认为纤维方向上 CFRP 的抗拉强度为断裂强度，并满足胡克定律，其他方向的强度设为 0.001MPa。

$$\sigma = \begin{cases} E_s & \varepsilon \leqslant 0.8(f_y/E_s) \\ -A\varepsilon^2 + B\varepsilon + C & 0.8(f_y/E_s) < \varepsilon \leqslant 1.2(f_y/E_s) \\ f_y & 1.2(f_y/E_s) < \varepsilon \leqslant 12(f_y/E_s) \\ f_y\left[1 + \dfrac{\varepsilon}{180(f_y/E_s)} - 1/15\right] & 12(f_y/E_s) < \varepsilon \leqslant 120(f_y/E_s) \\ 1.6f_y & \varepsilon > 120(f_y/E_s) \end{cases} \quad (6\text{-}3\text{-}5)$$

式中　E_s——钢材弹性模量；

f_y——钢材屈服强度；

ε——钢材比例极限对应的应变。

其中：$A = 0.2f_y/[0.4(f_y/E_s)]^2$；$B = 0.24A(f_y/E_s)$；$C = 0.8f_y + A[0.8(f_y/E_s)]^2 - 0.8B(f_y/E_s)$。

2）边界条件

构件主要由上、下端板、钢管、核心混凝土和 CFRP 组成，其中 CFRP 采用壳单元 S4R，其余构件均采用实体单元 C3D8R，以保证网格规整对齐的原则进行划分。根据韩林海（2016）的相关研究，钢管与核心混凝土之间接触后存在法向接触和切向接触，法向接触设置为"硬接触"，使用罚函数定义切向接触，摩擦系数设置为 0.6，对于均匀脱空缺陷构件，钢管和混凝土在受荷初期并未接触，两者之间的初始黏结应力为零，端板与钢管采用"Tie"绑定模拟焊接。由于 CFRP 环形包裹钢管，初始状态不施加预紧力，在竖向荷载下，几乎不发生相对滑移，两者间采用"Tie"绑定。分析模型底端固接，加载端自由，并施加轴向位移加载。以均匀脱空比 $d/D = 1/200$ 为例，计算模型如图 6-3-13 所示。

3）有限元模型的验证

目前尚无学者开展 FRP 加固脱空缺陷钢管混凝土轴压试验，本节将对脱空钢管混凝土轴压试验 Liao 等（2013）进行验证，结合在 6.2 节开展的 FRP 包裹钢管混凝土轴压试验，以确保分析模型的合理性。分别对比其计算结果，结果如图 6-3-14 所示，有限元计算结果与试验结果总体吻合良好。

为了验证有限元分析模型的准确性，采用上述有限元模型对 Ganganagoudar 等（2016）中 CFRP 部分加固圆钢管混凝土轴压试验进行计算，如图 6-3-15 所示，同时也计算了本节完成带 CFRP 加固带缺陷钢管混凝土的试验结果，如图 6-3-16 所示。可见，有限元计算的荷载-位移关系曲线和试验结果总体上吻合良好。

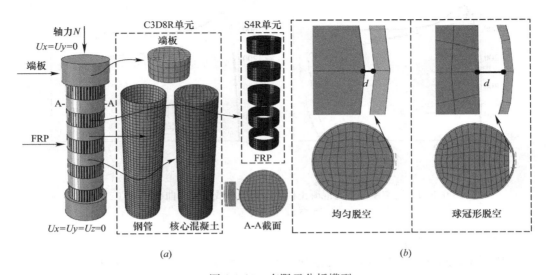

(a)　(b)

图 6-3-13　有限元分析模型

(a) FRP 包裹均匀脱空缺陷圆钢管混凝土柱；(b) 不同脱空缺陷下 A-A 截面

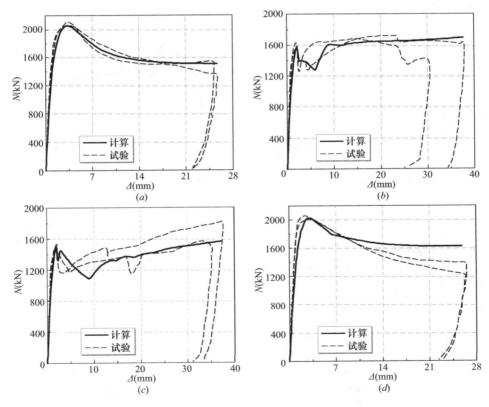

图 6-3-14　脱空缺陷钢管混凝土柱轴压试验曲线与计算曲线比较（一）

(a) 无脱空；(b) 均匀脱空 1；(c) 均匀脱空 2；(d) 球冠脱空 4

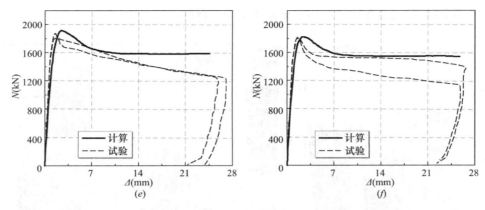

图 6-3-14　脱空缺陷钢管混凝土柱轴压试验曲线与计算曲线比较（二）

（e）球冠脱空 8；（f）球冠脱空 12

4）全过程力学工作机理分析

为研究 FRP 间隔包裹加强均匀脱空缺陷及球冠形脱空缺陷钢管混凝土柱轴压性能的效果，本节将对比分析均匀脱空 1mm、2mm，球冠形脱空 4mm、8mm、12mm 钢管混凝土柱在 FRP 加固前后的 N-Δ 曲线。构件截面直径为 200mm，柱长 720mm，钢管厚度 3mm。并辅以同尺寸无脱空构件作为参考。

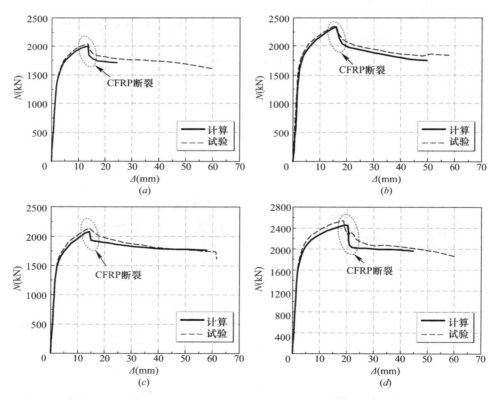

图 6-3-15　CFRP 部分加固钢管混凝土柱轴压试验曲线 Ganganagoudar 等（2016）与计算曲线比较（一）

（a）试件 AS11；（b）试件 AS12；（c）试件 AS22；（d）试件 AS23

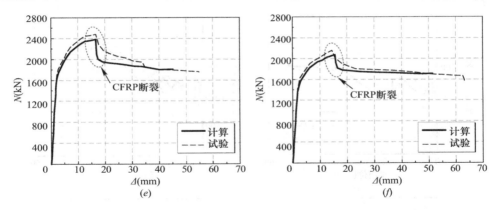

图 6-3-15　CFRP 部分加固钢管混凝土柱轴压试验曲线 Ganganagouda 等（2016）与计算曲线比较（二）

(e) 试件 AS32；(f) 试件 AS33

　　均匀脱空构件在轴向压力作用下的 N-Δ 曲线大致可分为四个阶段，弹性阶段 oa，下降段 ab，波动起伏段 bc，塑性阶段 cd。结果如图 6-3-17（a）所示，其中 a_1b_1 对应未加固前均匀脱空构件，上标"'"对应 FRP 加固后均匀脱空构件，下标 1、2 代表脱空值。

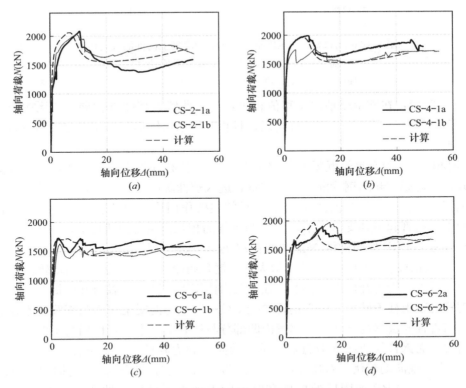

图 6-3-16　计算的 CFRP 加固脱空钢管混凝土构件的轴向荷载

N-轴向位移 Δ 关系曲线与试验结果比较（一）

(a) CS-2-1；(b) CS-4-1；(c) CS-6-1；(d) CS-6-2

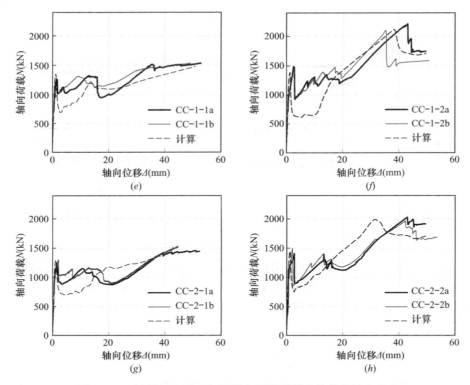

图 6-3-16　计算的 CFRP 加固脱空钢管混凝土构件的轴向荷载
N-轴向位移 Δ 关系曲线与试验结果比较（二）
(e) CC-1-1；（f) CC-1-2；（g) CC-2-1；（h) CC-2-2

① 弹性阶段：在该阶段轴向位移值较小，N-Δ 曲线近似线性发展，与无脱空钢管混凝土相同，钢管及混凝土均处于弹性阶段，且相互作用力较小，在 a 点时，钢管进入弹塑性阶段起点。

② 下降段：无脱空钢管混凝土在 ab 段因钢管与核心混凝土的相互作用，承载力仍有较大提升。均匀脱空缺陷钢管混凝土柱在钢管进入塑性阶段时，钢管发生屈曲，但核心混凝土与钢管尚未接触，且在包裹段 FRP 材料的主要作用为约束钢管混凝土向外凸出，因核心混凝土对钢管起不到支撑作用，FRP 与钢管的相互作用力仍然较小，钢管出现环形屈曲带，导致有无 FRP 加固构件 N-Δ 曲线在 ab 段均出现下降段。

③ 波动起伏段：在轴向位移持续增大下，钢管屈曲及混凝土横向变形继续增大，在 b 点时核心混凝土与钢管开始出现接触，在相互力作用下，轴向承载力开始提升，但由于均匀脱空钢管混凝土柱不同于无脱空钢管混凝土柱，其核心混凝土表面与钢管并不是完全接触。导致随着轴向位移继续增大，钢管内凹部分与核心混凝土相互作用会不断增大，轴向承载力增大，而钢管外凸部分会愈加严重，轴向承载力降低，两者结合使得 N-Δ 曲线在 b_1c_1，b_2c_2 段出现波动起伏。对比发现，由于核心混凝土对钢管内凹有所抑制，FRP 对钢管外凸加以约束，FRP 加固后的构件在此阶段表现出了良好的性能，使得 N-Δ 曲线在 $b_1'c_1'$（$b_2'c_2'$）段有较大提高。

④ 塑性阶段：随着轴向位移的继续增大，均匀脱空构件中钢管的内凹和外凸逐渐趋于稳定，N-Δ 曲线在 cd 段也逐渐平缓。FRP 加固后的构件钢管外凸完全由 FRP 材料约束，在轴

向承载力最高点时，由于钢管显著的鼓屈变形，FRP 发生断裂破坏失去约束作用，导致 N-Δ 曲线在 $c_1'c_1''(c_2'c_2'')$ 段轴向承载力突然下降，之后如同未加固构件，在 $c_1''d'(c_2''d')$ 段趋于平缓。

球冠形脱空构件在轴向压力作用下的 N-Δ 曲线如图 6-3-17（b）所示，其发展趋势与无脱空构件较为接近，主要区别存在于 b 点。在 ab 阶段，因球冠形脱空缺陷存在，核心混凝土与钢管的相互作用弱于无脱空构件，导致钢管在脱空处发生局部屈曲。由于该现象只存在于混凝土发生脱空侧，对承载力影响较小，所以 N-Δ 曲线在 ab 段仍有上升，但在 b 点的极限承载力相对无脱空构件较低，随后出现下降段 bc 并逐渐趋于稳定。对比发现，FRP 加固后的构件在此阶段表现出了良好的性能，因核心混凝土与钢管在 a 点开始发生接触，FRP 开始发挥作用，由于其对构件有着良好的约束作用，N-Δ 曲线在 ab_4' 段有较大提升，到达最大值 b_4' 时，FRP 逐渐发生断裂，轴压承载力不断下降，最终趋于稳定。并且相比于 4mm 球冠形脱空，脱空值越大，相互作用越小，曲线提升越小。

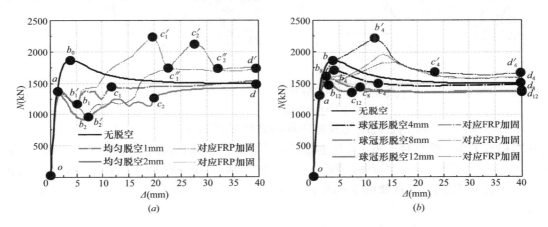

图 6-3-17　脱空缺陷钢管混凝土柱及 FRP 加固后 N-Δ 曲线
（a）均匀脱空钢管混凝土柱加固前后 N-Δ 曲线；（b）球冠形脱空钢管混凝土柱加固前后 N-Δ 曲线

钢管混凝土柱相比于独立的核心混凝土和钢管拥有更加良好的性能主要原因在于钢管与核心混凝土的相互作用，脱空缺陷钢管混凝土柱便是因为相互作用的降低导致承载力的降低。本节通过提取核心混凝土表面接触应力，分析 FRP 加固前后对钢管与核心混凝土之间相互作用的影响。

均匀脱空 2mm 钢管混凝土柱加固前的破坏形式如图 6-3-18（a）所示，由于脱空缺陷的存在，在受力初期，核心混凝土与钢管不发生接触，不能起到有效的支撑和约束作用。随着钢管进入屈服阶段，管身出现环形屈曲带并逐渐外凸或内凹，其中内凹部分逐渐开始与内部膨胀的核心混凝土发生接触，产生接触应力，核心混凝土与钢管之间建立起有效的支撑和约束作用，然而外凸部分依然难以得到有效的抑制，在此阶段，均匀脱空构件的轴压承载力出现起伏波动。

均匀脱空 2mm 钢管混凝土柱加固后的破坏形式如图 6-3-18（b）所示，受力初期钢管未屈服阶段 FRP 不参与受力，轴压承载力与加固前构件一致。在钢管发生屈服时，FRP 开始对钢管产生一定的约束力，且随着核心混凝土对钢管内凹的限制，钢管发生外凸的趋势增加，FRP 的约束力也随之增强，此阶段，核心混凝土、钢管、FRP 之前相互约束力不断增强，限制了 FRP 包裹下的钢管发生局部屈曲，更好地发挥了构件的轴压承载作用。

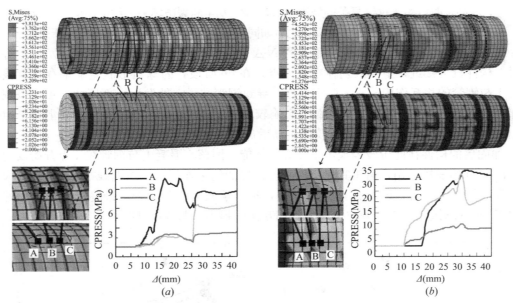

图 6-3-18　均匀脱空 2mm 单元节点接触应力
（a）FRP 加固前；（b）FRP 加固后

　　球冠形脱空 12mm 钢管混凝土柱加固前的破坏形式如图 6-3-19（a）所示，球冠形脱空缺陷相较于均匀脱空对于相互作用的降低较小，但由于其截面的不对称性，在轴压力作用下，构件会向脱空侧发生弯曲，钢管进入屈服阶段时，脱空侧钢管发生局部屈曲，脱空侧中部不能对钢管产生有效的支撑作用，钢管出现内凹和外凸，脱空侧边缘接触应力较大。

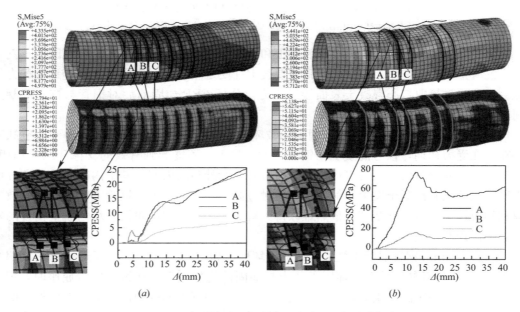

图 6-3-19　球冠形脱空缺陷 12mm 单元节点接触应力
（a）FRP 加固前；（b）进行 FRP 加固后

球冠形脱空 12mm 钢管混凝土柱加固后的破坏形式如图 6-3-19（b）所示，受力初期钢管未屈曲阶段 FRP 不参与受力，轴压承载力与加固前构件一致。与均匀脱空相近，FRP 对出现外凸的钢管有着较高的约束作用，随着轴压力增大，变形的增大使得约束作用也不断增大。不同于均匀脱空构件的是，由于截面的不对称，使得 FRP 在一定时间内发生断裂时，不会出现承载力的骤然下降。

5）参数分析

为研究 FRP 材料间隔包裹对脱空缺陷钢管混凝土柱轴压下的受力性能，探究了不同 FRP 强度、包裹层数、包裹方式对不同脱空形式钢管混凝土柱轴压性能的影响，分别提取不同状态下构件轴压承载力极限值及 N-Δ 曲线，如表 6-3-5 和图 6-3-20 所示，分析结果如下。

无脱空钢管混凝土构件在 FRP 加固前的轴向承载力为 1865.73kN，如表 6-3-5 和图 6-3-20（a）所示。FRP 强度为 3500MPa 时，单层 FRP 间隔包裹构件极限轴压承载力提高了 6.75%，3 层 FRP 间隔包裹构件极限轴压承载力提高了 32.22%，5 层 FRP 间隔包裹构件极限轴压承载力提高了 57.68%，加固效果随 FRP 层数的提高有显著提升。FRP 层数为 3 层时，强度为 3500MPa 的 FRP 间隔包裹构件极限轴压承载力提高了 32.22%，强度为 4500MPa 的 FRP 间隔包裹构件极限轴压承载力提高了 41.48%，强度为 5500MPa 的 FRP 间隔包裹构件极限轴压承载力提高了 52.51%，同等情况下，FRP 强度等级提高，加固效果也越好。在包裹方式上，FRP 强度为 3500MPa，包裹层数为 3 层时，间隔包裹构件承载力提高 32.22%，全包裹构件提升 112.89%，两端包裹及中间包裹构件分别提升 2.27% 和 7.92%。若采用 FRP 加固时过多依靠 FRP 提升轴压承载力，在 FRP 断裂时会产生承载力骤降的情况，所以在适宜 FRP 等级及包裹层数下，对比单位 FRP 增强效果，全包裹以及间隔包裹的方式均有显著提升，实际工程加固时可选取合适加固方式进行。

均匀脱空 1mm 钢管混凝土构件在 FRP 加固前的轴向承载力为 1547.75kN，如表 6-3-5 和图 6-3-20（b）所示。FRP 强度为 3500MPa 时，单层 FRP 间隔包裹构件极限轴压承载力提高了 7.02%，3 层 FRP 间隔包裹构件极限轴压承载力提高了 44.00%，5 层 FRP 间隔包裹构件极限轴压承载力提高了 43.61%，FRP 包裹层数为 3 时构件轴压承载力提高较多，继续增加层数，轴压承载力不会继续提高，但后续承载力下降速率变缓。FRP 层数为 3 层时，强度为 3500MPa 的 FRP 间隔包裹构件极限轴压承载力提高了 44.00%，强度为 4500MPa 的 FRP 间隔包裹构件极限轴压承载力提高了 58.87%，强度为 5500MPa 的 FRP 间隔包裹构件极限轴压承载力提高了 71.40%，同等情况下，FRP 强度等级提高，加固效果也越好。在包裹方式上，FRP 强度为 3500MPa，包裹层数为 3 层时，间隔包裹构件承载力提高 44.00%，全包裹构件提升 87.20%，两端包裹及中间包裹构件分别提升 4.95% 和 12.85%，对比单位 FRP 增强效果，采用适宜 FRP 等级及包裹层数下，全包裹以及间隔包裹的方式均有显著提升，实际工程加固时可选取合适加固方式进行。

均匀脱空 2mm 钢管混凝土构件在 FRP 加固前的轴向承载力为 1423.37kN，如表 6-3-5 和图 6-3-20（c）所示。FRP 强度为 3500MPa 时，单层 FRP 间隔包裹构件极限轴压承载力提高了 5.99%，3 层 FRP 间隔包裹构件极限轴压承载力提高了 49.18%，5 层 FRP 间隔包裹构件极限轴压承载力提高了 46.14%，加固效果随 FRP 层数的提高有显著提升，FRP 包裹层数为 3 时构件轴压承载力提高较多，继续增加层数，轴压承载力不会继续提高，但后续承载力下降速率变缓。FRP 层数为 3 层时，强度为 3500MPa 的 FRP 间隔包裹构件极限轴压承载力提高了 49.18%，强度为 4500MPa 的 FRP 间隔包裹构件极限轴压承载力提高了 76.89%，强度为 5500MPa 的 FRP 间隔包裹构件极限轴压承载力提高了 97.66%，同等情况下，FRP 强度等级提高，加固效果也越好。在包裹方式上，FRP 强度为 3500MPa，包裹层数为 3 层时，间隔包裹构件承载力提高 49.18%，全包裹构件提升 76.67%，两端包裹及中间包裹构件分别提升 8.99% 和 12.71%，对比单位 FRP 增强效果，全包裹以及间隔包裹方式均有显著提升。

　　球冠形脱空 4mm 钢管混凝土构件在 FRP 加固前的轴向承载力为 1711.15kN，如表 6-3-5 和图 6-3-20 (d) 所示。FRP 强度为 3500MPa 时，单层 FRP 间隔包裹构件极限轴压承载力提高了 5.17%，3 层 FRP 间隔包裹构件极限轴压承载力提高了 28.69%，5 层 FRP 间隔包裹构件极限轴压承载力提高了 42.96%，加固效果随 FRP 层数的提高有显著提升；FRP 层数为 3 层时，强度为 3500MPa 的 FRP 间隔包裹构件极限轴压承载力提高了 28.69%，强度为 4500MPa 的 FRP 间隔包裹构件极限轴压承载力提高了 38.67%，强度为 5500MPa 的 FRP 间隔包裹构件极限轴压承载力提高了 50.72%，相同情况下，FRP 强度等级提高，加固效果也越好。FRP 强度为 3500MPa，包裹层数为 3 层时，间隔包裹构件承载力提高 28.69%，全包裹构件提升 101.33%，两端包裹及中间包裹构件分别降低 5.30% 和提升 6.97%，若采用 FRP 加固时过多依靠 FRP 提升轴压承载力，在 FRP 断裂时会产生承载力骤降的情况，所以在适宜 FRP 等级及包裹层数下，对比单位 FRP 增强效果，全包裹以及间隔包裹的方式均有显著提升。

　　球冠形脱空 8mm 钢管混凝土构件在 FRP 加固前的轴向承载力为 1620.06kN，如表 6-3-5 和图 6-3-20 (e) 所示。FRP 强度为 3500MPa 时，单层 FRP 间隔包裹构件极限轴压承载力提高了 2.92%，3 层 FRP 间隔包裹构件极限轴压承载力提高了 20.85%，5 层 FRP 间隔包裹构件极限轴压承载力提高了 44.04%，加固效果随 FRP 层数的提高有显著提升；FRP 层数为 3 层时，强度为 3500MPa 的 FRP 间隔包裹构件极限轴压承载力提高了 20.85%，强度为 4500MPa 的 FRP 间隔包裹构件极限轴压承载力提高了 33.44%，强度为 5500MPa 的 FRP 间隔包裹构件极限轴压承载力提高了 47.26%，同等情况下，FRP 强度等级提高，加固效果也越好。FRP 强度为 3500MPa，包裹层数为 3 层时，间隔包裹构件承载力提高 20.85%，全包裹构件提升 77.30%，两端包裹及中间包裹构件分别降低 2.32% 和提升 1.89%，若采用 FRP 加固时过多依靠 FRP 提升轴压承载力，在 FRP 断裂时会产生承载力骤降的情况，所以在适宜 FRP 等级及包裹层数下，对比单位 FRP 增强效果，全包裹以及间隔包裹的方式均有显著提升。

　　球冠形脱空 12mm 钢管混凝土构件在 FRP 加固前的轴向承载力为 1513.79kN，如表 6-3-5 和图 6-3-20 (f) 所示。FRP 强度为 3500MPa 时，单层 FRP 间隔包裹构件极限轴压承载力提高了 3.18%，3 层 FRP 间隔包裹构件极限轴压承载力提高了 21.03%，5 层 FRP 间隔包裹构件极限轴压承载力提高了 34.88%，加固效果随 FRP 层数的提高有显著提升；FRP 层数为 3 层时，强度为 3500MPa 的 FRP 间隔包裹构件极限轴压承载力提高了 21.03%，强度为 4500MPa 的 FRP 间隔包裹构件极限轴压承载力提高了 32.38%，强度为 5500MPa 的 FRP 间隔包裹构件极限轴压承载力提高了 45.07%，同等情况下，FRP 强度等级提高，加固效果也越好。FRP 强度为 3500MPa，包裹层数为 3 层时，间隔包裹构件承载力提高 21.03%，全包裹构件提升 75.94%，两端包裹及中间包裹构件分别提升

4.68％和2.80％，若采用FRP加固时过多依靠FRP提升轴压承载力，在FRP断裂时会产生承载力骤降的情况，所以在适宜FRP等级及包裹层数下，对比单位FRP增强效果，全包裹以及间隔包裹的方式均有显著提升。

有限元计算参数　　　　　　　　　　　　　　　　　表 6-3-5

脱空形式	分析参数	编号	截面尺寸 $D \times L \times t$(mm)	钢管强度 (MPa)	混凝土强度 (MPa)	FRP强度 (MPa)	包裹层数	包裹方式	承载力 (kN)
无脱空	无脱空	AP-NG-1	200×720×3	345	C40	无	无	无	1865.73
	包裹层数	AP-NG-2	200×720×3	345	40	3500	1层	间隔包裹	1991.73
		AP-NG-3	200×720×3	345	40	3500	3层	间隔包裹	2466.90
		AP-NG-4	200×720×3	345	40	3500	5层	间隔包裹	2941.92
	FRP强度	AP-NG-5	200×720×3	345	40	4500	3层	间隔包裹	2639.62
		AP-NG-6	200×720×3	345	40	5500	3层	间隔包裹	2845.55
	包裹方式	AP-NG-7	200×720×3	345	40	3500	3层	全包裹	3971.88
		AP-NG-8	200×720×3	345	40	3500	3层	两端包裹	1908.01
		AP-NG-9	200×720×3	345	40	3500	3层	中间包裹	2013.41
均匀脱空 1mm	无脱空	AP-CG-11	200×720×3	345	40	无	无	无	1547.75
	包裹层数	AP-CG-12	200×720×3	345	40	3500	1层	间隔包裹	1656.33
		AP-CG-13	200×720×3	345	40	3500	3层	间隔包裹	2228.70
		AP-CG-14	200×720×3	345	40	3500	5层	间隔包裹	2222.77
	FRP强度	AP-CG-15	200×720×3	345	40	4500	3层	间隔包裹	2458.90
		AP-CG-16	200×720×3	345	40	5500	3层	间隔包裹	2652.78
	包裹方式	AP-CG-17	200×720×3	345	40	3500	3层	全包裹	2897.4
		AP-CG-18	200×720×3	345	40	3500	3层	两端包裹	1624.32
		AP-CG-19	200×720×3	345	40	3500	3层	中间包裹	1746.57
均匀脱空 2mm	无脱空	AP-CG-21	200×720×3	345	40	无	无	无	1423.37
	包裹层数	AP-CG-22	200×720×3	345	40	3500	1层	间隔包裹	1508.63
		AP-CG-23	200×720×3	345	40	3500	3层	间隔包裹	2123.39
		AP-CG-24	200×720×3	345	40	3500	5层	间隔包裹	2080.08
	FRP强度	AP-CG-25	200×720×3	345	40	4500	3层	间隔包裹	2517.73
		AP-CG-26	200×720×3	345	40	5500	3层	间隔包裹	2813.39
	包裹方式	AP-CG-27	200×720×3	345	40	3500	3层	全包裹	2514.73
		AP-CG-28	200×720×3	345	40	3500	3层	两端包裹	1551.31
		AP-CG-29	200×720×3	345	40	3500	3层	中间包裹	1604.22
球冠形脱空 4mm	无脱空	AP-SG-41	200×720×3	345	40	无	无	无	1711.15
	包裹层数	AP-SG-42	200×720×3	345	40	3500	1层	间隔包裹	1799.66
		AP-SG-43	200×720×3	345	40	3500	3层	间隔包裹	2202.07
		AP-SG-44	200×720×3	345	40	3500	5层	间隔包裹	2446.31
	FRP强度	AP-SG-45	200×720×3	345	40	4500	3层	间隔包裹	2372.77
		AP-SG-46	200×720×3	345	40	5500	3层	间隔包裹	2579.01
	包裹方式	AP-SG-47	200×720×3	345	40	3500	3层	全包裹	3445.04
		AP-SG-48	200×720×3	345	40	3500	3层	两端包裹	1620.4
		AP-SG-49	200×720×3	345	40	3500	3层	中间包裹	1830.49

续表

脱空形式	分析参数	编号	截面尺寸 $D \times L \times t$(mm)	钢管强度（MPa）	混凝土强度（MPa）	FRP强度（MPa）	包裹层数	包裹方式	承载力（kN）
球冠形脱空 8mm	无脱空	AP-SG-81	200×720×3	345	40	无	无	无	1620.06
	包裹层数	AP-SG-82	200×720×3	345	40	3500	1层	间隔包裹	1667.37
		AP-SG-83	200×720×3	345	40	3500	3层	间隔包裹	1957.81
		AP-SG-84	200×720×3	345	40	3500	5层	间隔包裹	2333.54
	FRP强度	AP-SG-85	200×720×3	345	40	4500	3层	间隔包裹	2161.82
		AP-SG-86	200×720×3	345	40	5500	3层	间隔包裹	2385.62
	包裹方式	AP-SG-87	200×720×3	345	40	3500	3层	全包裹	2872.44
		AP-SG-88	200×720×3	345	40	3500	3层	两端包裹	1582.40
		AP-SG-89	200×720×3	345	40	3500	3层	中间包裹	1650.69
球冠形脱空 12mm	无脱空	AP-SG-121	200×720×3	345	40	无	无	无	1513.79
	包裹层数	AP-SG-122	200×720×3	345	40	3500	1层	间隔包裹	1561.87
		AP-SG-123	200×720×3	345	40	3500	3层	间隔包裹	1832.12
		AP-SG-124	200×720×3	345	40	3500	5层	间隔包裹	2041.87
	FRP强度	AP-SG-125	200×720×3	345	40	4500	3层	间隔包裹	2003.99
		AP-SG-126	200×720×3	345	40	4500	3层	间隔包裹	2195.98
	包裹方式	AP-SG-127	200×720×3	345	40	3500	3层	全包裹	2663.35
		AP-SG-128	200×720×3	345	40	3500	3层	两端包裹	1584.58
		AP-SG-129	200×720×3	345	40	3500	3层	中间包裹	1556.17

　　每种加固方式对不同脱空类型的提升效果不尽相同，综合对比如图 6-3-21 所示：考虑 FRP 包裹层数时，对比所有脱空类型提升效果，包裹 3 层的效果远远大于包裹 1 层，但对于均匀脱空混凝土，继续增加 FRP 层数，对其极限轴压承载力提升不大。考虑 FRP 强度时，对比所有脱空类型提升效果，随着 FRP 强度从 3500MPa 到 5500MPa，提升效果也近似线性增加。考虑 FRP 包裹形式时，因材料使用量有区别，以间隔包裹材料量为标准，对全包裹、两端包裹和中间包裹做近似处理，在可控制范围内牺牲一些精度，使对比结果更加直观，结果显示，全包裹和间隔包裹对构件提升较大，两端包裹和中间包裹提升较小。

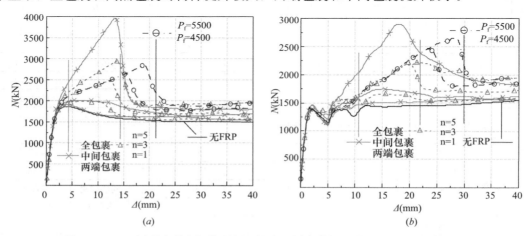

图 6-3-20　不同形式脱空钢管混凝土柱在不同参数加固前后的 N-Δ 曲线（一）

(a) 无脱空；(b) 均匀脱空 1mm

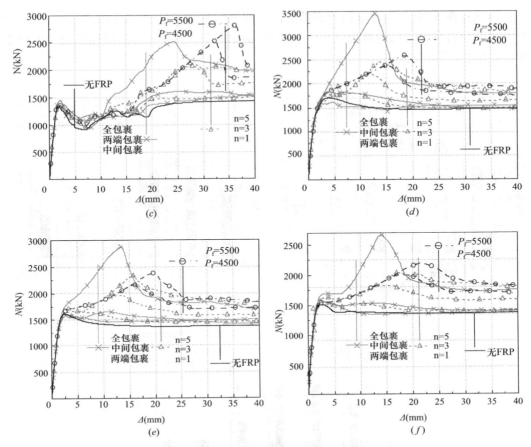

图 6-3-20　不同形式脱空钢管混凝土柱在不同参数加固前后的 N-Δ 曲线（二）

（c）均匀脱空 2mm；（d）球冠脱空 4/mm；（e）球冠脱空 8mm；（f）球冠脱空 12mm

6）小结

① 本文建立了 FRP 加固前后不同脱空缺陷形式下钢管混凝土柱的有限元分析模型，可用于评价对轴压下脱空缺陷钢管混凝土柱的 FRP 加固效果。

② 在轴压力不断增大的过程中，FRP 包裹段的 FRP、钢管与核心混凝土之间的接触作用力与钢管的变形关系较大。在钢管混凝土柱中核心混凝土仅能对钢管提供支撑作用，因为脱空缺陷的存在，使得钢管在屈服时与核心混凝土并不完全接触，出现向外鼓屈，使得轴压承载力较低。但是 FRP 的约束效应有效增强了三者之间的接触力，使得钢管混凝土的相互作用有着进一步的提升。

③ 对于球冠形脱空缺陷混凝土柱，FRP 加固后的 N-Δ 曲线表现出了良好的形态，增强效果显著，且整体曲线较为平滑；对于均匀脱空缺陷钢管混凝土柱，因对钢管环形外凸屈曲带的约束，FRP 能够很好地解决钢管与核心混凝土接触后轴压承载力的起伏波动问题，使得轴压承载力稳定上升。

④ 包裹层数和 FRP 强度的提高能够提高脱空钢管混凝土柱的轴压承载力，但加固时应选择合适的加固方式，如果过度依靠 FRP 提供的约束力来提高脱空缺陷构件轴压承载

力，会导致其在 FRP 断裂时承载力骤然下降。间隔包裹和全包裹都可以作为选择的加固包裹方式，全包裹提供的约束力更强，间隔包裹可以避开一些不易进行加固施工的位置。工程中可根据实际情况选择合适的加固方式。

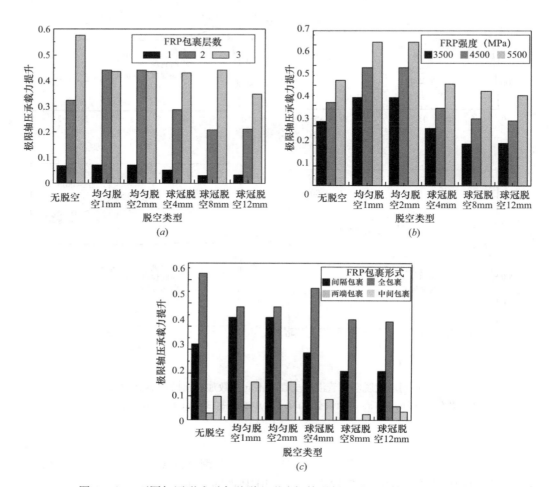

图 6-3-21　不同加固形式对各种脱空形式钢管混凝土柱极限轴压承载力提升
(a) FRP 包裹层数；(b) FRP 强度；(c) FRP 包裹形式

（2）CFRP 加固带脱空缺陷的钢管混凝土偏压构件有限元分析

本节建立了偏压下 FRP 加固脱空缺陷钢管混凝土柱的有限元模型，研究了偏压下 FRP 材料加固不同脱空形式缺陷钢管混凝土柱的工作原理，揭示了钢管、核心混凝土以及 FRP 材料的受力状态，分析了脱空构件加固后的典型轴压—位移曲线，结果显示 FRP 材料加固后的脱空构件承载力及延性均有所提升性。最后探讨了偏心率、脱空值、钢材强度、混凝土强度、径厚比、FRP 材料的抗拉强度、包裹层数、包裹间距等诸多参数的影响规律，构件的偏压极限承载力随着偏心率、脱空值、径厚比、裹间距的增大而降低，随着钢管、混凝土材料强度以及层数的增大而增大，FRP 材料强度的提高会增加构件延性，研究成果可供 FRP 加固脱空钢管混凝土构件设计和应用提供参考依据。

1）有限元模型

有限元模型主要由上下端板、钢管、核心混凝土和 FRP 组成，材料模型参数同前节所述，计算模型中 FRP 采用壳单元 S4R，其他部件均采用实体单元 C3D8R。因脱空缺陷的存在空隙，核心混凝土与钢管之间采用本书 6.3.2.1 节中介绍的接触进行定义，端板和钢管之间、FRP 与钢管之间均采用"Tie"。计算模型底端与加载端边界条件为铰接，并施加轴向位移。以均匀脱空 2mm 为例，计算模型如图 6-3-22（a）所示，球冠形脱空截面及脱空值 d 定义如图 6-3-22（b）所示。

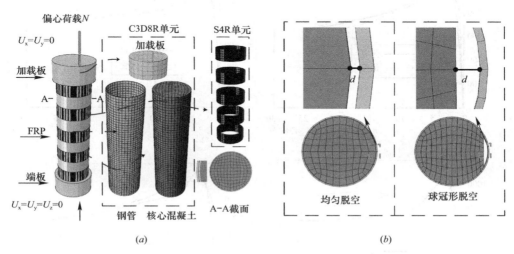

图 6-3-22 有限元分析模型
（a）FRP 包裹均匀脱空缺陷钢管混凝土柱；（b）不同脱空缺陷形式的 d 值

2）有限元模型验证

目前尚无学者开展偏压下 FRP 加固脱空缺陷钢管混凝土试验，本节对 Liao 等（2012）进行的脱空钢管混凝土偏压试验进行验证，结合在 6.2 节开展的 FRP 包裹钢管混凝土偏压试验，以确保有限元分析模型的可靠性，结果如图 6-3-23 所示，可见有限元计算结果与试验结果总体吻合良好。

3）全过程曲线非线性分析

为研究 FRP 间隔包裹对均匀脱空缺陷及球冠形脱空缺陷钢管混凝土柱偏压性能的提升效果，图 6-3-24 给出了无脱空、脱空构件及 FRP 间隔包裹下钢管混凝土偏压构件典型 N-Δ 关系曲线图。并且分析受力过程中钢管、核心混凝土以及 FRP 材料的应力变化情况。计算参数：尺寸 $D \times t \times L$ 为 200mm×3mm×720mm，Q345 钢，C50 混凝土，$e/r = 0.3$，FRP 抗拉强度为 3500MPa，包裹宽度和间隔均为 80mm。

无脱空构件在偏压作用下的下 N-Δ 曲线大致可分为三个阶段，弹性阶段 oa，弹塑性阶段 ab_0，以及下降段 bm。而均匀脱空构件大致可分为弹性阶段 oa，弹塑性阶段 ab_1，以及接触前后两个下降段 b_1c 和 cd；在 oa 阶段，钢管及核心混凝土都处于弹性阶段，相互作用力较小，N-Δ 曲线近似线性发展，ab_1 阶段，钢管开始进入弹塑性阶段，承载力仍有所提升，但是由于核心混凝土不能够提供有效支撑，钢管更早的进入屈服阶段，极限承载力较无脱空构件有所下降。b_1c 阶段承载力不断下降，但随着挠度的不断增大，钢管与核心混凝土之间的相互作用也不断增大，所以构件承载力在此阶段有一定的恢复。FRP 材料加固构件因为可以提供更加有效的钢管约束力，使得钢管与核心混凝土的接触部位较未加固构件更加稳定，承载力也有一定的提高。在 d 点时，FRP 达到最大承载力并逐渐退出工作，承载力也不断下降，趋向无加固构件。

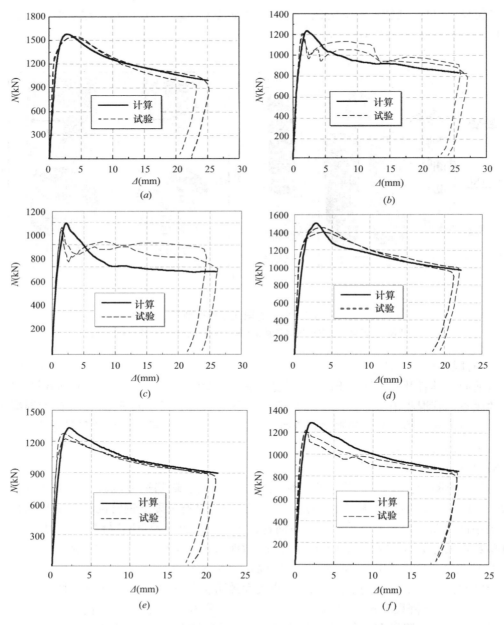

图 6-3-23　脱空缺陷钢管混凝土柱偏压试验曲线与计算曲线比较

（a）无脱空；（b）均匀脱空 1；（c）均匀脱空 2；（d）球冠脱空 4；（e）球冠脱空 8；（f）球冠脱空 12

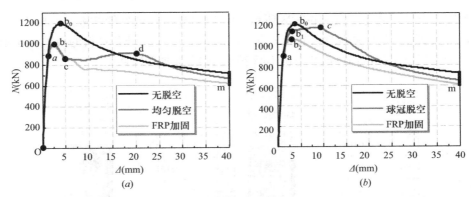

图 6-3-24　偏压荷载下 FRP 包裹脱空钢管混凝土构件典型 N-Δ 关系曲线

(a) 均匀脱空 1mm；(b) 球冠形脱空 4mm

　　均匀脱空构件典型 N-Δ 关系曲线图上 b、c 两点对应的钢管 Mises 应力及纵向应力分布如图 6-3-25 所示，均匀脱空构件在 b 点达到其极限承载力时，钢管受压区已经进入屈服阶段。随着加载的继续进行，由于均匀脱空缺陷的存在，钢管表面逐渐产生褶皱，应力在褶皱处较为集中且不断发展。bc 阶段，钢管混凝土与核心混凝土之间存在的空隙导致钢管受拉侧与核心混凝土几乎没有相互作用，Mises 应力保持较低水平，钢管受压侧与核心混凝土发生接触，产生相互作用，特别在 FRP 包裹段，钢管内凹有核心混凝土的支撑，外凸有 FRP 的包裹，能够有效地对钢管提供支撑及约束，相对于无包裹段集中应力较小，纵向承载能力较强。随着挠度不断增大，钢管受拉区面积逐渐增大，受压区面积逐渐减小，应力也慢慢达到极限。

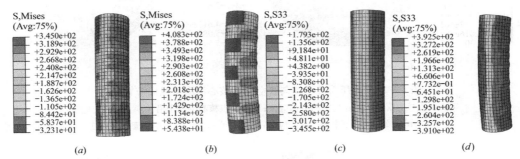

图 6-3-25　偏压荷载下均匀脱空构件钢管 Mises 应力及纵向应力分布

(a) b 点钢管 Mises 应力；(b) c 点钢管 Mises 应力；(c) b 点钢管纵向应力；(d) c 点钢管纵向应力

　　核心混凝土在 b、c 点沿长度方向以及中截面的纵向应力分布如图 6-3-26 所示，在构件达到极限承载力时，由于脱空间隙的存在，混凝土两端局部压应力较大，构件整体受压区及受拉区分布仍然较为均匀，随着加载的进行，长度方向上，纵向最大应力从构件中部开始出现，不断向两边发展，但由于 FRP 的存在，在截面 1、3 局部有所提高。由中截面纵向应变可见，随着加载的不断进行，核心混凝土受拉区不断增大，受压面积逐渐减少。

　　FRP 材料在 b、c 两点时的环向拉应力如图 6-3-27 所示，构件在达到 b 点之前，钢管变形较小，FRP 提供的约束也较为有限，环向拉应力处于较低水平。b 点开始钢管进入屈服阶段，FRP 对钢管的约束力逐渐增大。随着加载的继续进行，钢管挠度增大，钢管与核心混凝土开始产生接触，钢管内凹被支撑，FRP 产生的约束力也不断加强，使得钢管与核心混凝土之间接触应力有显著提高，如图 6-3-28 所示。因 FRP 提供了较好的约束力，构件承载力不断增大，大大加强了构件的延性。直至 c 点，环向拉应力达到 FRP 材料的极限抗拉承载力，FRP 开始慢慢退出工作，构件承载力也不断下降，趋向无加固构件。

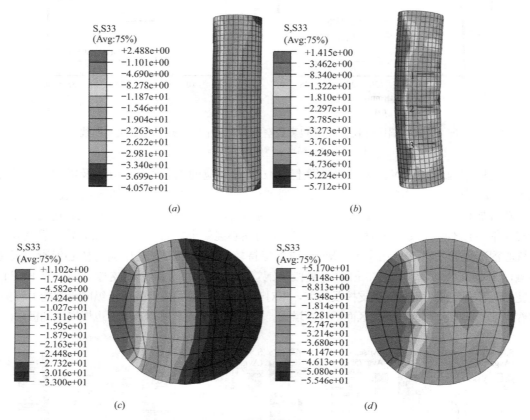

图 6-3-26　偏压荷载下均匀脱空构件核心混凝土纵向应力分布

（a）b 点核心混凝土沿长度方向纵向应变；（b）c 点核心混凝土沿长度方向纵向应变；
（c）b 点核心混凝土中截面纵向应变；（d）b 点核心混凝土中截面纵向应变

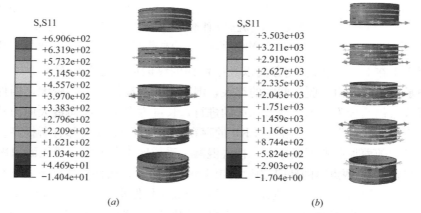

图 6-3-27　偏压荷载下均匀脱空构件 FRP 材料环向拉应力

（a）b 点；（b）c 点

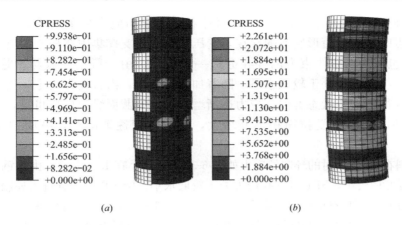

图 6-3-28　偏压荷载下均匀脱空构件核心混凝土侧表面接触应力

(a) b 点；(b) c 点

　　球冠形脱空混凝土构件大致可分为弹性阶段 oa，弹塑性阶段 ab_1，强化段 b_1c 以及下降段 cm 四个阶段：在 oa 阶段，钢管与核心混凝土之间相互作用力较小，且处于弹性阶段，N-Δ 曲线近似线性发展，ab_1 阶段，钢管进入弹塑性阶段，承载力仍有所提升。在 b_1 点时，由于受压侧脱空缺陷的存在，钢管较早进入屈服状态，钢管与核心混凝土的接触面积相较于均匀脱空，受球冠形脱空的影响较小，核心混凝土仍然能够提供较多的支撑力，也使得 FRP 材料能够更好地进入工作状态，所以在 b_1c 阶段，因 FRP 的加固效果较为明显，构件承载力依然能够保持上升状态，在 c 点时，FRP 达到极限抗拉应力并逐渐退出工作，承载力也不断下降，趋向无加固构件。

　　球冠形脱空构件典型 N-Δ 关系曲线图上 b、c 两点对应的钢管 Mises 应力及纵向应力分布如图 6-3-29 所示，在 b 点时，核心混凝土在球冠形脱空缺陷下依然能够对绝大部分钢管有着较好的支撑效果，钢管未发生局部屈曲，表面应力分布较为均匀，受拉与受压区域分布与无脱空钢管类似，钢管受压区开始进入屈服阶段。随着加载的继续进行，在 bc 阶段，偏心压力增大，脱空缺陷带来的负面影响逐渐明显，由于脱空处不能得到有效支撑，脱空处两侧以及 FRP 未包裹段应力相对较大，整体应力分布仍然较为均匀，承载力缓慢上升。随着挠度不断增大，钢管受拉区面积不断增大，应力也慢慢达到极限。

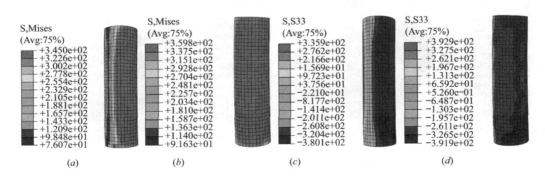

图 6-3-29　偏压荷载下球冠形脱空构件钢管 Mises 应力及纵向应力分布

(a) b 点钢管 Mises 应力；(b) c 点钢管 Mises 应力；(c) b 点钢管纵向应力；(d) c 点钢管纵向应力

　　核心混凝土在 b、c 点沿长度方向以及中截面的纵向应力分布如图 6-3-30 所示，构件加载至 b 点时，因球冠形脱空的存在，受压区钢管的支撑集中在核心混凝土脱空处两侧，且 FRP 包裹处由于约束力的存在会进一步增大，由于脱空区域与钢管完全脱离，仅单向承压，纵向应力处于较低水平。随着加载的进行，沿长度方向上，构件受压区纵向应力发展规律同初始状态类似，应力逐渐增大，由中截面纵向应变可见，随着加载的不断进行，核心混凝土受拉面积不断增大，受压面积逐渐减少，纵向拉压应变不断增大。

　　FRP 材料在 b、c 点时的环向拉应力如图 6-3-31 所示，在 b 点之前，由于钢管处于弹性阶段，且挠度变形较小，FRP 环向拉应力处于较低水平。b 点开始钢管进入屈服阶段，随着钢管的形变增大，FRP 对钢管的约束力逐渐增强，主要集中在球冠形脱空构件钢管与核心混凝土接触交界处。随着加载的进行，钢管变形继续增大，混凝土表面与钢管的接触应力不断增强，如图 6-3-32 所示。FRP 产生的约束力也不断加强，相互作用的加强使得钢管能够较好地继续发挥性能，构件承载力缓慢增大。c 点时，该处 FRP 材料达到极限抗拉承载力，FRP 开始慢慢退出工作，构件承载力也不断下降，趋向无加固构件。

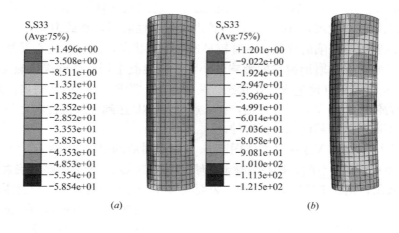

(a) 　　　　　　　　　　　　　　　(b)

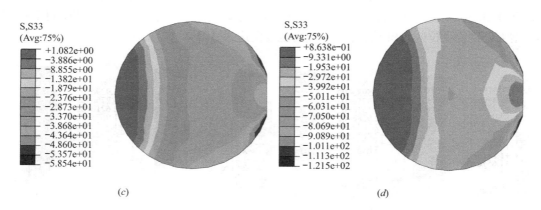

(c) 　　　　　　　　　　　　　　　(d)

图 6-3-30　偏压荷载下球冠形脱空核心混凝土纵向应力分布

(a) b 点核心混凝土沿长度方向纵向应变；(b) c 点核心混凝土沿长度方向纵向应变

(c) b 点核心混凝土中截面纵向应变；(d) c 点核心混凝土中截面纵向应变

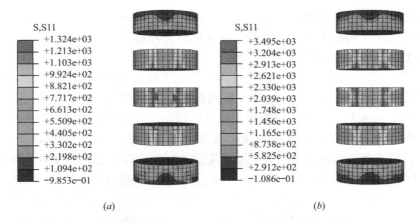

图 6-3-31　偏压荷载下球冠形脱空构件 FRP 材料环向拉应力

(*a*) b 点；(*b*) c 点

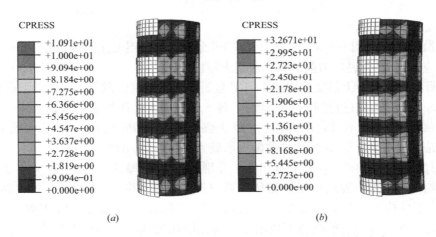

图 6-3-32　偏压荷载下均匀脱空构件核心混凝土侧表面接触应力

(*a*) b 点；(*b*) c 点

4）参数分析

为研究偏压荷载下 FRP 材料对脱空缺陷钢管混凝土柱的加固效果，分别探究了不同偏心率（e/r）、脱空值（d）、钢材强度（f_y）、混凝土强度（f_{cu}）、径厚比（D/t）以及 FRP 强度（f_p）及包裹方式等参数对两种脱空形式构件偏压承载力性能的影响，提取了不同参数下构件偏压承载力极限值及 N-Δ 曲线，标准构件信息如下：截面尺寸为 200mm×720mm×3mm，钢材强度为 345MPa，混凝土强度为 50MPa，径厚比为 66.66，偏心率为 0.3，FRP 强度为 3500MPa，包裹层数为 3 层，条带宽度为 80mm，包裹间隔为 80mm，其中均匀脱空的脱空标准值设置为 1mm，球冠形脱空标准值设置为 4mm，偏压极限强度分别为 998.01kN 和 1164.00kN。如表 6-3-6、表 6-3-7 和图 6-3-33、图 6-3-34 所示，分析结果如下。

对于均匀脱空，分析结果如下。

① 偏心率。图 6-3-33（*a*）和表 6-3-6 分别给出了偏心率为 0.3、0.6、0.9 对应的 FRP 包裹均匀脱空钢管混凝土短柱偏压荷载（N）-纵向位移（Δ）曲线。计算结果表明，

随着偏心率的增加，FRP包裹均匀脱空钢管混凝土短柱的偏压承载力不断降低。与偏心率为0.3的构件相比，偏心率为0.6构件的偏压承载力降低了27.57%；偏心率为0.9构件的偏压承载力降低了45.63%。

② 脱空值。图6-3-33（b）和表6-3-6分别给出了脱空值为4、8、12对应的FRP包裹均匀脱空钢管混凝土短柱偏压荷载（N）-纵向位移（Δ）曲线。计算结果表明，随着脱空值的增加，FRP包裹均匀脱空钢管混凝土短柱的偏压承载力降低较少。与脱空值为4的构件相比，脱空值为8和12的构件的偏压承载力分别仅降低了1.53%和2.87%，钢管进入屈服阶段后，脱空值较大的构件因为混凝土支撑的减少，构件延性出现明显降低。

③ 钢材强度。图6-3-33（c）和表6-3-6分别给出了钢材强度为235MPa、345MPa、420MPa对应的FRP包裹均匀脱空钢管混凝土短柱偏压荷载（N）-纵向位移（Δ）曲线。计算结果表明，不同钢材强度下的荷载位移曲线发展趋势相似，随着钢材强度的增加，FRP包裹均匀脱空钢管混凝土短柱的偏压承载力不断提高。与钢材强度为345MPa的构件相比，钢材强度为235MPa构件的偏压承载力降低了11.98%；钢材强度为420MPa构件的偏压承载力提高了5.91%。

④ 混凝土强度。图6-3-33（d）和表6-3-6分别给出了混凝土强度为30MPa、50MPa、60MPa对应的FRP包裹均匀脱空钢管混凝土短柱偏压荷载（N）-纵向位移（Δ）曲线。计算结果表明，随着混凝土强度的增加，FRP包裹均匀脱空钢管混凝土短柱的偏压极限承载力不断提高，但在加载进行到一定程度时，各等级混凝土构件的偏压承载力趋于一致。与混凝土强度为50MPa的构件相比，混凝土强度为30MPa构件的偏压承载力降低了9.70%；混凝土强度为60MPa构件的偏压承载力提高了25.54%。

⑤ 径厚比。图6-3-33（e）和表6-3-6分别给出了径厚比为66.66、40、25对应的FRP包裹均匀脱空钢管混凝土短柱偏压荷载（N）-纵向位移（Δ）曲线。计算结果表明，不同径厚比下的构件荷载位移曲线发展趋势相似，且随着径厚比的降低，FRP包裹均匀脱空钢管混凝土短柱的偏压承载力不断增加。与径厚比为66.66的构件相比，径厚比为40构件的偏压承载力提高了37.73%；径厚比为25构件的偏压承载力提高了77.34%。

⑥ FRP抗拉强度。图6-3-36（f）和表6-3-6分别给出了FRP抗拉强度为3500MPa、4500MPa、5500MPa对应的FRP包裹均匀脱空钢管混凝土短柱偏压荷载（N）-纵向位移（Δ）曲线。计算结果表明，随着抗拉强度的增加，FRP包裹均匀脱空钢管混凝土短柱的极限偏压承载力无明显变化，FRP材料抗拉强度的提高使得加固后的构件在延性上有所增强。

⑦ FRP包裹层数。图6-3-33（g）和表6-3-6分别给出了包裹层数为0、1、3、5对应的FRP包裹均匀脱空钢管混凝土短柱偏压荷载（N）-纵向位移（Δ）曲线。计算结果表明，随着包裹层数的增加，FRP包裹均匀脱空钢管混凝土短柱的偏压承载力有较微弱的提高，但构件在后续加载过程中，由于核心混凝土提供给钢管有效支撑，FRP材料的约束力随着层数的增加而增加，使得构件承载力有着进一步提升。

⑧ FRP包裹间隔。图6-3-33（h）和表6-3-6分别给出了包裹间隔为240、80、48、0对应的FRP包裹均匀脱空钢管混凝土短柱偏压荷载（N）-纵向位移（Δ）曲线。计算结果表明，随着包裹间隔的减小，FRP包裹均匀脱空钢管混凝土短柱的偏压极限承载力不断提高，这是由于钢管屈服后FRP材料的约束作用使得构件承载力再次上升，而构件弹塑性

阶段承载力无较大变化，该提升可以有效避免由于脱空缺陷导致钢管屈曲产生的突然破坏。与包裹间隔为 80 的构件相比，包裹间隔为 240 构件的偏压承载力降低了 1.2%；包裹层数为 48 构件的偏压承载力提高了 2.06%；包裹层数为 0 的构件偏压承载力提高了 32.79%。

FRP 加固均匀脱空构件极限承载力　　　　　表 6-3-6

参数	试件编号	钢管截面尺寸 $2a×L×t$(mm)	钢管强度(MPa)	混凝土强度(MPa)	径厚比 α	偏心率 e/r	脱空值(mm)	FRP强度(MPa)	FRP层数 n	包裹条数(mm)	极限承载力(kN)
标准试件	CG-EP-SC	200×720×3	345	50	66.66	0.3	1	3500	3	80	998.01
偏心率	CG-EP-11	200×720×3	345	50	66.66	0.6	1	3500	3	80	722.94
	CG-EP-12	200×720×3	345	50	66.66	0.9	1	3500	3	80	542.57
脱空值	CG-EP-21	200×720×3	345	50	66.66	0.3	2	3500	3	80	982.78
	CG-EP-22	200×720×3	345	50	66.66	0.3	3	3500	3	80	970.41
钢材强度	CG-EP-31	200×720×3	235	50	66.66	0.3	1	3500	3	80	878.46
	CG-EP-32	200×720×3	420	50	66.66	0.3	1	3500	3	80	1056.96
混凝土强度	CG-EP-41	200×720×3	345	30	66.66	0.3	1	3500	3	80	901.17
	CG-EP-42	200×720×3	345	60	66.66	0.3	1	3500	3	80	1252.95
径厚比	CG-EP-51	200×720×5	345	50	40	0.3	1	3500	3	80	1374.54
	CG-EP-52	200×720×8	345	50	25	0.3	1	3500	3	80	1769.90
FRP强度	CG-EP-61	200×720×3	345	50	66.66	0.3	1	4500	3	80	997.94
	CG-EP-62	200×720×3	345	50	66.66	0.3	1	5500	3	80	998.01
FRP层数	CG-EP-71	200×720×3	345	50	66.66	0.3	1	3500	0	80	986.77
	CG-EP-72	200×720×3	345	50	66.66	0.3	1	3500	1	80	993.69
	CG-EP-73	200×720×3	345	50	66.66	0.3	1	3500	5	80	995.43
CFRP加固间隔	CG-EP-81	200×720×3	345	50	66.66	0.3	1	3500	3	0	1325.22
	CG-EP-82	200×720×3	345	50	66.66	0.3	1	3500	3	48	1018.58
	CG-EP-83	200×720×3	345	50	66.66	0.3	1	3500	3	240	985.70

对于球冠形脱空分析，分析结果如下。

① 偏心率。图 6-3-34（a）和表 6-3-7 分别给出了偏心率为 0.3、0.6、0.9 对应的 FRP 包裹球冠形脱空钢管混凝土短柱偏压荷载（N）-纵向位移（Δ）曲线。计算结果表

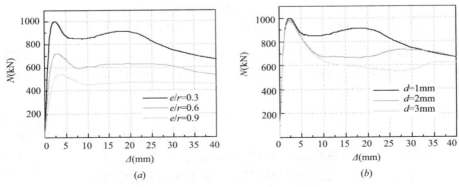

图 6-3-33　FRP 加固均匀脱空构件 N-Δ 曲线（一）

（a）偏心率；（b）脱空值

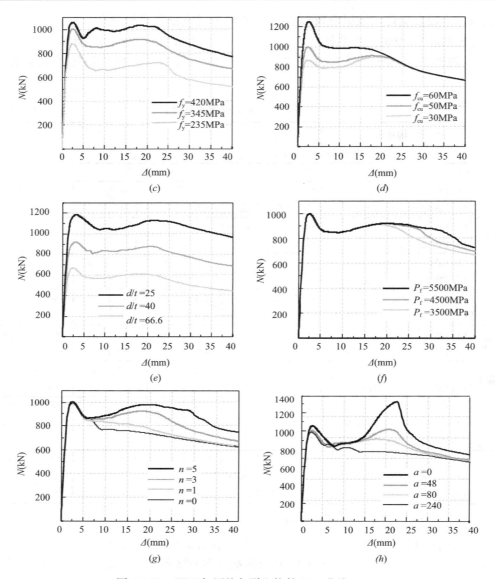

图 6-3-33　FRP 加固均匀脱空构件 N-Δ 曲线（二）

（c）钢材强度；（d）混凝土强度；（e）径厚比；（f）FRP 强度；（g）包裹层数；（h）包裹间距

明，随着偏心率的增加，FRP 包裹球冠形脱空钢管混凝土短柱的偏压承载力不断降低。与偏心率为 0.3 的构件相比，偏心率为 0.6 构件的偏压承载力降低了 29.72%；偏心率为 0.9 构件的偏压承载力降低了 48.05%。

② 脱空值。图 6-3-34（b）和表 6-3-7 分别给出了脱空值为 4、8、12 对应的 FRP 包裹球冠形脱空钢管混凝土短柱偏压荷载（N）-纵向位移（Δ）曲线。计算结果表明，脱空值较低时，核心混凝土在钢管屈曲前便可以提供有效支撑，使得承载力进一步提高，随着脱空值的增加，核心提供有效支撑的时间后移，若发生在钢管屈曲之后，脱空值的增大对构件极限偏压承载力影响较低，但后续延性较差。与脱空值为 4 的构件相比，脱空值为 8 和 12 的构件的偏压承载力分别降低了 9.74% 和 10.38%。

③ 钢材强度。图 6-3-34（c）和表 6-3-7 分别给出了钢材强度为 235MPa、345MPa、420MPa 对应的 FRP 包裹球冠形脱空钢管混凝土短柱偏压荷载（N）-纵向位移（Δ）曲线。计算结果表明，不同钢材强度下的荷载位移曲线发展趋势相似，随着钢材强度的增加，FRP 包裹球冠形脱空钢管混凝土短柱的偏压承载力不断提高。与钢材强度为 345MPa 的构件相比，钢材强度为 235MPa 构件的偏压承载力降低了 15.92%；钢材强度为 420MPa 构件的偏压承载力提高了 10.58%。

④ 混凝土强度。图 6-3-34（d）和表 6-3-7 分别给出了混凝土强度为 30MPa、50MPa、60MPa 对应的 FRP 包裹球冠形脱空钢管混凝土短柱偏压荷载（N）-纵向位移（Δ）曲线。计算结果表明，随着混凝土强度的增加，FRP 包裹球冠形脱空钢管混凝土短柱的偏压极限承载力不断提高，但在轴向位移逐渐增大时，各等级混凝土构件承载力趋于一致。与混凝土强度为 50MPa 的构件相比，混凝土强度为 30MPa 构件的偏压承载力降低了 4.17%；混凝土强度为 60MPa 构件的偏压承载力提高了 19.23%。

⑤ 径厚比。图 6-3-34（e）和表 6-3-7 分别给出了径厚比为 66.66、40、25 对应的 FRP 包裹球冠形脱空钢管混凝土短柱偏压荷载（N）-纵向位移（Δ）曲线。计算结果表明，不同径厚比下的构件荷载位移曲线发展趋势相似，且随着径厚比的降低，FRP 包裹球冠形脱空钢管混凝土短柱的偏压承载力不断降低。与径厚比为 66.66 的构件相比，径厚比为 40 构件的偏压承载力提高了 45.41%；径厚比为 25 构件的偏压承载力提高了 74.57%。

⑥ FRP 抗拉强度。图 6-3-34（f）和表 6-3-7 分别给出了 FRP 抗拉强度为 3500MPa、4500MPa、5500MPa 对应的 FRP 包裹球冠形脱空钢管混凝土短柱偏压荷载（N）-纵向位移（Δ）曲线。计算结果表明，随着抗拉强度的增加，FRP 包裹球冠形脱空钢管混凝土短柱的极限偏压承载力无明显变化，不同抗拉强度下 FRP 材料使得加固后的构件在延性上有所增强。

⑦ FRP 包裹层数。图 6-3-34（g）和表 6-3-7 分别给出了包裹层数为 0、1、3、5 对应的 FRP 包裹球冠形脱空钢管混凝土短柱偏压荷载（N）-纵向位移（Δ）曲线。计算结果表明，随着包裹层数的增加，FRP 包裹球冠形脱空钢管混凝土短柱的偏压承载力不断提高，与包裹层数为 3 的构件相比，包裹层数为 0 的构件降低了 9.78%，包裹层数为 1 的构件降低了 6.45%，包裹层数为 5 的构件增大了 8.44%，且随着包裹层数的增加，构件的延性也有所增加，但在 FRP 退出工作后，承载力趋于一致。

⑧ FRP 包裹间隔。图 6-3-34（h）和表 6-3-7 分别给出了包裹间隔为 240、80、48、0 对应的 FRP 包裹球冠形脱空钢管混凝土短柱偏压荷载（N）-纵向位移（Δ）曲线。计算结果表明，随着包裹间隔的减小，FRP 包裹球冠形脱空钢管混凝土短柱的偏压极限承载力不断提高。包裹间隔为 80 的构件相比，包裹间隔为 240 构件的偏压承载力降低了 7.14%；包裹层数为 48 构件的偏压承载力提高了 7.77%；包裹层数为 0 构件的偏压承载力提高了 33.22%。

FRP 加固球冠形脱空构件极限承载力　　　　表 6-3-7

参数	试件编号	钢管截面尺寸 $2a \times L \times t$(mm)	钢管强度(MPa)	混凝土强度(MPa)	径厚比 α	偏心率 e/r	脱空值(mm)	FRP强度(MPa)	FRP层数 n	包裹条数(mm)	极限承载力(kN)
标准试件	SG-EP-SC	$200 \times 720 \times 3$	345	50	66.66	0.3	4	3500	3	80	1164.00
偏心率	SG-EP-11	$200 \times 720 \times 3$	345	50	66.66	0.6	4	3500	3	80	818.11
	SG-EP-12	$200 \times 720 \times 3$	345	50	66.66	0.9	4	3500	3	80	604.73

续表

参数	试件编号	钢管截面尺寸 $2a \times L \times t$ (mm)	钢管强度 (MPa)	混凝土强度 (MPa)	径厚比 α	偏心率 e/r	脱空值 (mm)	FRP强度 (MPa)	FRP层数 n	包裹条数 (mm)	极限承载力 (kN)
脱空值	SG-EP-21	200×720×3	345	50	66.66	0.3	8	3500	3	80	1050.67
	SG-EP-22	200×720×3	345	50	66.66	0.3	12	3500	3	80	1043.17
钢材强度	SG-EP-31	200×720×3	235	50	66.66	0.3	4	3500	3	80	978.66
	SG-EP-32	200×720×3	420	50	66.66	0.3	4	3500	3	80	1287.14
混凝土强度	SG-EP-41	200×720×3	345	30	66.66	0.3	4	3500	3	80	1115.50
	SG-EP-42	200×720×3	345	60	66.66	0.3	4	3500	3	80	1387.89
径厚比	SG-EP-51	200×720×5	345	50	40	0.3	4	3500	3	80	1692.59
	SG-EP-52	200×720×8	345	50	25	0.3	4	3500	3	80	2032.05
FRP强度	SG-EP-61	200×720×3	345	50	66.66	0.3	4	4500	3	80	1182.22
	SG-EP-62	200×720×3	345	50	66.66	0.3	4	5500	3	80	1182.56
FRP层数	SG-EP-71	200×720×3	345	50	66.66	0.3	4	3500	0	80	1050.13
	SG-EP-72	200×720×3	345	50	66.66	0.3	4	3500	1	80	1088.90
	SG-EP-73	200×720×3	345	50	66.66	0.3	4	3500	5	80	1262.22
CFRP加固间隔	SG-EP-81	200×720×3	345	50	66.66	0.3	4	3500	3	0	1550.69
	SG-EP-82	200×720×3	345	50	66.66	0.3	4	3500	3	48	1254.42
	SG-EP-83	200×720×3	345	50	66.66	0.3	4	3500	3	240	1080.90

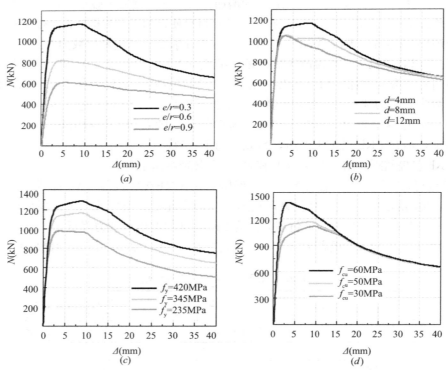

图 6-3-34　偏压下 FRP 部分加固球冠形脱空钢管混凝土柱的 N-Δ 曲线（一）
（a）偏心率；（b）脱空比；（c）钢材强度；（d）混凝土强度

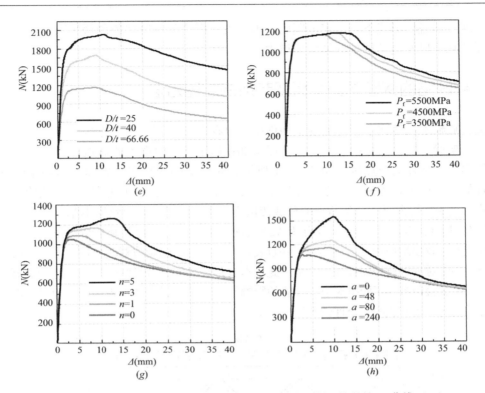

图 6-3-34　偏压下 FRP 部分加固球冠形脱空钢管混凝土柱的 N-Δ 曲线（二）

(e) 径厚比；(f) FRP 强度；(g) 包裹层数；(h) 包裹间隔

5）小结

① 本节建立了 CFRP 加固下不同脱空缺陷形式下钢管混凝土偏压柱的有限元分析模型，经试验验证，与试验数据吻合良好；可用于评价轴压下脱空缺陷钢管混凝土柱的 CFRP 加固效果。

② 均匀脱空构件由于在水平截面上钢管与核心混凝土完全脱离，在钢管产生屈服前，核心混凝土不能提供有效支撑作用，FRP 材料无法产生良好的包裹效果，承载力会出现一定程度的下降。随着荷载的不断增大，三者之间相互作用力的产生及不断提高使得承载力有一定的回升，球冠形脱空在截面接触上相较于均匀脱空表现良好，在钢管屈服时承载力不会出现突然下降，FRP 材料与核心混凝土较早参与受力，使得构件承载力进一步提高。

③ 脱空缺陷的存在导致受偏压荷载时钢管受压侧中部易发生局部屈曲，应力较为集中，构件出现一定程度形变，屈服后承载力突然下降，受到核心混凝土支撑及 FRP 材料包裹作用后有所减缓。核心混凝土在球冠形脱空中，脱空处承压有所下降，受均匀脱空影响较小，整体上两者均能够较好的发挥其性能。FRP 在钢管产生一定形变时介入工作，其包裹作用会减缓钢管的变形，使得承载力以及构件延性有一定程度的提高，环向拉力达到最大抗拉极限值时逐渐断裂，退出工作。

④ 脱空构件偏压承载力极限值随着偏心率和径厚比的增大而减小，随着钢材强度、混凝土强度的增大而增大，FRP 材料强度的增大使得构件延性有所提升。在均匀脱空形式下，构件延性随着脱空值的减小，包裹层数的增加以及包裹间距的减小使承载力回升加

大；在球冠形脱空形式下，一定范围内，承载力极限值随着脱空值的增大而减小，随着包裹间隔的减小以及包裹层数的增大而增大。

6.4 带缺陷的钢管混凝土桁架节点的加固方法

脱空缺陷不仅存在于钢管混凝土构件中，也存在于钢管混凝土连接节点中。对于钢管混凝土桁架梁，其下弦杆中的混凝土截面顶部在施工过程中产生的球冠形脱空缺陷正好处于主管和支管连接的节点区，如图 6-4-1 所示。脱空缺陷的存在一方面会削弱主管混凝土对钢管的支撑作用，另一方面也会导致支管传递给主管钢管的内力无法完全地传递给混凝土，从而改变钢管混凝土桁架节点的荷载传递机制和失效模式，导致原本基于"强节点、弱构件"准则进行抗震设计的结构实际上无法实现该准则。而钢管混凝土结构由于具有优越的抗震性能而被较多地应用于高烈度区，一旦发现存在脱空缺陷则将对其抗震安全产生影响，因此十分有必要对其进行加固补强。有鉴于此，本节开展了带球冠形脱空缺陷的钢管混凝土桁架节点的滞回试验，考察了脱空对节点性能的影响，以及采用焊接环口板加固的效果，以期为实际钢管混凝土桁架节点的安全评估和加固技术提供参考。

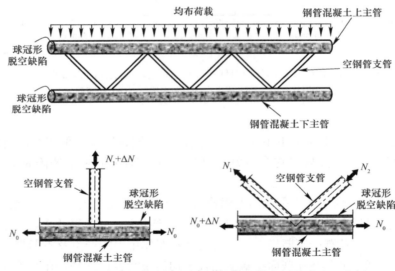

图 6-4-1 带球冠形脱空缺陷的钢管混凝土桁架连接节点示意图

6.4.1 试验概况

(1) 试件设计

共进行了 12 个圆钢管混凝土 T 型桁架节点在主管受恒定轴向拉力和支管受往复荷载作用下的滞回试验，试验参数为：脱空率（χ）、主管径厚比（γ）、是否加固。试件信息列于表 6-4-1 中，其中，D 和 D_0 分别为主管和支管试件的截面外径；L 和 L_0 分别为主管和支管试件的长度；t 和 t_0 分别为主管和支管的壁厚；χ 为主管内核心混凝土脱空率（对于球冠形脱空缺陷：$\chi=d_s/D$，d_s 为球冠形脱空值，如图 6-4-2 所示）；β 为支管与主管直径的比值；γ 为主管直径与壁厚的比值。试件设计时所考虑的主要参数为脱空率（$\chi=0$、

2.2%、6.6%）；主管直径与厚度的比值（$D/t = 41.3$、55.0）；节点区主管是否用环口板加固。对于节点区域加固的环口板：环口板长度 l_c 取主管直径的 1.5 倍、厚度 t_c 取主管壁厚的 2 倍，在设计环口板加强的节点试件时，选取内径与主管外径相同的钢管，切割成型且具有与主管相同的曲率，使其主管外表面和环口板内表面贴切吻合，另外环口板需要预先开孔且对预留孔边缘进行坡口削弱，以便和相贯线处焊缝能够贴合接触。图 6-4-3 给出了节点试件的几何尺寸示意图。

试件信息表

表 6-4-1

序号	试件编号	主管（mm）		主管（mm）		χ（%）	β	γ	是否加固
		$D \times L$	t	$D_0 \times L_0$	t_0				
1	TAN-4-4a	165×900	4.0	76×450	4.0	0	0.46	41.3	否
2	TAN-4-4b	165×900	4.0	76×450	4.0	0	0.46	41.3	否
3	TA6-4-4a	165×900	4.0	76×450	4.0	6.6	0.46	41.3	否
4	TA6-4-4b	165×900	4.0	76×450	4.0	6.6	0.46	41.3	否
5	TA6-4-4Ra	165×900	4.0	76×450	4.0	6.6	0.46	41.3	是
6	TA6-4-4Rb	165×900	4.0	76×450	4.0	6.6	0.46	41.3	是
7	TAN-4-5a	165×900	3.0	76×450	4.0	0	0.46	55.0	否
8	TAN-4-5b	165×900	3.0	76×450	4.0	0	0.46	55.0	否
9	TA6-4-5a	165×900	3.0	76×450	4.0	6.6	0.46	55.0	否
10	TA6-4-5b	165×900	3.0	76×450	4.0	6.6	0.46	55.0	否
11	TA6-4-5Ra	165×900	3.0	76×450	4.0	6.6	0.46	55.0	是
12	TA6-4-5Rb	165×900	3.0	76×450	4.0	6.6	0.46	55.0	是

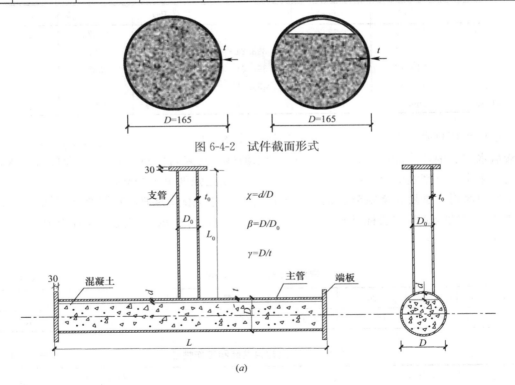

图 6-4-2　试件截面形式

$\chi = d/D$

$\beta = D/D_0$

$\gamma = D/t$

(a)

图 6-4-3　试件几何尺寸示意图（一）

(a) 无加固节点试件

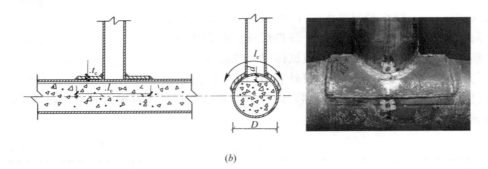

(b)

图 6-4-3　试件几何尺寸示意图（二）

(b) 加固节点试件

（2）材料性能

本试验节点的支管与主管钢管均采用同一批制 Q235 直缝钢管。材性试件从制作 T 型钢管相贯节点的主管与支管上截取，其形状与尺寸规格均按照《金属材料　拉伸试验　第 1 部分：室温试验方法》GB/T 228—2010 的要求制作。每种钢材均试验三个材性试件，实测的钢材各项材性指标平均值见表 6-4-2，其中，f_y 为钢材屈服强度；f_u 为钢材极限抗拉强度；E_s 为弹性模量；ν 为泊松比；δ 为延伸率。

钢材材性试验结果　　　　　　　　　　　　表 6-4-2

$D \times t$	f_y(MPa)	$\varepsilon_y(\mu\varepsilon)$	f_u(MPa)	E_s(GPa)	υ	δ(%)
165×4.00	320.18	2127.34	384.95	183.8	0.274	20.87
165×2.75	305.64	2673.37	398.24	187.7	0.277	33.75
140×4.00	315.42	2266.67	395.61	192.5	0.271	30.05
76×4.00	373.60	2284.12	453.91	189.2	0.270	12.60
环口板	366.78	1871.59	511.47	202.8	0.278	20.57

试件采用自密实混凝土浇筑，其设计强度等级为 C40。混凝土材料选用：42.5R 普通硅酸盐水泥、福州华能电厂粉煤灰、闽江清水河砂、玄武岩碎石、TW-PS 聚羧酸减水剂、普通自来水。自密实混凝土配合比见表 6-4-3。混凝土强度由 150mm×150mm×150mm 立方体试块测得，试块在浇筑节点试件的同时制作且同等条件养护，并按照国家标准《混凝土物理力学性能试验方法标准》GB/T 50081—2019 进行测试。实测的混凝土力学性能和工作性能指标见表 6-4-4。

混凝土配合比（kg/m³）　　　　　　　　　表 6-4-3

混凝土设计强度	水	砂	水泥	粉煤灰	石子	减水剂
C40	187.25	759.94	263.67	175.82	1013.26	4.40

实测的混凝土材料性能和工作性能　　　　　表 6-4-4

混凝土类型	坍落度(mm)	扩展度(mm)	28d 的 f_{cu}(MPa)	试验时 f_{cu}(MPa)	弹性模量 E_c(MPa)	泊松比
C40	270	560	37.68	39.43	28266.8	0.2

对于无脱空的节点试件，直接从主管顶端将混凝土灌入。对于球冠形脱空的节点试件，在浇筑之前将根据不同脱空率设计不同尺寸的钢板（厚度均为 2mm、长度为1000mm，钢板两侧均坡口），然后在混凝土浇筑前将钢板置于管内并临时固定以制造要求的脱空值（d_s）。最后待混凝土浇筑后 3d 抽去钢板，从而形成如图 6-4-4 所示的"球冠形脱空缺陷"。所有试件浇筑完成后，在焊接端板前，将混凝土表面的浮浆用砂轮磨平并用高强环氧砂浆进行抹平处理从而保证在加载时，钢管与混凝土共同受力。

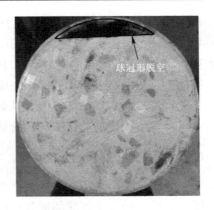

图 6-4-4　脱空试件截面

（3）试验装置和加载制度

图 6-4-5 所示为节点试验装置。试验过程中将钢管混凝土 T 型节点弦管水平放置（腹管竖直方便竖向往复荷载的施加），故主管两端端板与两个平板铰连接，允许其可以在平面内转动。试验中主管所受轴拉力通过水平放置在反力墩一侧的拉压千斤顶施加并在加载过程中保持恒定。支管所受往复荷载由 MTS 伺服加载系统施加，作动器与试件腹杆的端板通过高强螺栓连接。

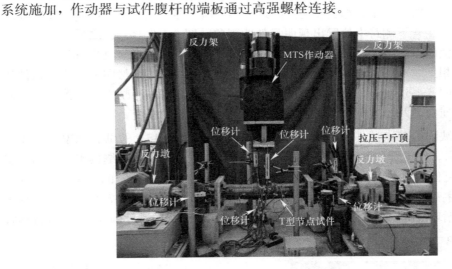

图 6-4-5　试验装置

MTS 伺服作动器数据采集系统可采集荷载—位移关系曲线，支管循环荷载作用方向的纵向位移利用位移计进行测量，并与 MTS 系统采集的数据进行校核，主管轴向变形和试验过程中试件端板两端反力墩的变形均布置位移计进行测量，本试验在装置上共布置 7 个位移计。其中安装在支管端板下部的 1 号和 2 号位移计量程分别为 100mm 和 200mm，用于校核 MTS 的结果。3 号和 4 号位移计分别安装在两端平板铰与反力墩连接的端板上，量程均为 100mm，用于测量支座沉降，以消除试验误差。5 号和 6 号位移计量程为 50mm，安装在反力墩与平板铰连接端板的内侧，用于记录试件的纵向位移。在主管跨中位置安装量程为 100mm 的 7 号位移计，用于测量主管下部位移的变化是否与支管位移一致。

节点试件的往复荷载参照 ATC-24（1992）建议的荷载—位移双控制方法施加，在试件达到屈服强度前采用荷载分级控制加载，分别按 $0.25P_u$、$0.5P_u$、$0.7P_u$ 进行加载，其

中 P_u 为采用有限元计算的承载力；试件达到屈服强度（Δ_y）后，采用位移控制加载，按 $1\Delta_y$、$1.5\Delta_y$、$2.0\Delta_y$、$3.0\Delta_y$、$5.0\Delta_y$、$7.0\Delta_y$、$8.0\Delta_y$ 进行加载，其中 Δ_y 为试件的屈服位移，由 $0.7P_{max}$ 来确定：$\Delta_y = 0.7P_{max}/K_{sec}$，$K_{sec}$ 为荷载达到 $0.7P_{max}$ 时荷载—变形曲线的割线刚度。由荷载控制加载时，每级荷载循环 2 圈，当位移控制加载时，前 3 级荷载（$1\Delta_y$、$1.5\Delta_y$、$2.0\Delta_y$）均循环 3 圈，其余分别循环 2 圈。试验终止加载的条件为：钢管混凝土节点试件发生明显的脆性破坏、荷载下降至峰值荷载的 85%，或节点发生焊缝破坏。

6.4.2　试件破坏模态

试验过程中，所有节点试件在达到屈服荷载之前其外观都没有明显的变形及破坏特征。之后，随着支管端部加载位移的不断增大，试件进入弹塑性阶段，此时不同参数的节点试件则表现出不同的破坏形态。

典型无脱空试件（TAN-4-4a，$\chi = 0$，$\gamma = 0.46$）的试验现象与破坏形态如图 6-4-6 所示。加载位移达到 $1.5 \sim 2.0\Delta_y$ 时，听到试件内有微小的混凝土被压碎的声音。当加载至 $3.0\Delta_y$ 时，主管已表现出明显的弯曲变形，支主管相贯线焊趾冠点附近出现微小环形鼓曲。当加载至 $5.0\Delta_y$ 时，支主管相贯线冠点附近环形鼓曲明显［图 6-4-6（a）］，反向加载至受拉半循环时，主管下侧跨中位置出现明显鼓曲现象［图 6-4-6（b）］。之后，随着支管端部加载位移幅值的不断增大，支管在反复加载过程中其相贯线冠点附近出现裂纹。当裂纹逐渐发展直至相贯线冠点附近主管突然被拉断，导致试件承载力突然明显下降，试件达到破坏状态，如图 6-4-6（c）所示。在加载过程中，由于主管核心混凝土的支撑作用，使钢管未出现内凹屈曲，两者的相互作用使节点试件保持了较高的刚度。

典型带脱空缺陷的节点试件（TA6-4-4a，$\chi = 6.6\%$，$\gamma = 0.46$）的试验现象与破坏形态如图 6-4-7 所示。在支管位移加载至 $2.0 \sim 3.0\Delta_y$ 时，支主管相贯线焊缝两侧出现凹陷现象。随着支管往复位移的不断增大，脱空缺陷的存在削弱了主管内混凝土的支撑作用，导致主管表面围绕支主管相贯线冠点出现椭圆形内凹和扁平化现象，如图 6-4-7（a）所示。继续加载，由于拉压循环荷载使相贯线附近的主管刚度下降，最后节点试件的主管焊缝被拉断，试件破坏，如图 6-4-7（b）所示。

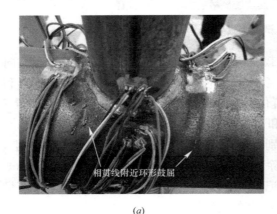
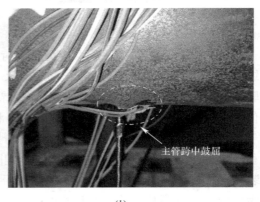

相贯线附近环形鼓屈

主管跨中鼓屈

（a）　　　　　　　　　　　　　　　　　　（b）

图 6-4-6　无脱空试件破坏模态（TAN-4-4a）（一）

（a）$5.0\Delta_y$，支管受压；（b）$5.0\Delta_y$，支管受拉

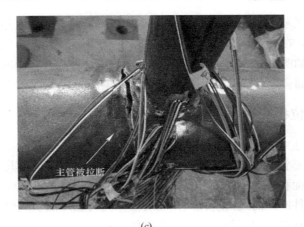

(c)

图 6-4-6　无脱空试件破坏模态（TAN-4-4a）（二）

(c) 主管钢管断裂

(a)

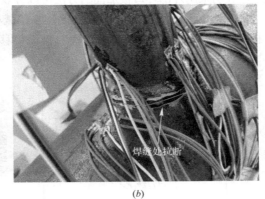

(b)

图 6-4-7　脱空试件破坏模态（TA6-4-4a）

(a) 3.0Δy；(b) 最终破坏模态

典型加固节点试件（TA6-4-4Ra，χ＝6.6％，γ＝0.46，环口板加固）的试验现象与破坏
形态如图 6-4-8 所示。在支管位移加载至 3.0～5.0Δy 时，环口板两侧主管出现凹陷、扁平现象，

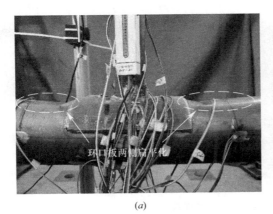

(a)

(b)

图 6-4-8　加固试件破坏模态（TA6-4-4Ra）

(a) 5.0Δy；(b) 最终破坏模态

但环扣板加固的节点区未出现破坏现象，如图 6-4-8（*a*）所示。之后，随着位移继续增大，试件弯曲变形愈加明显，在支管受拉时主管下侧出现鼓屈变形。最终环口板一侧的主管钢管被拉断而导致试件破坏，如图 6-4-8（*b*）所示。在加载过程中，环口板加固的节点区未观察到有明显的破坏现象。总体而言，环口板加固可以弥补脱空缺陷导致的强度和刚度损失。

6.4.3　荷载（*P*）-位移（*Δ*）滞回关系曲线

实测的钢管混凝土 T 型节点试件的荷载（*P*）-位移（*Δ*）滞回关系曲线如图 6-4-9 所示，其中，定义荷载值在支管受拉为正、受压为负。可见，所有节点试件其滞回关系曲线都较为饱满，滞回环的包络面积较大，反映了试件具有较高的耗能能力。相较于无脱空试件，脱空缺陷的存在不仅使试件滞回曲线出现轻微捏缩现象，同时也降低了试件的极限位移，表明缺陷的存在会导致试件耗能能力下降。对于加固试件，其滞回环饱满程度和极限位移均较脱空试件大大提高，加固试件的滞回环饱满程度和无脱空试件基本一致，且极限位移均超过了无脱空试件，表明采用外部环口板加固的方法可以有效弥补内部混凝土缺陷所带来的不利影响。

由图 6-4-9 还可以看到，随着主管径厚比减小（主管壁厚增大），节点试件的滞回环包络面积和极限承载力均明显增大，而对极限位移则影响有限。

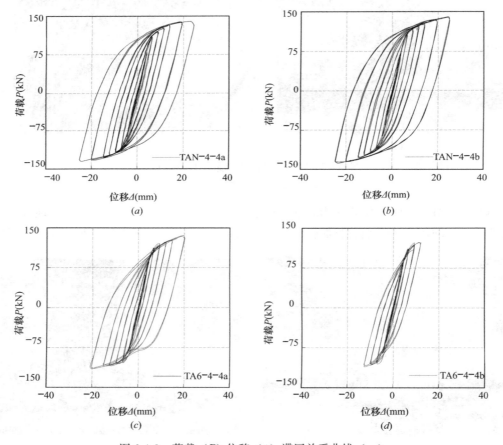

图 6-4-9　荷载（*P*）-位移（*Δ*）滞回关系曲线（一）

（*a*）TAN-4-4a（无脱空，*γ*=41.3）；（*b*）TAN-4-4b（无脱空，*γ*=41.3）；

（*c*）TA6-4-4a（脱空，*γ*=41.3）；（*d*）TA6-4-4b（脱空，*γ*=41.3）

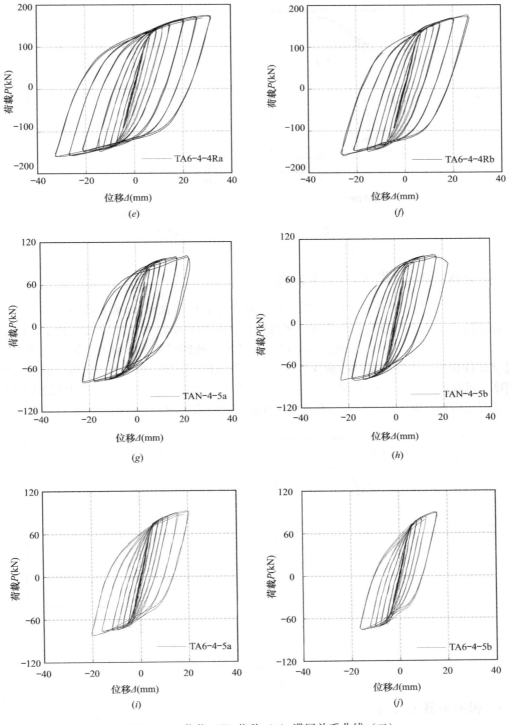

图 6-4-9　荷载（P)-位移（Δ）滞回关系曲线（二）

(e) TA6-4-4Ra（加固，$\gamma=41.3$)；（f) TA6-4-4Rb（加固，$\gamma=41.3$)；

(g) TAN-4-5a（无脱空，$\gamma=55.0$)；（h) TAN-4-5b（无脱空，$\gamma=55.0$)；

(i) TA6-4-5a（脱空，$\gamma=55.0$)；（j) TA6-4-5b（脱空，$\gamma=55.0$)

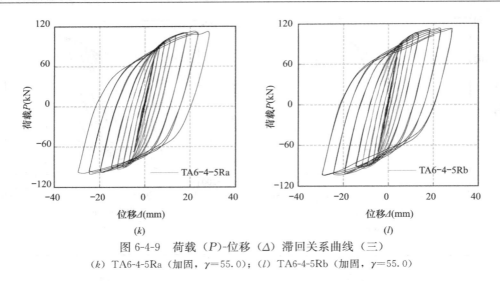

图 6-4-9 荷载（P）-位移（Δ）滞回关系曲线（三）

(k) TA6-4-5Ra（加固，$\gamma=55.0$）；(l) TA6-4-5Rb（加固，$\gamma=55.0$）

6.4.4 荷载（P）-位移（Δ）骨架曲线

实测的节点试件荷载（P）-位移（Δ）滞回关系骨架曲线如图 6-4-10 所示。可见，P-Δ 骨架曲线总体上可分为三个阶段：弹性阶段、弹塑性阶段和强化阶段。脱空缺陷的存在会导致 P-Δ 骨架线的弹性刚度轻微下降，而其对弹塑性刚度则影响更为显著。同时，和无脱空试件相比，带缺陷试件的承载力和极限位移均有所降低。对于加固试件，其弹塑性阶段刚度、承载力、极限位移不仅大大高于无加固的脱空试件，而且也高于相应的无脱空试件，表明采用环口板加固方法可以有效地弥补脱空所带来的刚度和承载力损失。

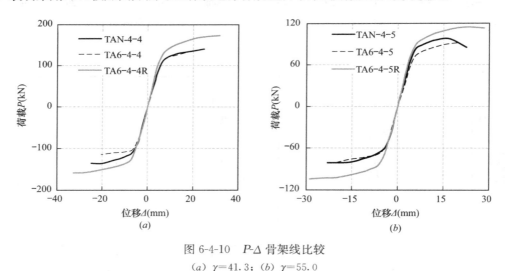

图 6-4-10 P-Δ 骨架线比较

(a) $\gamma=41.3$；(b) $\gamma=55.0$

6.4.5 极限承载力比较

由于试验实测的荷载-位移关系曲线无明显屈服点，无法直接确定试件的屈服位移，因此参考陈娟（2011）中的计算方法，取荷载-位移滞回骨架曲线弹性段延伸线与过峰值点切线交点处的位移为屈服位移 Δ_y，其对应的荷载为屈服荷载 P_y，试件破坏时对应的位移和荷载

取为破坏位移 $\Delta_{\max}$ 和破坏荷载 $P_{\max}$。所有试件的屈服位移、屈服荷载、破坏位移、破坏荷载见表 6-4-5。可见，脱空缺陷不仅降低了钢管混凝土 T 型节点试件的屈服荷载和破坏荷载，也降低了节点的屈服位移和破坏位移，表明脱空的存在对节点区域受力性能影响较为显著。环口板加固的效果明显，加固试件的屈服位移、屈服荷载、破坏位移、破坏荷载均高于相应无脱空试件，表明该加固方法可有效弥补脱空缺陷带来的不利影响。当主管径厚比 γ 增大时，节点试件的屈服荷载和破坏荷载明显降低。

试件特征荷载分析　　　　　　　　　　　　　　　表 6-4-5

序号	试件编号	屈服位移 Δ_y(mm)		屈服荷载 P_y(kN)		破坏位移 $\Delta_{\max}$(mm)		破坏荷载 $P_{\max}$(kN)		极限承载力 P_u(kN)	
		正向	反向	正向	反向	正向	反向	正向	反向	正向	反向
1	TAN-4-4a	7.1	−6.8	115.3	−107.6	23.5	−24.2	139.1	−134.6	131.2	−124.0
2	TAN-4-4b	7.3	−6.7	115.5	−109.6	24.9	−24.8	139.7	−135.4	130.8	−124.9
3	TA6-4-4a	7.3	−5.9	114.6	−97.8	19.9	−20.5	136.1	−114.8	125.8	−108.8
4	TA6-4-4b	6.5	−5.6	111.0	−98.0	12.1	−12.6	122.2	−111.0	122.2	−109.2
5	TA6-4-4Ra	7.4	−7.3	132.8	−127.0	31.7	−32.7	173.0	−158.3	151.8	−142.0
6	TA6-4-4Rb	7.4	−6.8	137.0	−128.8	26.9	−26.3	176.0	−157.3	156.0	−144.4
7	TAN-4-5a	6.1	−4.4	84.0	−62.6	21.5	−22.7	101.0	−79.4	94.0	−72.3
8	TAN-4-5b	6.0	−4.5	84.0	−62.5	22.5	−23.0	85.0	−80.8	95.2	−72.2
9	TA6-4-5a	6.4	−5.3	75.6	−61.3	20.0	−20.2	91.7	−80.6	85.2	−71.5
10	TA6-4-5b	6.1	−4.8	74.0	−61.5	15.4	−15.5	90.0	−75.9	85.9	−71.2
11	TA6-4-5Ra	6.1	−6.2	88.2	−81.0	27.8	−29.3	112.5	−99.1	102.2	−93.8
12	TA6-4-5Rb	6.1	−6.2	90.0	−83.0	28.4	−28.9	112.8	−104.2	103.4	−93.8

由于本节试验试件其荷载—位移曲线在试件钢管出现焊缝断裂前均未有下降段，因此参考陈娟（2011）暂用图 6-4-11 所示的方法确定节点试件的极限承载力：在荷载—位移滞回骨架曲线弹性段做过原点的切线，再作一条斜率为弹性段切线斜率二倍的直线，这条直线与骨架曲线的交点即取为该试件的极限承载力 P_u，表 6-4-4 列出了所有试件的 P_u 值。可见，带缺陷试件的极限承载力小于无脱空试件，而加固试件的极限承载力则较无脱空试件更高。

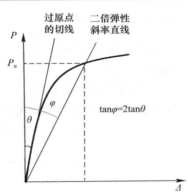

图 6-4-11　极限承载力确定方法

为定量化评估脱空和加固对钢管混凝土 T 型节点极限承载力的影响，定义了承载力系数（SI），如式（6-4-1）所示：

$$SI = \frac{P_{y,脱空}}{P_{y,无脱空}}$$

（6-4-1）

式中　$P_{y,脱空}$——脱空试件和加固试件的极限承载力；

$P_{y,无脱空}$——无脱空试件的极限承载力。

图 6-4-12 所示为承载力系数 SI 比较。对于 $\gamma=41.3$ 的节点试件，当支管受拉时，脱空率为 6.6% 时试件承载力相较于无脱空试件降低了 5.3%，当支管受压时，其 SI 则降低了 12.4%，表明脱空对节点受压性能影响更为显著。这是由于在试件受压时，混凝土对钢管的支撑作用大大提高了钢管混凝土的整体刚度，而脱空缺陷的存在却导致支撑作用大大

削弱，因此在受压时缺陷的影响则相应更为显著。

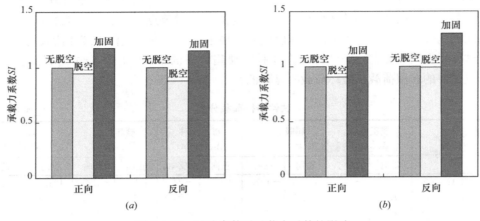

图 6-4-12　试验参数对承载力系数的影响

(a) $\gamma = 41.3$；(b) $\gamma = 55.0$

　　加固试件的承载力不仅较无加固脱空试件有显著提高，其承载力系数在正向和反向较无脱空试件也提高了 17.2% 和 15.1%，表明环口板加固能够明显提升节点试件的极限承载力，有效弥补脱空缺陷导致的承载力损失。相较而言，对于 $\gamma = 55.0$ 的节点试件，环口板加固带来的承载力提升幅度较 $\gamma = 41.3$ 更为显著。这表明对于主管壁厚相对较小的试件，其加固效果更为明显。

6.4.6　耗能分析

　　结构的能量耗散能力是指结构受地震荷载作用下能够吸收的能量，试验中加载曲线和卸载曲线包络的面积可反映试件耗能能量的大小。耗能是评估结构抗震能力的一个重要指标，本节采用能量耗散值 U 来评估试件的耗能能力。U 值即为实测的滞回环包络面积。根据荷载-位移滞回关系曲线可以计算出试件在每次加载循环下其滞回环面积大小。

　　图 6-4-13 为节点试件在每级加载下的第一个滞回环的包络面积（耗能）随加载级数的

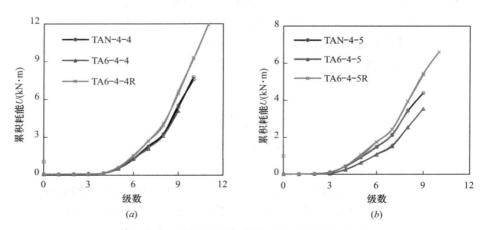

图 6-4-13　节点试件的耗能-加载级数关系曲线

(a) $\gamma = 41.3$；(b) $\gamma = 55.0$

变化规律。从图中可知,试件在加载初期耗能较小,随着加载位移的增大其耗能迅速增长。脱空缺陷的存在不仅导致每一级加载位移下的耗能有所降低,同时也导致了试件总耗能减少。相较而言,对于主管壁厚较薄(γ 较大)的试件,脱空对其耗能的影响更为显著。采用环口板加固后,节点的同级位移下的耗能以及总耗能都显著提高,其耗能能力超过了相应无脱空试件,表明环口板加固可弥补脱空对节点耗能能力的不利影响。

6.4.7　本节小结

本节进行了带球冠形脱空缺陷的钢管混凝土 T 型节点的抗震性能试验研究。试验参数为:是否脱空、是否加固和主管径厚比。试验结果表明,球冠形脱空缺陷会削弱主管混凝土对钢管的支撑作用,导致节点试件的极限承载力、极限位移、刚度、耗能能力都有所降低。对带缺陷的钢管混凝土 T 型节点相贯线区域采用焊接环口板的加固方式可以有效弥补内部混凝土缺陷所带来的承载力和刚度损失,加固试件的各项力学性能指标不仅较非加固脱空试件有显著提高,同时也高于相应的无脱空试件。

采用环口板加固方法的优势在于能在服役过程中不破坏原结构的基础上,直接在支主管相贯线区域上进行焊接环口板加固,且主管管壁能够与环口板一起承受支管端部传递的荷载。结合试验结果,建议环口板长度 l_c 取主管直径的 1.5 倍,厚度 t_c 取主管壁厚的 2 倍。本节的研究结果可为地震区钢管混凝土桁架的安全评估和加固提供参考和依据。

参 考 文 献

[1] 蔡绍怀. 现代钢管混凝土结构 [M]. 修订版. 北京：人民交通出版社. 2007.

[2] 陈宝春. 钢管混凝土拱桥应用与研究进展 [J]. 公路，2008 (11)：57-66.

[3] 陈闯，俞鹏，王银辉. 基于马氏距离累积量和 EMD 的结构损伤识别两步法 [J]. 振动与冲击，2019，38 (13)：142-150.

[4] 陈娟. 圆钢管混凝土 T 型相贯节点动力性能试验和理论研究 [博士学位论文] [D]. 杭州：浙江大学. 2011.

[5] 陈良田. 基于局部定量自激励的钢管混凝土结构脱空研究 [硕士学位论文] [D]. 大连：大连理工大学. 2013.

[6] 刁延松，徐东锋，徐菁，等. 基于振动传递率函数与统计假设检验的海洋平台结构损伤识别研究 [J]. 振动与冲击，2016，35 (2)：218-222.

[7] 丁睿，刘浩吾，罗凤林，等. 光纤检测钢管混凝土界面脱空模型的试验研究 [J]. 压电与声光，2004，26 (4)：268-271.

[8] 董军锋，王耀南，昝帅. 足尺圆形钢管混凝土试件超声波检测脱空缺陷及处理研究 [J]. 工业建筑，2017，47 (7)：166-169.

[9] 方小丹，林轶，钱稼茹. 压弯作用下钢管混凝土短柱受剪承载力试验研究 [J]. 建筑结构学报，2010，31 (8)：36-44.

[10] 福建省工程建设地方标准. 钢管混凝土技术规程 DBJ/T 13-51-2010 [S]. 福州. 2010.

[11] 傅宇光，童乐为，刘博. 基于 Beach Marking 方法的钢结构疲劳裂纹检测研究 [J]. 工程力学，2016，33 (8)：93-100.

[12] 傅玉勇，陈志华. 方矩型钢管混凝土柱的超声波检测和切割破损试验研究 [J]. 河北工业大学学报，2005，34 (2)：115-118.

[13] 高远富，王仲刚，江正，等. 基于瞬态冲击法的方钢管混凝土柱脱空检测试验 [J]. 后勤工程学院学报，2014，30 (3)：29-33.

[14] 顾威，赵颖华，尚东伟. CFRP-钢管混凝土轴压短柱承载力分析 [J]. 工程力学，2016，23 (1)：149-153.

[15] 郭惠勇，王志华. 基于应变能和隶属度的结构损伤识别研究 [J]. 西南大学学报（自然科学版），2018，40 (10)：153-161.

[16] 郭兴. 往复剪切荷载作用下钢管混凝土构件的力学性能研究 [硕士学位论文] [D]. 福州：福州大学. 2010.

[17] 韩东颖，时培明. 基于频率和当量损伤系数的井架钢结构损伤识别 [J]. 工程力学，2011，28 (9)：109-114.

[18] 韩浩，廖飞宇，李永进. 反复荷载下带脱空缺陷的钢管混凝土压弯构件的有限元模拟 [C]. 第 25 届全国结构工程学术会议论文集，包头，184-188. 2016.

[19] 韩浩，廖飞宇，李永进. 脱空缺陷对钢管混凝土滞回性能的影响分析 [J]. 工业建筑，2017，47 (9)：146-151.

[20] 韩浩，廖飞宇，林挺伟，等. 脱空缺陷对钢管混凝土拉弯构件性能的影响分析 [J]. 工业建筑，2018a，48 (3)：170-175，90.

[21] 韩浩，廖飞宇，周翔，等. 带球冠形脱空缺陷的钢管混凝土构件抗弯性能研究 [J]. 建筑钢结构

进展，2018b，20（2）：67-73，102.

[22] 韩林海，钟善桐. 钢管混凝土纯扭转问题研究［J］. 工业建筑，1995，25（1）：7-13.

[23] 韩林海. 钢管混凝土结构-理论与实践（第三版）［M］. 北京：科学出版社，2016.

[24] 韩西，杨科，杨劲，等. 基于声振法的钢管混凝土脱空检测技术试验研究［J］. 公路工程，2012，37（5）：108-110，114.

[25] 候健，黄庆华，王社良. 基于小波变换的钢筋混凝土结构损伤识别［J］. 工业建筑，2007，37（5）：14-19.

[26] 胡爽. 基于红外热像技术的钢管混凝土密实度缺陷检测探究［硕士学位论文］［D］. 重庆：重庆大学. 2016.

[27] 黄玮，冯蕴雯，吕震宙. 极小子样试验的虚拟增广样本评估方法［J］. 西北工业大学学报，2005，23（3）：384-387.

[28] 纪洪广，张贝贝. 有脱空缺陷的钢管混凝土短柱承载力分析［J］. 钢结构，2007，22（1）：59-61，69.

[29] 李炳鑫. 基于分形理论的桥梁结构损伤诊断方法研究［硕士学位论文］［D］. 重庆：重庆交通大学. 2018.

[30] 李东升. 考虑长期荷载作用影响时带脱空缺陷钢管混凝土柱的力学性能研究［硕士学位论文］［D］. 福州：福建农林大学. 2014.

[31] 李文涛，姜海波，王雪琴. 自回归模型选择的多准则方法［J］. 统计与决策，2010，（18）：24-25.

[32] 廖飞宇，韩浩，王宇航. 带环向脱空缺陷的钢管混凝土构件在压弯扭复合受力作用下的滞回性能研究［J］. 土木工程学报，2019a，52（7）：57-68，80.

[33] 廖飞宇，张传钦，张伟杰. 脱空缺陷对钢管混凝土纯扭构件力学性能的影响分析［J］. 工业建筑，2019b，49（10）：37-42.

[34] 廖飞宇，李艳飞，尧国皇，等. 带球冠形脱空缺陷的钢管混凝土构件在偏拉作用下的力学性能和设计方法研究［J］. 建筑结构学报，2020.

[35] 林焙淳. 基于导波法的钢管混凝土构件缺陷检测影响因素研究［硕士学位论文］［D］. 哈尔滨：哈尔滨工业大学. 2016.

[36] 林维正，秦效启，陈之毅，等. 方形钢管混凝土超声波检测技术［J］. 建筑材料学报，2003，6（2）：190-194.

[37] 刘才玮，苗吉军，高天予，等. 广义局部信息熵在混凝土简支梁损伤识别中的应用［J］. 兰州理工大学学报，2019（a），45（4）：145-150.

[38] 刘才玮，苗吉军，高天予，等. 基于动力测试的钢筋混凝土梁火灾损伤识别方法［J］. 振动与冲击，2019（b），38（11）：121-131.

[39] 刘东平. 钢管混凝土柱的检测与补强［J］. 建筑技术，2001，32（6）：393-394.

[40] 刘福林，闫维明，何浩祥，等. 基于 Zernike 矩的网壳结构的振型表征及损伤识别［J］. 工程力学，2013，30（8）：1-9.

[41] 刘海滨. 钢筋混凝土梁裂缝诊断的一种智能方法［J］. 工业建筑，2013，43（S1）：163-166.

[42] 刘红彪，何福，张强，等. 基于结构动力特征的小损伤识别方法研究［J］. 振动与冲击，2014，35（11）：146-76.

[43] 刘君，王朝阳，陈振富. 预应力混凝土梁损伤识别的神经网络方法研究［J］. 合肥工业大学学报（自然科学版），2016，39（4）：503-507.

[44] 刘威. 钢管混凝土局部受压时的工作机理研究［博士学位论文］［D］. 福州：福州大学. 2005.

[45] 刘夏平，唐述，唐春会，等. 脱空钢管混凝土偏心受压力学性能试验研究［J］. 铁道建筑，2011（2）：117-122.

[46] 刘毅，李爱群，丁幼亮，等. 基于时间序列分析的结构损伤特征提取与预警方法 [J]. 应用力学学报，2018，25（2）：253-257.

[47] 卢亦焱，李莎，李杉，等. FRP-圆钢管混凝土短柱轴压性能研究 [J]. 铁道学报，2016，38（4）：105-111.

[48] 鲁学伟，徐蓉，王桂玲. 钢管混凝土内部常见缺陷及检测方法综述 [J]. 施工技术，2011，35（增刊）：46-48.

[49] 栾乐乐. 基于谱元法的钢管混凝土结构界面缺陷检测机理模拟研究 [硕士学位论文] [D]. 湖南：湖南大学. 2016.

[50] 骆勇鹏，黄方林，鲁四平，伍彦斌. 考虑数据不确定性的结构损伤识别 Bootstrap-BC _ a 法 [J]. 应用力学学报，2017，34（3）：464-469.

[51] 骆勇鹏，谢隆博，廖飞宇，等. 基于时序分析理论的钢管混凝土脱空缺陷检测方法研究 [J]. 工业建筑，2019，49（10）：48-53.

[52] 吕书龙，刘文丽. 基于 Bootstrap 思想的非参数检验 p 值的估计方法 [J]. 福州大学学报（自然科学版），2018，46（1）：20-26.

[53] 毛健，潘盛山. 基于热传导理论的钢管混凝土拱肋界面脱空的定性识别 [J]. 沈阳大学学报（自然科学版），2014，26（3）：244-247.

[54] 聂建国，王宇航，樊健生. 钢管混凝土柱在纯扭和压扭荷载下的抗震性能研究 [J]. 土木工程学报，2014，47（1）：47-58.

[55] 秦荦晟，陈晓阳，沈雪瑾. 小样本下基于竞争失效的轴承可靠性评估 [J]. 振动与冲击，2017，36（23）：248-254.

[56] 邱飞力，张立民，张卫华. 改进的特征值灵敏度在结构损伤识别中的应用 [J]. 振动、测试与诊断，2016，36（2）：264-268，399.

[57] 冉江华. FRP-钢复合管约束混凝土短柱轴压力学性能 [硕士学位论文] [D]. 大连：大连理工大学. 2014.

[58] 饶德军，张玉红，王忠建. 钢管混凝土拱肋泵送混凝土脱空成因分析与试验观察 [J]. 铁道建筑，2005，45（3）：14-16.

[59] 沈聚敏，王传志，江见鲸. 钢筋混凝土有限元与板壳极限分析 [M]. 北京：清华大学出版社，1993.

[60] 史豪杰. 基于时序模型的统计模式识别在结构损伤识别中的应用 [硕士学位论文] [D]. 北京：北京交通大学. 2017.

[61] 四川省交通厅公路规划勘察设计研究院道桥试验研究所. 光华大道延伸线金马河大桥主桥钢管混凝土密实度及焊缝质量检测主拱肋弦杆钢管混凝土密实度检测补充报告 [R]. 成都. 2009.

[62] 宋叶志. MATLAB 数值分析与应用（第 2 版）[M]. 北京：机械工业出版社，2014.

[63] 孙国帅，于铁汉，董松员，等. CFRP-钢管混凝土结构的发展与研究综述 [J]. 工业建筑，2007，37（增刊）：575-578.

[64] 杨冬波. 拱肋脱空钢管混凝土拱桥极限承载能力分析 [硕士学位论文] [D]. 武汉：华中科技大学. 2007.

[65] 唐九如. 钢筋混凝土框架节点抗震 [M]. 南京：东南大学出版社，1989.

[66] 唐述，刘夏平，刘仰韶. 脱空钢管混凝土偏心受压有限元分析 [J]. 广东公路交通，2011（2）：11-14，18.

[67] 陶忠，庄金平，于清. FRP 约束钢管混凝土轴压构件力学性能研究 [J]. 工业建筑，2005，35（9）：20-23.

[68] 滕智明，邹离湘. 反复荷载下钢筋混凝土构件的非线性有限元分析 [J]. 土木工程学报，1996，

29（2）：19-27.

[69] 童林，夏桂云，吴美君，等. 钢管混凝土脱空的探讨 [J]. 公路，2003，48（5）：16-20.

[70] 涂光亚. 脱空对钢管混凝土拱桥受力性能影响研究 ［博士学位论文］ [D]. 长沙：湖南大学. 2008.

[71] 王春宇. CFRP 加固偏心受压圆钢管柱受力性能试验研究 ［硕士学位论文］[D]. 合肥：合肥工业大学. 2017.

[72] 王峰，杨艳群，郑玉芳. 基于模态应变能法的混凝土梁桥结构损伤识别研究 [J]. 福州大学学报（自然科学版），2009，37（1）：107-122.

[73] 王孟鸿，宋春月，姬晨濛. 基于频响函数与主成分分析的网架结构损伤检测方法研究 [J]. 建筑结构，2017，47（4）：96-101.

[74] 王庆利，李宁，韩佛，等. CFRP-钢管混凝土轴压构件试验研究 [J]. 沈阳建筑大学学报（自然科学版），2006，22（5）：709-712，715.

[75] 王庆利，张永丹，谢广鹏，等. 圆截面 CFRP-钢管混凝土柱的偏压试验 [J]. 沈阳建筑大学学报（自然科学版），2005，21（5）：425-428.

[76] 王伟. 钢管混凝土脱空机理研究 ［硕士学位论文］[D]. 重庆：重庆交通大学. 2008.

[77] 王宇航，郭一帆，刘界鹏，等. 偏压荷载下钢管混凝土柱的抗扭性能试验研究 [J]. 土木工程学报，2017a，50（7）：50-61.

[78] 王宇航，李硕，周绪红，等. 弯-剪-扭耦合荷载作用下钢管混凝土短柱受力性能研究 [J]. 建筑结构学报，2017b，38（11）：1-12.

[79] 吴德明，王福敏，殷祥林. 基于温度影响的钢管混凝土脱空机理分析 [J]. 重庆交通大学学报，2009，28（2）：190-194.

[80] 谢益辉，朱钰. Bootstrap 方法的历史发展和前沿研究 [J]. 统计与信息论坛，2008，23（2）：90-96.

[81] 徐长武，任志刚，荣耀，等. 小直径钢管混凝土密实度的超声波检测试验 [J]. 武汉理工大学学报，2013，35（3）：88-92.

[82] 阳洋，吕良，李建雷. 基于统计矩的确定及不确定性结构损伤识别理论在振动台试验中的应用 [J]. 建筑结构学报，2018，39（4）：167-173.

[83] 杨世聪，王福敏，渠平. 核心混凝土脱空对钢管混凝土构件力学性能的影响 [J]. 重庆交通大学学报（自然科学版），2008，27（3）：360-365，486.

[84] 尧国皇. 钢管混凝土构件在复杂受力状态下的工作机理研究 ［博士学位论文］[D]. 福州：福州大学. 2006.

[85] 叶勇，韩林海，陶忠. 脱空对圆钢管混凝土受剪性能的影响分析 [J]. 工程力学，2016，33（增刊）：62-66.

[86] 叶勇，李威，陈锦阳. 考虑脱空的方钢管混凝土短柱轴压性能有限元分析 [J]. 建筑结构学报，2015，36（增刊）：324-329.

[87] 叶跃忠，文志红，潘绍伟. 钢管混凝土脱粘及灌浆补救效果试验研究 [J]. 西南交通大学学报，2004，39（3）：381-384，393.

[88] 易丹辉. 时间序列分析：方法与应用 [M]. 北京：中国人民大学出版社，2011.

[89] 于峰，牛荻涛，王忠文，等. FRP 约束钢管混凝土柱承载力分析 [J]. 哈尔滨工业大学学报，2007，39（增刊）：44-46.

[90] 袁春燕，卢俊龙. 基于结构解释模式的服役混凝土结构损伤识别 [J]. 长安大学学报（自然科学版），2014，34（4）：77-81.

[91] 张传钦，廖飞宇，王静峰，等. 脱空缺陷对钢管混凝土压弯扭构件力学性能的影响研究 [J]. 工

业建筑，2019，49（10）：19-24.

[92] 张建威，廖飞宇，张伟杰. 带环向脱空缺陷的钢管混凝土构件在压弯剪复合作用下的滞回性能试验研究［J］. 建筑结构学报，2019，40（增刊）：251-256.

[93] 张劲泉，杨元海. 钢管混凝土拱桥设计、施工与养护关键技术研究（专题四：钢管混凝土养护关键技术研究报告）［R］. 北京：北京交通科学研究院. 2006.

[94] 张清华. 基于概率可靠度的结构损伤识别理论研究及应用［博士学位论文］［D］. 成都：西南交通大学. 2006.

[95] 张淑贵. 假设检验在工程实践中的应用研究［J］. 中国设备工程，2019（10）：121-122.

[96] 张伟杰，廖飞宇，李威. 带圆弓形脱空缺陷的钢管混凝土构件在压弯扭复合受力作用下的滞回性能试验研究［J］. 工程力学，2019a，36（12）：121-133.

[97] 张伟杰，廖飞宇，王静峰，等. 带球冠形脱空缺陷的钢管混凝土拉弯构件滞回性能试验研究［J］. 工业建筑，2019b，49（10）：32-36.

[98] 张伟杰，廖飞宇，王静峰，等. 压弯剪复合受力作用下带环向脱空缺陷的钢管混凝土构件力学性能研究［J］. 工业建筑，2019c，49（10）：25-31.

[99] 张宇飞，王山山，甘水来. 基于随机振动响应相干函数的梁结构损伤检测［J］. 振动与冲击，2014，30（11）：146-150.

[100] 赵同峰，欧阳伟，郝晓彬. 方钢管钢骨高强混凝土压弯剪承载力分析［J］. 工程力学，2011，28（11）：153-165.

[101] 中华人民共和国国家标准. 钢及钢产品 力学性能试验取样位置及试样制备 GB/T 2975—2018［S］. 北京：中国标准出版社，2018.

[102] 中华人民共和国国家标准. 普通混凝土力学性能试验方法标准 GB/T 50081—2016［S］. 北京：中国标准出版社，2016.

[103] 中华人民共和国国家标准. 定向纤维增强聚合物基复合材料拉伸性能试验方法 GB/T 3354—2014［S］. 北京：中国标准出版社，2014.

[104] 中华人民共和国国家标准. 普通混凝土力学性能试验方法标准 GB/T 50081—2002［S］. 北京：中国建筑工业出版社，2003.

[105] 中华人民共和国国家标准. 金属材料 拉伸试验 第1部分：室温试验方法 GB/T 228.1—2010［S］. 北京：中国标准出版社，2010.

[106] 中华人民共和国行业标准. 建筑抗震试验方法规程 JGJ/T 101—2015［S］. 北京：中国建筑工业出版社，2015.

[107] 中华人民共和国国家标准. 钢管混凝土结构技术规范 GB 50936—2014［S］. 北京：中国建筑工业出版社，2014.

[108] 钟善桐. 钢管混凝土统一理论研究与应用［M］. 北京：清华大学出版社，2006.

[109] 周竞. 钢管混凝土中长柱在压扭复合受力下的试验研究［硕士学位论文］［D］. 北京：北京建筑工程学院. 1990.

[110] Ali, A. A. and Sawsan, M. M. The use of transmissibility functions for damage identification in reinforced concrete beams［J］. Journal of Engineering and Sustainable Development，2018，22（3）：83-95.

[111] Alkan, A. and Yilmaz, A. S. Frequency domain analysis of power system transients using Welch and Yule-Walker AR methods［J］. Energy Conversion and Management，2007，48（7）：2129-2135.

[112] ANSI/AISC Standard 360-10, Specification for structural steel buildings［S］. AISC, Chicago, Illinois, USA：American Institute of Steel Construction（AISC）. 2010.

[113] ATC-24, Guidelines for cyclic seismic testing of components of steel structures [S]. Redwood City (CA): Applied Technology Council. 1992.

[114] Attard, M. M. and Setunge, S. Stress-strain relationship of confined and unconfined concrete [J]. ACI Materials Journal, 1996, 93 (5): 32-442.

[115] BECK, J. and KIYOMIYA, O. Fundemental pure torsional properties of concrete filled circular steel tubes [J]. Jouranl of Materials Construction Structure, 2003, 60 (739): 285-296.

[116] Bradley, E. and Robert, J. Tibshirani. An Introduction to the Bootstrap [M]. New York: Chapman &. Hall Ltd. 1993.

[117] Butje, A. L. , F. , and Togay,. O. Compressive behavior of aramid FRP-HSC-steel double-skin tubular columns [J]. Construction and Building Materials, 2013, 48 (11): 554-565.

[118] Dawari, V. B. and Vesmawala, G. R. Modal Curvature and Modal Flexibility Methods for Honeycomb Damage Identification in Reinforced Concrete Beams [J]. Procedia Engineering, 2013 (51): 119-124.

[119] Dong, W. , Wu, Z. and Zhou, X. Experimental studies on void detection in concrete-filled steel tubes using ultrasound [J]. Construction and Building Materials, 2016, 128 (11): 154-162.

[120] Eurocode 4 (EC4), Design of composite steel and concrete structures-Part 1-1: General rules and rules for buildings [S]. EN 1994-1-1: 2004, Brussels, CEN.

[121] Ganganagoudar, A. , Mondal, T. G. and Prakash, S. S. Analytical and finite element studies on behavior of FRP strengthened RC beams under torsion [J]. Composite Structures, 2016, 153 (10): 876-885.

[122] Han, L. H. , He, S. H. and Liao, F. Y. Performance and calculations of concrete filled steel tubes (CFST) under axial tension [J]. Journal of Constructional Steel Research, 2011, 67 (11): 1699-1709.

[123] Han, L. H. , Ye, Y. and Liao, F. Y. Effects of core concrete initial imperfection on performance of eccentrically loaded CFST columns [J]. Journal of Structural Engineering: ASCE, 2016, 142 (12): 04016132.

[124] Han, H. , Liao, F. Y. , Song, Q. Y. and Li, Y. J. Analytical behaviour of concrete-filled steel tubular beam with initial concrete imperfection [C]. The fifteenth EAST ASIA-PACIFIC conference on structural engineering and construction (EASEC-15), Xi'an, China, 2017: 1713-1720.

[125] Han, L. H. and Yang, Y. F. Cyclic performance of concrete-filled steel CHS columns under flexural loading [J]. Journal of Constructional Steel Research, 2005, 61 (4): 423-452.

[126] Hu, Y. M. , Yu, T. and Teng. J. G. FRP-Confined circular concrete-filled thin steel tubes under axial compression [J]. Journal of Composite for Construction, 2011, 15 (5): 850-860.

[127] Iqbal, A. , Faten, A. Z. , Alaa, E. and Feng, Z. C. Damage detection in one- and two-dimensional structures using residual error method [J]. Journal of Sound and Vibration, 2019, 462 (44): 0022-460X.

[128] Jai-woo, Park. and Jung-han, Yoo. Axial loading tests and load capacity prediction of slender SHS stub columns strengthened with carbon fiber reinforced polymers [J]. Steel and Composite Structures, 2013, 5 (2): 131-150.

[129] Janeliukstis, R. , Rucevskis, S. and Wesolowski, M. Damage identification in beam structure based on thresholded variance of normalized wavelet scalogram [C]. IOP Conference Series: Materials Science and Engineering, 2017: 1-9.

[130] Jia, G. , Li, W. and Izuru, T. Experimental investigation on use of regularization techniques and

pre-post measurement changes for structural damage identification [J]. International Journal of Solids and Structures, 2019, 38 (7): 1-10.

[131] Karimi, K., Tait, M. J. and El-Dakhakhni, W. W. Analytical modeling and axial load design of a novel FRP-encased steel-concrete composite column for various slenderness ratios [J]. Engineering Structures, 2013, 46 (1): 526-534.

[132] Kim, C. W., Kawatani, M. and Hao, J. Modal parameter identification of short span bridges under amoving vehicle by means of multivariate AR model [J]. Structure and Infrastructure Engineering, 2012, 8 (5): 459-472.

[133] Kwan, O. B., Woon, C. S. and Seon, P. H. Damage Detection Technique for Cold-Formed Steel Beam Structure Based on NSGA-II [J]. Shock and Vibration, DOI: 10. 1155/2015/354564. 2015.

[134] Lee, J. W., Kim, S. R. and Huh, Y. C. Pipe crack identification based on the energy method and committee of neural networks [J]. International Journal of Steel Structures, 2014, 14 (2): 345-354.

[135] Li, W., Han, L. H. and Chan, T. K. Numerical investigation on the performance of concrete-filled double-skin steel tubular members under tension [J]. Thin-Walled Structures, 2014, 79 (6): 108-118.

[136] Li, W., Han, L. H. and Chan, T. K. Performance of Concrete-Filled Steel Tubes subjected to Eccentric Tension [J]. Journal of Structural Engineering: ASCE, 2015, 141 (12): 04015049.

[137] Li, J., Law, S. S. and Ding, Y. Substructure damage identification based on response reconstruction in frequency domain and model updating [J]. Engineering Structures, 2012, 41 (8): 270-284.

[138] Liao, F. Y., Han, L. H. and He, S. H. Behavior of CFST short column and beam with initial concrete imperfection: Experiments [J]. Journal of Constructional Steel Research, 2011, 67 (12): 1922-1935.

[139] Liao, F. Y., Han, L. H. and Tao, Z. Behaviour of CFST stub columns with initial concrete imperfection: Analysis and calculations [J]. Thin-Walled Structures, 2013, 70 (9): 57-69.

[140] Liao, F. Y. and Li, Y. J. Experimental behaviour of concrete filled steel tubes (CFST) with initial concrete imperfection subjected to eccentric compression [J]. Applied Mechanics and Materials, 2012, 174 (5): 35-38.

[141] Liao, F. Y., Yao, G. H. and Zhang, W. J. Some recent research about effects of concrete imperfection on the behaviour of concrete filled steel tubular members [C]. The fifteenth EAST A-SIA-PACIFIC conference on structural engineering and construction (EASEC-15), Xi'an, China, 2017: 567-575.

[142] Liao, F. Y., Zhang, W. J. and Han, H. Cyclic performance of circular concrete-filled steel tubular members with initial gap between tube and concrete core [J]. Advances in Structural Engineering, 2020, 23 (1): 174-189.

[143] Liu, L. and Lu, Y. Y. Bearing Capacity of Short FRP Confined Concrete-filled Steel Tubular Columns [J]. Journal of Wuhan University of Technology-Mate, 2010, 25 (3): 454-458.

[144] Maeck, J., Wahab, M. A. and Peeters, B. Damage identification in reinforced concrete structures by dynamic stiffness determination [J]. Engineering Structures, 2000, 22 (10): 1339-1349.

[145] Nie, J. G., Wang, Y. H. and Fan, J. S. Experimental research on concrete filled steel tube columns under combined compression-bending-torsion cyclic load [J]. Thin-Walled Structures, 2013, 67 (2): 1-14.

[146] Owen, J. S. and Haritos, N. Damage Detection in Large-Scale Laboratory Bridge Models [J]. Key Engineering Materials, 2003 (245-246): 35-42.

[147] Pan, S., Zhao, X. F. and Lv, X. J. Experiment on interface separation detection of concrete-filled steel tubular arch bridge using accelerometer array [J]. Biotechnology, 2013, 8 (9): 1311-1317.

[148] Prabhu, G. G., Sundarraja, M. C. and Kim, Y. Y. Compressive behavior of circular CFST columns externally reinforced using CFRP composites [J]. Thin-Walled Structures, 2015, 87 (2): 139-148.

[149] Qin, P. and Xiao, Y. Behavior of CFRP Confined Circular Concrete-Filled Steel Tube Columns [C]. Proceedings of the 10th International Conference on Advances in steel concretes composite and hybrid structures, Singapore, 2012: 597-604.

[150] Rao, P. S., Ramakrishna, V. and Mahendra, N. V. D. Experimental and Analytical Modal Analysis of Cantilever Beam for Vibration Based Damage Identification Using Artificial Neural Network [J]. Journal of Testing and Evaluation, 2018, 46 (2): 656-665.

[151] RASMUSSEN K, J, R. Full-Range Stress-Strain Curves for Stainless Steel Alloys [J]. Journal of Constructional Steel Research, 2003, 59 (1): 47-61.

[152] Roeder, C. W., Cameron, B. and Brown, C. B. Composite action in concrete filled tubes [J]. Journal of Structural Engineering, ASCE, 1999, 125 (5): 477-484.

[153] Sundarraja, M. C. and Sivasankar, S. Axial behavior of HSS tubular sections strengthened by CFRPstrips: an experimental investigation [J]. Science and Engineering of Composite Materials, 2012, 19 (2): 159-168.

[154] Tao, T. W., Ma, Q. and Li, S. Y. Seismic damage detection of moment resisting frame structures using time-frequency features [J]. Shock and Vibration. 2018: 1-18.

[155] Tao, Z., Han, L. H. and Zhuang, J. P. Cyclic performance of fire-damaged concrete-filled steel tubular beam-columns repaired with CFRP wraps [J]. Journal of Constructional Steel Research, 2008, 64 (1): 37-50.

[156] Turker, T. and Bayraktar, A. Vibration based damage detection in a scaled reinforced concrete building by FE model updating [J]. Computers and Concrete, 2014, 14 (1): 73-90.

[157] Varma A. H., Ricles J. M., Sause, R. and Lu, L. W. Seismic behavior and modeling of high-strength composite concrete-filled steel tube (CFT) beam-columns [J]. Journal of Constructional Steel Research, 2002, 58 (5-8): 725-758.

[158] Walker J. Hypothesis tests [J]. BJA Education, 2019, 19 (7): 227-231.

[159] Wang, Y. H., Nie, J. G. and Fan, J. S. Fiber beam-column element for circular concrete filled steel tube under axial-flexure-torsion combined load [J]. Journal of Constructional Steel Research, 2014, 95 (4): 10-21.

[160] Wang, Y. H. and Zhou, X. H. Non-linear torsion behaviour of concrete filled steel tube columns [J]. Materials and Structures, 2016, 49 (12): 5227-5241.

[161] Wang, X. J., Yang, H. F., Wang, L. and Qiu, Z. P. Interval analysis method for damage identification of structures [J]. Journal of Applied Mechanics, 2010, 79 (5): 0021-8936.

[162] Wang, Y. and Hao, H. Damage identification of slab-girder structures: experimental studies

[J]. Journal of Civil Structural Health Monitoring, 2013, 3 (2): 93-103.

[163] Wierzbicki, T. and Sinmao, M. V. A simplified model for brazier effect in plastic bending of cylindrical tubes [J]. International Journal of Pressure Vessels and Piping, 1997, 71 (1): 19-28.

[164] Wu, A. L., Yang, J. N. and Loh, C. H. A finite-element based damage detection technique for nonlinear reinforced concrete structures [J]. Structural Control and Health Monitoring, 2015, 22 (10): 1223-1239.

[165] Xiao, Y., He, W. H. and Choi, K. K. Confined concrete-filled tubular columns [J]. Journal of Structural Engineering, ASCE, 2005, 131 (3): 488-497.

[166] Xu, B., Zhang, T., Song, G. B. and Gu, H. C. Active interface debonding detection of a concrete-filled steel tube with piezoelectric technologies using wavelet packet analysis [J]. Mechanical Systems and Signal Processing, 2013, 36 (1): 7-17.

[167] Xu, M. Q., Wang, S. Q. and Li, H. J. A residual strain energy based damage localisation method for offshore platforms under environmental variations [J]. Ships and Offshore Structures, 2019, 14 (7): 747-754.

[168] Xue, J. Q., Bruno, B. and Chen, B. C. Effects of debonding on circular CFST stub columns [J]. Journal of Constructional Steel Research, 2012, 69 (1): 64-76.

[169] Yamkawa, T., Banazadeh, M. and Fugikawa, S. Emergency retrofit of shear damaged extremely stub RC columns using pre-tensioned aramid fiber belts [J]. Journal of Advanced Concrete Technology. 2005, 3 (1): 95-106.

[170] Yu, T., Hu, Y. M. and Teng, J. G. Cyclic lateral response of FRP-confined circular concrete-filled steel tubular columns [J]. Journal of Constructional Steel Research. 2016, 124 (9): 12-22.

[171] Yu, T., Hu, M. Y. and Teng, J. G. FRP-confined circular concrete-filled steel tubular columns under cyclic axial compression [J]. Journal of Constructional Steel Research, 2014, 94 (3): 33-48.